“十二五”职业教育国家规划教材
经全国职业教育教材审定委员会审定

21世纪高职高专电子信息类规划教材

光纤通信（第3版）

乔桂红 辛富国 主编
李丽勇 徐延海 王亚妮 副主编

Electronic Information

人民邮电出版社
北京

图书在版编目（CIP）数据

光纤通信 / 乔桂红，辛富国主编. -- 3版. -- 北京：人民邮电出版社，2014.9（2022.1重印）
21世纪高职高专电子信息类规划教材
ISBN 978-7-115-36004-5

Ⅰ. ①光… Ⅱ. ①乔… ②辛… Ⅲ. ①光纤通信－高等职业教育－教材 Ⅳ. ①TN929.11

中国版本图书馆CIP数据核字(2014)第135368号

内容提要

本书为"十二五"职业教育国家规划教材。

本书对光纤通信做了全面、系统的介绍，内容包括光纤通信系统的组成、光纤和光缆、有源光器件和无源光器件、光端机、SDH 传送网、WDM 技术、光纤通信系统设计及光纤通信涉及的新技术（MSTP、ASON、OTN、PTN、全光网等），最后介绍了光纤通信实训方面的知识。

本书紧扣行业标准和规范，具有较强的实用性，既可作为高职高专院校通信、电子信息类相关专业的教材，也可作为光纤通信技术人员的培训用书，并可作为技能鉴定的参考用书。

◆ 主　　编　乔桂红　辛富国
副 主 编　李丽勇　徐延海　王亚妮
责任编辑　滑　玉
责任印制　彭志环　焦志炜

◆ 人民邮电出版社出版发行　　北京市丰台区成寿寺路11号
邮编　100164　　电子邮件　315@ptpress.com.cn
网址　http://www.ptpress.com.cn
北京七彩京通数码快印有限公司印刷

◆ 开本：787×1092　1/16
印张：19　　2014年9月第3版
字数：386千字　　2022年1月北京第17次印刷

定价：45.00元

读者服务热线：(010)81055256　印装质量热线：(010)81055316
反盗版热线：(010)81055315

前 言

在当今的信息化时代，随着通信技术的不断发展，光纤通信作为信息最主要的传输手段，已成为通信系统不可替代的神经中枢。不论是电话通信、数据通信还是 3G、4G 移动通信等都离不开光纤通信技术。为适应这一形势的发展，本书在原教材的基础上进行了修订。

在十二五规划教材精神的指导下，本书在修订过程中将教材与岗位技术标准对接，人才培养目标与企业需求对接，注重教、学、做结合的一体化教学，结合每章教学内容，设计了教学情境和实践项目，使教学与实践有机结合，着重培养学生的实践能力和创新能力。

本书除了介绍相关的理论外，更加注重实训操作，以突出技能、重在应用为主，同时适当增加新技术的内容。通过学习本书，读者能够全面系统地了解现代光纤通信系统的组成、基本原理、应用技术等，掌握光纤通信的实际操作技能。本书力求基本概念简明扼要，基本原理描述准确清晰，轻理论推导，重实训技能操作，并且特别注意以形象直观的图表形式来配合文字的叙述，以帮助读者全面理解本书内容。

本书内容共分 9 章，安排如下。

第 1 章介绍光纤通信的发展现状和发展趋势、光纤通信的基本概念及系统基本组成。

第 2 章介绍光纤、光缆结构与分类、光纤导光原理和光纤的特性以及光纤的熔接。

第 3 章介绍光源、光电检测器和光放大器的工作原理、基本结构及其工作特性以及无源光器件的主要性能。

第 4 章介绍光发送机和光接收机的电路组成及各部分的功能和工作原理。

第 5 章介绍 SDH 的基本概念，SDH 的映射、定位、复用和开销，SDH 网元和网络保护，SDH 网同步，SDH 网络管理及 SDH 常见案例分析。

第 6 章介绍 WDM 系统的基本概念、系统结构与设备、关键技术和系统规范。

第 7 章介绍光纤通信系统的设计以及应用举例。

第 8 章介绍光纤通信的新技术，包括 MSTP、ASON、OTN、PTN、OAN、相干光通信、光孤子技术以及全光通信网等。

第 9 章介绍光纤通信实训，包括光纤的损耗与长度的测试、光端机电性能及光性能参数的测试、光纤通信系统误码与抖动的测试以及光纤通信系统的维护和故障处理、光缆线路障碍分析，并介绍了 OTDR 和数字传输分析仪等常用测试仪器的使用。

本书由石家庄邮电职业技术学院乔桂红负责第 1 章～第 4 章的编写，李丽勇负责第 9 章的编写，由陕西邮电职业技术学院辛富国负责第 5 章和第 7 章的编写，徐延海负责第 8 章的编写，王亚妮负责第 6 章的编写。本书的修订得到了安徽邮电职业技术学院吴凤修和陈一品老师的全力指导与帮助，提供了许多建设性建议；同时还得到了石家庄邮电职业技术学院教务处领导的大力支持和帮助，在此表示最诚挚的谢意！

由于通信技术发展迅猛，编者水平有限，加上时间仓促，书中难免有错误和不妥之处，敬请广大读者批评指正。

编者

目录

第 1 章 光纤通信概述

本章内容

- 光纤通信的发展过程。
- 光纤通信系统的组成。
- 光纤通信的特点与应用。
- 光纤通信的发展趋势。

本章重点、难点

- 光纤通信系统的组成。
- 光纤通信的特点。

本章学习的目的和要求

- 掌握光纤通信的概念。
- 了解光纤通信的发展。
- 掌握光纤通信的组成及特点。

本章实践要求及教学情境

现场参观光纤通信系统，认识光纤通信系统的组成，分析光纤通信的特点和发展。

1.1 光纤通信的发展史

1. 光通信的雏形

光通信的历史可以追溯到古代的烽火通信，以及现在还在使用的交通信号和水上交通用的“旗语”等，在这些通信方式中，光信号本身即是信息，包含的信息非常少，不能称为严格意义上的光通信。

2. 光通信的早期

18 世纪 60 年代，英国发明第一架光电报机，利用日光作为光源，利用反光板的不同组合，通过空气作为传输介质，传递相应的信息。

19 世纪 80 年代，美国的贝尔发明了光学电话，他以日光作为光源，采用话筒的薄膜随着声音的振动而振动来实现声光调制。做法是将日光发出的恒定光束投射到受声音控制的薄膜上，这样从薄膜上反射回来的光束强弱变化就携带了声音信息，然后，将这束被调制的光信号经大气传送到接收端。接收端采用一个大型抛物面反射镜和一个硅光电池组成光电检测器，将接收到的携带有信息的光信号转换成光电流，再把光电流送到听筒发声，从而完成了光电话通信。

从此之后，直到 1960 年以前，光通信的发展几乎停滞不前，主要原因是碰到光源、光传输介质和光电检测器等技术障碍。光源：主要采用日光作为光源，而日光为非相干光，它的方向性不好，不易调制和传输。传输介质：以空气作为传输介质，损耗很大，无法实现远距离传输，而且通信也极不稳定可靠。光电检测器：硅光电池作为光电检测器，内部噪声很大，通信质量很差。

3．光纤通信发展的里程碑

尽管光通信有很多技术障碍，然而人们从来没停止过对它的研究。随着社会的不断进步，通信向大容量、长距离方向发展是必然的趋势。无论是有线通信还是无线通信，都是将低频信息调制转移到高频载波上去。载波频率越高，其所在频段频带越宽，通信容量就越大。

1966 年 7 月，英籍华裔学者高锟博士和霍克哈姆在 Proc. IEE 杂志上发表了一篇十分著名的论文《用于光频的光纤表面波导》，该文从理论上分析证明了用光纤作为传输介质以实现光通信的可能性，设计了通信用光纤的波导结构（即阶跃光纤），更重要的是科学地预言了制造通信用低损耗光纤的可能性，即通过加强原材料提纯、加入适当的掺杂剂，可把光纤的衰减系数降低到 20dB/km 以下。而当时世界上只能制造用于工业、医学方面的光纤，其衰减系数在 1 000dB/km 以上。在当时，对于制造衰减系数在 20dB/km 以下的光纤，被认为是可望而不可及的。以后的事实发展雄辩地证明了高锟博士论文的理论性和大胆预言的正确性，因而该论文被誉为光纤通信的里程碑。

4．光纤通信发展的实质性突破

光源：1960 年，美国梅曼（Maiman）发明了红宝石激光器，它发出的是一种谱线很窄、方向性很好、频率和相位一致的相干光，易于调制和传输；其缺点是耦合率极低，无法在室温下运行，寿命很短，但是它的发明解决了光源方面的障碍，加速了光通信的研究和发展。

传输介质：1970 年，美国康宁公司根据高锟论文的设想，用改进型化学汽相沉积法（MCVD 法）制造出当时世界上第一根超低损耗光纤，成为光纤通信爆炸性发展的导火线。虽然当时康宁公司制造出的光纤只有几米长，衰减系数约 20dB/km，但它毕竟证明了用当时的科学技术与工艺方法制造通信用超低损耗光纤的可能性，也就是说找到了实现低衰耗传输光波的理想媒体，这是光纤通信的重大实质性突破。

5．光纤通信爆炸性的发展

自 1970 年以后，世界各发达国家对光纤通信的研究倾注了大量的人力与物力，其来势之猛、规模之大、速度之快远远超出人们的意料，从而使光纤通信技术取得了惊人的进展。

（1）光器件

1970 年，美国贝尔实验室研制出世界上第一个在室温下连续工作、工作波长为 0.85μm 的双异质结注入式砷化镓铝半导体激光器，由于它体积小，易于与光纤耦合，为光纤通信找到了合适的光源器件；与此同时砷化镓铝发光二极管也制造成功，发光二极管寿命长，但是速率较低，功率小，谱线宽，属于非相干光源。为了配合光纤的长波长窗口，研制成功了铟镓砷磷半导体材料的长波长激光器和发光二极管。

随着技术的发展，性能更好、寿命达几万小时的异质结条形激光器和现在寿命达几十万小时的分布反馈式激光器（DFB-LD）以及多量子阱（MQW）激光器也相继研制成功。

光接收器件从硅光电二极管发展到量子效率达 90%以上的Ⅲ-Ⅴ族雪崩光电二极管。

（2）传输介质

自 1970 年以后，光纤损耗逐年降低。1970 年，20dB/km；1972 年，4dB/km；1974 年，1.1dB/km；1976 年，0.5dB/km；1979 年，0.2dB/km；1990 年，0.14dB/km，已经接近石英光纤的理论损耗极限值 0.1dB/km。

（3）光纤通信系统

正是光纤制造技术和光电器件制造技术的飞速发展，以及大规模、超大规模集成电路技术和微处理器技术的发展，带动了光纤通信系统从小容量到大容量、从短距离到长距离、从旧体制（PDH）到新体制（SDH）的迅猛发展。1976 年，美国在亚特兰大开通了世界上第一个实用化光纤通信系统，码速率仅为 45Mbit/s，中继距离为 10km。1985 年，140Mbit/s 多模光纤通信系统商用化，并着手单模光纤通信系统的现场试验工作。1990 年，565Mbit/s 单模光纤通信系统进入商用化阶段，同时着手进行零色散位移光纤、波分复用及相干光通信的现场试验，而且已经陆续制定了同步数字体系（SDH）的技术标准。1993 年，622Mbit/s 的 SDH 产品进入商用化。1995 年，2.5Gbit/s 的 SDH 产品进入商用化。1998 年，10Gbit/s 的 SDH 产品进入商用化。同年，以 2.5Gbit/s 为基群、总容量为 20Gbit/s 和 40Gbit/s 的密集波分复用（DWDM）系统进入商用化。2000 年，以 10Gbit/s 为基群、总容量为 320Gbit/s 的 DWDM 系统进入商用化。此外，在智能光网络（ION）、光分插复用器（OADM）、光交叉连接设备（OXC）等方面也正在取得巨大进展。

总之，从 1970 年到现在，虽然只有短短 40 多年的时间，但光纤通信技术却取得了极其惊人的进展。然而，就目前的光纤通信而言，其实际应用仅是其潜在能力的 2%左右，尚有巨大的潜力等待人们去开发利用。因此，光纤通信技术将向更高水平、更高阶段发展。

1.2　光纤通信的光波波谱

光波是电磁波，具有极高的频率（大约 10^{14}Hz），其频率比无线电波中的微波频率高 10^4～10^5 倍，光波范围包括红外线、可见光、紫外线，其波长范围为 300～6×10^{-3}μm，光波中除可见光外，红外线、紫外线等均为人眼看不见的光。可见光由红、橙、黄、绿、蓝、靛、紫 7 种颜色的连续光波组成，其波长范围为：760～390nm，其中红光的波长最长，紫光的波长最短。波长大于 760nm 电磁波属于红外线，它又可以划分为近红外、中红外、远红外。波长小于 390nm 的电磁波属于紫外线。波长再短就是 X 射线、γ 射线。电磁波波谱图如图 1-1 所示。

光纤通信的波谱在 1.67×10^{14}～3.75×10^{14}Hz，即波长在 0.8～1.8μm，属于红外波段，将 0.8～0.9μm 称为短波长，1.0～1.8μm 称为长波长，2.0μm 以上称为超长波长。应用于光纤通信的波长是 0.85μm（短波长窗口）、1.31μm 和 1.55μm（长波长窗口）。

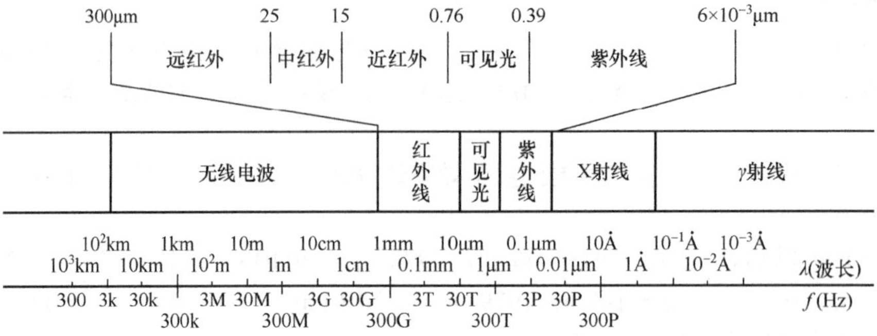

图 1-1　电磁波波谱图

各种单位的换算公式如表 1-1 所示。

表 1-1　各种单位的换算公式

$c=3\times10^8$m/s	1MHz（兆赫）$=10^6$ Hz
$\lambda=c/f$	1GHz（吉赫）$=10^9$ Hz
1μm（微米）$=10^{-6}$m	1THz（太赫）$=10^{12}$Hz
1nm（纳米）$=10^{-9}$m	1PHz（拍赫）$=10^{15}$ Hz
1Å（埃）$=10^{-10}$m	

1.3　光纤通信系统的组成

光纤通信是以光波作为信息载体，以光纤作为传输介质的一种通信方式。要使光波成为携带信息的载体，必须在发射端对其进行调制，而在接收端把信息从光波中检测出来（解调）。依目前技术水平，大部分采用强度调制-直接检测（IM-DD）方式。数字光纤通信系统一般由光发射机、光中继器、光纤和光接收机组成，其组成框图如图 1-2 所示。

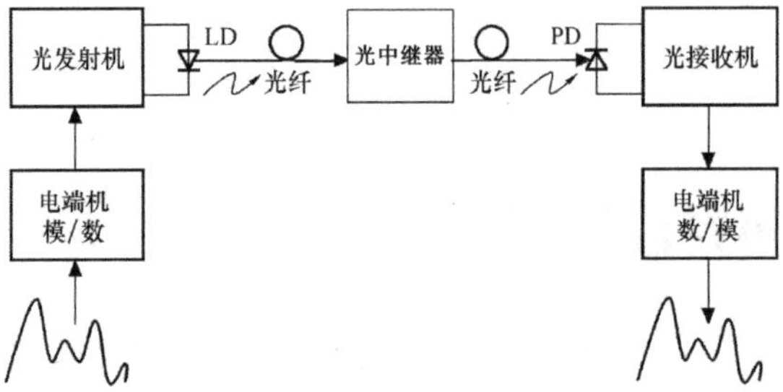

图 1-2　数字光纤通信系统方框图

1. 光发射机

光发射机的作用是进行电/光转换，即把数字化的电脉冲信号码流转换成光脉冲信号码流并输入到光纤中进行传输。光发射机由光源、驱动器和调制器组成，光源是光发射机的核心。在发射端，电端机把模拟信息（如语音）进行模/数转换，转换后的数字信号复用后再去调制发射机中的光源器件（如 LD），则光源器件就会发出携带信息的光波。如当数字信号为“1”时，光源器件发射一个“传号”光脉冲；当数字信号为“0”时，光源器件发射一个“空号”光脉冲。

2. 光中继器

光中继器的作用是补偿光能的衰减，恢复信号脉冲的形状。传统的光中继器采用的是光一电一光（O-E-O）的模式，光电检测器先将光纤送来的非常微弱的并失真了的光信号转换成电信号，再通过放大、整形、再定时，还原成与原来的信号一样的电脉冲信号。然后，用这一电脉冲信号驱动激光器发光，又将电信号变换成光信号，向下一段光纤发送出光脉冲信号。通常把有再放大（re-amplifying）、再整形（re-shaping）、再定时（re-timing）这三种功能的中继器称为“3R”中继器。这种方式过程繁琐，不利于光纤的高速传输。自从掺铒光纤放大器（EDFA）问世以后，光中继实现了全光中继，通常又称为“1R”（re-amplifying）中继器。目前光放大器已趋于成熟，它可作为 1R 中继器（仅仅放大）代替 3R 中继器，构成全光通信系统。

3. 光纤

光纤线路的功能是把来自光发射机的光信号，以尽可能小的畸变（失真）和衰减传输到光接收机。光纤线路由光纤、光纤接头和光纤连接器组成。

4. 光接收机

光接收机的作用是进行光/电转换，即将由光纤传来的微弱光信号转换为电信号，经放大处理后，恢复成发射前的电信号。光接收机由光检测器、光放大器和相关电路组成，光检测器是光接收机的核心。在接收端，光接收机把数字信号从光波中检测出来送给电端机，由电端机解复用后再进行数/模转换，恢复成原来的模拟信息。

1.4　光纤通信系统的特点及应用

在目前的通信领域，光纤通信得以广泛的应用和发展，是由其自身的特点所决定的。

1.4.1　光纤通信的特点

（1）传输频带宽，通信容量大。

从理论上讲，一根仅有头发丝粗细的光纤可以同时传输 1 000 亿个话路。虽然目前远未达到如此高的传输容量，但用一根光纤同时传输 24 万个话路的试验已经取得成功，它比传统的同轴电缆、微波等要高出几千乃至几十万倍以上。一根光纤的传输容量如此巨大，而一根光缆中可以包括几十根直至上千根光纤，如果再加上波分复用技术把一根光纤当作几十根、几百根光纤使用，其通信容量之大就更加惊人了。

（2）中继距离长。

减少传输线路的损耗是实现长中继距离的首要条件，由于光纤具有极低的衰减系数（已达 0.2dB/km 以下），若配以适当的光发射、光接收设备以及光放大器，可使其中继距离达数百公里以上甚至数千公里。

（3）信道串扰小，保密性能好。

光波在光纤中传输时只在其芯区进行，基本上没有光“泄漏”，即使在转弯处，弯曲半径很小时，漏出的光波也十分微弱，如果在光纤的表面涂上一层消光剂，光纤中的光就完全不能跑出光纤了，因此，其信道串扰小，保密性能极好。

（4）适应能力强。

适应能力强是指它不怕外界强电磁场的干扰、耐腐蚀、可挠性强（弯曲半径大于 250mm 时其性能不受影响）等。

（5）体积小、重量轻、便于施工和维护。

由于光纤的芯径很细，因此，光缆的直径也很小，减小了通信系统所占的空间，光缆的敷设方式方便灵活，既可以直埋、管道敷设，又可以水底或架空敷设。

（6）原材料来源丰富，潜在价格低廉。

制造石英光纤的最基本原材料是 SiO_2，而 SiO_2 在大自然界中几乎是取之不尽、用之不竭的，因此，其潜在价格是十分低廉的。

光纤通信也存在着一些缺点：如光纤元件价格昂贵，且光纤质地脆；弯曲半径不宜过小，易因屈曲而损毁；机械强度低，布线时需要小心及需要专门的切割及连接工具；光纤的接续、分路及耦合比铜线麻烦等，但随着科技的发展，这些问题都可以获得解决。

1.4.2 光纤通信的应用

光纤通信是当今世界上发展最快的领域之一，也是我国与国际先进水平差距最小的一个领域。光纤可以传输数字信号，也可以传输模拟信号。其在通信网、广播电视网、计算机网以及其他数据传输系统中都得到了广泛的应用。光纤宽带干线传送网、城域网和接入网发展迅速，是当前研究、开发及应用的主要目标。光纤通信的应用有如下几个方面。

（1）光纤在全球通信网和各国公用电信网中作为传输线。如洲际光缆干线、跨洋海底光缆、各国公用电信网的长途干线、市话中继线等。

（2）在计算机局域网和广域网中的应用。如光纤以太网，路由器间光纤高速传输链路。

（3）综合业务光纤接入网。分为有源接入网和无源接入网，可实现电话、数据、视频及多媒体业务综合接入核心网，提供各种各样的社区服务。

（4）特殊通信手段。如石油、化工、煤矿等部门在易燃易爆环境下使用的光缆及飞机、舰艇、导弹和宇宙飞船内部的光缆系统。

（5）各种专用通信网。如电力、公路、铁路等部门用于通信、指挥调度、监控的光缆系统。

（6）有线电视的干线及分配网；工业电视系统：如工厂、银行、商场、交通和公安部门的监控；自动控制系统的数据传输。

1.5 光纤通信的发展趋势

目前，各国的光纤通信市场在整个通信领域中所占比例越来越大，尤其是新技术相继注入市场，使干线网、市话网、局域网和接入网光纤化比重越来越大，更使光纤通信市场继续保持需求旺盛的状况。光纤通信的发展方向主要表现在以下几个方面。

1．向超高速系统发展

传统光纤通信的发展始终按照电的时分复用（TDM）方式进行，但是基于 TDM 的 10Gbit/s 系统对于光缆极化模色散比较敏感，理论上，基于 TDM 的高速系统的速率还有望进一步提高，例如，在实验室传输速率已能达到 40Gbit/s。然而，采用电的时分复用来提高传输容量的作法已经接近硅和镓砷技术的极限，已经没有太多潜力可挖了。此外，电的 40Gbit/s 系统的性价比较低，因而更现实的出路是转向光的复用方式。光复用方式有很多种，但目前只有 WDM 方式进入大规模商用，其他方式尚处于试验研究阶段。

2．向超大容量 WDM 系统演进

如前所述，采用电的时分复用系统的扩容潜力已尽，然而光纤的 200nm 可用带宽资源仅仅利用了不到 1%，99%的资源尚待发掘。如果将多个发送波长适当错开的光源信号同时在一根光纤上传送，则可大大增加光纤的信息传输容量，这就是波分复用（WDM）的基本思路。采用波分复用系统可以充分利用光纤的巨大带宽资源，使容量可以迅速扩大几倍甚至上百倍，同时在大容量长途传输时，可以节约大量光纤和再生器，从而大大降低了传输成本。可以认为，超大容量密集波分复用（DWDM）系统的发展是光纤通信发展史上的又一里程碑，不仅彻底开发了无穷无尽的光传输链路的容量，而且也成为 IP 业务爆炸式发展的催化剂和下一代光传送网的基础。

3．向光传送网方向发展

未来的高速通信网将是光传送网。即骨干传送网的主要节点引入光分/插复用器（OADM）和光交叉连接设备（OXC）。光传送网具有超大容量，可消除电节点设备的瓶颈，网络很容易扩展，允许节点数和业务量不断增长，并具有可重构性。光传送网的透明性好，允许混合不同体制、格式和速率的信号，能够互连现有系统及任何未来的新系统。光传送网络已经成为继 SDH 网络以后的又一次新的光通信发展高潮。

4．向 G.655 光纤和全波光纤发展

传统的 G.652 单模光纤在适应超高速长距离传送网络的发展上已暴露出“力不从心”的态势，为了适应发展需要，出现了新型光纤，即 G.655 光纤和全波光纤。

非零色散光纤（G.655 光纤）的基本设计思想是在 1 550nm 窗口工作波长区具有合理的较低色散，足以支持 10Gbit/s 的长距离传输而无需色散补偿，从而节省了色散补偿器及其附加光放大器的成本。同时，其色散值又保持非零特性，足以压制四波混合和交叉相位调制等非线性影响，适宜开通具有足够多波长的 DWDM 系统，同时满足 TDM 和 DWDM 两种发展方向的需要。

全波光纤采用了一种全新的生产工艺，几乎可以完全消除 1 385nm 附近由水峰引起的衰减。由于没有了水峰，光纤可以开放第 5 个低损窗口，可用波长范围增加了 100nm，使光纤的全部可用波长范围从大约 200nm 增加到 300nm，可复用的波长数大大增加。

5．向宽带光纤接入网方向发展

接入网是信息高速公路的最后一公里。以铜线组成的接入网是宽带信号传输的瓶颈。为适应通信发展的需要，我国正在加紧改造和建设接入网，逐渐用光纤取代铜线，将光纤向家庭延伸。实现宽带接入网有各种不同的解决方案，有基于铜线双绞线的 xDSL、基于同轴电缆的 HFC、光纤接入（FTTx）以及无线接入（WLL）等，其中光纤接入是最能适应未来发展的解决方案。

6．IP over SDH 与 IP over Optical

目前，ATM 和 SDH 均能支持 IP，分别称为 IP over ATM 和 IP over SDH，两者各有千秋。

IP over SDH 能弥补上述 IP over ATM 的弱点，其省掉了中间复杂的 ATM 层，使通透量增加 25%～30%，从长远看，当 IP 业务量逐渐增加，需要高于 2.4Gbit/s 的链路容量时，则可能最终会省掉中间的 SDH 层，IP 直接在光路上跑，形成十分简单统一的 IP 网结构（IP over Optical）。显然，这是一种最简单直接的体系结构，由于省掉了昂贵的 ATM 交换机和大量 SDH 复用设备，简化了网管，又采用了波分复用技术，其总成本可望比传统电路交换网降低 1～2 个量级。

总之，光纤通信技术虽然已经成熟，并成为现代通信的主要传输手段，但它并没有停滞不前，而是向更高水平、更深层次的方向发展。

实践项目与教学情境

情境 1：参观光纤通信系统，认识光纤通信系统的组成，说明各部分的功能。

情境 2：上网查看光纤通信的概念、特点、应用和发展趋势，编写分析报告。

小结

1．简单介绍了光纤通信技术的产生背景、发展、应用等情况。

2．重点介绍了光纤通信的概念、光纤通信系统的组成、光纤通信的特点、应用和发展趋势。

思考题与练习题

1-1　什么是光纤通信？

1-2　光纤通信中使用的 3 个工作窗口是多少？

1-3　简述光纤通信系统基本组成中各部分的主要作用。

1-4　光纤通信有哪些特点？

1-5　光纤通信向哪些方面发展？

第2章 光纤和光缆

本章内容

- 光纤的结构和类型。
- 光纤的导光原理。
- 光纤的特性。
- 光缆的结构和种类。
- 光纤的熔接。

本章重点、难点

- 光纤的结构和类型。
- 光纤的导光原理。
- 光纤的特性。
- 光缆的种类。
- 光纤的熔接。

本章学习的目的和要求

- 掌握光纤的结构和类型。
- 了解光纤的导光原理。
- 掌握光纤的特性。
- 掌握光缆的结构和种类。
- 掌握光纤的熔接。

本章实践要求及教学情境

现场考察各类光纤，认识光缆的结构和型号，进行光纤的接续。

光传输最重要的组成部分是光纤，因此，研究光纤通信，首先应对光纤的结构与分类、光纤的导光原理以及光纤的有关特性有所了解。另外，在光纤通信线路中，为了保证光纤能在各种敷设条件和环境中使用，必须将光纤构成光缆，因此，对光缆也应有所了解。本章将介绍光纤的种类、结构及其性能，以及光缆的基本概念。

2.1 光纤的结构、分类和标准

2.1.1 光纤的结构

光纤是光导纤维的简称，它是一根像头发那么粗细的透明玻璃丝，是一种新的光波导。光纤呈圆柱形，由纤芯、包层和涂覆层3部分组成，如图2-1所示。

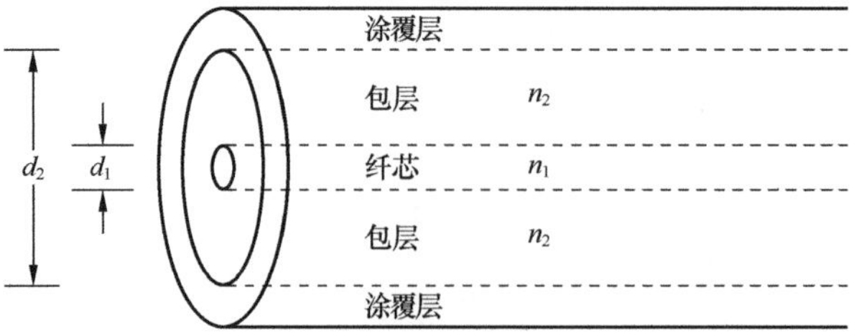

图 2-1　光纤的结构

（1）纤芯：纤芯位于光纤的中心部位，单模光纤的芯径一般为 8～10μm，多模光纤的芯径一般为 50μm 或 62.5μm。纤芯是光波的主要传输通道，其成分是高纯度 SiO_2。此外，还掺有极少量的掺杂剂（如二氧化锗 GeO_2，五氧化二磷 P_2O_5），其作用是适当提高纤芯对光的折射率（n_1），利于传输光信号。

（2）包层：包层位于纤芯的周围（直径 d_2=125μm），其成分也是含有极少量掺杂剂的高纯度 SiO_2。而掺杂剂（如三氧化二硼 B_2O_3）的作用则是适当降低包层对光的折射率（n_2），使之略低于纤芯的折射率，即 $n_1>n_2$，这是光纤结构的关键，它使得光信号封闭在纤芯中传输。

（3）涂覆层：光纤的最外层为涂覆层，包括一次涂覆层、缓冲层和二次涂覆层。一次涂覆层一般使用丙烯酸酯、有机硅或硅橡胶材料，缓冲层一般用性能良好的填充油膏，二次涂覆层一般多用聚丙烯或尼龙等高聚物。涂覆的作用是保护光纤不受水汽侵蚀和机械擦伤，同时又增加了光纤的机械强度与可弯曲性，起着延长光纤寿命的作用。

可见，纤芯的粗细、纤芯材料和包层材料的折射率，对光纤的特性起着决定性的影响。

由纤芯和包层组成的光纤称为裸纤，它的强度、柔韧性较差，在裸纤从高温炉拉出后 2 秒内进行涂覆，经过涂覆后的光纤才能制成光缆，才可满足通信传输的要求。我们通常所说的光纤就是指这种经过涂覆后的光纤。

2.1.2　光纤的分类

光纤的基本结构尽管大致相同（见图 2-1），但它的种类繁多，通常可以按工作波长、折射率分布、传输模式、材料性质和套塑方法等分成不同的种类。

1．按传输波长分类

按传输波长不同，光纤可分为短波长光纤、长波长光纤和超长波长光纤。短波长光纤的波长为 0.85μm（0.8～0.9μm）。长波长光纤的波长为 1.0～1.7μm，主要有 1.31μm 和 1.55μm 两个窗口。超长波长光纤的波长在 2μm 以上。

2．按折射率分布分类

在纤芯和包层横截面上，折射率剖面有两种典型的分布。一种是纤芯和包层折射率沿光纤半径方向分布都是均匀的，而在纤芯和包层的交界面上，折射率呈阶梯形突变，这种光纤称为阶跃折射率光纤。另一种是纤芯的折射率不是均匀常数，而是随纤芯半径方向坐标增加而逐渐减少，一直渐变到等于包层折射率值，将这种光纤称为渐变折射率光纤。这两种光纤剖面的共同特点是：纤芯的折射率 n_1 大于包层折射率 n_2，这也是光信号在光纤中传输的必要条件。比较特殊的还有三角形、双包层型等。常用光纤结构及传输情况如图 2-2 所示。

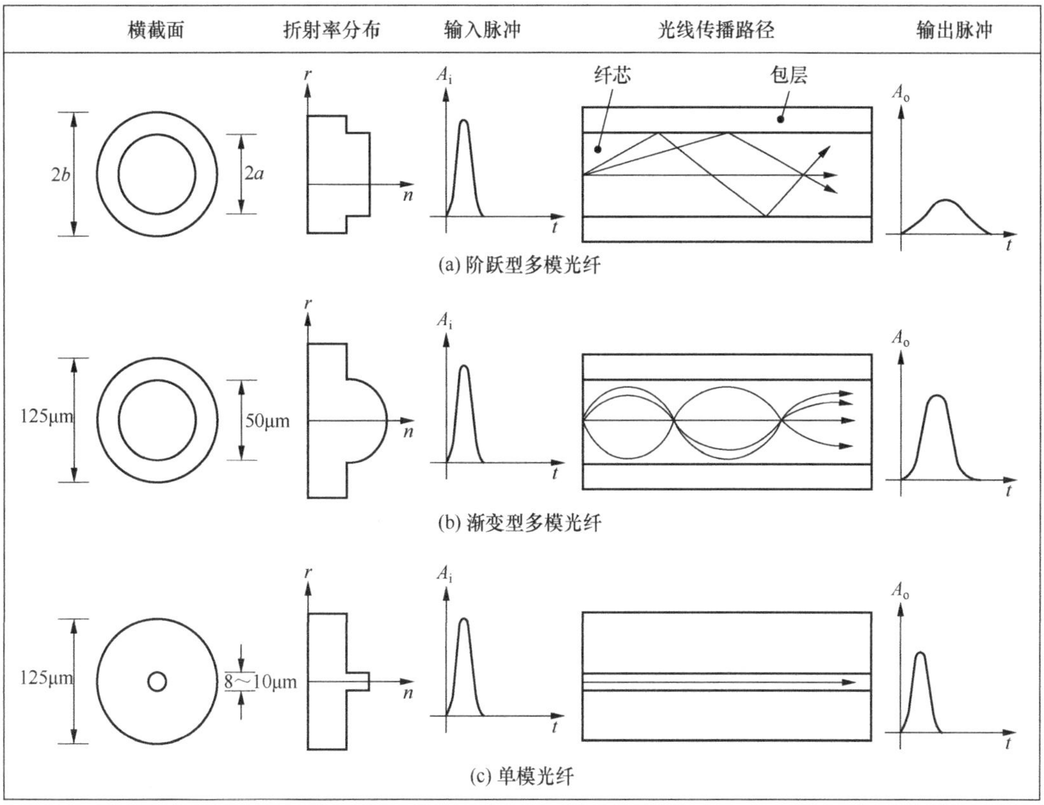

(a) 阶跃型多模光纤
(b) 渐变型多模光纤
(c) 单模光纤

图 2-2　三种基本类型的光纤

阶跃型多模光纤（Step-Index Fiber，SIF）如图 2-2（a）所示，纤芯折射率为 n_1 保持不变，到包层突然变为 n_2。光线以折线形状沿纤芯中心轴线方向传播，特点是信号畸变大。这种光纤一般纤芯直径 $2a$＝50～80μm，包层直径 $2b$＝125μm。

渐变型多模光纤（Graded-Index Fiber，GIF）如图 2-2（b）所示，在纤芯中心折射率最大为 n_1，沿径向 r 向外逐渐变小，直到包层变为 n_2。光线以正弦形状沿纤芯中心轴线方向传播，特点是信号畸变小。这种光纤一般纤芯直径 $2a$ 为 50μm，包层直径 $2b$＝125μm。

单模光纤（Single-Mode Fiber，SMF）如图 2-2（c）所示，折射率分布和突变型光纤相似，纤芯直径只有 8～10μm，包层直径仍为 125μm。光线以直线形状沿纤芯中心轴线方向传播。因为这种光纤只能传输一个模式，所以称为单模光纤，其信号畸变很小。

3．按套塑结构分类

根据光纤的套塑结构不同，有紧套光纤和松套光纤两种。紧套光纤就是在一次涂覆的光纤上再紧紧地套上一层尼龙或聚乙烯等塑料套管，光纤在套管内不能自由活动，如图 2-3（a）所示。松套光纤，就是在光纤涂覆层外面再套上一层塑料套管，光纤可以在套管中自由活动，套管内填充油膏，以防水渗入，如图 2-3（b）所示。紧套光纤的耐侧压能力不如松套光纤，但其结构相对简单，无论是测量还是使用都比较方便。设备、仪表间相连使用的光纤一般称为尾纤，尾纤通常为紧套光纤。松套光纤不需要再进行二次涂覆，制作工艺简单、耐侧压能力和防水性能较好，且便于成缆。

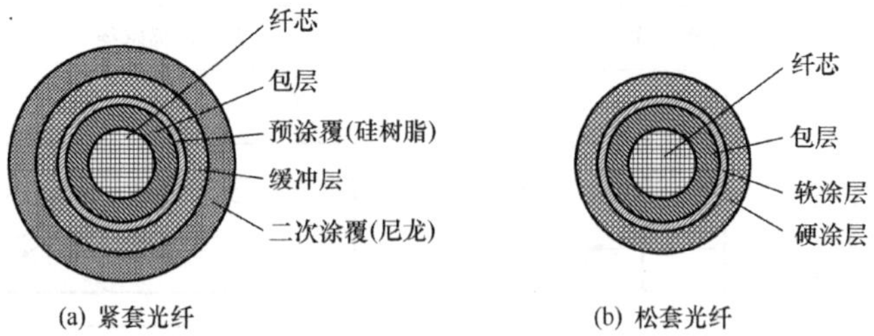

图 2-3　套塑光纤结构

4. 按传输模式分类

根据光纤中传输模的数量不同，光纤可分为多模光纤和单模光纤。

传播模式是指光在光纤中传播时的电磁场分布形式，一种电磁场分布称为一个传播模式。换句话说，如果我们能够看到光纤内部的话，我们会发现一组光束以不同的角度传播，传播的角度从零到临界角α_c，传播的角度大于临界角α_c的光线穿过纤芯进入包层（不满足全反射的条件），最终能量被涂覆层吸收，如图 2-4 所示。这些不同的光束称为模式。通俗地讲，模式的传播角度越小，模式的级越低。所以，严格按光纤中心轴传播的模式称为基模；其他与光纤中心轴成一定角度传播的光束皆称为高次模。

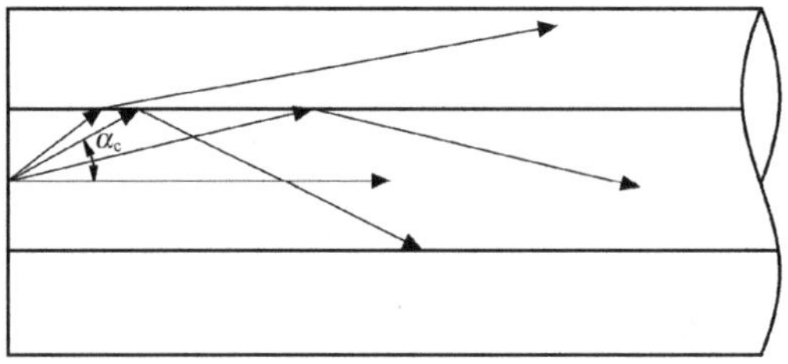

图 2-4　光在阶跃折射率光纤中的传播

（1）多模光纤

光纤中传输多种模式时，这种光纤被称为多模光纤。由于多模光纤的纤芯直径较粗，既可以采用阶跃折射率分布，也可以采用渐变折射率分布，目前多采用后者。多模光纤中存在着模式色散，使其带宽变窄，但是制造、连接、耦合比较容易。

（2）单模光纤

光纤中只传输一种模式（基模），其余的高次模全部截止，这种光纤被称为单模光纤。光在单模光纤中的传播轨迹，简单地讲，是以平行于光纤中心轴线的直线方式传播，如图 2-5 所示。单模光纤芯径极细，其折射率分布一般采用阶跃折射率分布。

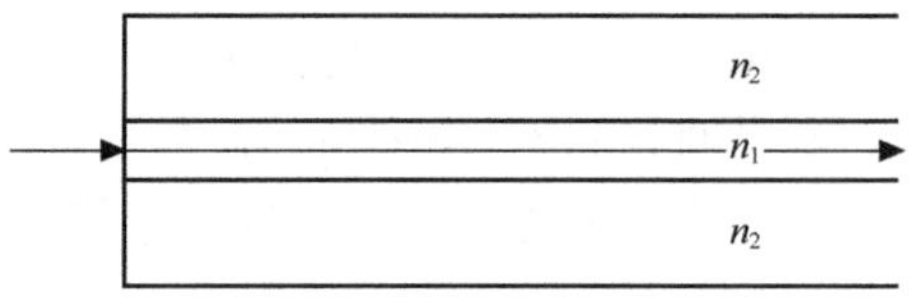

图 2-5　光在单模光纤中的传播轨迹

因为光在单模光纤中仅以一种模式（基模）进行传播，其余的高次模全部截止，从而避免了模式色散的问题，故单模光纤特别适用于大容量、长距离传输，但由于尺寸小，制造、连接、耦合比较困难。

5. 按光纤的材料分类

按照制造光纤所用的材料可分为：石英（玻璃）系列光纤、塑料光纤和液体（氟化物）光纤。

石英（玻璃）系列光纤是以二氧化硅（SiO_2）为主要原料，并按不同的掺杂量来控制纤芯和包层折射率分布的光纤。石英（玻璃）系列光纤具有低损耗、宽带宽的特点，目前通信中普遍使用的是石英（玻璃）系列光纤。

塑料光纤是用高度透明的聚苯乙烯或聚甲基丙烯酸甲酯（有机玻璃）制成的。它的特点是制造成本低廉，相对来说芯径较大，与光源的耦合效率高，耦合进光纤的光功率大，使用方便。但由于损耗较大，带宽较小，这种光纤只适用于短距离、低速率通信，如船舶内通信。

氟化物光纤（Fluoride Fiber）是由氟化物玻璃制成的光纤，是一种特殊的光纤形式，主要工作在 2～10pm 波长的光传输业务。由于氟化物光纤具有超低损耗的可能性，正在进行着用于长距离通信光纤的可行性开发。

2.1.3　光纤标准

通信用光纤的研制先后经历了短波长多模光纤、长波长多模光纤和单模光纤等几个重要阶段，ITU-T 的光纤标准规范有以下几种。

1．G.651 光纤

G.651 光纤为渐变多模光纤（GIF 型光纤），工作波长为 1 310nm 和 1 550nm，在 1 310nm 处光纤有最小色散，在 1 550nm 处光纤有最小损耗。G.651 光纤适用于中小容量和中短距离的传输，主要用于计算机局域网或接入网。

2．G.652 光纤

G.652 光纤为常规单模光纤（Single-Mode Fiber，SMF），也称为非色散位移光纤，它是第一代 SMF。常规单模光纤的零色散波长为 1 310nm，在 1 550nm 处有最小损耗，传输距离受损耗限制，适用于大容量传输，是目前应用最广的光纤。

由于单模光纤没有模式色散，具有很高的带宽，如果让单模光纤工作在 1 550nm 波长区，就可实现高带宽、低损耗的传输。但常规单模光纤 G.652 光纤在 1 310nm 处色散比在 1 550nm 处色散小得多。这种光纤如工作在 1 550nm 波长区，虽然损耗较低，但由于色散较大，仍会给高速光通信系统造成严重影响。因此，这种光纤仍然不是理想的传输介质。

ITU-T 又进一步把 G.652 类光纤细分为 G.652A、G.652B、G.652C 和 G.652D 四个子类。这种光纤标准的细分促进了光纤的准确应用，细化标准的同时也提高了一些光纤的指标要求，明确了对不同的网络层次和不同的传输系统中使用的光纤指标要求，对合理使用光纤起到了很好的作用。

G.652A 光纤主要适用于 SDH 传输系统和带光放大的单通道（可达 STM-16）SDH 传输系统；G.652B 光纤主要适用于 SDH 传输系统和带光放大的单通道 SDH 传输系统及可达到 STM-64 的带光放大的波分复用传输系统；G.652C 光纤主要适用于 SDH 传输系统和带光放大的单通道 SDH 传输系统和可达到 STM-64 的带光放大的波分复用传输系统，这类光纤允许 G.957 传输系统适用 1 360～1 530nm 的扩展波段，增加了可用波长范围，使可复用的波长数大大增加，可用于城域网的光纤敷设；G.652D 集合了 G.652B 和 G.652C 的优点，即与 G.652B 有相似的属性和应用范围，但衰减要求与 G.652C 相同，并允许使用在 1 360~ 1 530nm（E 和 S 波段）。可以预见其在未来城域网应用的广阔前景。

3．G.653 光纤

G.653 光纤也称色散位移光纤（DSF），是指色散零点在 1 550nm 附近的光纤。这种光纤是通过改变折射率的分布将 1 310nm 附近的零色散点拉移到 1 550nm 附近，从而使光纤的低损耗窗口与零色散窗口重合的一种光纤。该光纤在 1 550nm 波段附近的色散系数极小，趋近于零，系统速率可达到 20Gbit/s 和 40Gbit/s，是单波长超长距离传输的最佳光纤。但是这种色散位移光纤在 1 550nm 色散为零，不利于多信道的 WDM 传输，用的信道较多时，信道间距变小，就会产生四波混频（FWM），导致信道间发生串扰，阻碍了其应用。

4．G.654 光纤

G.654 光纤为性能最佳的单模光纤，在 1 550nm 处具有极低损耗（大约 0.18dB/km），1 310nm 处色散为零，弯曲性能好。G.654 光纤也称为截止波长移位单模光纤，它是非色散位移光纤，其截至波长移到了较长波长，在 1 550nm 波长区域损耗极小，最佳工作波长范围为 1 550～1 600nm。G.654 光纤主要应用于远距离、无需插入有源器件的无中继海底光缆通信系统，其缺点是制造困难，价格昂贵。

5．G.655 光纤

由于色散位移光纤（G.653）的色散零点在 1 550nm 附近，WDM 系统在零色散波长处工作很容易引起四波混频效应，导致信道间发生串扰，不利于 WDM 系统工作。为了避免该效应，零色散波长不在 1 550nm，而是在 1 525nm 或 1 585nm 处，这种光纤就是非零色散位移光纤（NZDSF）。G.655 光纤的衰减一般在 0.19～0.25dB/km，在 1 530～1 565nm 波段的色散为 1～6ps/(nm·km)，色散较小，避开了零色散区，既抑制了四波混频，可采用 WDM 扩容，也可以开通高速系统。

由于 ITU-T 建议中只要求了色散的绝对值，对于它的正负没有要求，因而 G.655 光纤的工作区色散可以为正也可以为负，当零色散点位于短波长区时，工作区色散为正，当零色散点位于长波长区时，工作区色散为负。目前，陆地光纤通信系统一般采用正色散系数的非零色散位移光纤；海底光缆通信系统一般采用负色散系数的非零色散位移光纤。图 2-6 所示为几种单模光纤的损耗和色散特性。

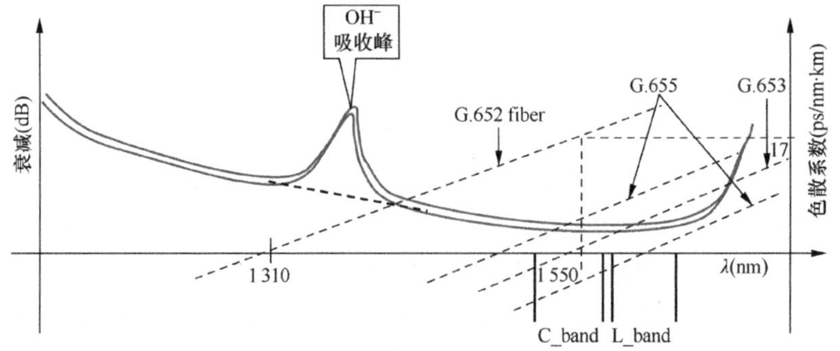

图 2-6　单模光纤的损耗和色散特性

注意：G.653 光纤是为了优化 1 550nm 窗口的色散性能而设计的，但它也可以用于 1 310nm 窗口的传输。由于 G.654 光纤和 G.655 光纤的截止波长都大于 1 310nm，所以 G.654

光纤和 G.655 光纤不能用于 1 310nm 窗口。

G.652 和 G.655 光纤是国内常用的单模光纤，G.653 和 G.654 光纤在国内很少使用。

6．其他类型光纤

除了上述常用光纤外，还有一些其他类型的光纤。

（1）G.656光纤

G.656 光纤是一种宽带光传输非零色散位移光纤。G.656 光纤与 G.655 光纤有所不同。

①具有更宽的工作带宽，即 G.655 光纤工作带宽为 1 530～1 625nm（C+L 波段，C 波段 1 530～1 565nm 和 L 波段 1 565～1 625nm），而 G.656 光纤工作带宽则是 1 460～1 625nm（S+C+L 波段），将来还可以拓宽超过 1 460～1 625nm，可以充分发掘石英玻璃光纤的巨大带宽的潜力；

②色散斜率更小（更平坦），能够显著地降低 DWDM 系统的色散补偿成本。G.656 光纤是色散斜率基本为零、工作波长范围覆盖 S+C+L 波段的宽带光传输的非零色散位移光纤。

（2）G.657 光纤

在 FTTH 建设中，由于光缆被安放在拥挤的管道中或者经过多次弯曲后被固定在接线盒或插座等具有狭小空间的线路终端设备中，所以 FTTH 用的光缆应该是结构简单、敷设方便和价格便宜的光缆。因此，一些著名的制造厂商纷纷开展了抗弯曲单模光纤的研究。为了规范抗弯曲单模光纤产品的性能，ITU-T 于 2006 年 12 月发布了 ITU-T G.657“接入网用弯曲不敏感单模光纤和光缆特性”的标准建议，即 G.657 光纤标准。

G.657 光纤具有良好的抗弯曲性能，使其适用于光纤接入网，包括位于光纤接入网终端的建筑物内的各种布线。2009 年 12 月发布了修订后的第二版本，在新版本的标准建议中，按照是否与 G.652 光纤兼容的原则，将 G.657 光纤划分成了 A 大类和 B 大类光纤，同时按照最小可弯曲半径的原则，将弯曲等级分为 1，2，3 三个等级，其中 1 对应 10mm 最小弯曲半径，2 对应 7.5mm 最小弯曲半径，3 对应 5mm 最小弯曲半径。结合这两个原则，将 G.657 光纤分为了四个子类，G.657.A1、G.657.A2、G.657.B2 和 G.657.B3 光纤，如表 2-1 所示。

表 2-1　　ITU-TG.657 光纤

ITU-TG.657	A 类（要求与 G.652 完全兼容）	B 类（不要求与 G.652 完全兼容）
弯曲等级 1（最小弯曲半径 10mm）	G.657.A1	
弯曲等级 2（最小弯曲半径 7.5mm）	G.657.A2	G.657.B2
弯曲等级 3（最小弯曲半径 5mm）		G.657.B3

G.657A 光纤可以在 1 260～1 625nm 整个工作波长范围内工作。G.657A 光纤的传输和互连性能与 G.652D 相同。与 G.652D 光纤不同的是，为了改善光纤接入网中的光纤接续性能，G.657A 光纤具有更好的弯曲性能，几何尺寸技术要求更精确。

G.657B 光纤的传输工作波长分别是 1 310 nm、1 550 nm 和 1 625nm。G.657B 光纤的应用只限于建筑物内的信号传输，它的熔接和连接特性与 G.652 光纤完全不同，可以在弯曲半径非常小的情况下正常工作。

（3）大有效面积光纤

大有效面积光纤（LEAF）是为了适应更大容量、更长距离的 WDM 系统的应用而出现，这种光纤的模场直径由普通光纤 8.4μm 增加到 9.6μm，从而使有效面积从 55μm^2 增加到 72μm^2 以上。工作在 1 550nm 波长，与标准的非零色散位移光纤相比，具有较大的有效面积，因而有较大的功率承受能力，可以更有效地克服非线性影响，适用于使用高输出功率的掺铒光纤放大器的网络中。

（4）色散补偿光纤

色散补偿光纤（DCF）是具有大的负色散的光纤。它是针对现已敷设的 G.652 标准单模光纤而设计的一种新型单模光纤。现在大量敷设和实用的仍然是 G.652 光纤，为使已敷设的 G.652 标准单模光纤系统采用 WDM 技术，就必须将光纤的工作波长从 1 310nm 转为 1 550nm，而标准光纤在 1 550nm 波长的色散不为零，是正的 17～20ps/(nm · km)，并且有正的色散斜率，所以就必须在这些光纤中加接具有负色散的色散补偿光纤，进行色散补偿，以保证光纤线路的总色散值近似为零，从而实现高速度、大容量、长距离的通信。

（5）全波光纤

全波光纤（AWF）消除了常规光纤在 1 385nm 附近由于 OH 离子造成的损耗峰，损耗从原来的 2dB/km 降到 0.3dB/km，这使光纤的损耗在 1 310～1 600nm 都趋于平坦，形象地称为“全波光纤”，也被称作“低水峰光纤”。全波光纤使光纤可利用的波长增加 100nm 左右，相当于增加了通道间隔为 100GHz 的 125 个波长。全波光纤的损耗特性很诱人，但它在色散和非线性方面没有突出表现。

2.2 光纤的导光原理

光是一种频率极高的电磁波，而光纤本身是一种介质波导，因此，光在光纤中的传输理论是十分复杂的。要想全面地了解它，需要应用电磁场理论、波动光学理论，甚至量子场论方面的知识。但作为一个光纤通信系统工作者，无需对光纤的传输理论进行深入探讨与学习。为了便于理解，我们从几何光学的角度来讨论光纤的导光原理，这样会更加直观、形象、易懂。更何况对于多模光纤而言，由于其几何尺寸远远大于光波波长，所以可把光波看作一条光线来处理，这正是几何光学处理问题的基本出发点。

1. 折射和折射率

光线在不同的介质中以不同的速度传播，看起来就好像不同的介质以不同的阻力阻碍光的传播，描述介质的这一特征的参数就是折射率，或称折射指数。所以，如果 v 是光在某种介质中的速度，c 是光在真空中的速度，那么折射率 $n=c/v$，表 2-2 中给出了一些介质的折射率。

表 2-2　不同介质的折射率

材　料	空　气	水	玻　璃	石　英	钻　石
折射率	1.003	1.33	1.52 ~ 1.89	1.43	2.42

在折射率为 n 的介质中，光在真空中的所有特性将发生变化。光传播速度变为 c/n，光波长变为λ_0/n（λ_0 表示光在真空中的波长）。

当一条光线从空气中照射到物体表面（如玻璃）时，不仅它的速度会减慢，它在介质中的传播方向也会发生变化。所以，折射率可以根据光从一种介质进入另一种介质时的弯曲程度来测量。通常，当一条光线照射到两种介质相接的边界时，入射光线分成两束：反射光线和折射光线（见图 2-7）。

现在问题出现了：折射光线和反射光线的方向是什么呢？为了得到答案，我们需要对特定角度确定的方向进行观察：θ_1 是入射角，θ_3 是反射角，θ_2 是折射角，这些角度是光线和与边界垂直线之间的角度，它们之间的关系由光射入的介质决定。斯涅耳定律给出了定义这些光线方向的规则。

$$\theta_1 = \theta_3 \qquad (2\text{-}1)$$

$$n_1\sin\theta_1 = n_2\sin\theta_2 \qquad (2\text{-}2)$$

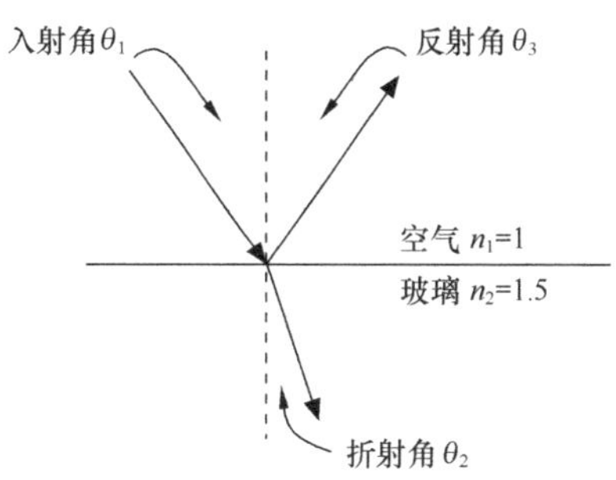

图 2-7　光的折射

当光从折射率较大的介质（如玻璃）进入折射率较小的介质（如空气）时，会出现什么情况呢？

如图 2-8 所示，当入射角θ（见图中虚线箭头）达到一定值时，折射角（见图中虚线箭头）等于 90°，光不再进入第二种介质（本例中是空气），这时入射角被称为临界角θ_c。如果我们继续增加入射角使$\theta > \theta_c$，所有的光将反射回入射介质（见图中实线箭头），这一现象被称为全反射现象。

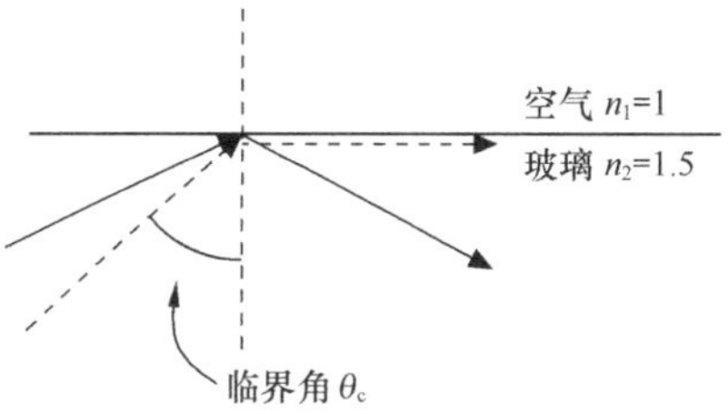

图 2-8　全反射

2．光的偏振

光属于横波，即光的电磁场振动方向与传播方向垂直。如果光波的振动方向始终不变，只是光波的振幅随相位改变，这样的光称为线偏振光，如图 2-9（c）和图 2-9（d）所示。从普通光源发出的光不是偏振光，而是自然光，它具有一切可能的振动方向，对光的传播方向是对称的，即在垂直于传播方向的平面内，无论哪一个方向的振动都不比其他方向占优势，如图 2-9（a）所示。实际上，我们可以用两个振动方向相互垂直、相位上相互独立的线偏振光来代替自然光，并且这两个线偏振光的光强等于自然光的总光强的一半。在研究问题时使用这种方法可以得到完全相同的结果。自然光在传播的过程中，由于外界的影响，在各个振动方向的光强不相同，某一个振动方向的光强比其他方向占优势，这种光称为部分偏振光，如图 2-9（b）所示。

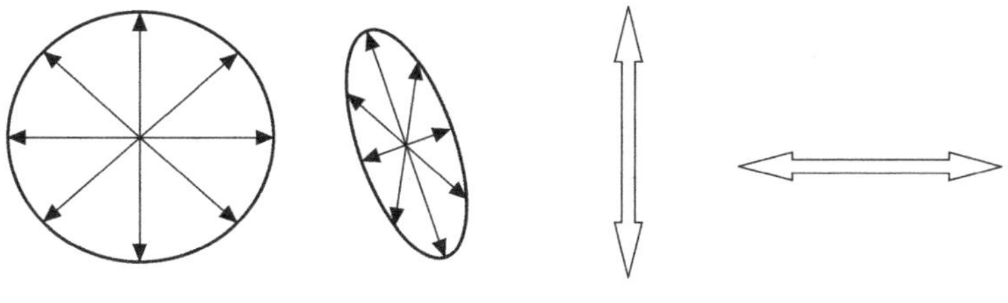

(a) 自然光　(b) 部分偏振　(c) 偏振 (垂直)　(d) 偏振 (水平)

图 2-9　光的偏振

如果对于某一介质的一个特性参数（如折射率、衰减），当其值随输入光信号的偏振方向不同而不同，那么我们称该参数是偏振相关的。

3．阶跃型光纤光射线的理论分析

阶跃型光纤的折射率分布已在图 2-2 中给出，下面从几何学角度出发来分析光在光纤中传输时的某些特性。在分析前，先讨论一下影响光纤性能的主要参量：相对折射率差、阶跃型光纤中的射线种类及子午射线的数值孔径。

（1）相对折射率差

为了让光波在纤芯中传输，纤芯折射率 n_1 必须大于包层折射率 n_2，实际上，纤芯折射率与包层折射率的大小直接影响着光纤的性能。在光纤的分析中，常常用相对折射率差这样一个物理量来表示它们相差的程度，用 Δ 表示。

$$\Delta=\frac{n_1^2-n_2^2}{2n_1^2} \tag{2-3}$$

当 n_1 与 n_2 差别极小，这种光纤称弱导波光纤。目前，实用的光纤通信通常为弱导波光纤。其相对折射率差 Δ 可以近似为

$$\Delta\approx\frac{n_1-n_2}{n_1} \tag{2-4}$$

（2）阶跃型光纤中光射线种类

阶跃型光纤中的光射线主要有子午射线和斜射线两种。

① 子午射线。通过光纤纤芯的轴线可以作很多平面，这些平面为子午面。如果光射线在光纤中传播的路径始终在一个子午面内，就称为子午射线，简称子午线。

子午射线的特点是光线在一个周期内两次穿越光纤轴心，成为锯齿形波前进，子午线在光纤端面上的投影是一条过轴心的直线，如图 2-10（a）所示。

② 斜射线。光射线在光纤中传播时，如果传播路径不在同一个子午面内，则称此射线为斜射线。

斜射线是不经过光纤轴线的空间折线，从斜射线在光纤端面上的投影可以看出，斜射线是限制在一定范围内传播的。可以找出与该射线相切的圆柱面，该面被称为焦散面，其在端面上的投影就是射线投影的内切圆，如图 2-10（b）所示。斜射线就是在纤芯包层界面与各自的焦散面之间传输的。

由于斜射线的情况比较复杂，下面只分析阶跃型光纤中的子午线。

（3）子午线的分析

分析一下，什么样的子午线才能在纤芯中形成导波。很明显，必须是能在纤芯与包层界面上产生全反射的子午线才能在纤芯中形成导波，如图 2-11 所示。

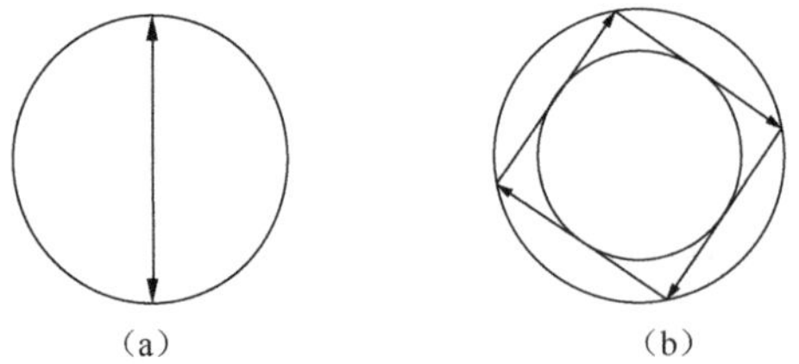

图 2-10　阶跃型光纤中的光射线

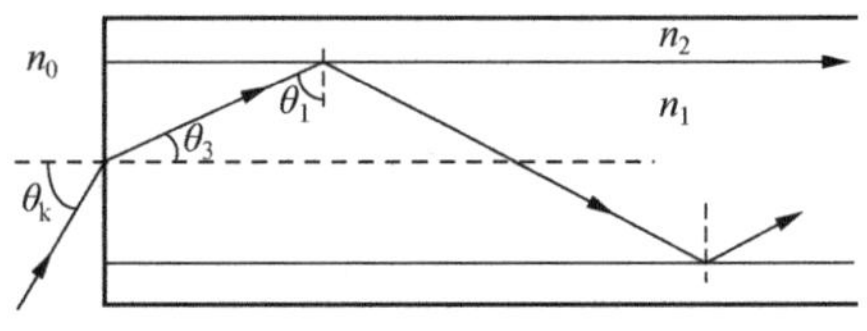

图 2-11　阶跃型光纤纵向剖面上的子午线传播

首先分析光线从空气入射到光纤的情况。

由于空气的折射率和光纤的折射率不同，一条光线射到光纤端面会发生折射。如图 2-11 所示，由折射定律可得

$$n_0 \sin\theta_k = n_1 \sin\theta_3 = n_1 \sin(90^\circ - \theta_1)$$

为保证光在光纤中的全反射，临界状态为$\theta_1 = \theta_c$，且$\sin\theta_c = \dfrac{n_2}{n_1}$。

于是我们可以得到　　$\sin\theta_k = n_1\cos\theta_1$，（$n_0 = 1$）

$$= n_1\sqrt{1-\left(\frac{n_2}{n_1}\right)^2} = \sqrt{n_1^2 - n_2^2} \tag{2-5}$$

$$= \sqrt{2n_1^2\frac{n_1^2 - n_2^2}{2n_1^2}} = n_1\sqrt{2\Delta} \tag{2-6}$$

因此，要想光线在光纤里全反射地进行传输，必须满足$\sin\theta_k \leqslant \sqrt{n_1^2 - n_2^2}$。

（4）数值孔径

我们把表示光纤捕捉光射线能力的物理量定义为光纤的数值孔径（NA）。若用θ_{max}表示能被光纤纤芯所捕捉的射线的最大入射角，则

$$\sin\theta_{max} = \sin\theta_k = \sqrt{n_1^2 - n_2^2} = n_1\sqrt{2\Delta}$$

由于n_1与n_2在数值上很接近，$\sin\theta_k \approx \theta_k$，$\theta_k$和$\sin\theta_k$被称为光纤的数值孔径$NA$，因而

$$NA = \sin\theta_k \approx \theta_k = \sqrt{n_1^2 - n_2^2} = n_1\sqrt{2\Delta} \tag{2-7}$$

由此可知，光纤的数值孔径（NA）仅决定于光纤的折射率，而与光纤的几何尺寸无关。光纤的数值孔径（NA）是表示光纤波导特性的重要参数，它反映了光纤与光源或探测器等元件耦合时的耦合效率。

（5）子午线在阶跃型光纤中传播

下面给出θ_i、θ_k、θ_{max}不同关系时，子午线在阶跃型光纤中传播情况，如图 2-12 所示。光源与光纤的耦合情况如图 2-13 所示。

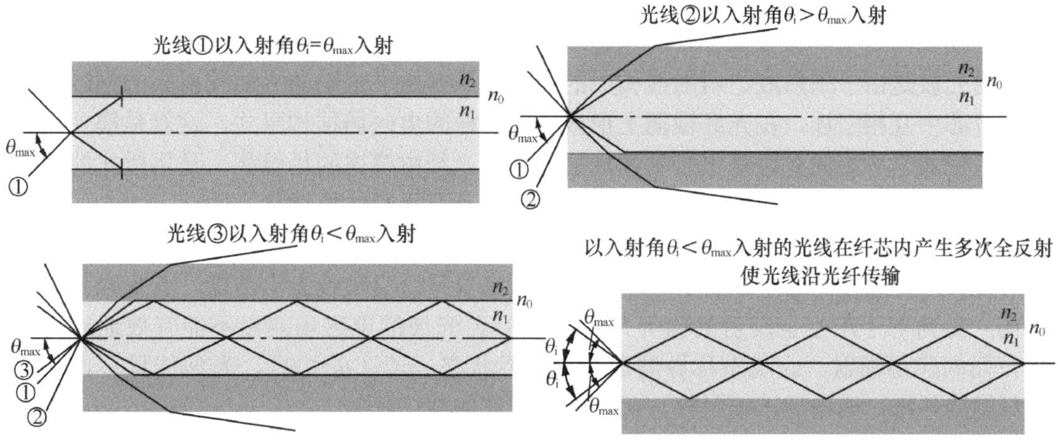

图 2-12　子午线在阶跃型光纤中传播

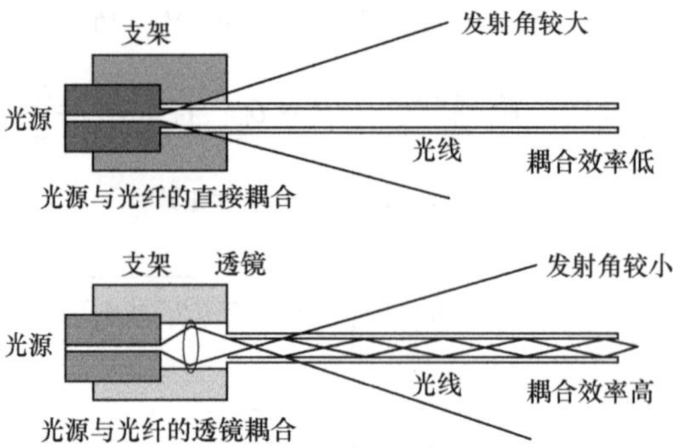

图 2-13　光源与光纤的耦合

4．渐变型光纤导光原理

渐变型光纤纤芯折射率呈连续变化，渐变型光纤导光原理是利用光的全反射和折射，使光线在其中以一条近似于正弦型的曲线向前传播，如图 2-14 所示。由于不同模式的光线分别在不同的折射率层界面上按折射率定律产生折射，进入低折射率层中去，因此，光的行进方向与光纤传输方向所形成的角度将逐渐变小。同样的过程不断发生，直至光在某一折射率层产生全反射，使光改变方向，朝中心较高的折射率层行进。这时，光的行进方向与光纤轴方向所构成的角度在各折射率层中每折射一次，其值就增大一次，最后到达中心折射率最大的地方。以此类推，上述过程不断重复，实现了光波的传输。光在渐变型光纤中会自觉地进行调整，最终到达目的地，出现自聚焦现象。

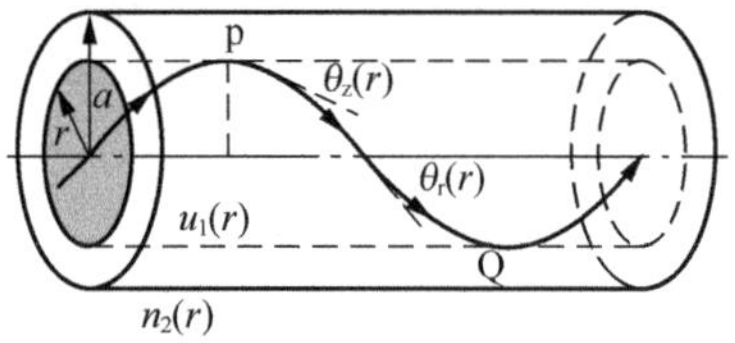

图 2-14　渐变型光纤的导光原理

5．光纤中传播的模式

前面我们用几何光学理论分析了光纤的导光原理，下面我们将采用波动理论来分析光纤中传播的模式。

（1）模式的基本概念

所谓模式，是指能够独立存在的电磁场的场结构形式。光纤中传播的模式是由于在光纤中传播的光波是由子午射线、斜射线构成的光波，还有由不规则的界面反射来的光波，这些光波在纤芯中互相干涉，在光纤截面上形成各种各样的电磁场结构形式，这就是模式，或简称模。我们通常看到的光斑是电磁场结构的图像，光纤中模式的场结构，是用模式的场型分布来表示的，不同的模式具有不同的场型分布，即具有不同的场结构。

（2）各模式的截止频率及截止条件

导波，应限制在纤芯中以纤芯和包层的界面来导行，沿轴线方向传播。若光导波在芯包界面的入射角等于产生全反射的临界角（$\theta_1=\theta_c$），光波的电磁场能量不能有效地封闭在纤芯内，而向包层辐射，此状态称导波截止的临界状态。若（$\theta_1<\theta_c$），光波能量不再有效地沿光纤轴向传播，而出现了辐射模，此状态为导波的截止状态。

光纤波导有一个重要参数，即归一化频率。其表达式为

$$V=\frac{2\pi}{\lambda}a\sqrt{n_1^2-n_2^2}=\frac{2\pi a n_1\sqrt{2\Delta}}{\lambda}=k_0 a n_1\sqrt{2\Delta}=k_0 a(NA) \tag{2-8}$$

式中，a 为纤芯半径，λ是传输光波的波长，n_1、n_2 分别为纤芯和包层的折射率，$k_0=\frac{2\pi}{\lambda}=\frac{\omega}{c}$ 为自由空间平面波的波数。

归一化频率 V 是一个直接与光的频率成正比的无量纲的量，故得此名称。它决定于光纤的结构参数 a、n_1、n_2 以及自由空间波数 k_0，又称光纤的结构参数。

V 值的大小决定了光纤中传输模式的数量，各模式都有其本身的归一化截止频率，描述了各模式的截止条件，用 V_c 表示归一化截止频率。用实际光纤的归一化频率 V 与各模式的归一化截止频率 V_c 相比，若 V 大于某一模式的 V_c，这种模式能在光纤中导行；反之若 V 小于某一模式的 V_c，那么，该模式处于截止状态。所以，导模在光纤中的导行、截止和临界条件为

导行条件：$V>V_c$；

截止条件：$V<V_c$；

临界条件：$V=V_c$。

表 2-3 所示为阶跃型光纤常用的 $LP_{m,n}$ 模的 V_c 值。

表 2-3　阶跃型光纤 $LP_{m,n}$ 模的 V_c 值

n \ m	0	1	2
1	0	2.404 83	3.831 71
2	3.831 71	5.520 08	7.015 59
3	7.015 59	8.653 73	10.173 47

由表 2-3 中看出，LP_{01} 模（$m=0$、$n=1$）的 $V_c=0$，说明 LP_{01} 模在任何情况下均可以传输。与 LP_{01} 模的 V_c 最邻近的模为 LP_{11} 模，其 $V_c=2.404\ 83$，以下依次是 LP_{21}、LP_{02}、…，总之是模次越高，相应的 V_c 越大。

当光纤的归一化频率 V 满足 $V<V_c\approx2.405$ 时，光纤中包括 LP_{11} 模在内的所有高阶模都被截止，此时光纤中只剩下基模 LP_{01} 模，这种情况称为光纤的单模传输。因此，保证阶跃型光纤单模传输的条件是

$$0<V<2.405 \tag{2-9}$$

此外，对于梯度光纤，经研究，其第一高阶模的截止频率 V_c 值，主要与该光纤折射率分布指数 g 有关，其近似公式为

$$V_c=2.405(1+2.315/g)^{1/2} \tag{2-10}$$

显然，对于阶跃型光纤，$g=\infty$，则 $V_c=2.405$，说明阶跃光纤是梯度光纤的一个特列。

（3）截止波长

与截止频率对应的是截止波长，它给出了保证单模传输的光波长范围，从上面的分析可知，光纤实现单模传输的条件是光纤的归一化频率（V）小于归一化截止频率（$V_c\approx2.405$）。

$$V_c=\frac{2\pi}{\lambda_c}a\sqrt{n_1^2-n_2^2}=\frac{2\pi a n_1\sqrt{2\Delta}}{\lambda_c}=2.404\ 83\approx2.405$$

则

$$\lambda_c=\frac{2\pi}{Vc}a\sqrt{n_1^2-n_2^2}=\frac{2\pi a n_1\sqrt{2\Delta}}{V_c}=\frac{2\pi a NA}{V_c} \tag{2-11}$$

λ_c 表示次低阶模得以传输的最大波长，称为理论截止波长。若要实现单模传输，则须光纤的工作波长$\lambda>\lambda_c$，此时只有 LP_{01} 模在光纤中传输，从而实现单模传输。

（4）光纤中传播的模式

当 $V>2.405$ 时，阶跃光纤的单模传输条件即被破坏，这样，光纤中可存在多种模式，这种情况称为光纤的多模传输。从理论分析可知，多模光纤允许传输的模式总数由光纤的归一化频率 V 和折射率分布指数 g 来决定。

光纤传导模的总数为

$$N=\frac{V^2}{2}\cdot\frac{g}{g+2} \tag{2-12}$$

g 的取值不同，则光纤折射率不同，传输的模数量也就不同。

对阶跃多模光纤，$g=\infty$，光纤传输的模式总数近似为 $N_S=\dfrac{V^2}{2}$ （2-13）

对 $g=2$ 的渐变型多模光纤，光纤传输的模式总数近似为 $N_G=\dfrac{V^2}{4}$ （2-14）

6．传输功率的分配与模场直径

了解光纤传输功率在纤芯包层中的分配是有实际意义的。对于某一模式来说，在理想情况下，其电磁场能量应完全被封闭在纤芯中，沿轴向传输。但实际上，在光纤的纤芯与包层的交界面处，电磁场并不为零，因此，光纤中传输的能量（用功率来表示）并非全部包含在纤芯中，纤芯的直径不能反映光纤中光能量的分布（如图 2-15 所示），于是提出了模场直径的概念。模场直径是指描述单模光纤中光能集中程度的参量，模场直径越小，通过光纤横截面的能量密度就越大。当通过光纤的能量密度过大时，会引起光纤的非线性效应，造成光纤通信系统的光信噪比降低，大大影响了系统的性能。因此，对于传输光纤而言，模场直径（或有效面积）越大越好。能量在包层中所占比例的大小和该模式的归一化频率 V 有关。当 V 远离截止频率越大时，它的能量将越聚集在纤芯中；当 V 越趋近截止频率 V_c 时，跑到包层中的能量越多。

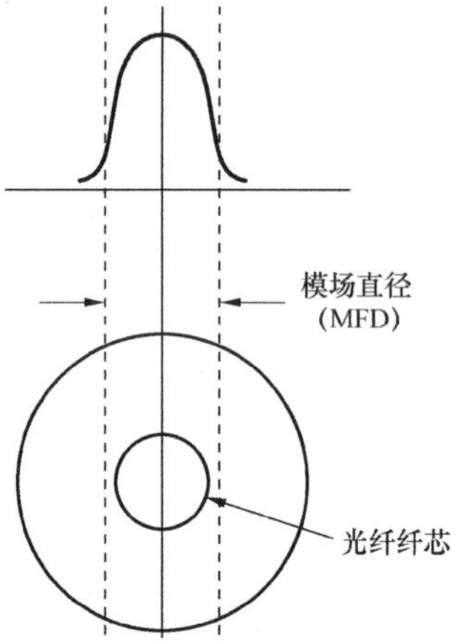

图 2-15　模场直径

对于多模光纤来说，V 比较大，当所有的模式受到同等激励时，经理论推导证明，包层中的功率与总功率之比约等于 $1/V$，即

$$\frac{p_{包}}{p}=\frac{1}{V}\quad (V\geqslant 2) \tag{2-15}$$

2.3　光纤特性

光纤的特性较多，这里从工程角度介绍一些所必须了解的主要性能。在介绍光纤的传输

特性之前，我们先来了解一下光纤的几何特性。

2.3.1　光纤的几何特性

光纤的几何特性与光缆施工有着紧密的关系，光纤的几何参数直接影响到光纤的连接损耗，在施工中，对光纤进行配纤就是为了降低连接损耗。对于多模光纤的连接，是靠裸纤的外径对准来实现的；对于单模光纤是靠纤芯对准来实现连接的。无论是多模光纤还是单模光纤，都对芯直径、包层直径、纤芯/包层同心度、不圆度和光纤翘曲度提出了严格要求。

1．芯直径

芯直径主要是对多模光纤的要求。阶跃型光纤，芯、包层界限明显；但渐变型光纤从包层折射率转变到纤芯的最大折射率是逐渐发生的，芯、包层界限不明显。ITU-T 规定当纤芯折射率与外边均匀包层的折射率之差达到后者的一定比例的区域叫作纤芯，多模光纤的芯直径为（50/62.5±3）μm。

2．包层直径

包层直径指光纤的外径（系石英玻璃光纤），ITU-T 规定，多模及单模光纤的包层直径均要求为（125±3）μm。对包层直径的不良控制，有可能导致光纤在熔接机或连接器内的位置偏高或偏低，不良的包层直径影响着机械接续。目前，光纤生产制造商已将光纤外径规格从（125.0±3）μm 提高到（125.0±1）μm。

3．纤芯/包层同心度和不圆度

所谓纤芯/包层同心度是指纤芯在光纤内所处的中心程度，不良的纤芯/包层同心度，在各类接续设备与连接器内部会引起接续困难和定位不良。目前，光纤制造商已将纤芯/包层同心度从≤0.8μm 的规格提高到≤0.5μm 的规格。

不圆度包括芯径的不圆度和包层的不圆度，可表示为。

$$N_c=(D_{max}-D_{min})/D_{co} \tag{2-16}$$

式中，D_{max} 和 D_{min} 是芯（包层）的最大和最小直径；D_{co} 是芯（包层）的标准直径。

光纤的不圆度严重时影响连接时的对准效果，增大接头损耗。ITU-T 规定，纤芯/包层同心度误差≤6%（单模为＜1.0μm），芯径不圆度≤6%，包层不圆度（包括单模）＜2%。

4．光纤翘曲度

光纤翘曲度是指在特定长度光纤上测量得到的弯曲度，可用曲率半径来表示翘曲度。可以设想将光纤放在一个大平面上并伸出平面一些，伸出部分因光纤属性（非重力）所自然形成的弯曲就是光纤翘曲，光纤翘曲度就是此弯曲的曲率半径。翘曲度（即曲率半径）数值越大，意味着光纤越直。在 V 形槽接续中，光纤的翘曲可能引起纤芯的不良反应，由此可能造成高损耗，从而需要使用成本较高的有源纤芯定位技术来克服此问题。光纤翘曲度在带状光纤中是非常重要的指标，目前，光缆制造商推出翘曲度≥4m 的世界上最严的规格。

优良的光纤几何特性，是简化接续过程、降低接续损耗的关键所在。在包层直径、光纤翘曲度、纤芯/包层同心度这 3 个光纤几何特性中，纤芯/包层同心度对接续损耗的影响最大，其次就是翘曲度。光纤翘曲度和纤芯/包层同心度共同作用，可以对接续效果造成很大影响。通过对模拟实验结果的分析，若采用最新的光纤，上述几何性质的改变在 0.1dB 的限值下，熔接头合格率由 93%提高到 99%。

在带状光纤熔接中，接头合格率更为重要。在带状熔接机中，最多可有 12 根光纤分别在 V 形槽中对齐，同时完成接续。带状光纤接头的合格率取决于每根光纤的定位，而在带状熔接机中无法个别调整光纤，因而光纤的几何特性属于最为重要的因素。

5. 带状光纤的几何特性

光缆网络的迅速发展，使得大芯数光缆被更多地采用，对于大芯数光缆建设，采用带状光缆可以提高施工速度。

带状光纤通常由 4、6、8、12、24 芯涂覆光纤，采取紫外线固化粘结材料粘结成带状，通过粘结材料把带状光纤组合成阵列排列（见图 2-16）。接续时一般可以同时一次性完成一个带状光纤的接续。

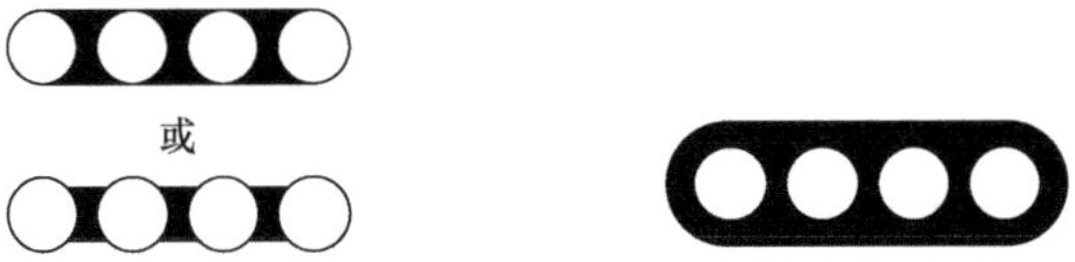

(a) 典型的边缘粘结型光纤带横截面　(b) 典型的整体包覆型光纤带横截面

图 2-16　带状光纤截面图

带状光纤的主要性能指标如下。

（1）几何参数

带状光纤的的几何参数如图 2-17 所示，最大几何参数通信行业标准如表 2-4 所示。

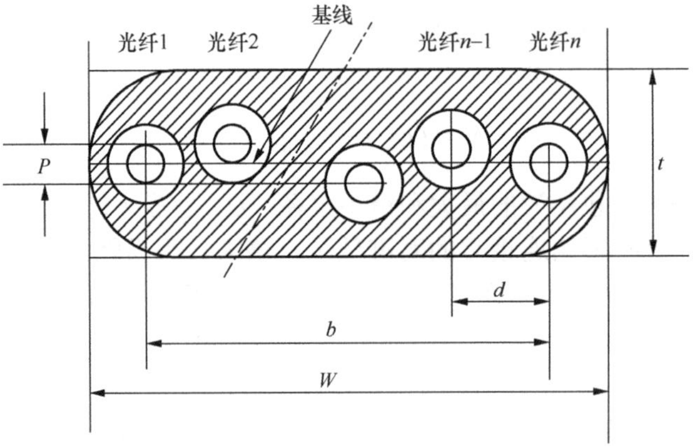

图 2-17　几何参数示意图

表 2-4　最大几何参数通信行业标准

光纤数 n	宽度 W（μm）	厚度 t（μm）	相邻光纤水平间距 d（μm）	两侧光纤水平间距 b（μm）	平整度 P（μm）
2	700	400	280	280	-
4	1 220	400	280	835	35

续表

光纤数 n	宽度 W（μm）	厚度 t（μm）	相邻光纤水平间距 d（μm）	两侧光纤水平间距 b（μm）	平整度 P（μm）
6	1 770	400	280	1 385	35
8	2 300	400	280	1 920	35
10	2 850	400	280	2 450	35
12	3 400	400	280	2 980	35

（2）标识

12 芯带状光纤全色谱标识规则如表 2-5 所示。光纤涂覆表面应着色，其颜色不褪色，不迁移，光纤带层叠体中各光纤带的识别应采用在各光纤带上印字方式进行识别，字迹应明显、清晰和牢固。印字相对距离为 15～20cm。

表 2-5　12 芯带状光纤全色谱标识规则

序　号	1	2	3	4	5	6	7	8	9	10	11	12
色　谱	蓝	橘	绿	棕	灰	白	红	黑	黄	紫	粉红	天蓝

（3）可分离性

光纤带结构应允许光纤能从带中分离出来，分成若干根光纤的子单元或单根的光纤，并且满足如下要求。

① 不使用特殊工具或器械就能完成分离。撕开时所需的力应不超过 4.4N。

② 光纤分离过程不应对光纤的光学及机械性能造成永久性的损害。

③ 对光纤着色层无损害，在任意一段 2.5cm 长度的光纤上应留有足够的色标，以便光纤带中光纤能够相互区别。

（4）接续

带状光纤的护层剥离工具为电加热剥除器，使用不同芯数匹配夹具的专用带状熔接机，热熔加强保护管也是特制的。

2.3.2　光纤的传输特性

下面重点介绍光纤的传输特性。对于施工来说，光纤的传输特性与前面介绍的几何特性有较大的区别，几何特性影响光纤的连接质量，施工对它们不产生变化，而传输特性则相反，它不影响施工，但施工对传输特性将产生直接的影响。传输特性是施工中主要测量的内容，在施工中一般只测损耗（对光纤而言）。从单盘到中继段，可分几次测量，分别把关，以保证质量。

光纤的传输特性是指光信号在光纤中传输所表现出来的特性，主要有损耗特性、色散特性和光纤的非线性效应。

1. 光纤的损耗特性

光波在光纤中传输，随着传输距离的增加，光功率强度逐渐减弱，光纤对光波产生衰减作用，称为光纤的损耗（或衰减）。

损耗是光纤的主要特性之一，它限制了光信号的传播距离。光纤的损耗一般用损耗（衰减）系数α表示，是指光在单位长度光纤中传输时的衰耗量，单位一般用 dB/km。损耗系数是光纤最重要的特性参数之一，它在很大程度上决定了光纤通信的传输距离或中继站的间隔距离，其表达式为

$$\alpha=\frac{10}{L}\lg\frac{p_i}{p_o}\ \text{dB/km} \tag{2-17}$$

光纤损耗的大小与波长有密切的关系。单模光纤中有两个低损耗区域，分别在 1 310nm 和 1 550nm 附近，也就是我们通常说的 1 310nm 窗口和 1 550nm 窗口；1 550nm 窗口又可以分为 C-band（1 530～1 565nm）和 L-band（1 565～1 625nm）。产生光纤损耗的原因有很多，主要有吸收损耗、散射损耗和其他损耗。光纤的损耗特性如图 2-18 所示。

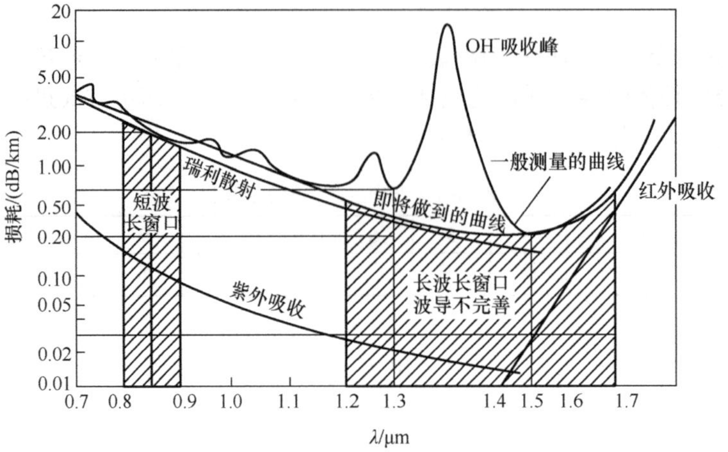

图 2-18　光纤的总损耗谱

（1）吸收损耗

光纤吸收损耗是光纤材料本身和杂质对光能的吸收而引起的损耗，包括紫外吸收、红外吸收和杂质吸收。

① 红外和紫外吸收损耗

光纤材料组成的原子系统中，一些处于低能级状态的电子会吸收光波能量而跃迁到高能级状态，这种吸收的中心波长在紫外的 0.16μm 处，吸收峰很强，其尾巴延伸到光纤通信波段。在短波长区，吸收峰值达 1dB/km，在长波长区则小得多，约 0.05dB/km。

在红外波段，光纤基质材料石英玻璃的 Si-O 键因振动吸收能量，这种吸收带损耗在 9.1μm、12.5μm 及 21μm 处峰值可达 10dB/km 以上，因此，构成了石英光纤工作波长的上限。红外吸收带的带尾也向光纤通信波段延伸，但其影响小于紫外吸收带，在 $\lambda=1.55\mu m$ 时，由红外吸收引起的损耗小于 0.01dB/km。

② 氢氧根离子吸收损耗

在石英光纤中，O-H 键的基本谐振波长为 2.73μm，与 Si-O 键的谐振波长相互影响，在光纤的传输频带内产生一系列的吸收峰，影响较大的是在 1.39μm、1.24μm 及 0.95μm 波长上，正是这些吸收峰之间的低损耗区构成了光纤通信的 3 个低损耗窗口。目前，由于工艺的改进，降低了氢氧根离子（OH^-）的浓度，这些吸收峰的影响已很小。

③ 杂质吸收损耗

光纤材料中的金属杂质，例如，金属离子铁（Fe^{3+}）、铜（Cu^{2+}）、锰（Mn^{3+}）、镍（Ni^{3+}）、钴（Co^{3+}）、铬（Cr^{3+}）等，它们的电子结构产生边带吸收峰（0.5μm～1.1μm），造成损耗。现在由于工艺的改进，使这些杂质的含量低于 10^{-9}，因此，它们的影响已很小。

在光纤材料中的杂质如氢氧根离子（OH^-）、过渡金属（铜、铁、铬等）离子对光的吸收能力极强，它们是产生光纤损耗的主要因素。因此，要想获得低损耗光纤，必须对制造光纤用的原材料二氧化硅等进行十分严格的化学提纯，使其纯度达 99.999 9%以上。

（2）散射损耗

散射损耗是指在光纤中传输的一部分光由于散射而改变传输方向，从而使一部分光不能到达收端所产生的损耗。主要包含线性散射损耗和非线性散射损耗。

① 线性散射损耗有瑞利散射损耗和波导散射损耗。

瑞利散射损耗：由于材料的不均匀使光信号向四面八方散射而引起的损耗称为瑞利散射损耗。瑞利散射损耗是光纤材料二氧化硅的本征损耗，它是由材料折射指数小尺度的随机不均匀性所引起的。在光纤制造过程中，二氧化硅材料处于高温熔融状态，分子进行无规则的热运动，在冷却时，运动逐渐停止，当凝成固体时，这种随机的分子位置就在材料中“冻结”下来，形成物质密度的不均匀，从而引起折射指数分布不均匀。这些不均匀，像在均匀材料中加了许多小颗粒，其尺度很小，远小于波长。当光波通过时，有些光子就要受到它的散射，从而造成了瑞利散射损耗。瑞利散射的大小与光波长的 4 次方成反比。因此，对短波长窗口的影响较大。

波导散射损耗：在光纤制造过程中，由于工艺、技术问题以及一些随机因素，可能造成光纤结构上的缺陷，如光纤的纤芯和包层的界面不完整、芯径变化、圆度不均匀、光纤中残留气泡和裂痕等。当光线通过这样的光纤时，将引起光的散射，产生散射性损耗。这种散射损耗和瑞利散射损耗不同，它的不均匀性较大，尺寸大于波长。这种散射损耗与波长无关，要降低这种损耗，就要提高光纤制造工艺。目前，可将损耗做到 0.02～0.2dB/km。

② 非线性效应散射损耗

非线性散射损耗是当光强度大到一定程度时，产生非线性拉曼散射和布里渊散射，使输入光信号的能量部分转移到新的频率成分上而形成的损耗。因此，非线性散射损耗包括受激拉曼散射和受激布里渊散射损耗，他们是随光波频率变化的。在常规光纤中，由于半导体激光器发送光功率较小，该损耗可忽略。但在 WDM 系统中，由于总功率很大，就必须考虑其影响。

（3）其他损耗

① 弯曲损耗

光纤的弯曲会引起辐射损耗。光纤的弯曲有两种形式：一种是曲率半径比光纤的直径大得多的弯曲，我们习惯称为弯曲或宏弯；另一种是光纤轴线产生微米级的弯曲，这种高频弯曲习惯称为微弯。弯曲损耗是由于光纤中部分传导模在弯曲部位成为辐射模而形成的损耗。它与弯曲半径成指数关系，弯曲半径越大，弯曲损耗越小。在光缆的生产、接续和施工过程中，不可避免地出现弯曲。微弯是由于光纤成缆时产生不均匀的侧压力，导致纤芯与包层的界面出现局部凹凸引起。光纤的弯曲损耗不可避免，因为不能保证光纤和光缆在生产过程中或是在使用过程中，不产生任何形式的弯曲。

弯曲损耗与模场直径有关。G.652 光纤在 1 550nm 波长区的弯曲损耗应不大于 1dB，G.655 光纤在 1 550nm 波长区的弯曲损耗应不大于 0.5dB。

② 连接损耗

连接损耗是由于进行光纤接续时端面不平整或光纤位置未对准等原因造成接头处出现损耗。其大小与连接使用的工具和操作者技能有密切关系。

③ 耦合损耗

耦合损耗是由于光源和光探测器与光纤之间的耦合产生的损耗。

2. 光纤的色散特性

光纤中传输的光信号具有一定的频谱宽度，也就是说光信号具有许多不同的频率成分。同时，在多模光纤中，光信号还可能由若干个模式叠加而成，也就是说，上述每一个频率成分还可能由若干个模式分量来构成。

光脉冲中的不同频率或模式在光纤中的群速度不同，因而这些频率成分和模式到达光纤终端有先有后，使得光脉冲发生展宽，这就是光纤的色散，如图 2-19 所示。色散一般用时延差来表示，所谓时延差，是指不同频率的信号，传输同样的距离，所需要的时间之差。波长相距 1nm（频差 124.3GHz）的两个光脉冲传输 1km 距离的时延差值被称为色散系数，用 D（λ）表示，单位为 ps/(nm • km)。

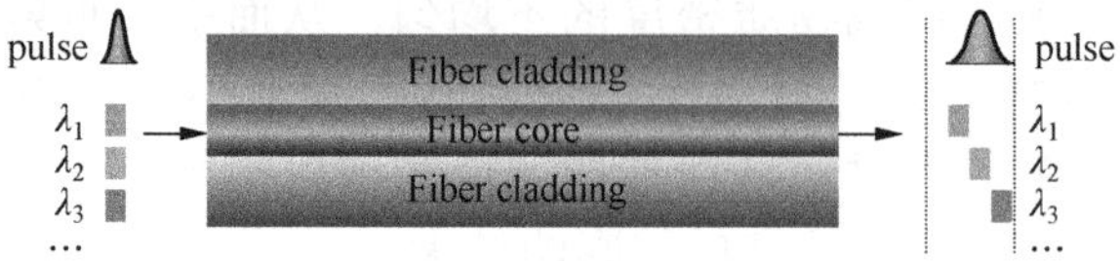

图 2-19 色散引起的脉冲展宽示意图

光纤的色散可分为模式色散、色度色散（包括材料色散和波导色散）和偏振模色散等。

（1）模式色散

在多模光纤中，不同模式的光束有不同的群速度，在传输过程中，不同模式的光束由于时间延迟不同而产生的色散，称模式色散。模式色散主要存在于多模光纤中，单模光纤无模式色散。

（2）色度色散

由于光源的不同频率（或波长）成分具有不同的群速度，在传输过程中，不同频率的光束由于时间延迟不同而产生的色散称为色度色散。色度色散包括材料色散和波导色散，它是时间延迟随波长变化产生的结果。

① 材料色散

含有不同波长的光脉冲通过光纤传输时，不同波长的电磁波会导致光纤材料折射率不同，因而传播速率不同，引起脉冲展宽，导致色散。

材料色散引起的脉冲展宽与光源的谱线宽度和材料色散系数成正比，尽可能选择谱线宽度窄的光源和材料色散系数较小的光纤可减小材料色散。

② 波导色散

波导色散又称结构色散。它是由光纤的几何结构决定的色散，其中光纤的横截面积尺寸起主要作用。光在光纤中通过芯与包层界面时，受全反射作用，被限制在纤芯中传播。但还有可能引起一少部分高频率的光线进入包层，在包层中传输，而包层的折射率低、传播速度大（$v=C/n$），这就会引起光脉冲展宽，从而导致色散。

材料色散（D_M）和波导色散（D_W）两个色散值在 1 310nm 处基本相互抵消，色散值接近于零，称之为零色散波长，如图 2-20 所示。

另外，色散是可逆的，所以可以补偿。色散补偿的基本原理是使用一个或多个大的负色散器件对光纤的正色散实施抵消，从而使系统的总色散量减小。目前实用的色散补偿技术主要有色散补偿光纤（DCF）、光纤光栅和 F-P 腔或 G-T 腔宽带色散补偿器。由于 DCF 的高插损和高非线性，目前色散补偿基本上选用后两者。

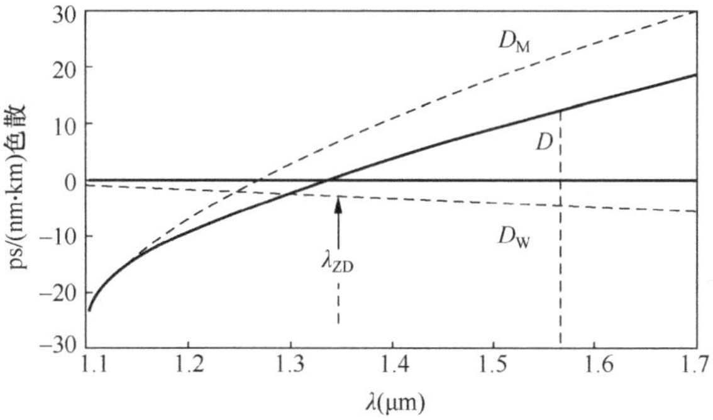

图 2-20　普通单模光纤的色度色散

色度色散的特点：色度色散是指折射率随波长的非线性变化；传播特性（特别是群速率）随波长变化；色散可正可负。

（3）偏振模色散

光信号的两个正交偏振态在光纤中由于不同的传播速度而引起的色散称偏振模色散（PMD），它也是光纤的重要参数之一。

光纤是各向异性的晶体，当一束光入射到光纤中，被分解为两束折射光。这种现象就是光的双折射，如果光纤为理想的情况，即指其横截面无畸变，为完整的真正圆，并且纤芯内无应力存在，光纤本身无弯曲现象，这时双折射的两束光在光纤轴向传输的折射率是不变的，跟各向同性晶体完全一样，这时 $PMD=0$。在实际的光纤中，由于光纤制造工艺造成纤芯截面一定程度的椭圆度，或者是由于材料的热涨系数的不均匀性造成光纤截面上各向异性的应力而导致光纤折射率的各向异性，这两者均能造成两个偏振模传播速度的差异，从而产生群时延的不同，形成了偏振模色散，如图 2-21 所示。由于引起偏振模色散的因素是随机产生的，因而偏振模色散是一个随机量。

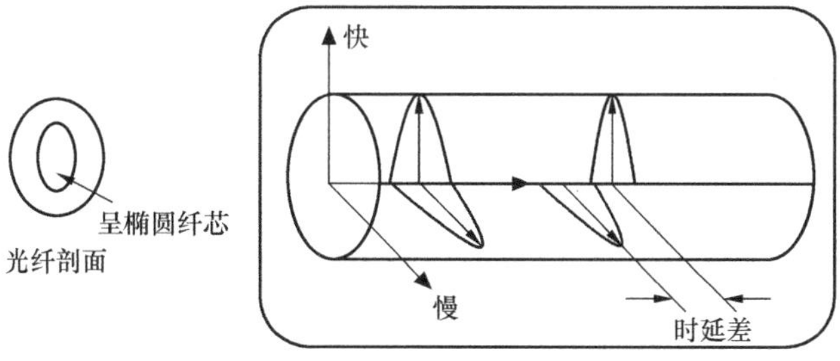

图 2-21　偏振模色散

（4）码间干扰

色散将导致码间干扰，由于各波长成分到达的时间先后不一致，因而使得光脉冲加长了（$T\rightarrow T+\Delta T$），引起脉冲展宽。光脉冲传输的距离越远，脉冲展宽越严重。脉冲展宽将使前后光脉冲发生重叠，形成码间干扰，码间干扰将引起误码，因而限制了传输的码速率和传输距离。偏振模色散也会产生码间干扰，不过其影响一般在 10Gbit/s 及以上的传输速率时才表现出来。图 2-22 所示为码间干扰的示意图。

但色散并非是影响通信的完全不利因素，在高速大容量通信系统中，保持一定的色散是消除非线性效应（如四波混频等）所需要的条件。

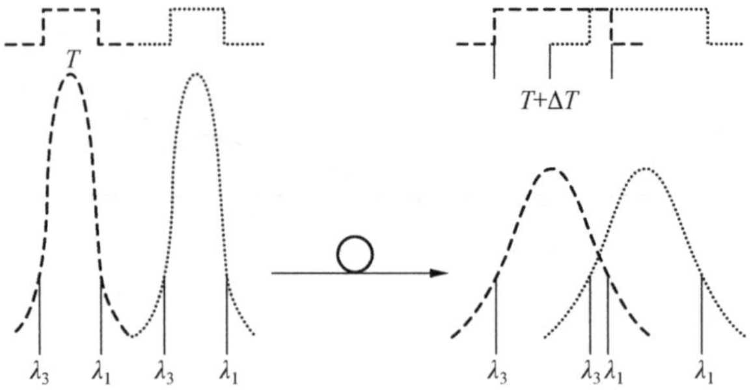

图 2-22　码间干扰

2.3.3　光纤的机械特性

光纤的机械特性是非常重要的，由于石英光纤具有细和脆的特性，其机械性能比金属导线差。主要包括耐侧压力、抗拉强度、弯曲以及扭绞性能等，使用者最关心的是抗拉强度。

（1）光纤的抗拉强度

光纤的抗拉强度很大程度上反映了光纤的制造水平。实用化光纤的抗拉强度，要求≥240g 拉力。目前商品化光纤的抗拉强度已达到 432g 拉力，国内用于工程的光纤，一般都大于 400g 拉力，国外较好的光纤在 700g 拉力以上，用于海底光缆的光纤强度还要高一些。这些对光纤抗拉强度的要求，是在光纤生产过程中用筛选方法达到的。影响光纤抗拉强度的主要因素是光纤制造材料和制造工艺。当然，光纤在成缆以及安装使用中存在过大的残余应力，也会影响光纤的抗拉强度。如预制棒的质量、拉丝炉的加温质量和环境污染、涂覆技术、光纤拉丝、复绕、套塑等工艺过程都对抗拉强度有影响。

上述诸原因多数可以克服，使其影响较小，使光纤的抗拉强度得到提高。

（2）光纤断裂分析

存在气泡、杂物的光纤，会在一定张力下断裂，但多数是由于光纤表面有一定程度的损伤，当光纤受到一定的张力时，应力首先集中于有微裂纹的地方（最薄弱点），如果超过该部位容许应力时，则立即断裂，如图 2-23 所示。光纤制造过程中利用此现象进行强度筛选，即光纤拉丝、复绕和套塑过程中用 0.5%应力进行筛选，凡合格的为成品，其标称抗拉强度≥432g。

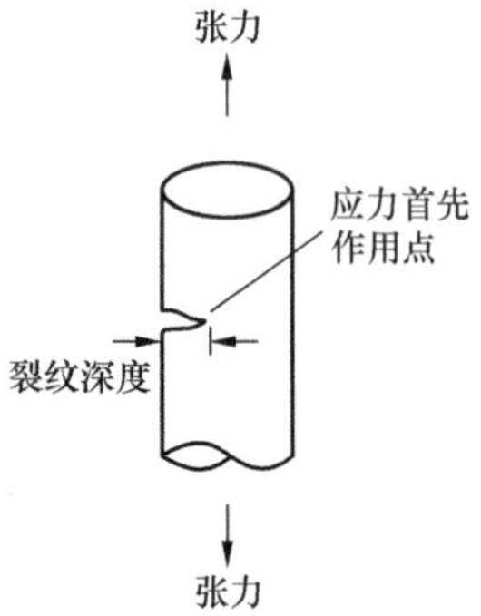

图 2-23　光纤断裂和应力关系示意图

（3）光纤的寿命

光纤的寿命，我们习惯称使用寿命，当光纤损耗加大以致系统开通困难时，称其已达到了使用寿命。从机械性能讲，寿命指断裂寿命。光纤、光缆制造以及工程建设中，一般是按 20 年的使用寿命设计的，但光纤寿命因受使用环境（如温度、潮气以及静态、动态疲劳）的影响而不完全一致。

由于光纤的脆性，使表面不同程度存在微裂纹，这些微裂纹便决定了光纤寿命，当长期应力作用于裂纹处，使伤痕达到断裂应力时，光纤即断裂，因此光纤的断裂寿命由达到断裂时的时间确定。

（4）光纤的机械可靠性

一般来说，二氧化硅包层光纤的机械可靠性已经得到广泛的认可。在光纤使用现场，由于要经过专门的设计，并且具有先进的安装技术，很少遇到与光纤抗拉强度或疲劳相关的机械可靠性问题。然而在特定条件下，仍有可能发生断裂。在筛选中出现的光纤断裂是由光纤本身的缺陷造成的。只要光纤的距离足够长，在其上总会存在残存的缺陷，尽管这些缺陷数量很少，其中一些缺陷将导致光纤的抗拉强度勉强高于筛选水平。随着时间的推移，这些缺陷甚至可能在应力大大低于筛选水平的情况下带来问题。在过去，行业界的经验法则是确保光缆所受应力低于筛选水平的 1/5，通常最大值为 20kpsi（千镑/平方英寸）。实验证据表明，在松套管内带状光纤比普通单芯所承受的应力更大，并已随着光纤应用的普及，控制较差而应力较高的安装将有更多机会出现。为了提高光纤的机械可靠性，在光纤的外包层中掺入二氧化钛。在 75mm、50mm、40mm 光纤弯曲网络实验中，二氧化硅光纤和掺钛光纤的故障率都很低。但掺钛光纤与二氧化硅光纤相比，掺钛光纤可多承受 10kpsi（40%）的应力，从而可以增加光纤的使用寿命。

了解光纤的机械特性，对施工来说十分重要。一方面施工中应注意张力，避免造成光纤断裂，另一方面光缆安装时应注意光纤接头盒中光纤余长处理和光缆余留处的弯曲半径及可能产生光纤残余应力的各种状态。同时应注意安装环境，高、低温影响和水、潮气的侵入，以减少光纤断裂因素，使之延长使用寿命。

2.3.4　光纤的温度特性

光纤的温度特性是指在高、低温条件下对光纤损耗的影响，一般是损耗增大。

在低温条件下光纤损耗增大，这是由于光纤涂覆层、套塑层同石英的膨胀系数不同，因而在低温下光纤受到轴向压缩力而产生微弯，导致损耗增大，图 2-24 所示为光纤低温特性曲线。当随着温度的不断降低，光纤损耗就不断增大，当降至−55℃左右时，损耗急剧增加，显然，这样的系统是无法正常运行的。目前，光纤的低温特性已普遍达到较好水平，一般在−20℃时，损耗增加在 0.1dB/km 以下，优质光纤在 0.055dB/km 以下。

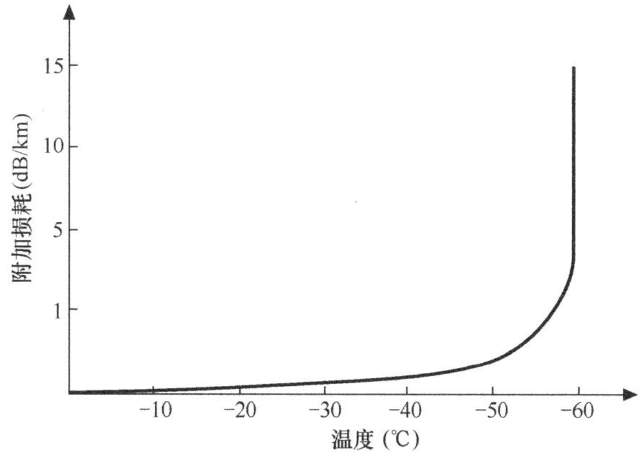

图 2-24　光纤低温特性曲线

光纤的低温性能十分重要，因此，光纤制造过程，必须选择光纤的涂覆、套塑的材料及改进工艺。在工程设计时，务必选用有良好特性的光纤。施工中如遇到几种温度指标的光缆，应根据敷设方式、使用地段进行配盘。光缆施工的接续，一般应在不低于−5℃条件下进行。若必须在低温条件下进行接续，应在工程车或帐篷内操作，并采取必要的取暖措施。

2.4 光缆的结构和种类

2.4.1 光缆的结构

在实际应用中，都是将光纤制成不同结构形式的光缆。因为光纤本身比较脆弱，容易断裂，若是直接和外界接触，则容易产生接触伤痕，甚至被折断。

光缆是一根或多根光纤或光纤束制成的符合光学、机械和环境特性的结构体。光缆的结构直接影响通信系统的传输质量，不同结构和性能的光缆在工程施工、维护中的操作方式也不相同，因此必须了解光缆的结构、性能，才能确保光缆的正常使用寿命。

1．光缆的结构

光缆一般由缆芯、护层和加强芯组成。它的结构直接影响系统的传输质量，而且与施工也有较大的关系。

（1）缆芯

为了进一步保护光纤，增加光纤的强度，一般将带有涂覆层的光纤再套上一层塑料层，通常称为套塑（二次涂覆），套塑后的光纤称为光纤芯线。将套塑后且满足机械强度要求的单根或多根光纤纤芯以不同的形式组合起来，就组成了缆芯，有单芯缆和多芯缆两种。单芯缆由单根光纤芯线组成，多芯缆由多根光纤芯线组成，它又可分为带状结构和单位式结构。

（2）加强芯

加强芯主要承受敷设安装时所加的外力。施工人员在敷设光缆前，必须了解光缆的结构和性能，了解加强芯所处的位置。通常，用做光缆的中心加强芯有：磷化钢丝、不锈钢丝和玻璃钢圆棒。之所以采用磷化钢丝而不采用镀锌钢丝是因为缆用阻水油膏呈酸性，可以和锌置换出氢，氢的扩散和渗透使光纤产生氢损。

（3）护层

光缆的护层主要是对已成缆的光纤芯线起保护作用，避免受外界机械力和环境的损坏，因此要求护层具有耐压力、防潮、温度特性好、重量轻、耐化学侵蚀和阻燃等特点。光缆的护层可分为内护层和外护层。内护层用来防止钢带、加强芯等金属构件损伤光纤，一般采用聚乙烯或聚氯乙烯等；外护层进一步增强光缆的保护作用，可根据敷设条件而定，采用铝带和聚乙烯组成的LAP外护套加钢丝铠装等。

（4）其他部件

① 阻水油膏：为了防止水和潮气渗入光缆，需要往松套管内纵向注入纤用阻水油膏，并沿缆芯纵向的其他空隙填充缆用阻水油膏。

纤用阻水油膏具有良好的化学稳定性、温度稳定性、憎水性、析氢分油极小、含气泡少、不与套管和光纤发生反应，并且对人体无毒无害。缆用阻水油膏一般为热膨胀或吸水膨胀化合物，特别是吸水膨胀缆用阻水油膏具有吸水特性。

② 聚酯带：聚酯带在光缆中用作包扎材料，具有良好的耐热性、化学稳定性和抗拉强度，并具有收缩率小、尺寸稳定性好、低温柔性好等特点。

2．各种典型结构的光缆

由于光纤具有脆性和微弯损耗增加的特性，使光缆结构设计变得复杂。在光通信发展的前期，多数厂家是沿用原用的电缆生产技术和设备，采用中心增强构件配置方法生产层绞式光缆和塑料骨架式光缆。随着光缆生产技术的不断成熟，分散增强构件光缆和护层增强构件光缆等得到不断开发和应用。实践表明，光纤越靠近中心，其稳定性、可靠性就越高。

下面介绍国内外各种典型结构的光缆，了解不同光缆的结构特点和施工要点。

（1）层绞式结构光缆

把经过套塑的光纤绕在加强芯周围绞合而构成。层绞式结构光缆类似传统的电缆结构，故又称为古典光缆，这种结构应用广泛，尤其在光通信发展的前期被普遍采用。它属于中心构件配置方式，中心增强构件采用塑料被覆的多股绞合或实心钢丝和纤维增强塑料两种增强件（习惯称为加强芯）。

层绞式结构光缆是由紧套或松套光纤扭绞在中心增强件周围，用包带方法固定，然后根据管道、架空或直埋等不同敷设要求，用 PVC（聚氯乙烯）或 Al-PE（铅-聚乙烯）粘接护层作外护层，埋式光缆还增加皱纹钢带或钢丝铠装层。图 2-25 所示为 12 芯松套层绞式直埋光缆示意图（截面）。

（2）骨架式结构光缆

骨架式结构光缆是把紧套光纤或一次涂覆光纤放入加强芯周围的螺旋形塑料骨架凹槽内而构成，如图 2-26 所示。骨架式结构光缆的关键是具有光纤槽的塑料骨架，其材料一般是低密度聚乙烯，加强芯是多股细钢丝或增强型塑料。骨架式结构光缆具有下列特点。

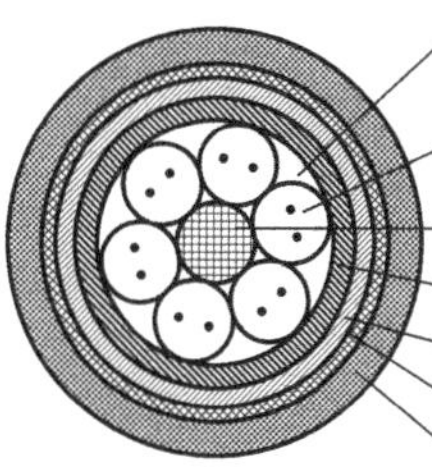

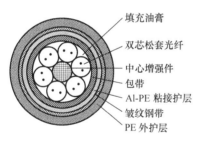

图 2-25　12 芯松套层绞式直埋光缆

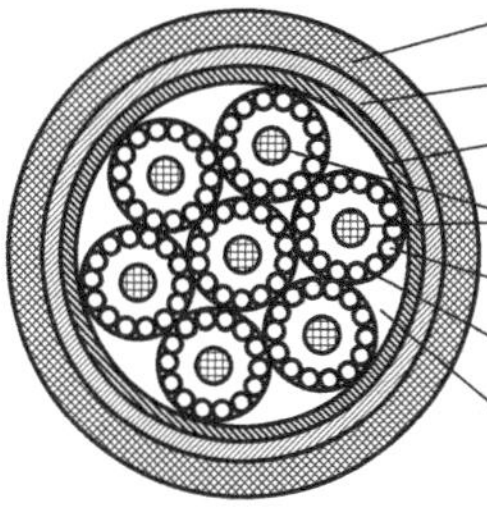

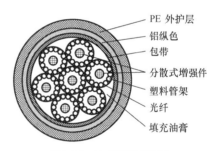

图 2-26　70 芯骨架式光缆

① 骨架结构对光纤有良好的保护性能、侧压强度好，对施工尤其是管道布放有利。

② 它可以用一次涂覆光纤直接放置于内架槽内，省去松套管二次被覆过程。而实际工程表明，若有松套管则有利于光缆连接。

③ 可用 *n* 根光纤基本骨架组成不同性能和光纤数量的光缆。

④ 不需要特殊设备，对原有电缆制造设备进行适当改进就能满足要求。

光缆制造中，骨架的光纤槽几何形状确定后，通过调节合适的节距，使光纤余长适应光纤应力和热膨胀性能的需要。这是非常重要的技术，它将影响到光缆的机械特性和温度特性，同时对施工及施工后光纤残余应力的产生有一定的影响。

（3）束管式结构光缆

把一次涂覆光纤或光纤束放入大套管中，加强芯配置在套管周围而构成。从对光纤的保护角度来说，束管式结构光缆最合理。图 2-27 所示的光缆结构即属护层增强构件配制方式，其特点是在护层用细钢丝来增强，光纤则在中间束管内。由于束管式光纤与加强芯分开，因而提高了网络传输的稳定性和可靠性，同时束管式结构由于直接将一次涂覆固化光纤放置于束管中，所以光缆的光纤容量灵活，如 LEX 型光缆，外径为 11.0mm（52kg/km）的光纤容量为 4～48 芯；外径为 13.3mm（57kg/km）的光纤容量为 50～96 芯。

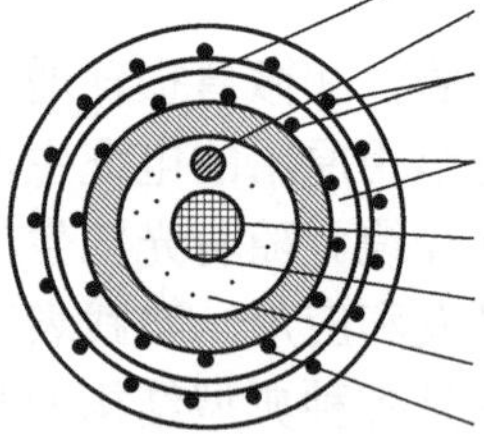

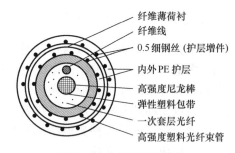

图 2-27　12 芯束管式光缆

（4）带状结构光缆

把带状光纤单元放入大套管中，形成中心束管式结构；也可把带状光纤单元放入凹槽内或松套管内，形成骨架式或层绞式结构。带状结构光缆的优点是可容纳大量的光纤，图 2-28、图 2-29 所示的带状结构光缆，其光纤数量在 100 芯以上，作为用户光缆可满足实际需要。同时，带状光缆还可进行单元光纤的一次连接，以适应大量光纤接续、安装的需要。随着光通信的发展，光纤接入网将大量使用这种结构的光缆。

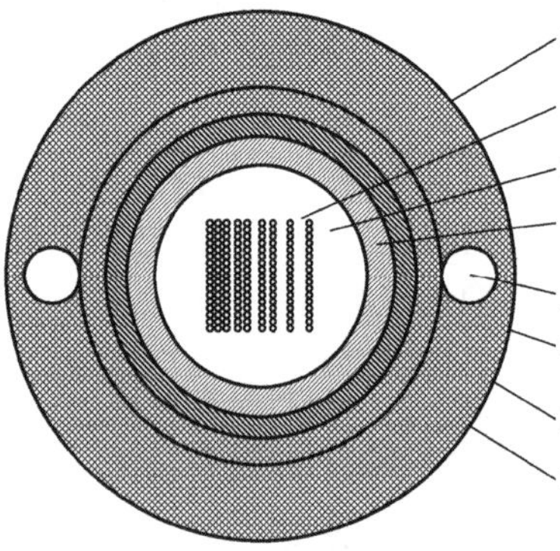

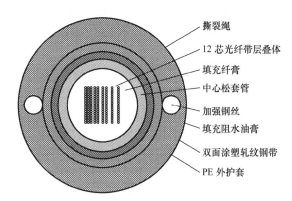

图 2-28　中心束管式带状光缆

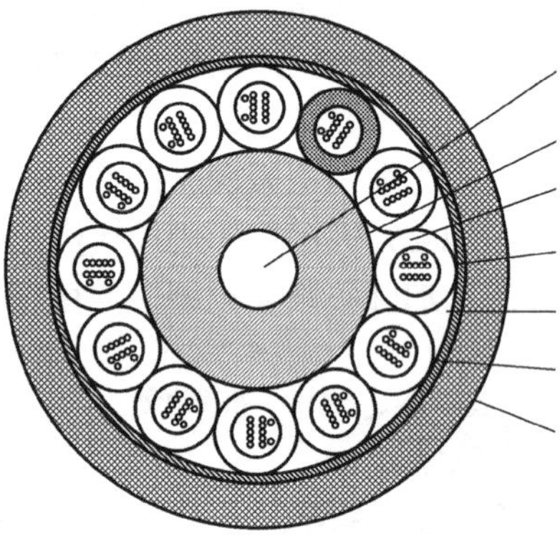

图 2-29　层绞式带状光缆

（5）单芯结构光缆

单芯结构光缆简称为单芯软光缆，如图 2-30 所示。目前，趋向于采用松套光纤或将一次涂覆固化光纤直接置于骨架或束管来制造光缆。而每一个光缆传输系统中不可缺少的单芯软光缆，必须采用紧套光纤来制作，其外护层多数采用具有阻燃性能的聚氯乙烯塑料。这种结构的光缆主要用于局内（或站内），通过与单芯软光缆间连接，引至光纤分配架及至设备机盘。另外，用来制作仪表测试软线和特殊通信场所用的特种光缆以及制作单芯软光缆的光纤。

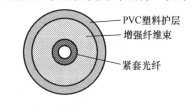

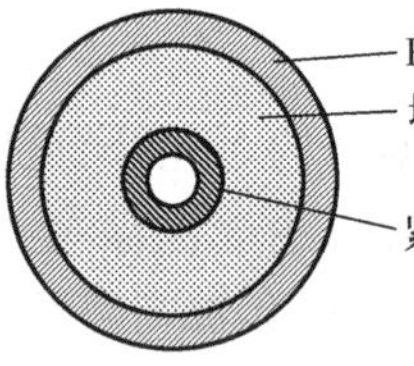

图 2-30　单芯软光缆

（6）特殊结构光缆

除上述各种不同结构的通信光缆外，还有一些特殊结构的光缆，主要有光/电力组合缆、光/架空地线组合缆和深海用光缆和无金属光缆。

① 海底光缆

用于海底的通信光缆，无论对其结构和光纤（机械）性能都要求很高。用于 1 500m 深度以内的浅海光缆的结构，有层绞式、骨架式和束管式光缆，在其外边再加上耐水层和双铠装层。图 2-31 所示的浅海光缆就是较典型的一种。它比一般水底光缆要求高，主要能抵抗渔网、船锚和海床波浪的冲击以及敷设、打捞等的承受力。

深海光缆，如用于各大洋长距离海缆通信系统的光缆，缆芯外边是抗张零件和耐压层。耐压层一般都是钢管或铝管，它既能防止水压又可作为远供电线。图 2-32 所示是较为典型的深海光缆，它能承受最大海深 8 000m 和最大水压 800kg/cm，承受抗拉强度的能力达 8 000kg。深海光缆由于制造长度很长，加上海洋环境恶劣，对施工技术和手段要求都非常严格。

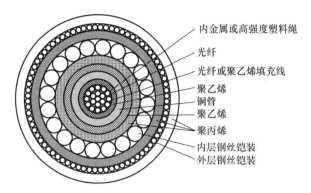

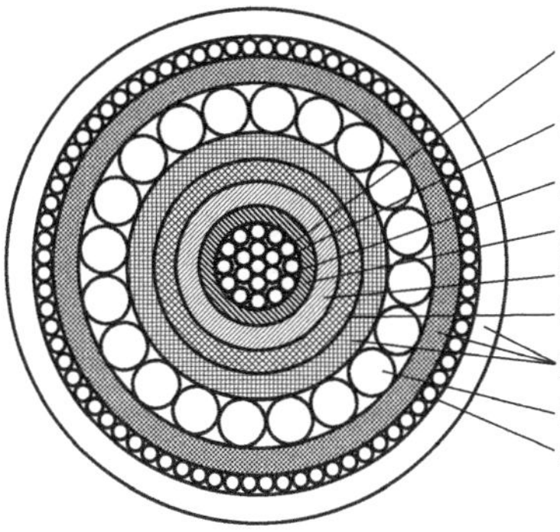

图 2-31　浅海光缆

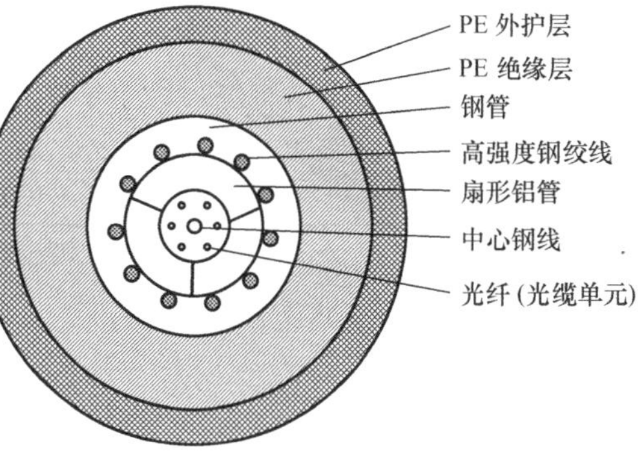

图 2-32　深海光缆

② 无金属光缆

无金属光缆是指光缆除光纤、绝缘介质外（包括增强构件、护层）均是全塑结构，适用于强电场合，如电站、电气化铁道及强电磁干扰地带。它具有抗电磁干扰的特点，其结构可以采用上面介绍的各种通信用光缆的结构，区别仅在于：将增强构件由单股钢丝改用非金属材料，如玻璃纤维增强塑料和 Kevlar（芳纶纤维）；将铝纵包挡潮层由玻璃纤维增强塑料代替；缆内用油膏填充来提高防水性能。无金属光缆主要用于架空线路，故在选型时应考虑温度的影响，选用温度性能较好的光纤。

③ 光纤复合地线光缆

电力系统所用光缆主要用在高压输电线路上，利用现有杆塔安装光纤通信线路。光纤复合架空地线（OPGW）光缆兼具地线和光缆的双重功能，这种地线光缆结构简单可靠，可以与现有地线相匹配，并且安装在铁塔上不会增加负荷，可以保持铁塔现有挡距，非常适合应用在输电线路上。

光纤复合架空地线（OPGW）光缆作为输电线路的屏蔽线和防雷线，对电力导线抗雷闪放电提供保护，在输电线路发生短路时起屏蔽作用，并减小短路电流对电网和通信网间的相互干扰。同时，通过复合在地线中的光纤，可传送音频、视频、数据和各种控制信号，进行多路宽带通信。

光纤复合地线光缆有两种基本结构：光纤既可以置于中心管内，如图 2-33(a)所示；又可以放入绞合的金属管内，如图 2-33(b)所示。

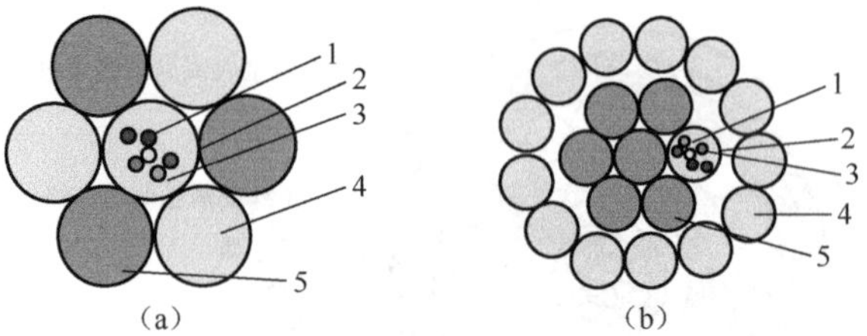

1-光纤 2-不锈钢管 3-光纤用油膏 4-铝包钢线 5-铝合金线

图 2-33　光纤复合地线光缆

（7）常见光缆实际图例

几种常见光缆实际图例如图 2-34～图 2-38 所示。

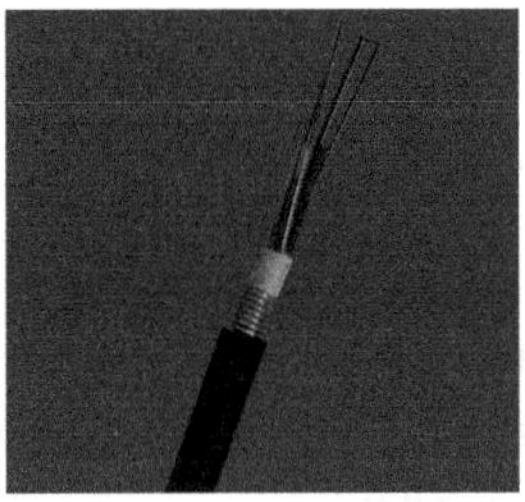

图 2-34　层绞式光缆

图 2-35　骨架式光缆

图 2-36　中心管式光缆

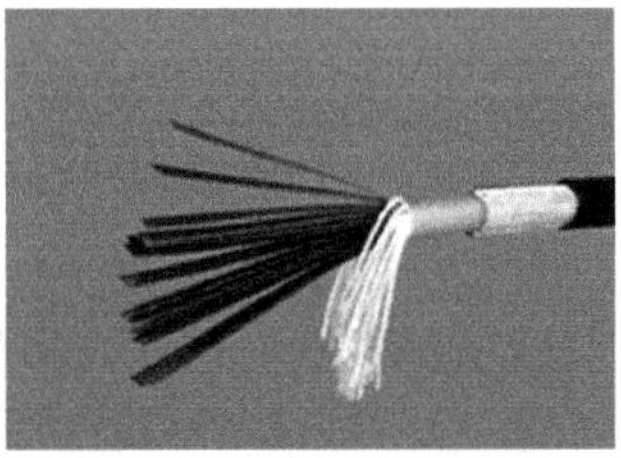

图 2-37　带状光缆

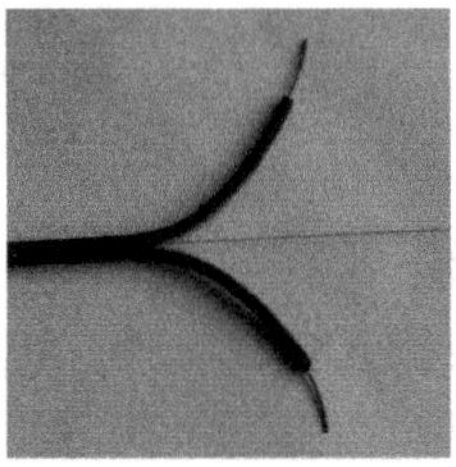

图 2-38　单芯结构光缆

2.4.2　光缆的种类

光缆的种类较多，其分类的方法就更多。它的很多分类，不如电缆分类那样单纯、明确。下面介绍一些习惯的分类方法。

（1）按传输性能、距离和用途的不同，光缆可分为市话光缆、长途光缆、海底光缆和用户光缆。

（2）按使用光纤的种类不同，光缆可分为多模光缆、单模光缆。

（3）按光纤套塑方法的不同，光缆可分为紧套光缆、松套光缆、束管式光缆和带状多芯单元光缆。

（4）按光纤芯数多少，光缆可分为单芯光缆、双芯光缆、4 芯光缆、6 芯光缆、8 芯光缆、12 芯光缆和 24 芯光缆等。

（5）按加强件配置方法的不同，光缆可分为中心加强构件光缆（如层绞式光缆、骨架式光缆等）、分散加强构件光缆（如束管两侧加强光缆和扁平光缆）、护层加强构件光缆（如束管钢丝铠装光缆）和 PE 外护层加一定数量的细钢丝的 PE 细钢丝综合外护层光缆。

（6）按敷设方式的不同，光缆可分为管道光缆、直埋光缆、架空光缆和水底光缆。

（7）按护层材料性质的不同，光缆可分为聚乙烯护层普通光缆、聚氯乙烯护层阻燃光缆和尼龙防蚁防鼠光缆。

（8）按传输导体、介质状况不同，光缆可分为无金属光缆、普通光缆（包括有由铜导线作远供或联络用的金属加强构件的金属护层光缆）和综合光缆（指用于长距离通信的光缆和用于区间通信的对称 4 芯组综合光缆，它主要用于铁路专用网通信线路）。

（9）按结构方式的不同，光缆可分为扁平结构光缆、层绞式结构光缆、骨架式结构光缆、铠装结构光缆（包括单、双层铠装）和高密度用户光缆等。

（10）按通信用光缆可分为如下几种。

① 室（野）外光缆——用于室外直埋、管道、槽道、隧道、架空及水下敷设的光缆。

② 软光缆——具有优良的曲挠性能的可移动光缆。

③ 室（局）内光缆——适用于室内布放的光缆。

④ 设备内光缆——用于设备内布放的光缆。

⑤ 海底光缆——用于跨海洋敷设的光缆。

⑥ 特种光缆——除上述几类之外，用作特殊用途的光缆。

（11）新型光缆

① 微型光缆

所谓微型光缆，简称微缆，是尺寸非常小的光缆。微型光缆与气吹敷设技术配合，可以有效提高应用的灵活性，节约投资成本。微型光缆的核心部分为光缆的微束管单元，对微束管单元的材料和工艺的控制，决定着光缆的基本尺寸与性能。现在市场上的微型光缆通常为 48 芯以下，可以是金属结构或者非金属结构，12 芯的微型光缆可以做到外径大约 4mm 以下，比日常用的铅笔的外径还要细很多，可谓名副其实的微型。

② 新型敷设方式光缆

国内近年也出现了不少应用于新的场合、敷设方式各不相同的光缆，如雨水管道光缆、路面开槽光缆、小 8 字形自承式光缆等。

- 雨水管道光缆技术是将光缆敷设在各种直径的雨水管道中。国内由于条件所限，雨水管道光缆主要是一种自承式结构，通过专用工具敷设在雨水管道的顶部。对于雨水管道光缆，从技术上需要考虑光缆的防水、防腐以及防鼠，并要通过合理的材料选用，保证光缆的长期可靠性。
- 路面开槽光缆通常为钢带纵包小型光缆，有着较好的抗侧压性能。开槽浅埋光缆是一种尺寸较小、易于敷设的光缆，其敷设只需要在马路上开一道浅且窄的槽，将光缆埋入槽内，然后回填，恢复原有路面，可十分简单地解决穿越室内外水泥地面、沥青路面、花园草坪等地形时的施工和布放难题，适用于引入光缆。
- 小 8 字形自承式光缆通常用于用户引入，该光缆将装有单模或多模光纤的松套管和钢丝吊线集成到一个“8”字形的 PE 护套内，形成自承式结构，在敷设过程中无需架设吊线和挂钩，施工效率高，有效降低了施工费用，可以十分简单地实现电杆与电杆、电杆与楼宇、楼宇与楼宇之间的架空敷设。在 FTTH 中，适用于室外线杆到楼房、别墅的引入。

另外，新型的适用于 FTTH 的室内光缆技术也在不断更新。室内光缆采用紧套结构，通常需要根据阻燃等级的要求，考虑光缆的阻燃问题，所以通常光缆的外护套需要采用低烟无卤阻燃护套。室内光缆主要有垂直布线光缆、水平布线光缆、用户软光缆等，还有许多具有新特性的光缆，比如毯下光缆，该光缆为扁平结构，光缆两侧采用非金属加强件抗拉、承重，光纤单元在中心部分，用于室内的地毯下布线，方便灵活。还有光纤带室内布线光缆，这种光缆集光纤带光缆与室内光缆的优点于一体，适用于局域网主干线布线、楼间管道内、楼内主干布线安装。

2.4.3 光缆的型号和规格

1. 普通光缆的型号表示

光缆的种类较多，同其他产品一样，有具体的型号和规格。目前光缆型号由它的型式代号和规格代号构成，中间用一短横线分开。

（1）光缆型式由 5 个部分组成，如图 2-39 所示。各部分代号及意义如下。

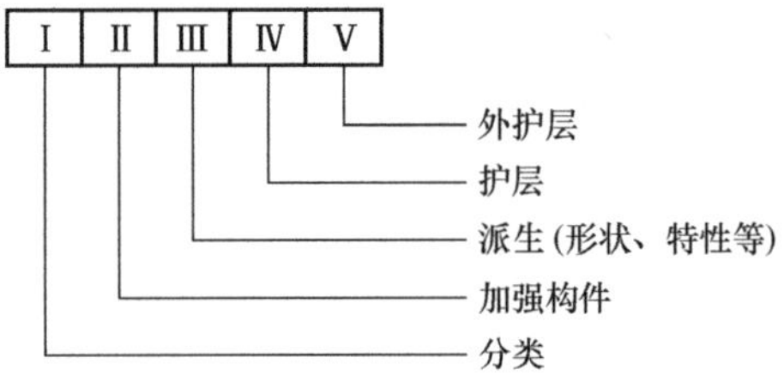

图 2-39 光缆型式的组成部分

① 分类代号及其意义为：

GY——通信用室（野）外光缆；

GJ——通信用室（局）内光缆；

GH——通信用海底光缆；

GR——通信用软光缆；

GS——通信用设备内光缆；

GT——通信用特殊光缆。

② 加强构件代号及其意义为：

无符号——金属加强构件；

G——金属重型加强构件；

F——非金属加强构件；

H——非金属重型加强构件。

③ 派生特征代号及其意义为：

D——光纤带状结构；

B——扁平式结构；

T——填充式结构；

G——骨架槽结构；

C——自承式结构；

Z——阻燃式结构。

④ 护层代号及其意义为：

Y——聚乙烯护层；

U——聚氨酯护层；

L——铝护套；

Q——铅护套；

V——聚氯乙烯护层；

A——铝-聚乙烯粘结护层；

G——钢护套；

S——钢-铝-聚乙烯综合护套。

⑤ 外护层代号及其意义

外护层是指铠装层及其铠装外边的外护层，外护层的代号及其意义如表 2-6 所示。

表 2-6　外护层代号及其意义

代　　号	铠装层（方式）	代　　号	外护层（材料）
0	无	0	无
1	-	1	纤维层
2	双钢带	2	聚氯乙烯套
3	细圆钢丝	3	聚乙烯套
4	粗圆钢丝	—	—
5	单钢带皱纹纵包	—	—

（2）光缆规格由 5 部分 7 项内容组成，如图 2-40 所示。

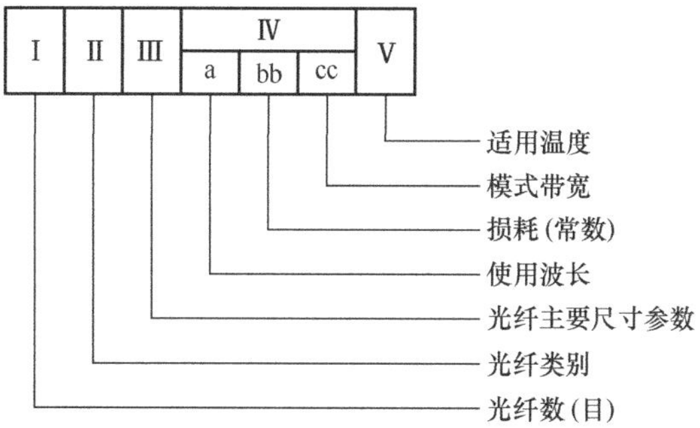

图 2-40　光缆的规格组成部分

图中各符号的意义如下。

① 光纤数目用 1、2、3、…，表示光缆内光纤的实际数目。

② 光纤类别代号及其意义为：

J——二氧化硅系多模渐变型光纤；　　T——二氧化硅系多模突变型光纤；

Z——二氧化硅系多模准突变型光纤；　　D——二氧化硅系单模光纤；

X——二氧化硅纤芯塑料包层光纤；　　S——塑料光纤。

③ 光纤主要尺寸参数用阿拉伯数（含小数点数）及以 μm 为单位表示多模光纤的芯径及包层直径，单模光纤的模场直径及包层直径。

④ 带宽、损耗、波长表示光纤传输特性的代号由 a、bb 及 cc 三组数字代号构成。

a——表示使用波长的代号，其数字代号规定如下：

1——使用波长在 0.85μm 区域；

2——使用波长在 1.31μm 区域；

3——使用波长在 1.55μm 区域。

注意，同一光缆适用于两种及以上波长，并具有不同传输特性时，应同时列出各波长上的规格代号，并用“/”隔开。

bb——表示损耗常数的代号。两位数字依次为光缆中光纤损耗常数值（dB/km）的个位和十分位数字。

cc——表示模式带宽的代号。两位数字依次为光缆中光纤模式带宽分类数值（MHz·km）

的千位和百位数字。单模光纤无此项。

⑤ 适用温度代号及其意义为：

A——适用于−40℃～+40℃；　　B——适用于−30℃～+50℃；

C——适用于−20℃～+60℃；　　D——适用于−5℃～+60℃。

此外，光缆中还附加金属导线（对、组）编号，如图 2-41 所示。其符合有关电缆标准中导电芯线规格构成的规定。

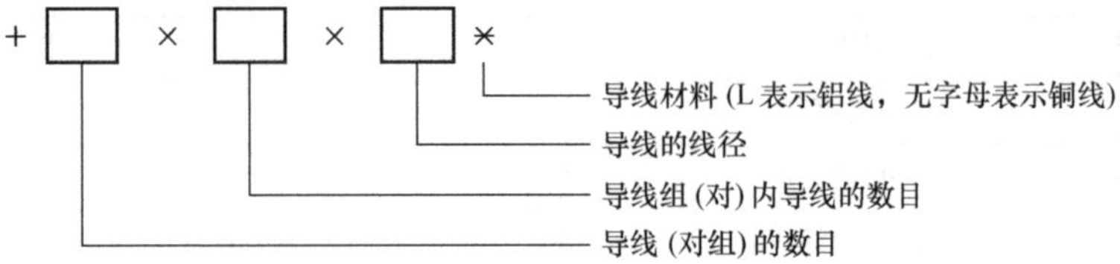

图 2-41　光缆中附加金属导线编号示意图

例如，2 个线径为 0.5mm 的铜导线单线可写成 2×1×0.5；3 个线径为 0.6mm 的铜导线对可写成 3×2×0.6；4 个线径为 0.9mm 的铝导线四线组可写成 4×4×0.9L；4 个内导体直径为 2.6mm，外径为 9.5mm 的同轴对，可写成 4×2.6/9.5。

（3）光缆型号例题

实例 1：设有金属重型加强构件、自承式、铝护套和聚乙烯护层的通信用室外光缆，包括 12 根芯径/包层直径为 50/125μm 的二氧化硅系列多模突变型光纤和 5 根用于远供及监测的铜线径为 0.9mm 的四线组，且在 1.31μm 波长上，光纤的损耗常数不大于 1.0dB/km，模式带宽不小于 800MHz · km；光缆的适用温度范围为−20℃～+60℃。该光缆的型号应表示为：GYGCL03-12T50/125（21008）C+5×4×0.9。

实例 2：

该光缆型号表示：非金属加强构件、松套层绞式结构、填充式、聚乙烯护套的通信用室外光缆。

实例 3：

GYTS-12B1.3 表示：金属加强构建、松套层绞式结构、填充式、钢-铝聚乙烯综合通信用室外光缆，包含 12 根非色散位移单模光纤。

2．光纤复合地线光缆代号

光纤复合地线光缆根据对光纤数目或光缆强度的要求，其代号标注方式如图 2-42 所示。

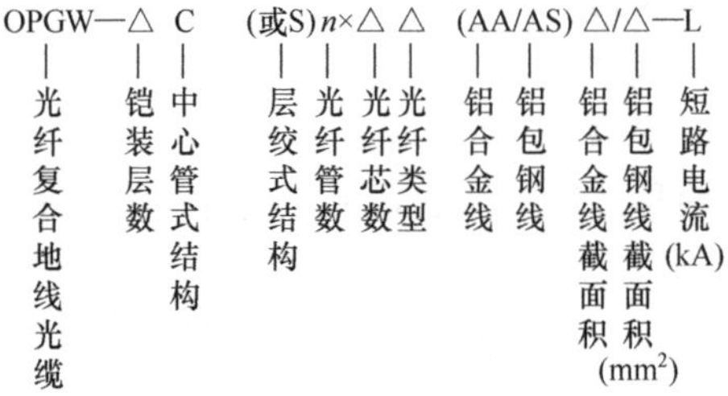

图 2-42　光纤复合地线光缆代号

注意：中心管式结构的 OPGW 中光纤管数目为 1，可省略不写。

若缆中无某种金属绞线，则对应其截面数字处标 0。

2.4.4　光缆端别与纤序的识别

光缆中光纤单元、单元内光纤、导电线组及组内的绝缘芯线，采用全色谱或者领示色谱来识别光缆的端别与光纤序号。一般来说，可按以下方式来对光缆的端别进行识别。

（1）面对光缆截面，由领示光纤以红头绿尾顺时针为 A 端，逆时针为 B 端。

（2）以红、绿领示电导线或填充线顺时针为 A 端，逆时针为 B 端，领示电导线或填充线中间的光纤为 1 号纤。

（3）按光缆外护套上标明光缆长度的数码小数字为 A 端，大数字为 B 端。

（4）按厂家提供的有关资料来区分。

2.5　光纤的熔接

光纤熔接需要光纤熔接机，光纤熔接机是完成光纤固定连接接头的专用工具，所谓熔接法就是在待接光纤轴对准后，用电弧放电的加热法熔接光纤端面的方法，它可自动完成光纤对芯、熔接、推定损耗和测试牢固程度等功能。

2.5.1　光纤熔接机的分类

由于光纤的不同和技术的进步，促使多功能、性能不断完善的光纤熔接机不断出现，就种类而言，可以归纳为下列几类。

1．按一次熔接光纤数量分类

（1）单芯熔接机。目前使用最广泛的一种机型，一次熔接完成一根光纤的连接。

（2）多芯熔接机。多芯熔接机是将一根带状光纤一次熔接完成。这种方法主要用于用户传输线路的高密度光缆的光纤连接，可以高速完成工作量大的连接工作。

2．按光纤类别分类

不同类别的光纤，对熔接机的结构和精度要求有较大区别。一般多模熔接机不能用于单模熔接，单模熔接机可以用于多模熔接，但是速度较慢。

（1）多模熔接机。专门熔接多模光纤，靠光纤外径对准。

（2）单模熔接机。专门熔接单模光纤，靠光纤纤芯对准。

（3）多模/单模熔接机。可以通过多模/单模转换控制机构实现多模和单模光纤的熔接。

3．按操作方式分类

按操作方式的不同分为：人工（或半自动）熔接机和自动熔接机。

4．按发展阶段划分

光纤熔接机自问世以来不断改进和完善，从技术进步和发展阶段来看，可以分为四代机型。

（1）第一代熔接机

光纤对准、熔接和损耗测量都由人工进行，工作原理采用远程功率监视法。目前，这一代熔接机已经很少用于现场的光纤连接。

（2）第二代熔接机

光纤对准、熔接和损耗测量既可由人工进行也可自动进行，工作原理采用本地功率监视法。目前，这一代熔接机仍受欢迎。

（3）第三代熔接机

光纤对准、熔接和损耗测量自动进行，工作原理采用纤芯直视法，该机型适用于多模、单模、紧套和松套光纤。

（4）第四代熔接机

光纤对准、熔接和损耗测量自动进行，具有热接头图像处理，对熔接全过程进行自动监测，能判断光纤纤芯的变形、移位、杂质和气泡等有关信息，可全面、准确地估算出接头损耗。

2.5.2 光纤熔接机的工作原理

第一代远端监控方式熔接机原理方框图如图 2-43 所示。其工作原理是当两根光纤的纤芯完全对准时，在远处光纤接收端所得到的光功率最大，然后，将接收光功率大小的信息通过铜线传递给微处理机，以此来调整微调架，使两纤芯完全对准后，再控制熔接机的电极放电熔接。

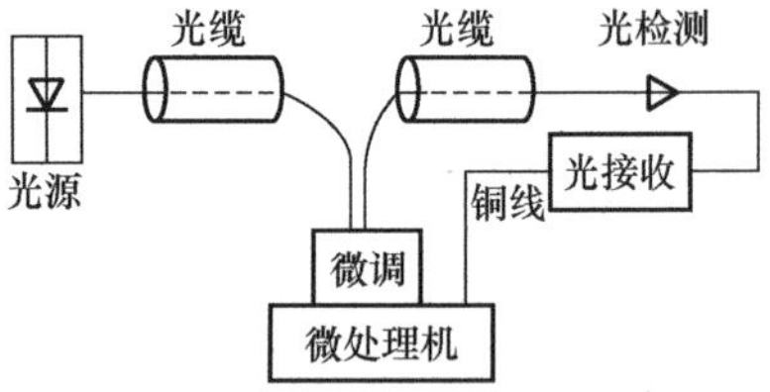

图 2-43 远端监控方式熔接机原理示意图

第二代本地监控方式熔接机原理方框图如图 2-44 所示。其基本原理是当光纤弯曲时，一部分低次传导模会转变成高次模，从而将光辐射出去；同样，当光纤弯曲时，光可从侧面照射而注入光纤。这样，这种熔接机将在连接处两侧的光纤各以一定弯曲半径的小弯和光源、检测器耦合，在左边弯曲处将光从侧面照射入，在右边弯曲处光又从侧面射出，由于纤芯的对准程度不同，从侧面射出光的大小也有差异，因而可监控距连接处不远的侧射光功率来控制光纤的熔接。

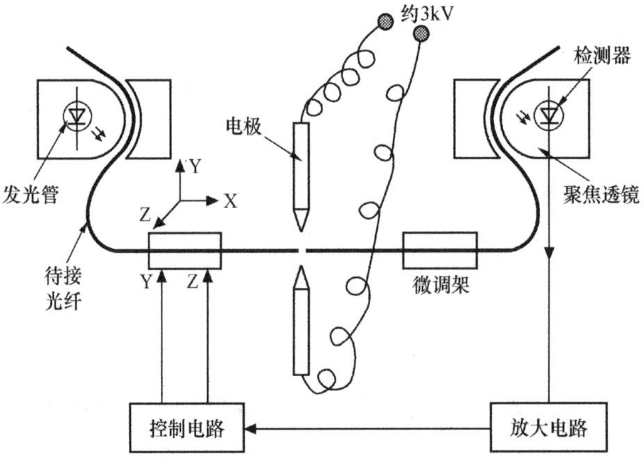

图 2-44 本地监控方式熔接机原理示意图

第三代纤芯直视光纤熔接机的基本原理不是通过监视光功率，而是直接观察光纤纵剖面，做法是在光纤连接点朝着光纤侧面垂直地投射平行光，此光并不在光纤中传播，而是随之透射出来，如图 2-45 所示。由于光纤折射率分布不同，因而透过的光有差异，该透射出来的强度有差异的光被摄像机接收，在屏幕上显示出图像，单模光纤在纤芯包层界面可明显地在屏幕上观察到，因此，可用计算机对芯，这种熔接机还可以显示出连接损耗值。

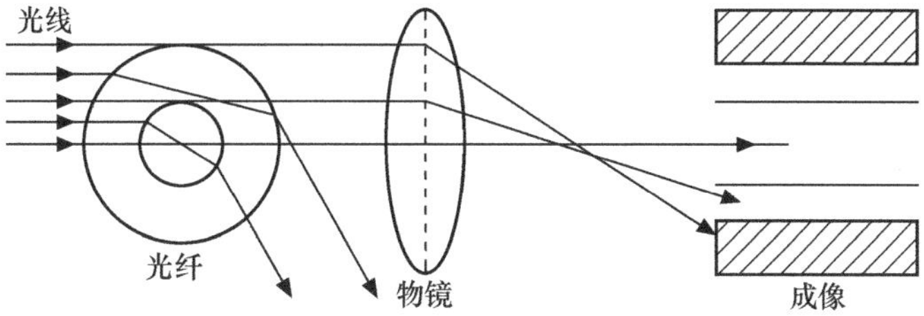

图 2-45　纤芯直视光纤熔接机原理示意图

2.5.3　光纤熔接的工作步骤

光纤的接续是一项人工与设备良好配合的过程，而且还需要多种专用工具，例如，开缆工具、套管剥除工具、光纤剥除、切割工具等。在光纤放入熔接机前，有相当多的操作是人工完成的，而且还直接关乎光纤接续质量，需要熟练、合理的操作。熔接机完成的只是端面制备良好的待接光纤妥善放入后的工作。光纤熔接机的操作步骤如下。

1. 参数设置

（1）光纤外形或种类选择：包括单模、多模、特种光纤（例如含钛光纤、色散位移光纤），以及用户可自行编辑组合的各种类型光纤，如康宁、朗讯等不同厂家光纤对接等。

（2）对芯方式：选择光纤对准方式，以达到最佳熔接效果。有些熔接机有选择调节对芯方式的功能，如纤芯对准、外径对准和预偏芯对准等。

（3）外径选择：选择光纤熔接条件为相似或不相似。

（4）数据显示存储设置：熔接机可以存储接续记录，可选或不选。

（5）放电试验：熔接机可通过放电试验来自动检验调节放电电极状态，方法是截取待接光纤，制备端面后放入熔接机，选择放电试验（YES），熔接机会自动放电预熔，直至达到合理状态。

（6）其他：例如日期、时间调节等。

2. 方式选择

（1）熔接方式选择：包括自动（通常使用的方式）、手动（手动对纤，按需要选用）、分步（演示熔接机熔接过程或者查询主机性能时使用）。

（2）通信：可以外接计算机控制，此时熔接机只能通过外接计算机来控制，熔接机本身的按键将不起作用，用“RESET”键可返回初始状态。

（3）参数修改：一般应由专业人员查看、设置。

（4）维护状态：包括马达运转检查、电极检查、保养、更换等。

（5）光纤命名：作存储时用。

（6）加热条件：选择光纤热可缩保护管的加热参数，可以设置加热长度和加热条件来调整加热时间或效果。

3．熔接机自动熔接操作流程

熔接机自动熔接是光纤接续中最常用的熔接方式。在该方式下，将处理端面的两个光纤放入熔接机即可自动完成熔接过程，操作流程如图2-46所示。

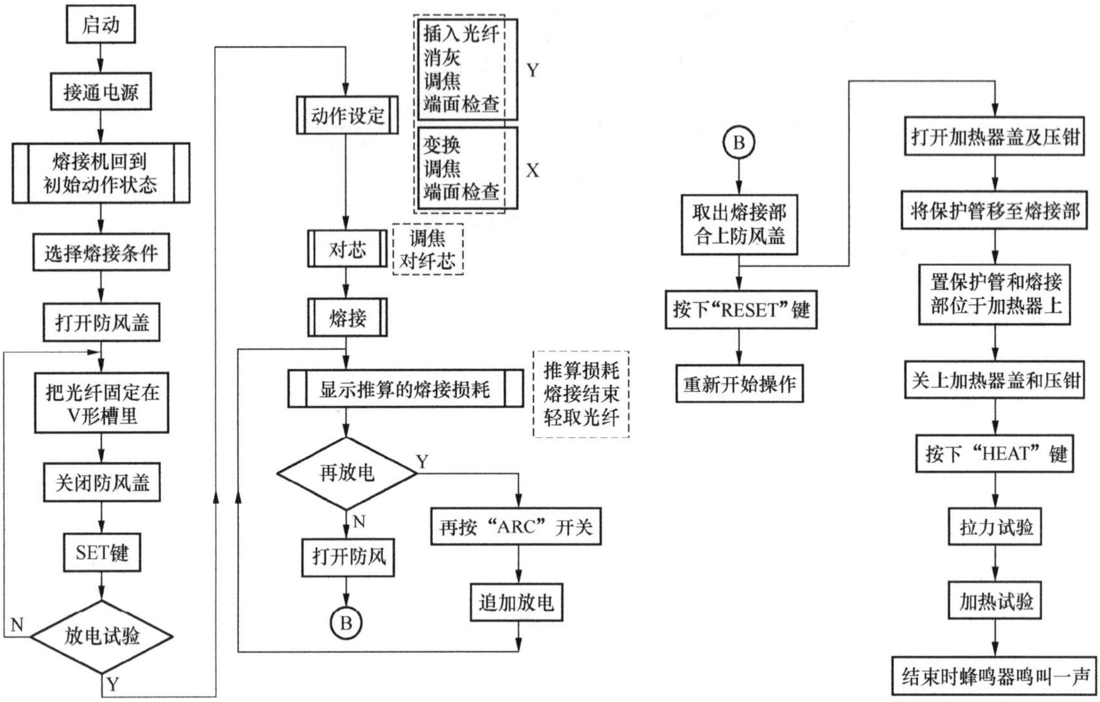

图2-46　光纤熔接机自动熔接流程图

4．光纤接头的热熔加强保护

完成接续、取出光纤、熔接机复位后，要进行光纤接头的热熔加强保护，要使用质量合格的热熔保护管（加热后均匀收缩，无气泡、凹凸和流液现象），光纤接续点应在保护管中心，涂覆层离接续点距离应大于6mm，放置在热熔炉中时应按顺序逐侧合上光纤钳夹，保持光纤笔直。

2.5.4　熔接质量评判

推定的光纤熔接损耗只能作为参考值使用，不能作为正式损耗值使用。正式损耗值通过OTDR测试取得。但是我们还是可以从熔接机显示屏上显示的光纤接续点放大图形，简单地判断接续质量（见表2-7、表2-8）。

表2-7　熔接质量不正常情况

屏幕上显示图形	形成原因及处理方法
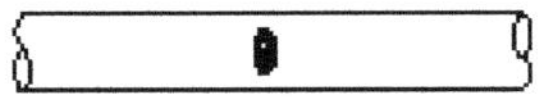	由于端面尘埃、结露、切断角不良以及放电时间过短引起。熔接损耗很高，需要重新熔接

续表

屏幕上显示图形	形成原因及处理方法
	由于端面不良或放电电流过大引起，需重新熔接
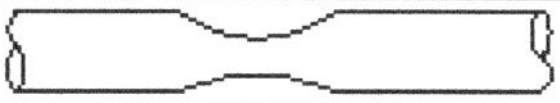	熔接参数设置不当，引起光纤间隙过大，需要重新熔接
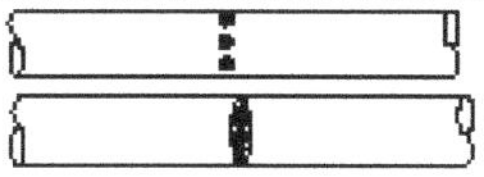	端面污染或接续操作不良。选按“ARC”追加放电后，如黑影消失，推算损耗值又较小，仍可认为合格。否则，需要重新熔接

表 2-8　　　　　　　　　　　　熔接质量正常情况

屏幕显示图形	形成原因及处理方法
白线 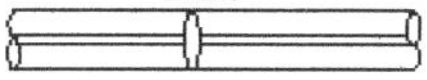	光学现象，对连接特性没有影响
模糊细线 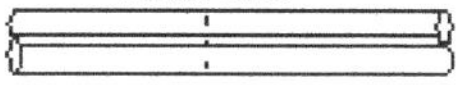	光学现象，对连接特性没有影响
包层错位 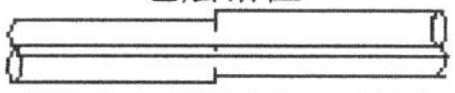	两根光纤的偏心率不同。推算损耗较小，说明光纤纤芯已对准，属质量良好
包层不齐 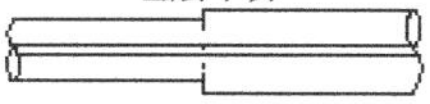	两根光纤外径不同。若推算损耗值合格，可看作质量合格
污点或伤痕 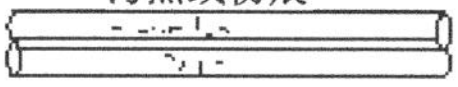	应注意光纤的清洁和切断操作，不影响传光

补强部位的效果可以通过直接观察的方法确定，补强良好的实例如图 2-47 所示，补强不良实例如图 2-48 所示。

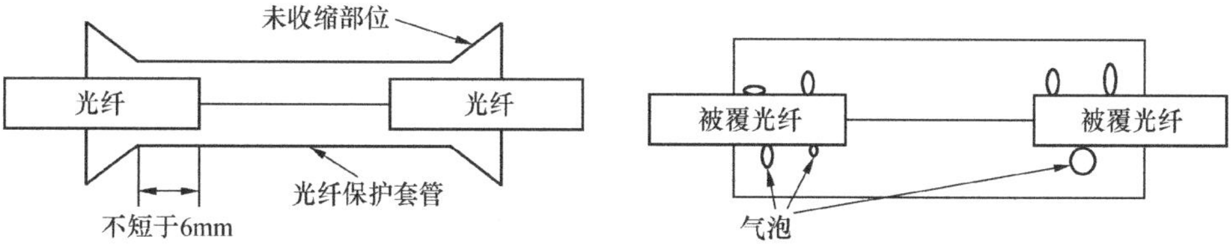

图 2-47　补强良好实例

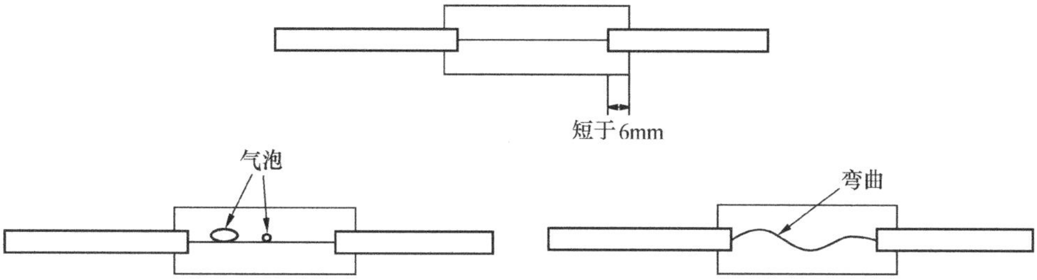

图 2-48　补强不良实例

2.5.5　光纤接续时常见故障的处理

（1）开启熔接机开关后屏幕无光亮，且打开防风罩后发现电极座上的水平照明不亮。解决方法：

① 检查电源插头座是否插好，若不好则重新插好；

② 检查电源保险丝是否完好，若断开则更换保险丝。

（2）光纤能进行正常复位，进行间隙设置时屏幕变暗，没有光纤图像，且屏幕显示停止在“设置间隙”。解决方法：检查并确认防风罩是否到位或簧片是否接触良好。

（3）开启熔接机后，屏幕下方出现“电池耗尽”且蜂鸣器鸣叫不停。解决方法：

① 本现象一般出现在使用电池供电的情况下，只需更换供电电源即可；

② 检查并确认电源保险丝盒是否拧紧。

（4）光纤能进行正常复位，进行间隙设置时，光纤出现在屏幕上但停止不动，且屏幕显示停止在“设置间隙”。解决方法：

① 按压“复位”键，使系统复位；

② 检查是否存在断纤；

③ 检查光纤切割长度是否太短；

④ 检查压纤槽与光纤是否匹配，并进行相应的处理。

（5）光纤能正常复位，进行间隙设置时光纤持续向后运动，屏幕显示“设置间隙”及“重装光纤”。解决方法：可能是光学系统中显微镜的目镜上灰尘沉积过多所致，用棉签棒水平及垂直擦拭摄像镜头和反射镜面，观察无明显灰尘，即可再试。

（6）自动工作方式下，按压“自动”键后可进行自动设置间隙、进行粗或精校准，但肉眼可在监视屏幕上观察到明显错位时，开始进行接续。解决方法：检查待接光纤图像上是否存在缺陷或灰尘，可根据实际情况用沾酒精棉球重擦光纤或重新制作光纤端面。

（7）光纤进行自动校准时，一端光纤上下方向运动不停，屏幕显示停止在“校准”。解决方法：

① 按压“复位”键，使系统复位；

② 检查裸纤是否干净，若不干净则处理；

③ 清洁V形槽内沉积的灰尘；

④ 用手指轻敲小压头，确定小压头是否压实光纤，未压实则处理后再试。

2.5.6 熔接机的保养及注意事项

一般来说，野外工作环境较差，所以，熔接机的平时保养维护对熔接效果、使用寿命至关重要。下面就一些常用保养注意事项进行介绍。

（1）熔接机作为一种专用精密仪器，平时应注意尽量避免过分地震动，注意防水、防潮，可在机箱内放入干燥剂，并在不用时放在干燥通风处。

（2）保持升降镜、防风罩反光镜的镜面清洁，一般不要自行擦拭。

（3）保持 V 形槽的清洁，可用酒精棒擦拭。

（4）保持压板、压脚的清洁，可用酒精棒擦拭，压上时要密封。

（5）注意防风罩的灵敏性。在做熔接准备工作以及放入光纤后，不要打开防风罩，避免灰尘进入。不要随意更改机器内部参数，必要时咨询仪表厂商的技术人员。

（6）野外所使用的电源主要以发电机为主，电压不太稳定时（刚开机的时候会有一个峰值），需要增加稳压器，待电压稳定以后再接入熔接机适配器。如有电池，应严格按充放电要求进行充放电。

（7）熔接机的摄像镜头和反射镜面要防止灰尘。不要用嘴对着镜头呵气，特别是在寒冷的季节，不经意的说话都有可能造成热气覆盖镜头、镜面。

（8）熔接机的 V 形槽夹具是一种精密的陶瓷，不能用高压的气体进行冲刷，有灰尘时可用一根竹制的牙签，将其削成 V 形，用棉球蘸取少量的酒精进行清洁。

（9）光纤切割刀的简单调整。由于所切割的光纤种类较多，如果发现某一种光纤的切割断面质量一直不好，有必要进行调整。调整的时候需要结合熔接机，在熔接机的显示屏下进行调整。如图 2-49 所示的两种情况可以进行参考。

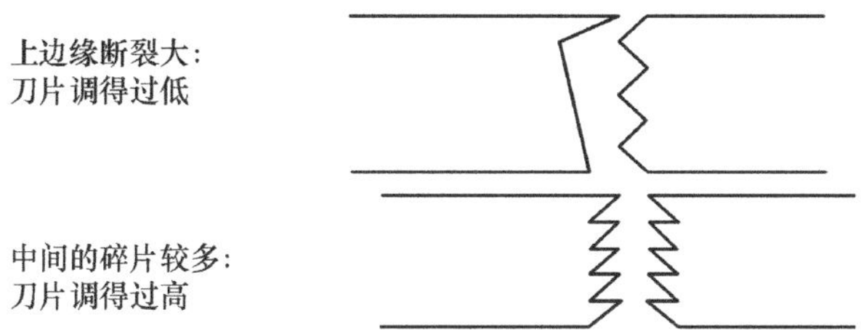

图 2-49　光纤断面情况示意图

（10）熔接机的使用原则：熔接机，包括切割刀必须专人使用，专人保养。

（11）熔接作业时，电极棒上的高压约 3kV，千万不要触摸。

（12）熔接机在使用过程中，务必接好地线。

（13）熔接机禁止使用任何润滑剂。

（14）不可使用氟利昂（冷却剂），因为放电时，它会产生有害气体，导致接触不良。

（15）熔接机应以一年一次定期检修为宜。

2.6　光纤的冷接

光纤冷接就是在常温、不用加热的条件下连接光纤的方式，冷接有两种方法，一种是使用光纤快速接续连接器，相当于做成端或终端，即光纤与尾纤头直接（是指光纤与一种类似尾纤头的接线子直连）。另一种是使用光纤冷接子，相当于做接头，用于光纤对接光纤或光纤对接尾纤，（光纤对接尾纤是指光纤与尾纤的纤芯对接而不是前者说的尾纤头）。

1．光纤快速接续连接器

光纤快速接续连接器也叫现场组装型连接器，是指不需要熔接机，只通过简单的接续工具、利用机械连接技术实现入户光缆直接成端的方式，连接器现场组装的过程中无需注胶、研磨。光纤快速接续连接器使用技术分预置光纤和非预置光纤两大类。预置光纤的接续点设置在连接器内部，预置有匹配液；非预置光纤接续点在连接器表面，不预置匹配液，直接通过适配器与目标光纤相连。

根据快速接续连接器光纤机械接续理论，光纤接续点必须是预研磨球面与现场切割面的弹性贴合，匹配液仅仅是一种起辅助作用的弥补剂，不可以作为永久接续依赖剂。标准预研磨球面表面完整，无不良缺陷，与现场切割面的弹性贴合时，接续间隙控制在微米级以内，通过匹配液的弥补作用，从而得到良好的接续性能、减少接续损耗，如图 2-50 所示。

（1）预置光纤快速接续连接器

预置光纤快速接续连接器是在连接器内部工厂预埋一段光纤，光纤在插芯端研磨与相对连接器相适配，内部接续端设置起弥补作用的匹配液，现场切割的光纤通过匹配液与连接器内部预埋光纤接续端贴合，实现光纤接续。预置光纤型快速接续连接器结构如图 2-51 所示。

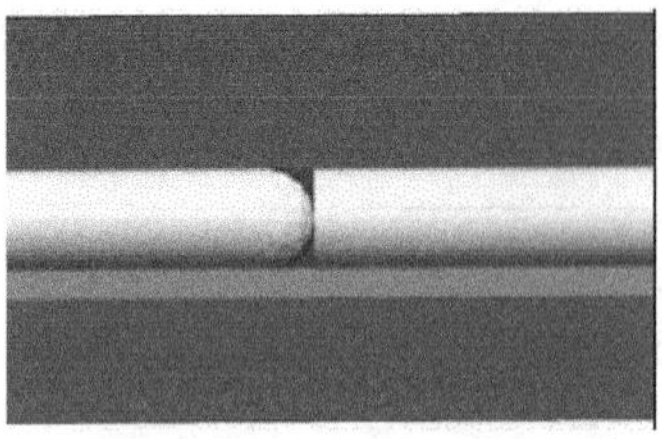

图 2-50　标准的接续点示意图

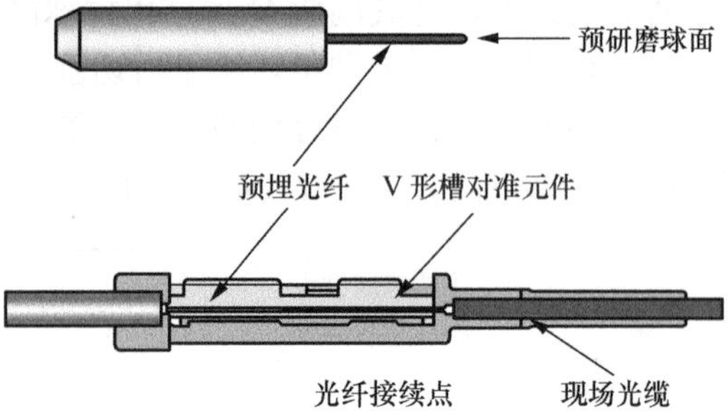

图 2-51　预置光纤型快速接续连接器结构

（2）非预置光纤快速接续连接器

非预置光纤快速接续连接器是把接续点前移至插芯表面，对接插针体（标准连接器或设备）预研磨球面与现场光纤的切割面直接弹性贴合，通过减少一个接续点，实现光纤超低损耗接续，接续性能堪比标准连接器。快速接续连接器内部无接续点和匹配液，不会由于匹配液的流失而影响使用寿命；接续点的接续质量以及切割表面质量的可视化大大提高了施工质量的可控性和故障排除的简易化；表面易于维护，应对客户端各种的运行环境考验。非预置光纤型快速接续连接器结构如图 2-52 所示。

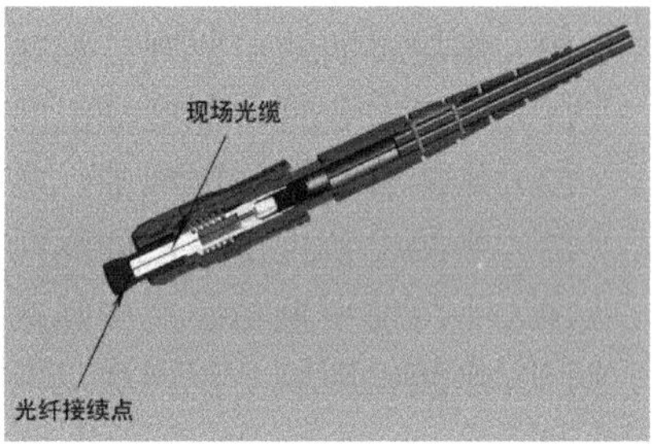

图 2-52　非预置光纤型快速接续连接器结构

由于广电网对回损的需要，造成预置光纤的接续端必须研磨至斜 8 度 APC，而预置光纤内部的接续点不但要在工厂内磨至斜面 8 度角，而且现场光纤也要使用特制昂贵的斜面光纤切割刀切制模拟 8 度表面，产品价格高昂，而且操作复杂，运营商先期投入过大，根本不适应光纤接入的大批量使用。

非预置光纤接续技术前置接续点为广电网严苛的接续要求提供了性能可靠、成本低廉的解决方案，通过光缆接续点现场固定、便携式光纤研磨机端面 8 度 APC 斜面研磨，整个接续过程不超过 3 分钟，而且接续性能优异，成本与普通现场连接器价格相同，整个结构可靠性与普通跳纤相同，完全达到要求，为广电大批量光纤布入提供可靠保证。

2. 光纤冷接步骤

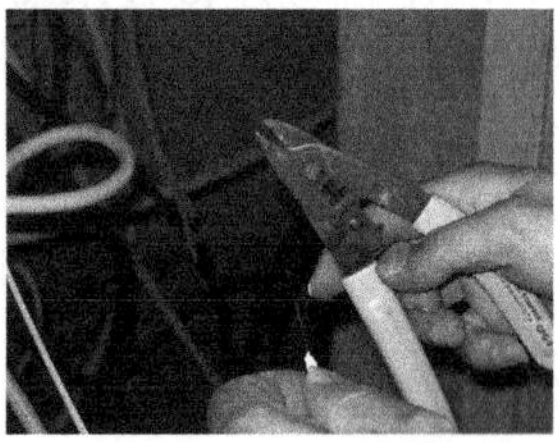

以某个厂家的冷接头为例说明光纤的冷接步骤。

（1）处理皮线光缆，开剥长度为 5cm。

（2）将皮线穿入螺帽中，利用厂家提供的定长工具对皮线光缆进行长度的卡定，并使用剥线钳对光纤涂覆层进行剥离，并用酒精棉纸进行清洁。

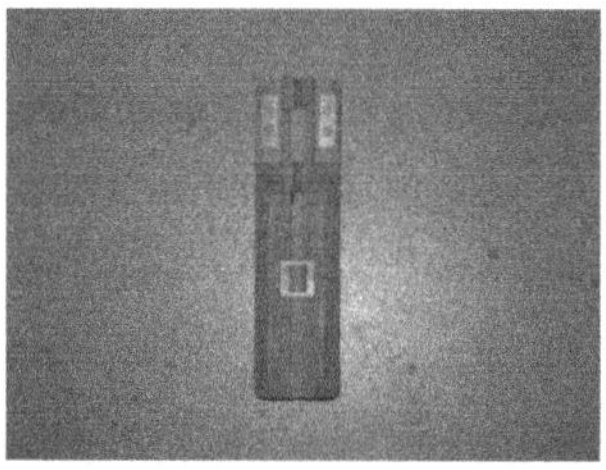

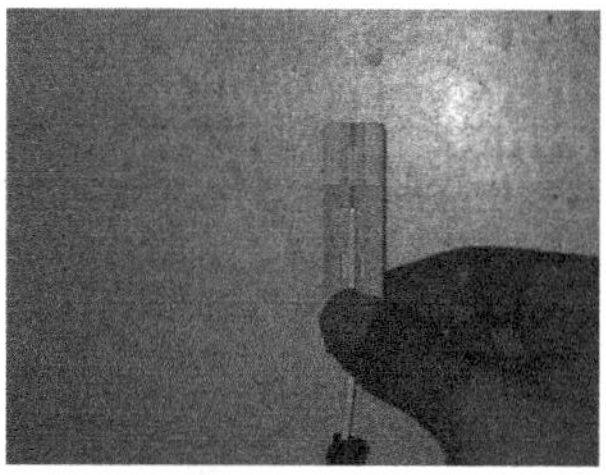

（3）利用切割刀对光纤进行定长切割，制备端面。

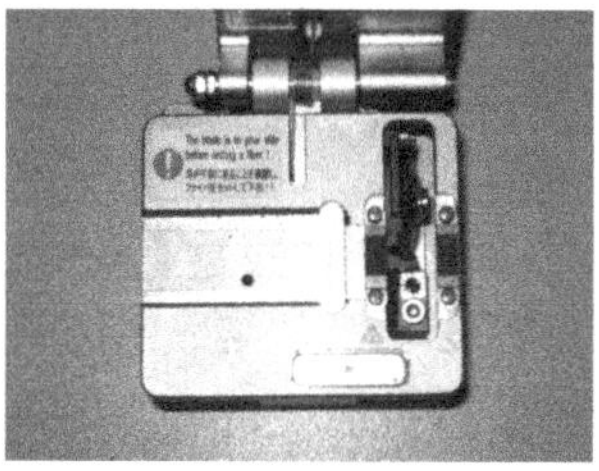

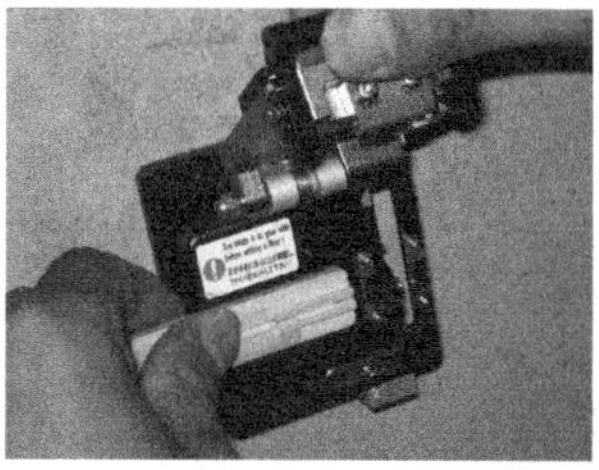

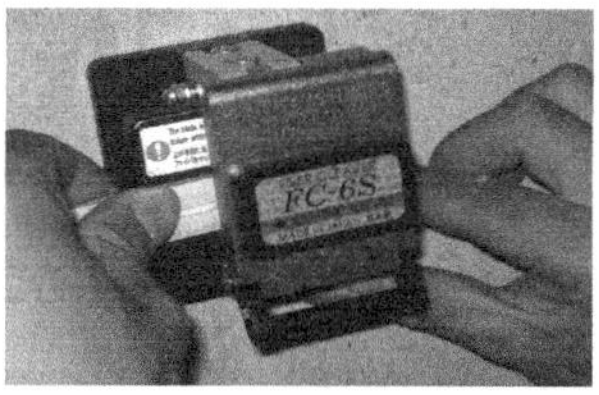

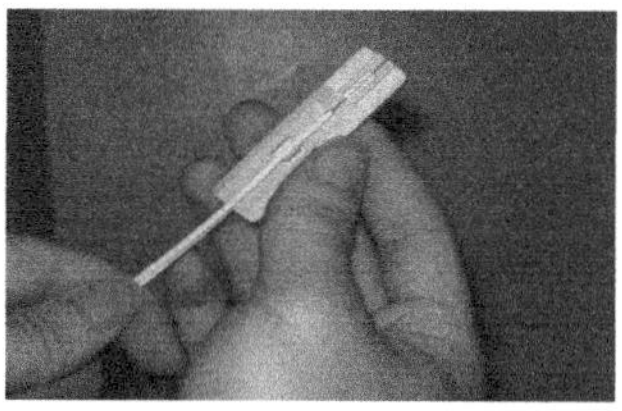

（4）沿尾端导轨穿入预制光纤，当出现光纤微弯状态时，停止穿入。左手维持光纤弯曲，右手向前推固定环，锁紧光纤。最后，合上盒盖，拧紧螺帽，装上 SC 外壳，完成接续。

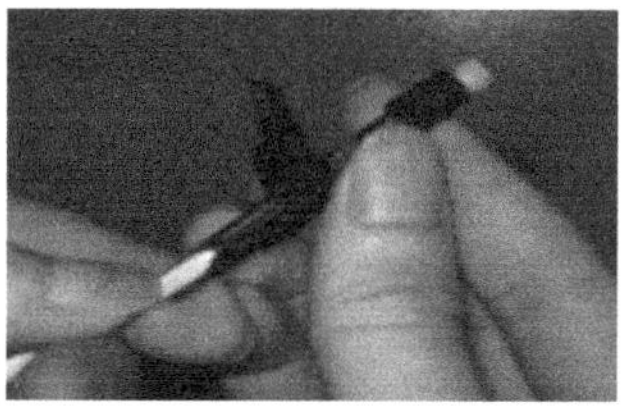

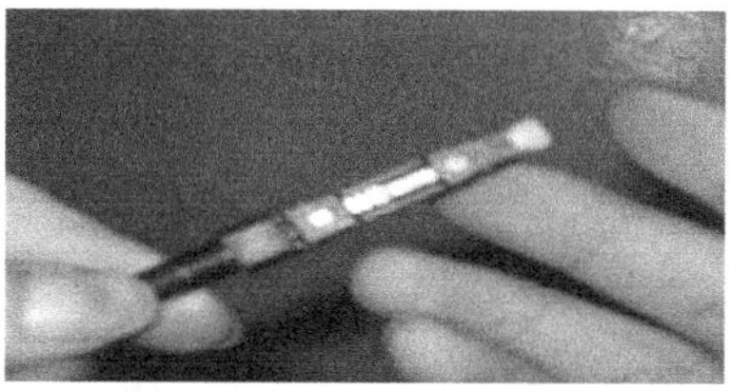

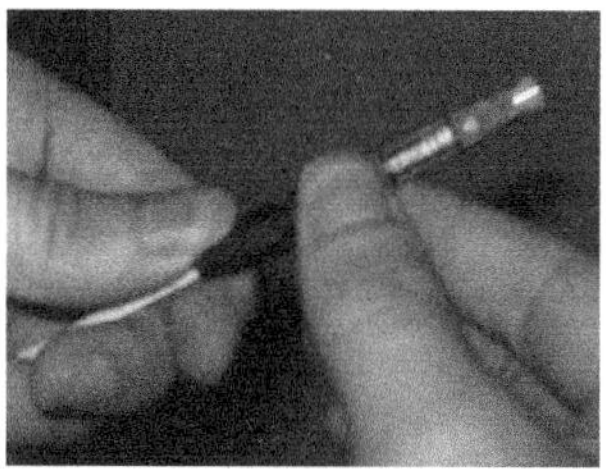

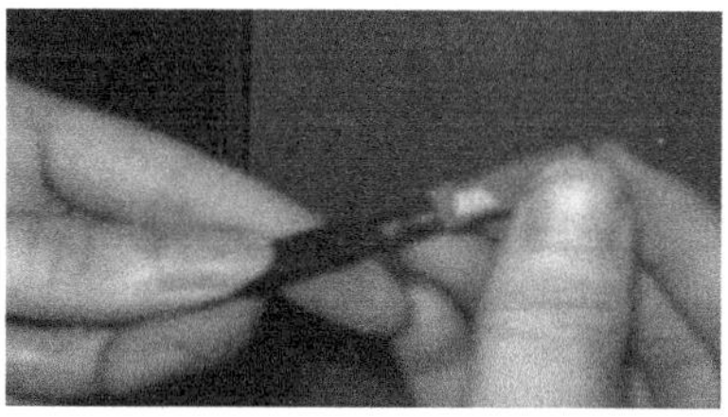

（5）在皮线上打标签，制作完成。

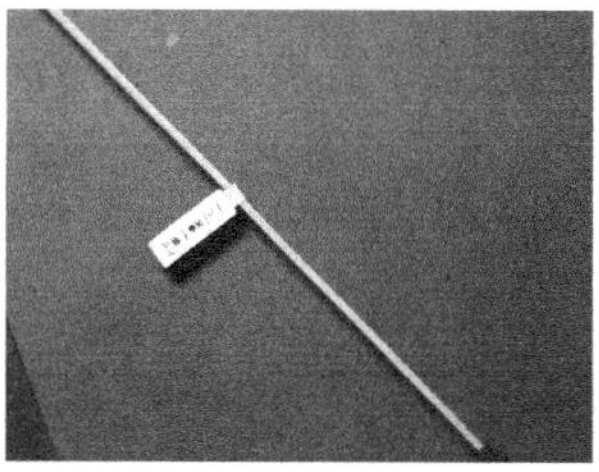

3. 光纤冷接的应用

光纤冷接的主要应用如图 2-53～图 2-58 所示。

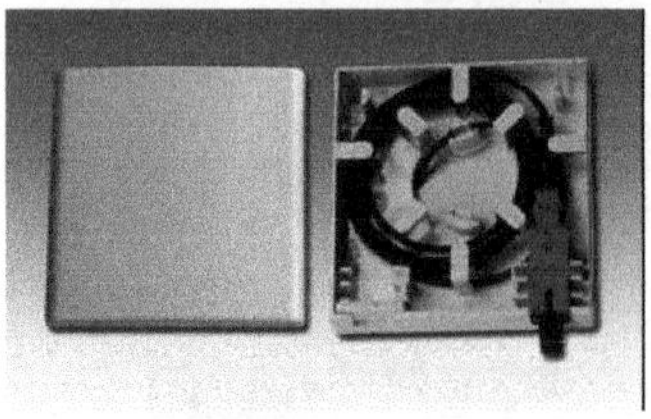

图 2-53　光纤快接入户

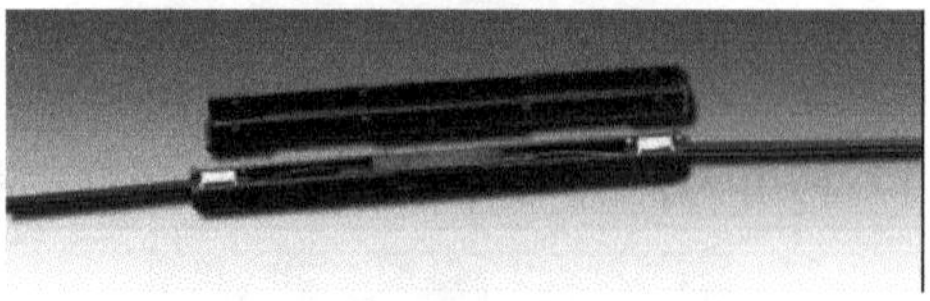

图 2-54　皮线光缆对接

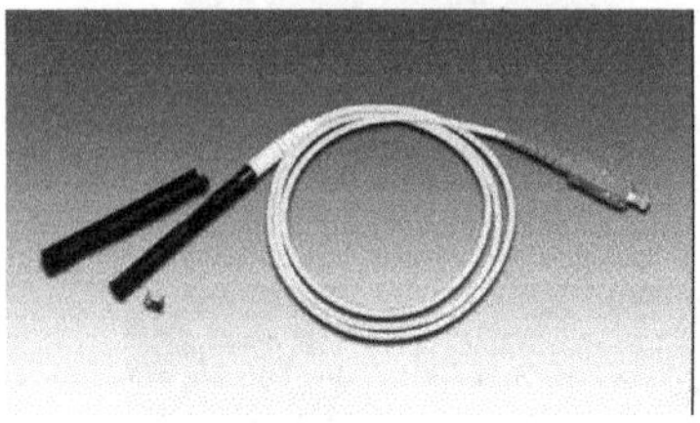

图 2-55　多媒体箱的经济型冷接续连接器

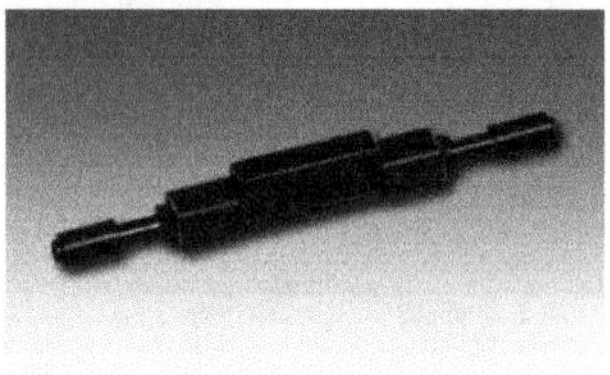

图 2-56　性能优异、接续速度最快的冷接子

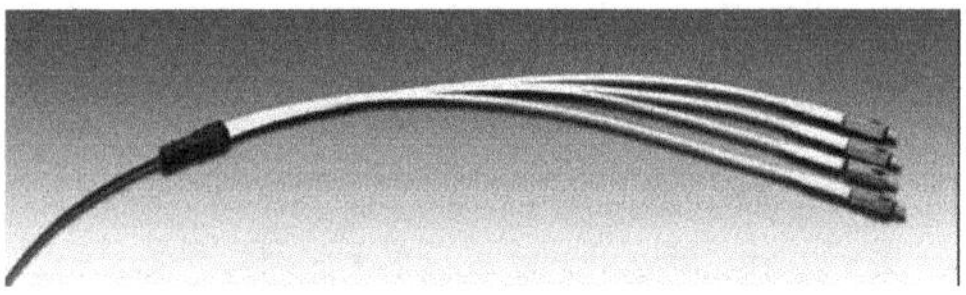

图 2-57　楼道分线盒

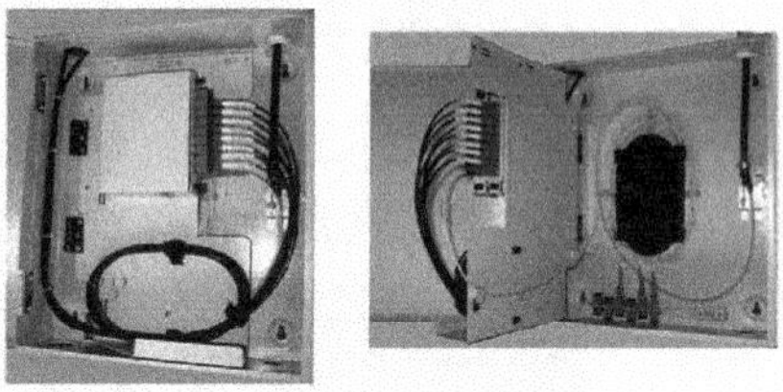

图 2-58　楼道分线箱

实践项目与教学情境

情境 1：取一段光纤，用工具将光纤涂覆层剥掉，观察并测量其结构参数。
情境 2：取一段光纤，用手进行扭转、拉伸试验，分析光纤断裂的条件。
情境 3：到实训室，认识光缆的结构和型号，识别光缆端别与纤序。
情境 4：用光纤熔接机对两段光纤进行熔接，分析熔接的质量，编写分析报告。
情境 5：用冷接技术完成光纤尾纤的冷接。

小结

（1）光纤是由纤芯、包层和涂覆层组成，由纤芯和包层组成的光纤称之为裸纤，裸纤经过涂覆后为涂覆光纤，通常所说的光纤就是指这种经过涂覆后的光纤。光纤的种类繁多，可以按工作波长、折射率分布、传输模式、材料性质和套塑方法等分成不同的种类。

（2）全反射是光信号在光纤中传播的必要条件。光纤波导有一个重要参数，即归一化频率 V。其表达式为

$$V=\frac{2\pi}{\lambda}a\sqrt{{n_1}^2-{n_2}^2}=\frac{2\pi a n_1\sqrt{2\Delta}}{\lambda}=k_0 a n_1\sqrt{2\Delta}=k_0 a(NA)$$

光纤的归一化频率 V 与各模式的归一化截止频率 V_c 相比，若 $V>V_c\approx2.405$，则导模在光纤中导行；$V<V_c\approx2.405$，则导模在光纤中截止，临界条件为 $V=V_c$。

当光纤的归一化频率 V 满足 $V<V_c\approx2.405$ 时，光纤中只剩下基模，这种情况称为光纤的单模传输。保证阶跃型光纤单模传输的条件是：$0<V<2.405$。

（3）光纤的几何特性与光缆施工有着紧密的关系，光纤的几何参数直接影响到光纤的连接损耗。光纤的几何参数有芯直径、包层直径、纤芯/包层同心度、不圆度和光纤翘曲度。

（4）光纤的传输特性有损耗特性和色散特性，这两种特性限制了光信号的传播距离和码速率。

（5）光缆由缆芯、护层、加强芯组成。国内外各种典型结构的光缆有层绞式、骨架式、束管式、带状、单芯和特殊结构光缆等，可根据不同的应用条件，选用不同结构的光缆。光缆的种类很多，根据不同的方式有不同的分类。在施工中我们应掌握光缆的型号和规格、光缆端别与纤序的识别及光纤的熔接。

（6）用熔接机可进行光纤的熔接，本章介绍了光纤熔接的步骤、熔接机的使用方法及注意事项。

（7）光纤冷接就是在常温不用加热的条件下连接光纤的方式。

思考题与练习题

2-1 光纤由哪几部分组成？

2-2 在光脉冲信号的传播过程中，光纤的损耗和色散对其有何影响？

2-3 单模光纤有哪几种类型？各有何特点？

2-4 光纤的归一化频率和各模式的归一化截止频率的关系是什么？光纤单模传输的条件是什么？

2-5 光纤的特性有哪些？

2-6 光缆的结构有哪些？

2-7 常用光缆有哪几种类型？

2-8 写出 GYFZA03-36D10/125（220）C 的含义。

2-9 写出 GYGTL23-12J50/125（25010）C 的含义。

2-10 试述光纤熔接后热熔保护的主要作用，并举出良好和不良的实例。

2-11 光纤熔接机的哪些主要部位要保持清洁？

2-12 试述光纤熔接机的操作步骤。

2-13 试述光纤冷接的操作步骤。

第3章 通信用光器件

本章内容

- 光源：半导体激光器和发光二极管的工作原理、基本结构和工作特性。
- 光电检测器：PIN 和 APD 光电二极管的工作原理、基本结构和工作特性。
- 光连接器、光衰减器、光耦合器和光开关、光放大器等器件的功能与用途。

本章重点、难点

- 激光器的工作原理。
- 半导体激光器和发光二极管工作原理及其工作特性。
- 光电检测器的工作原理及其工作特性。
- 光连接器、光衰减器等无源器件的功能及主要性能。
- EDFA 的基本结构及应用。

学习本章的目的和要求

- 了解半导体激光器工作的物理基础。
- 掌握半导体激光器和发光二极管工作原理及其工作特性。
- 熟悉光源驱动电路的工作原理。
- 掌握光电检测器的工作原理及特性。
- 掌握光连接器、光衰减器、光耦合器和光开关等器件的功能及主要性能。
- 了解光放大器的类型，掌握 EDFA 的基本结构及应用。

本章实践要求及教学情境

- 到光纤通信实训室或运营商传输机房，考察了解相关光器件及应用情况。
- 现场观察各类光器件，分析光连接器、光衰减器等光器件的作用。

光纤通信系统中所用的光器件可分为有源光器件和无源光器件两大类。二者的主要区别在于器件本身在实现其功能的过程中，其内部是否发生光电能量转换。若发生光电能量转换，则称为有源光器件，主要有光源和光电检测器；若未发生光电能量转换，即便需要一些电信号的介入，也称为无源光器件。无源光器件主要包括光纤连接器、光耦合器、光隔离器、光开关、光波分复用器、光波长转换器等器件。这些有源和无源光器件的性能决定着光纤通信系统的质量。本章将对这些器件的基本工作原理与主要特性进行系统的介绍。

3.1 光源

光源是光纤通信系统的重要器件之一，是光纤通信设备的核心器件，它的作用是将电信号转换成光信号并送入光纤线路中进行传输。目前，光纤通信中普遍采用的光源器件是半导体激光器（LD）和半导体发光二极管（LED）。在高速率、远距离的传输系统中均采用光谱宽度很窄的分布反馈式半导体激光器（DFB-LD）和量子阱激光器（QW-LD）。

3.1.1　激光器的工作原理

半导体激光器是向半导体 P-N 结注入电流，实现粒子数反转分布，产生受激辐射，再利用谐振腔的正反馈，实现光放大而产生激光振荡输出激光。那么，如何实现粒子数反转分布及如何构成具有正反馈的谐振腔，就是我们下面要讨论的问题。

1．激光器的物理基础

（1）光子的概念

1905 年爱因斯坦提出光量子学说。他认为，光是由能量为 hf 的光量子组成的，其中，$h=6.628\times10^{-34}$ J・s（焦耳・秒），称为普朗克常数，f 是光波频率。人们将这些光量子称为光子。不同频率的光子具有不同的能量。而携带信息的光波，它所具有的能量只能是 hf 的整数倍。当光与物质相互作用时，光子的能量作为一个整体被吸收或发射。

光子概念的提出，使人们认识到，光不仅具有波动性，而且具有粒子性。一方面光是电磁波，有确定的波长和频率，具有波动性；另一方面，光是由大量的光子构成的光子流，每个光子都具有一定的能量，具有粒子性。光子的能量和光频率之间有一定的关系，具有波、粒两重性。

（2）原子能级

由物理学知识知道，物质是由原子组成，而原子是由原子核和围绕原子核旋转的核外电子构成，这些电子只能在某些一定的、不连续的轨道上围绕原子核运动，电子沿不同轨道运行时具有不同的能量。当物质中原子的内部能量变化时，可能产生光波。因此，要研究激光的产生过程，就必须对物质的原子能级分布有一定的了解。

电子在原子核外以确定的轨道绕核旋转，电子离核越远，其能量越大，这样就使原子形成不同稳定状态的能级。能级是不连续的。最低的能级 E_1 称为基态，能量比基态大的所有其他能级 E_i（$i=2$，3，4，…）都称为激发态。当电子从较高能级 E_2 跃迁至较低能级 E_1 时，其能级间的能量差为$\Delta E=E_2-E_1$，并以光子的形式释放出来，这个能量差与辐射光的频率 f_{12} 之间有以下关系式

$$\Delta E=E_2-E_1=hf_{12} \tag{3-1}$$

式中，h 为普朗克常数，$h=6.628\times10^{-34}$J・s（焦耳・秒），f_{12} 为吸收或辐射的光子频率。

反之，当处于低能级 E_1 的电子受到一个光子能量$\Delta E=hf_{12}$ 的光照射时，该能量被吸收，使原子中的电子激发到较高的能级 E_2 上去。光纤通信用的发光器件和光检测器件就是利用频率与这两能级间的能量差（ΔE）成比例的光的辐射和光的吸收现象。

（3）光与物质的三种作用形式

光可以被物质吸收，物质也可以发光。光的吸收和发射与物质内部能量状态的变化有关。爱因斯坦指出光与物质的相互作用，可以归结为光与原子的相互作用，将发生受激吸收、自发辐射、受激辐射三种物理过程，如图 3-1 所示。

① 受激吸收。在正常状态下，电子通常处于低能级（即基态）E_1，如图 3-1（a）所示，在入射光的作用下，电子吸收光子的能量后跃迁到高能级（即激发态）E_2，产生光电流，这种跃迁称为受激吸收。半导体光电检测器就是按照这种原理工作的。

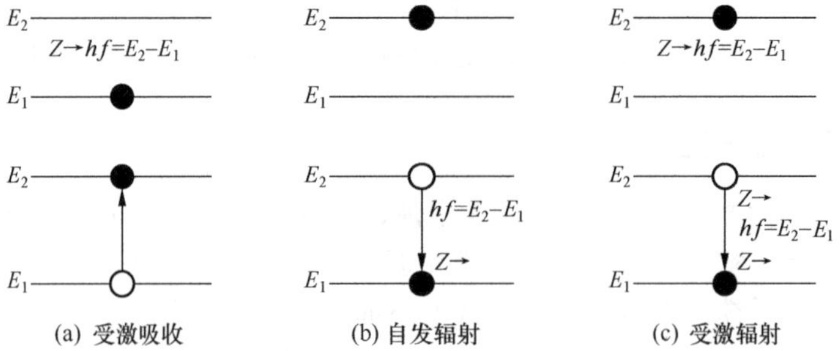

图3-1 能级和电子跃迁

受激吸收的特点是：不是自发的，必须在外来光子的激励下才会产生。外来光子的能量等于电子跃迁的能级差，$hf_{12}=E_2-E_1$。

② 自发辐射。处于高能级 E_2 上的电子是不稳定的，即使没有外界的作用，也会自发地跃迁到低能级 E_1 上与空穴复合，释放的能量转换为光子辐射出去，这种跃迁称为自发辐射，如图3-1（b）所示。半导体发光二极管是按照这种原理工作的。

自发辐射的特点是：发光过程是自发的，辐射出的光子频率、相位和方向都是随机的，输出的是非相干光，光谱范围较宽。

③ 受激辐射。处于高能级 E_2 上的电子，受到能量为 hf_{12} 的外来光子激发时，使电子被迫跃迁到低能级 E_1 上与空穴复合，同时释放出一个与外来光子同频率、同相位、同偏振方向、同传播方向的光子（称为全同光子）。由于这个过程是在外来光子的激发下产生的，所以这种跃迁称为受激辐射，如图 3-1（c）所示。半导体激光器是按照这种原理工作的。

受激辐射的特点是：发光过程不是自发的，而是受外来光子的激发引起的。辐射出的光子是外来光子的全同光子，可实现光放大，输出的光是相干光，光谱范围较窄。

事实上，上述物质与光子之间相互作用的三种基本过程总是同时存在的，只要其中一种过程预先设法受到控制，就可设计出相应的器件应用于光电转换技术中。例如，光电检测器利用了受激吸收原理，发光二极管和激光器则分别利用了自发和受激辐射原理。

（4）粒子数反转分布与光的放大

要使光产生振荡，必须先使光得到放大，而产生光放大的前提是物质中的受激辐射必须大于受激吸收。因此，受激辐射是产生激光的关键。

由于物质中的电子是按一定规律占据能级的。由物理学知道，在正常分布状态下，即热平衡状态下，低能级上的电子多，高能级上的电子少。如设低能级上的粒子密度为 N_1，高能级上的粒子密度为 N_2，在正常状态下，$N_1>N_2$，那么，在单位时间内，从高能级跃迁到低能级上的粒子数，总是少于从低能级跃迁到高能级上的粒子数，因此，总是受激吸收大于受激辐射。即在热平衡条件下，物质不可能有光的放大作用。

要想物质能够产生光的放大，就必须使受激辐射大于受激吸收，也就是使 $N_2>N_1$（高能级上的电子数多于低能级上的电子数），这种粒子数的反常态分布称为粒子（电子）数反转分布。因此，粒子数反转分布状态是使物质产生光放大而发光的首要条件。

在外界足够强的激励源（称为泵浦源）下，能形成粒子数反转分布的工作物质，称为激活物质或增益物质。可以利用适当的半导体材料作激光工作物质制造出半导体光源。

2．激光器的工作原理

所谓激光器就是激光自激振荡器。构成一个激光振荡器必须具备的部件有：

- 必须有产生激光的工作物质（激活物质）；
- 必须有能够使工作物质处于粒子数反转分布状态的激励源（泵浦源）；
- 必须有能够完成频率选择及反馈作用的光学谐振腔。

（1）能够产生激光的工作物质

工作物质是能够发光的介质，可以是气体、液体或固体。工作物质在泵浦源的激发下，实现粒子数反转分布，是产生激光的前提。

（2）泵浦源

使工作物质产生粒子数反转分布的外界激励源，称为泵浦源。物质在泵浦源的作用下，使粒子数从低能级跃迁到高能级，使得 $N_2 > N_1$，在这种情况下，受激辐射大于受激吸收，从而有光的放大作用。这时的工作物质已被激活，成为激活物质或增益物质。

（3）光学谐振腔

激活物质只能使光放大，只有把激活物质置于光学谐振腔中，以提供必要的反馈及对光的频率和方向进行选择，才能获得连续的光放大和激光振荡输出。

① 光学谐振腔的结构

在激活物质两端的适当位置，放置两个反射系数分别为 r_1 和 r_2 的平行反射镜 M_1 和 M_2，就构成了最简单的光学谐振腔。如果反射镜是平面镜，称为平面腔；如果反射镜是球面镜，则称为球面腔，如图 3-2 所示。对于两个反射镜，要求其中一个能全反射，另一个为部分反射。如 M_1 为全反射，其反射系数 $r_1=1$。M_2 为部分反射，其反射系数 $r_2<1$。产生的激光由 M_2 射出。

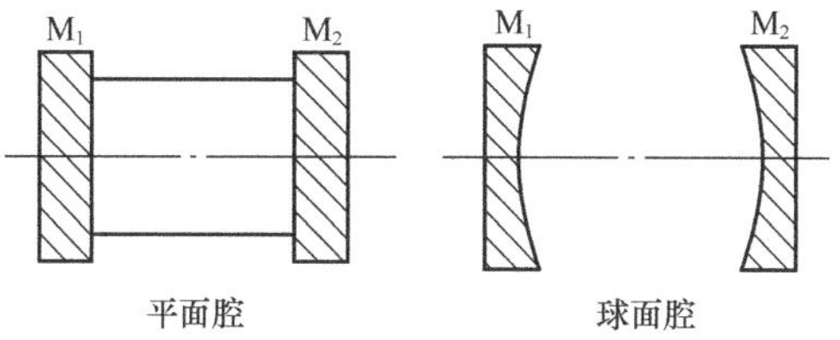

图 3-2　光学谐振腔的结构

② 谐振腔产生激光振荡过程

如图 3-3 所示，当工作物质在泵浦源的作用下，实现粒子数反转分布，由于高能级上的粒子不稳定，会自发跃迁到低能级上，并放出一个光子能量，即产生自发辐射，自发辐射的光子方向任意。如果自发辐射光子的方向不与光学谐振腔轴线平行，就被反射出谐振腔，或者说被谐振腔抑制掉。只有与谐振腔轴线平行的自发辐射光子才能存在，继续前进。当它遇到一个高能级上的粒子时，将使之感应产生受激跃迁，在从高能级跃迁到低能级的过程中放出一个与激发光子全同的光子，这就是受激辐射。这两个光子继续运动，又在激活物质中来回穿行。当受激辐射光在谐振腔内来回反射一次，相位的改变量正好是 2π 的整数倍时，则向同一方向传播的若干受激辐射光相互加强，产生谐振。达到一定强度后，就从部分反射镜 M_2 透射出来，形成一束笔直的激光。当达到平衡时，受激辐射光在谐振腔中每往返一次由放大所得的能量，恰好抵消所消耗的能量时，激光器即保持稳定的输出。

综上所述，可以得出结论：要构成一个激光器，必须具备 3 个部分：工作物质、泵浦源和光学谐振腔。工作物质在泵浦源的作用下产生粒子数反转分布，成为激活物质，从而具有光的放大作用，激活物质和光学谐振腔是产生激光振荡的必要条件。

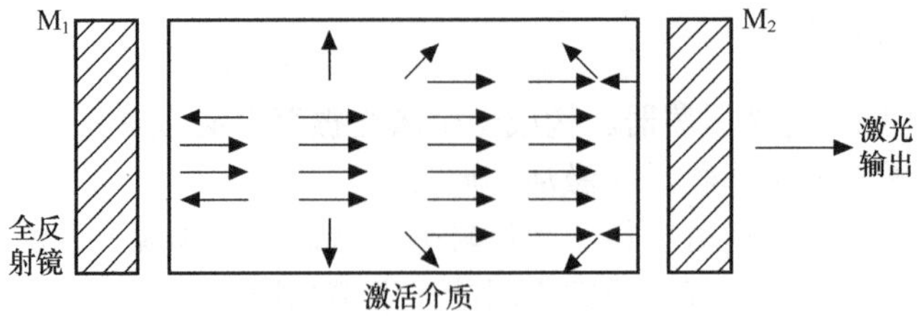

图 3-3　激光器示意图

③ 起振的阈值条件

受激辐射可以使光放大，即光波有增益。但任何激光器都存在一定的损耗（例如，工作物质不均匀造成光波散射；谐振腔反射镜不是理想的全反射，而有透射和吸收；光波偏离腔体轴线而射到腔外等）。要使激光器产生自激振荡，最低限度应要求激光器的增益刚好能抵消它的损耗。将激光器能产生激光振荡的最低限度称为激光器的阈值条件。如以 G_{th} 表示阈值增益系数，则起振的阈值条件是

$$G_{\text{th}}=\alpha_{\text{i}}+\alpha_{\text{r}}=\alpha_{\text{i}}+\frac{1}{2L}\ln\frac{1}{r_1 r_2} \tag{3-2}$$

α_{i} 是除反射镜透射损耗以外的其他所有损耗所引起的衰减系数，α_{r} 是谐振腔反射镜的透射损耗引起的衰减系数，L 为光学谐振腔的腔长，r_1，r_2 为光学谐振腔两个反射镜的反射系数。

由式（3-2）可见，激光器的阈值条件决定于光学谐振腔的固有损耗。损耗越小，阈值条件越低，激光器就越容易起振。

④ 光学谐振腔的谐振条件与谐振频率

谐振频率是光学谐振腔的重要参数。由以上分析可知，并不是所有的受激辐射光都能形成正反馈，在谐振腔中谐振，只有那些与谐振腔轴平行，且往返一次的相位差（$\Delta\phi$）等于 2π 的整数倍的光才能形成正反馈，产生谐振，使光波加强，不满足此条件的光波会因损耗而消失。即

$$\Delta\phi=2\pi\cdot q \tag{3-3}$$

$q=1$，2，3…，称为纵模模数，设谐振腔的长度为 L，光在工作物质中传播时的波长为 λ_q，则有

$$\Delta\phi=\frac{2\pi}{\lambda_q}\cdot 2L \tag{3-4}$$

由式（3-3）和式（3-4）可知光学谐振腔的谐振波长为

$$\lambda_q=\frac{2L}{q} \tag{3-5}$$

当工作物质的折射指数为 n 时，折射到真空的光学谐振腔的谐振波长 λ_{0q} 和谐振频率 f_{0q} 为

$$\lambda_{0q}=n\cdot\lambda_q=\frac{2nL}{q} \tag{3-6}$$

$$f_{0q}=\frac{c}{\lambda_{0q}}=\frac{cq}{2nL} \tag{3-7}$$

式中，c 为光速，$c=3\times10^8$m/s。

由上面两式可见，λ_{0q} 和 f_{0q} 与光学谐振腔内材料的折射率 n 有关。另外，随着 q 的一系

列的分立取值，对应于 λ_{0q} 和 f_{0q} 也有一系列不连续的值，存在多个谐振频率。但只有那些有增益，且增益系数大于损耗系数的光波才存在。

不同的 q 值对应于沿谐振腔纵方向（轴向）不同的电磁场分布状态，一种分布就是一个激光器的纵模。

3.1.2　半导体激光器

用半导体材料作为工作物质的激光器，称为半导体激光器（LD）。它由工作物质、光学谐振腔和激励源组成。LD 是有阈值器件，LED 是无阈值器件，但是它们同属半导体发光器件。

光纤通信系统对半导体发光器件的基本要求如下。

（1）光源的发光波长应与光纤的 3 个低损耗窗口（即 0.85μm、1.31μm 和 1.55μm）相符。

（2）能够在室温下长时间连续工作，并能提供足够的光输出功率。目前，LD 的尾纤输出功率可达 500μW～2mW；LED 的尾纤输出功率可达 10μW 左右。

（3）与光纤耦合效率高。目前，LD 与尾纤的耦合效率为 10%～20%，最好可达 50%。

（4）光源的谱线宽度要窄。光源的谱线宽度直接影响到光纤的色散特性，限制了传输速率和传输距离。目前，较好的 LD 的谱线宽度可达到 0.1nm（$1\text{nm}=10^{-9}\text{m}$）。

（5）体积小、重量轻、寿命长，工作稳定可靠。

1．半导体激光器的基本结构和工作原理

（1）基本结构

半导体激光器中，从光振荡的形式上来看，主要有两种方式构成的激光器，一种是用天然解理面形成的 F-P 腔（Fabry Perot，法布里-珀罗谐振腔），这种激光器称为 F-P 腔激光器；另一种是分布反馈型（DFB）激光器。首先介绍 F-P 腔激光器。

F-P 腔激光器从结构上可分为同质结半导体激光器、单异质半导体激光器和双异质半导体激光器。它们的共性是在 P-N 结上外加正向偏压作泵浦源，半导体 P-N 结构成光学谐振腔，由半导体的天然解理面抛光形成两个反射镜。

目前，光纤通信用的激光器大多采用如图 3-4 所示的铟镓砷磷（InGaAsP）双异质结条形激光器。由剖面图中可以看出，它由 5 层半导体材料构成。其中 n-InGaAsP 是发光的作用区，作用区的上、下两层称为限制层，它们和作用区构成光学谐振腔。限制层和作用层之间形成异质结。最下面一层 n-InP 是衬底，顶层 P^+-InGaAsP 是接触层，其作用是为了改善和金属电极的接触。顶层上面数微米宽的窗口为条形电极。

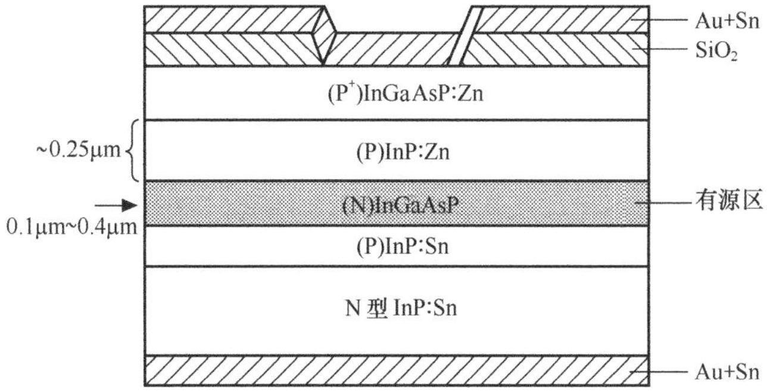

图 3-4　InGaAsP 双异质结条形激光器的基本结构

（2）工作原理

用半导体材料做成的激光器，当激光器的 P-N 结上外加的正向偏压足够大时，使注入结区（也称为有源区）的电子足够多时，使得 P-N 结的结区出现粒子数反转分布状态，在 P-N 结区出现自发辐射，并引起受激辐射。产生的光子再经 P-N 结构成的光学谐振腔来回反射，光强不断加强，经谐振腔选频，从而形成激光。

2．半导体激光器的工作特性

半导体激光器属于半导体二极管的范畴，除具有二极管的一般特性（如伏安特性等）外，还具有特殊的光频特性。

（1）发射波长

半导体激光器的发射波长取决于导带的电子跃迁到价带时所释放出的能量，这个能量近似等于禁带宽度 E_g(eV)，由式（3-1）得到

$$hf = E_g \qquad (3\text{-}8)$$

式中，$f=\dfrac{c}{\lambda}$，f（Hz）和 λ（μm）分别为发射光的频率和波长，$c=3\times10^8$m/s 为光速，$h=6.628\times10^{-34}$J · s 为普朗克常数，leV$=1.60\times10^{-19}$J 为电子伏特，代入式（3-8）得到

$$\lambda=\frac{1.24}{E_g(\text{eV})}\ (\mu\text{m}) \qquad (3\text{-}9)$$

由于能隙与半导体材料的成分及其含量有关，因此，根据这个原理可以制成不同发射波长的激光器。目前使用的半导体激光器材料有：镓铝砷-镓砷（GaAlAs-GaAs）材料，适用于 0.85μm 波段；铟镓砷磷-铟磷（InGaAsP-InP）材料，适用于 1.31～1.55μm 波段。

（2）阈值特性

对于半导体激光器，当外加正向电流达到某一数值时，输出光功率将急剧增加，这时将产生激光振荡，这个电流称为阈值电流，用 I_{th} 表示。如图 3-5 所示。当 $I<I_{th}$ 时，发出的是自发辐射光，是非相干的荧光，功率很小，且随电流增加缓慢；当 $I>I_{th}$ 后，输出光功率随着激光器注入电流的增加而急剧增加，这时激光器发出的是受激辐射光，即相干的激光。这个曲线即是半导体激光器的输出特性（*P-I*）曲线。可见半导体激光器的输出特性曲线上，前一段为荧光区，后一段为激光区。为了使光纤通信系统稳定可靠地工作，阈值电流越小越好。目前，最好的半导体激光器的阈值电流可小于 10mA。

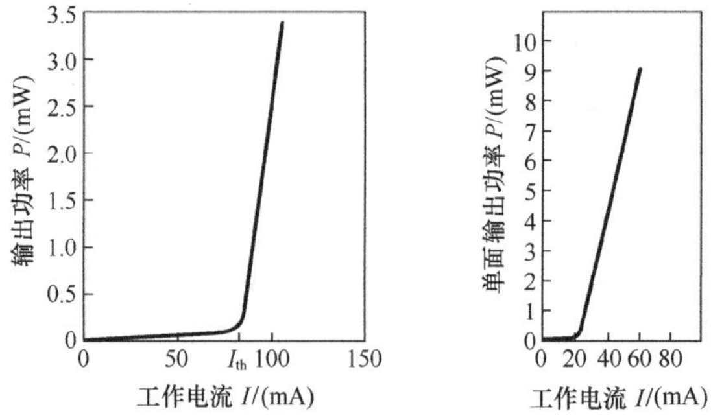

(a) 短波长 GaAlAs-GaAs　　(b) 长波长 InGaAsP-InP

图 3-5　典型半导体激光器的输出特性曲线

（3）光谱特性

所谓光谱特性是指激光器输出的光功率随波长的变化情况，一般用光源谱线宽度来表示。光谱宽度取决于激光器的纵模数（LD 输出光谱中所呈现出一个或几个模式振荡称为纵模），对于存在多个纵模的激光器，可画出输出光功率的包络线，其谱线宽度定义为输出光功率峰值下降 3dB 的半功率点对应的宽度。对于单纵模激光器，则以光功率峰值下降 20dB 时的功率点对应的宽度评定。谱线宽度用$\Delta\lambda$ 表示，$\Delta\lambda$ 值越大，表示光信号中包含的频率成分越多；$\Delta\lambda$ 值越小，则光源的相干性就越强。因而，谱线宽度$\Delta\lambda$ 越小，性能越好。一般要求多纵模激光器光谱特性包络内含有 3～5 个纵模，即$\Delta\lambda$ 值为 3～5nm。单模激光器的$\Delta\lambda$ 值约为 0.1nm，甚至更小。

半导体激光器的光谱宽度还随激励电流的变化而变化。当 $I<I_{th}$ 时，发出的是荧光，光谱很宽，可达数百埃（1 埃＝10^{-10}m）。当 $I>I_{th}$ 后，发射光谱突然变窄，谱线中心强度急剧增加，表明发出激光。

随着驱动电流的增加，纵模模数逐渐减少，谱线宽度变窄。这种变化是由于谐振腔对光波频率和方向的选择，使边模消失、主模增益增加而产生的。当驱动电流足够大时，多纵模变为单纵模，这种激光器称为静态单纵模激光器。

普通激光器工作在直流或低码速情况下，具有良好的单纵模谱线，所对应的光谱只有一根谱线，如图 3-6（a）所示。这样，当此单纵模耦合到单模光纤中之后，便会激发出传输模，从而完成信号的传输。然而，在高码速调制情况下，其线谱呈现多纵模谱线，如图 3-6（b）所示。也就是说，这种激光器在直流工作或低码速时为单纵模，但在高速调制时为多纵模。铟镓砷磷（InGaAsP）激光器与图中所示的 GaAlAs 激光器一样。

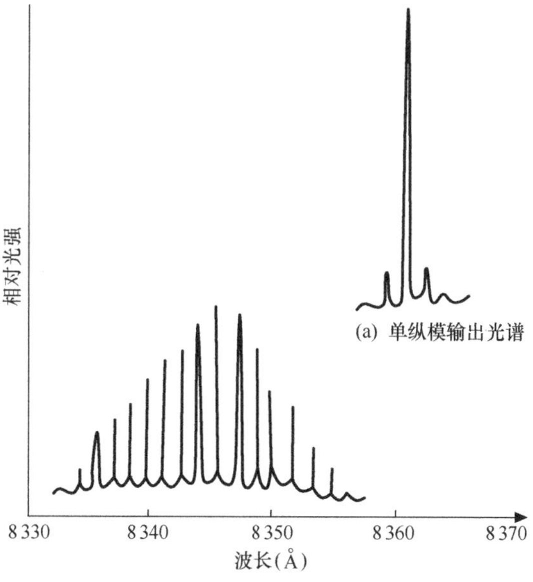

图 3-6　GaAlAs-GaAs 激光器的输出光谱

一般地，用 F-P 谐振腔得到的是直流驱动的静态单纵模激光器，要得到高速数字调制的动态单纵模激光器，必须改变激光器的结构，如分布反馈半导体激光器（DFB-LD），将在后面介绍。

（4）转换效率

半导体激光器实质上是把电功率直接转换成光功率的器件。其电光功率转换效率常用微

分量子效率 η_d 表示，其定义为激光器达到阈值后，输出光子数的增量与注入电子数的增量之比，其表达式为

$$\eta_d=\frac{(P-P_{th})/hf}{(I-I_{th})/e}=\frac{P-P_{th}}{I-I_{th}}\cdot\frac{e}{hf} \tag{3-10}$$

由此得

$$P=P_{th}+\frac{\eta_d hf}{e}(I-I_{th}) \tag{3-11}$$

式中，P 为激光器的输出光功率；I 为激光器的输出驱动电流，P_{th} 为激光器的阈值功率；I_{th} 为激光器的阈值电流；hf 为光子能量；e 为电子电荷。$\frac{P-P_{th}}{I-I_{th}}$ 就是 P-I 曲线的斜率。曲线越陡，微分量子效率越大。但有时微分量子效率并不希望很大，而是选取一个适当值。因为当微分量子效率过大时，器件会产生不稳定工作现象，如自脉冲现象，一般室温下 GaAlAs 激光器的 $\eta_d\approx40\%\sim50\%$。

（5）温度特性

激光器的阈值电流和输出光功率随温度变化的特性为温度特性。阈值电流随温度的升高而加大，一般温度每升高 10℃，I_{th} 就会增大 5%～25%，P-I 特性曲线随温度升高向右平移，其变化情况如图 3-7 所示。

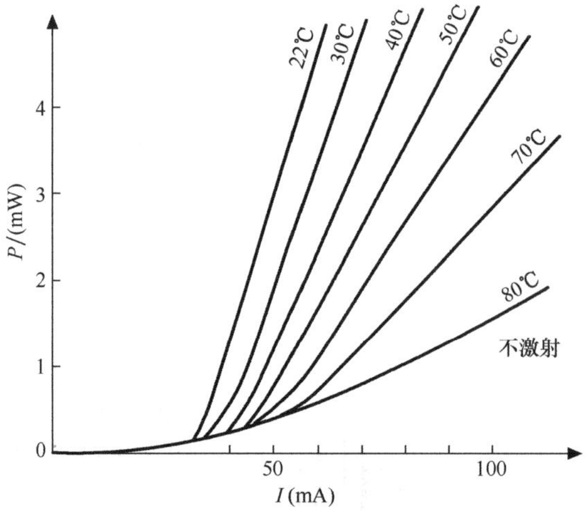

图 3-7　激光器阈值电流随温度变化的曲线

从曲线中可以看出，温度对激光器的影响很大，为了降低温度对 LD 的影响，可以采用两种方法：选择温度特性优异的新型 LD，或通过一个外加的自动温度控制电路来稳定激光器的阈值电流和输出光功率。

另外，激光器的阈值电流和使用时间也有关系。随着激光器使用时间的增加，阈值电流也会逐渐加大。当上升到开始启动时的阈值电流的 1.5 倍时，就认为激光器寿命终止。目前，国产激光器的寿命可达 10^5 小时以上。

3.1.3　分布反馈半导体激光器

由于多纵模的存在，将使光纤中的色散增加，在长距离、大容量的光纤通信系统中，为

了降低色散的影响，希望激光器工作在单纵模工作状态，以降低光谱宽度。分布反馈半导体激光器（DFB-LD）是目前比较成熟的一种单纵模半导体激光器。

分布反馈半导体激光器是一种可以产生动态控制的单纵模激光器（即动态单纵模激光器），即在高速调制下能以单纵模工作的半导体激光器。它是在异质结激光器具有光放大作用的有源层附近，刻有波纹状的周期光栅而构成，如图 3-8 所示。

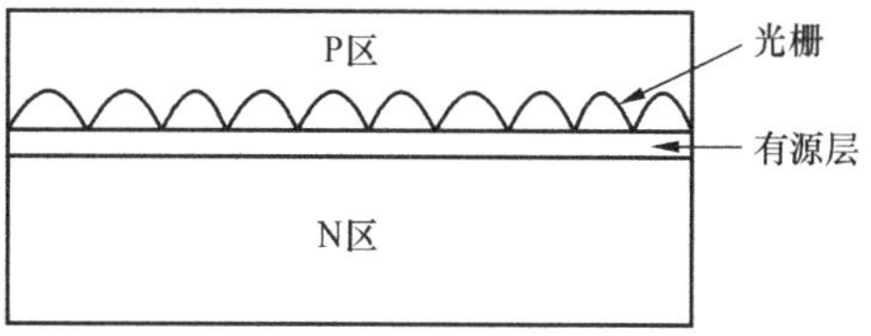

图 3-8　DFB-LD 结构示意图

在普通的半导体激光器中，只有有源区，且光的反馈仅由其端面提供，但在 DFB-LD 中，除有源区外，还在其上并紧靠着它增加了一层导波区，即一层波纹状的周期的布拉格光栅。光的反馈不仅仅在端面上，而是分布在整个腔体长度上。当激光器注入正向电流时，有源区辐射出的具有一定能量的光子将会在每一条光栅上反射，从而形成光反馈。不同的反射光由于存在相位差而产生干涉现象，相位差正好为波长的整数倍称为布拉格反射条件。或者说只有满足布拉格反射条件的光波才能产生干涉。DFB-LD 的这种工作方式使得它具有极强的波长选择性，从而实现动态单模工作。

3.1.4　量子阱半导体激光器

量子阱半导体激光器与一般双异质激光器类似，只是有源区的厚度很薄，如图 3-9 所示。这种激光器有源区的厚度一般只有几十埃，很薄的 GaAs 有源层夹在两层很宽的 AlGaAs 之间，因此，它是属于双异质结器件。

理论分析表明，当有源区的厚度非常小时，则在有源层与两边相邻层的能带将出现不连续现象，在有源区的异质结将产生一个势能阱，因此，将产生这种量子效应的激光器称为量子阱半导体激光器。

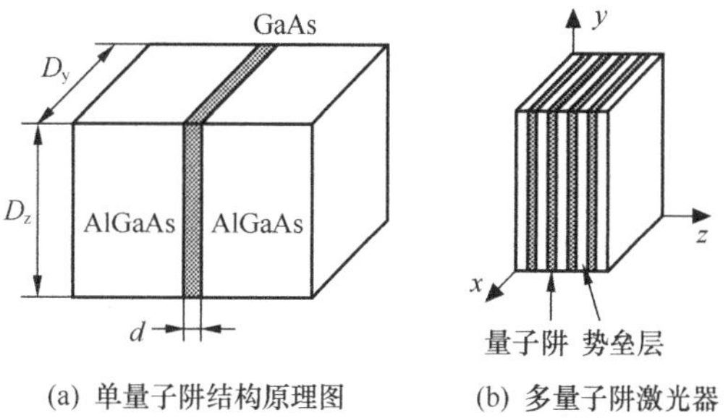

(a) 单量子阱结构原理图　(b) 多量子阱激光器示意图

图 3-9　量子阱半导体激光器

结构中这种“阱”的作用使得电子和空穴被限制在极薄的有源区内，因此，有源区内粒子数反转分布的浓度很高。所以，这种激光器具有阈值电流小、谱线宽度窄、微分量子效率高以及频率啁啾小等一系列优点。已经在实际系统，尤其是相干传输系统和波分复用系统中得到广泛应用。

3.1.5　发光二极管

在光纤通信中使用的光源，除了半导体激光器（LD）以外，还有半导体发光二极管（LED）。LED 是光纤通信中一种重要的光源，它广泛应用于中、低速短距离光纤通信系统中。

1. LED 的工作原理

发光二极管（LED）是非相干光源，是无阈值器件，它的基本工作原理是自发辐射。

发光二极管与半导体激光器在材料、异质结构上没有很大差别。二者的差别是：发光二极管没有光学谐振腔，不能形成激光。发光二极管的发光仅限于自发辐射，所发出的是荧光，是非相干光，由于不是激光振荡，所以没有阈值。

2. LED 的结构

LED 的结构和 LD 相似，大多采用双异质结芯片，把有源层夹在 P 型和 N 型限制层中间。不同的是 LED 没有解理面，即没有光学谐振腔。按照器件输出光方式的不同，LED 分为面发光型和边发光型两种，面发光型 LED 输出的光束方向垂直于有源区；边发光型 LED 输出的光束方向平行于有源区，其结构如图 3-10 所示。

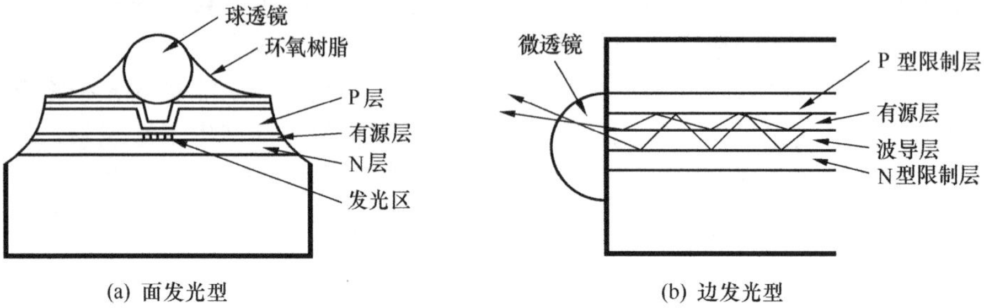

图 3-10 常用的两类发光二极管（LED）

面发光型 LED 是在电极部分开孔，光通过透明窗口自孔中射出，发光面一般为 35～75μm，大小与多模光纤芯径差不多，为了提高与光纤的耦合效率，大多采用透镜。

边发光型 LED 发光的方向性比面发光型 LED 好，与光纤的耦合效率较高，发光亮度也高，但其发光面积小，所以输出的光功率只比面发光型 LED 稍高一些。

为了增大入纤的光能量，LED 必须做成高亮度的光源。因此，LED 的驱动电流比 LD 的高。

3. LED 的工作特性

（1）光谱特性

LED 发射的是自发辐射光，没有谐振腔对波长进行选择，谱线宽度$\Delta\lambda$ 比 LD 要宽得多。谱线宽度对系统性能有很大的影响，谱宽$\Delta\lambda$ 越大，与波长相关的色散就越大，系统所能传输的信号速率就越低。一般短波长 GaAlAs-GaAs LED 谱线宽度$\Delta\lambda$ 为 30～50nm，长波长 InGaAsP-InP LED 谱线宽度$\Delta\lambda$ 为 60～120nm。图 3-11 所示是 InGaAsP LED 的输出光谱。发光光谱随着温度升高或驱动电流增大，谱线加宽，且峰值波长向长波长方向移动。

（2）输出光功率特性

由于 LED 是无阈值器件，加上电流后，即有光输出，且随着注入电流的增加，输出光功率近似呈线性地增加。因此，在进行调制时，其动态范围大，信号失真小，最适用于模拟通信。两种类型发光二极管的输出光功率特性如图 3-12 所示。驱动电流 I 较小时，P-I 曲线的线性较好；当 I 过大时，由于 P-N 结发热而产生饱和现象，使 P-I 曲线的斜率减小。在通常工作条件下，LED 工作电流为 50～100mA，输出光功率为几 mW，由于光束辐射角大，入纤光功率只有几百 μW。

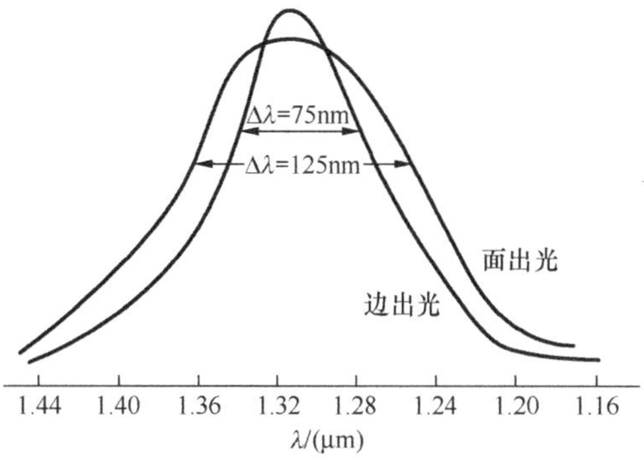

图 3-11　InGaAsP LED 的输出光谱

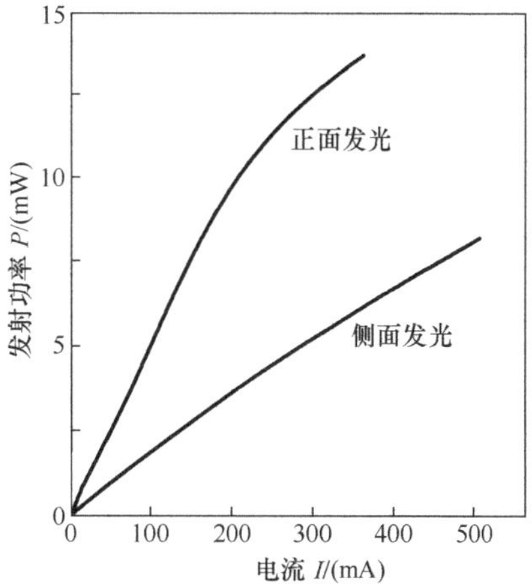

图 3-12　发光二极管（LED）的 P-I 特性

（3）调制特性

LED 在调制过程中，其输出光功率受调制频率和有源区中载流子寿命时间 τ 的限制。它们的关系式为

$$P(\omega)=\frac{P(0)}{\sqrt{1+(\omega\tau)^2}} \tag{3-12}$$

式中，$P(0)$和 $P(\omega)$是频率为 0 和频率为 ω 时 LED 的输出光功率，τ 是有源区中载流子寿命时间。为了提高调制频率，应设法减小 τ。但调制频率提高后，输出光功率可能下降。这样就缩小了 LED 可供使用的范围。通常 LED 用于低速的光纤通信系统中。

（4）温度特性

温度特性主要影响 LED 的平均发送光功率、P-I 特性的线性及工作波长。当温度上升时，LED 的平均发送光功率会下降；线性工作区变窄，使得光发送电路噪声增加，系统性能下降；峰值工作波长向长波长方向漂移，附加损耗增大。但由于 LED 是无阈值器件，其温度特性比 LD 的要好得多，一般不需加温度控制电路。

（5）耦合效率

由于 LED 发射出的光束的发散角较大，一般为 40°～120°，因此与光纤的耦合效率较低。一般只适于短距离传输。

根据以上特性分析，LED 与 LD 相比，LED 输出光功率较小，谱线宽度较宽，调制频率较低。但由于 LED 性能稳定，寿命长，使用简单，输出光功率线性范围宽，而且制造工艺简单，价格低廉。因此，这种器件在中、低速短距离数字光纤通信系统和模拟光纤通信系统中得到广泛应用。

3.1.6　半导体光源的应用

LED 通常和多模光纤耦合，用于 1.31μm 或 0.85μm 波长的小容量、短距离的光通信系统。因为 LED 发光面积和光束辐射角较大，而多模光纤具有较大的芯径和数值孔径，有利于提高耦合效率，增加入纤功率。

LD 通常和单模光纤耦合，用于 1.31μm 或 1.55μm 大容量、长距离光通信系统，这种系统在国内、国际都得到最广泛的应用。

分布反馈半导体激光器（DFB-LD）主要也和单模光纤或特殊设计的单模光纤耦合，用于 1.55μm 超大容量的新型光纤系统，这是目前光纤通信发展的主要趋势。

3.2 光电检测器

光电检测器是光接收端机中的第一个部件，主要完成光信号到电信号的转换功能。由于从光纤中传过来的光信号一般都很微弱，因此对光检测器的基本要求如下。

（1）在系统的工作波长上具有足够高的响应度，即对一定的入射光功率，能够输出尽可能大的光电流。

（2）具有足够快的响应速度，能够适用于高速或宽带系统。

（3）具有尽可能低的噪声，以降低器件本身对信号的影响。

（4）具有良好的线性关系，以保证信号转换过程中的不失真。

（5）具有较小的体积、较长的工作寿命等。

目前，能较好地满足这些要求的是由半导体材料做成的光电检测器。光电检测器有两种类型：一种是 PIN 光电二极管（PIN-PD），另一种是雪崩光电二极管（APD）。PIN-PD 主要应用于短距离、小容量的光纤通信系统中；APD 主要应用于长距离、大容量的光纤通信系统中。

3.2.1 光电检测器的工作原理

光电检测器由半导体材料 P-N 结组成，是利用半导体材料的光电效应实现光电转换的。下面先介绍半导体材料的光电效应，在此基础上介绍 PIN-PD 和 APD 的结构及特性。

半导体材料的光电效应是指光照射到半导体的 P-N 结上，若光子能量 hf 足够大，大于或等于半导体材料的禁带宽度 E_g 时，则占据低能级（价带）的电子吸收光子能量，越过禁带到达较高能级（导带），在导带中出现光电子，在价带中出现光空穴，即光电子–光空穴对，又称光生载流子，如图 3-13（a）所示。这种现象称为半导体的光电效应。

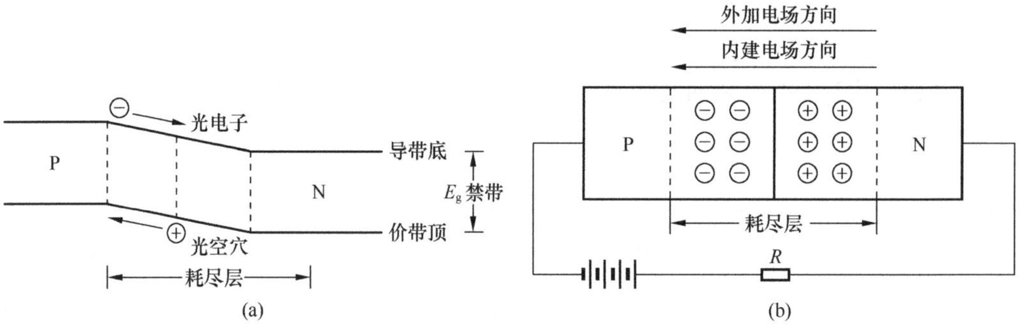

图 3-13　半导体材料的光电效应

光生载流子在外加负偏压和内建电场的作用下，光电子向 N 区漂移，光空穴向 P 区漂移，于是 P 区有过剩的空穴，N 区有过剩的电子积累，即在 P-N 结两边产生光生电动势，如果 P-N 结外电路构成回路，就会形成光电流。如图 3-13（b）所示，从而在电阻 R 上有信号电压产生。这样，就实现了输出电压跟随光信号变化的光电转换作用。负偏压是指 P 区接负极，N 区接正极。由图可见，外加负偏压产生的电场方向与内建电场方向一致，有利于耗尽层的加宽（耗尽层宽的优点在后面有介绍）。

由上面的讨论可知，当入射光子能量 hf 小于禁带宽度 E_g 时，不论入射光有多强，光电效应也不会发生，即产生光电效应必须满足以下条件

$$hf \geqslant E_g \tag{3-13}$$

即光频 $f_c < \dfrac{E_g}{h}$ 的入射光是不能产生光电效应的，将 f_c 转换为波长，则 $\lambda_c = \dfrac{hc}{E_g}$。这就是说，只有波长 $\lambda < \lambda_c$ 的入射光，才能使这种材料产生光生载流子，故 λ_c 为产生光电效应的入射光的最大波长，又称为截止波长，相应的 f_c 称为截止频率。

对 Ge 材料，其 $\lambda_c \approx 1.60\mu m$，适用于长波长光电二极管；对 Si 材料，$\lambda_c \approx 1.06\mu m$，可用于短波长光电二极管。不过 Ge 管与 Si 管比较，暗电流较大，因此附加噪声也较大，所以，长波长光电二极管多采用三元或四元半导体化合物作材料，如 InGaAs 和 InGaAsP 等。

3.2.2 PIN 光电二极管

利用光电效应可以制造出简单的 P-N 结光电二极管。但是，这种光电二极管在 P-N 结中，由于有内建电场的作用，响应速度快。而在耗尽层以外产生的光电子和光空穴，由于没有内建电场的加速作用，运动速度慢，因而响应速度低，且容易被复合，使光电转换效率低。

为了提高光电检测器的转换效率和响应速度，希望耗尽区加宽。为此，在制造时，在 P 型、N 型材料之间，加一层轻掺杂的 N 型材料或不掺杂的本征材料，称为 I（Intrinsic，本征的）层，如图 3-14（a）所示。由于是轻掺杂，因此电子浓度很低，经扩散作用后可形成一个很宽的耗尽区。同时，为了降低 P-N 结两端的接触电阻，以便与外电路连接，将 P 区和 N 区做成重掺杂的 P^+层和 N^+层。将这种结构的光电二极管称为 PIN 光电二极管，如图 3-14（b）所示，其光电转换效率和响应速度大大提高了。制造这种晶体管的本征材料是 Si 或 InGaAs。

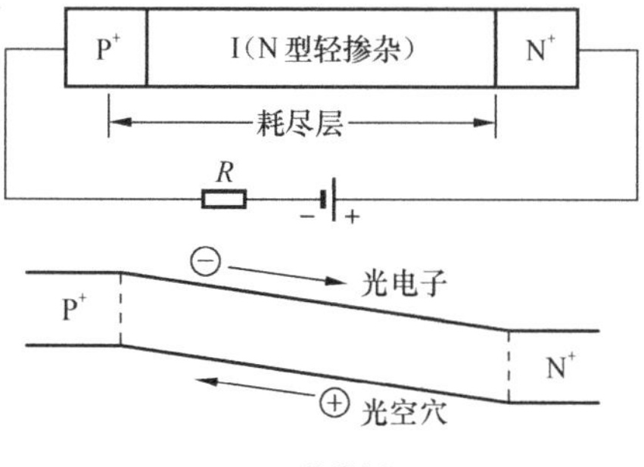

(a) 能带图

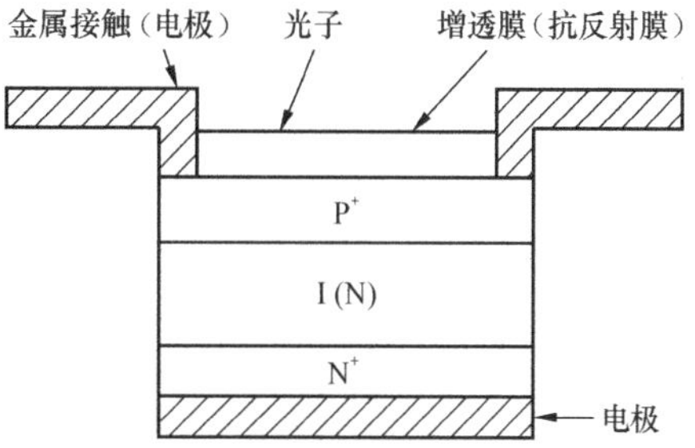

(b) 结构示意图

图 3-14 PIN 光电二极管

当光照射到 PIN 光电二极管的光敏面上时，会在整个耗尽区及其附近产生受激吸收现象，从而产生光电子-光空穴对。其中在耗尽区内产生的光电子-光空穴对，在外加负偏压和内建电场的作用下，加速运动，当外电路闭合，就有电流流过。响应速度快，转换效率高。而在耗尽区外产生的光电子-光空穴对，因掺杂很重，很快被复合掉，其作用可以忽略不计。

3.2.3 雪崩光电二极管

在长途光纤通信系统中，仅有毫瓦数量级的光功率从光发射机输出，经过几十千米光纤的传输衰减，到达光接收机处的光信号将变得十分微弱。如果采用 PIN 光电二极管，则输出的光电流仅几个纳安。为了使数字光接收机的判决电路正常工作，需要采用放大器。放大器将引入噪声，从而使光接收机的信噪比降低，光接收机的灵敏度降低。

如果能使电信号进入放大器之前，先在光电二极管内部进行放大，这就引出了另一种类型的光电二极管，即雪崩光电二极管，又称 APD（Avalanche Photo Diode）。它不但具有光/电转换作用，而且具有内部放大作用，其放大作用是靠管子内部的雪崩倍增效应完成的。

1. APD 的雪崩倍增效应

雪崩光电二极管的雪崩倍增效应是在二极管的 P-N 结上加高反向电压（一般为几十伏或几百伏），在结区形成一个强电场；在高场区内光生载流子被强电场加速，获得高的动能，与晶体的原子发生碰撞，使价带的电子得到了能量；越过禁带到导带，产生了新的电子-空穴对；新产生的电子-空穴对在强电场中又被加速，再次碰撞，又激发出新的电子-空穴对……如此循环下去，形成雪崩效应，使载流子数迅速增加，光电流急剧倍增放大。APD 就是利用雪崩效应使光电流得到倍增的高灵敏度检测器。APD 工作原理如图 3-15、图 3-16 所示。

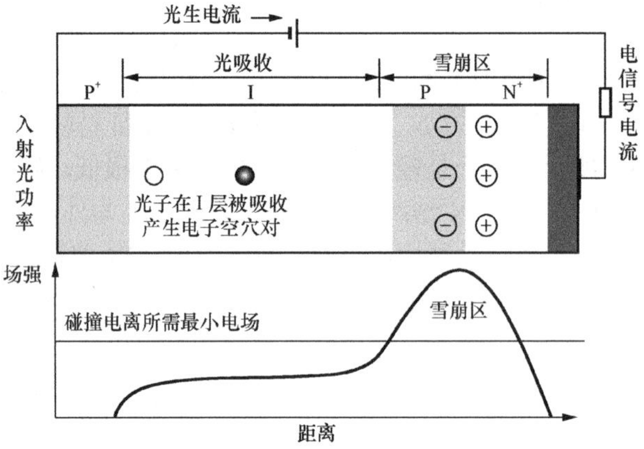

图 3-15 APD 工作原理——光生电流

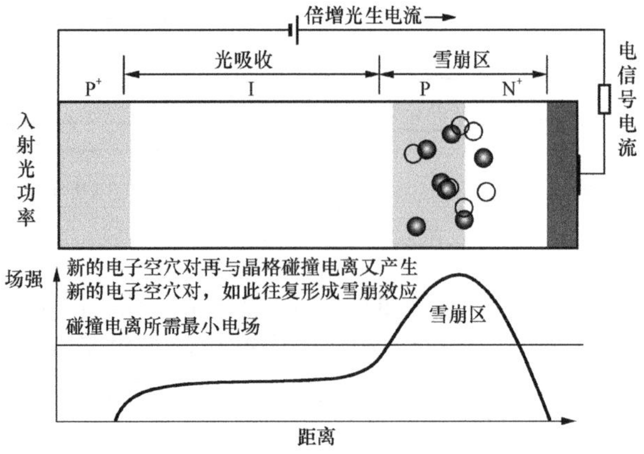

图 3-16 APD 工作原理——倍增光生电流

2. APD 的结构

目前的光纤通信系统中，常用的雪崩光电二极管结构型式，有保护环型和拉通型。前者是在制作时淀积一层环形 N 型材料，以防止在高反压时使 P-N 结边缘产生雪崩击穿。

下面主要介绍拉通型雪崩光电二极管（RAPD），它的结构示意图和电场分布如图 3-17 所示。图 3-17（a）所示的是纵向剖面的结构示意图。图 3-17（b）所示的是将纵向剖面顺时针转 90° 的示意图。图 3-17（c）所示的是它的电场强度随位置变化的分布图。

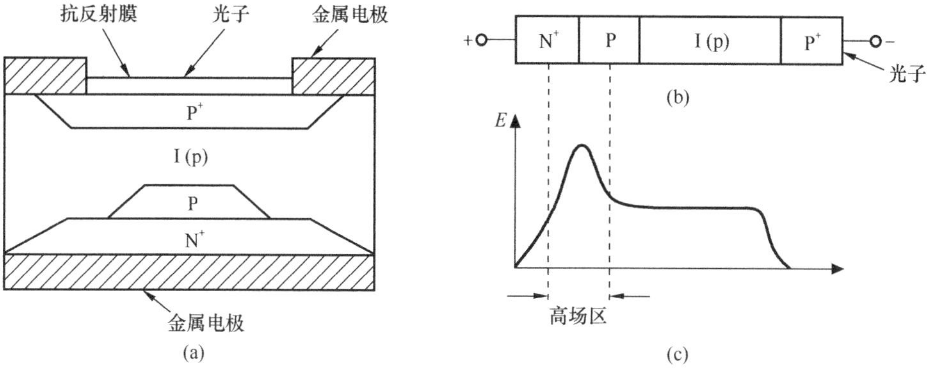

图 3-17 RAPD 的结构图和能带示意图

由图可见，它仍然是一个 P-N 结的结构形式，只不过 P 型材料由 3 部分构成，即重掺杂的 P^+层、轻掺杂的 I 层和普通掺杂的 P 层。光子从 P^+层射入，进入 I 层后，在这里，材料吸收了光能并产生了初级电子-空穴对。这时光电子在 I 层被耗尽层的较弱电场加速，移向 P-N 结。当光电子运动到高场区时，受到强电场的加速作用，出现雪崩碰撞效应。最后，获得雪崩倍增后的光电子到达 N^+层，空穴被 P^+层吸收。P^+层之所以做成高掺杂，是为了减小接触电阻以利于与电极相连。

由图 3-17（c）还可以看出，它的耗尽层从结区一直拉通到 I 层与 P^+层相接的范围内。在整个范围内，电场增加较小。这样，这种拉通型 APD（RAPD）器件就将电场分为两部分，一部分是使光生载流子逐渐加速的较低电场，另一部分是产生雪崩倍增效应的高电场区。这种电场分布有利于降低工作电压。

这是一种全耗尽型结构，具有光电转换效率高、响应速度快和附加噪声低等优点。

雪崩光电二极管根据使用的材料不同分为几种：Si-APD（工作在短波长区）、Ge-APD 和 InGaAs-APD（工作在长波长区）等。

3.2.4 光电检测器的特性

PIN 光电二极管和 APD 雪崩光电二极管的特性都包括响应度、量子效率、响应速度和暗电流。除此之外，由于 APD 中雪崩倍增效应的存在，APD 的特性还包括雪崩倍增特性、温度特性等。

1. PIN 光电二极管的特性

PIN 光电二极管的主要特性包括响应度、量子效率、响应时间和暗电流。

（1）响应度

在一定波长的光照射下，光电检测器的平均输出电流与入射的平均光功率之比称为响应度（或响应率），可表示为

$$R=\frac{I_p}{P_{in}}\ \text{（A/W）} \tag{3-14}$$

式中，I_p 为光电检测器的平均输出电流，P_{in} 为入射到光电二极管上的平均光功率。光电检测器的响应度一般为 0.3～0.7A/W。

（2）量子效率

响应度和量子效率都表征了光电二极管的光电转换效率。响应度是器件在外部电路中呈现的宏观灵敏特性，量子效率是器件在内部呈现的微观灵敏特性。量子效率表示入射光子转换为光电子的效率。它定义为单位时间内产生的光电子数与入射光子数之比，即

$$\eta=\frac{\text{光电转换产生的有效电子-空穴对数目}}{\text{入射光子数目}}=\frac{I_p/e}{P_{in}/hf}=\frac{I_p}{P_{in}}\cdot\frac{hf}{e}=R\cdot\frac{hf}{e} \tag{3-15}$$

式中，e 为电子电荷，$e=1.60\times10^{-19}$ J，hf 为一个光子的能量，即

$$R=\frac{e}{hf}\eta=\frac{e\cdot\lambda}{h\cdot c}\eta\approx\frac{\lambda\cdot\eta}{1.24} \tag{3-16}$$

式中，$c=3\times10^8$m/s 为光速，$h=6.628\times10^{-34}$ J · s 为普朗克常数。

从式（3-16）中可以看出：在工作波长一定时，η 与 R 具有定量的关系。图 3-18 所示是不同材料的光电二极管的响应度曲线。

（3）响应速度

响应速度是指光电检测器的光电转换速度，一般用响应时间来表示，即从器件接收到光子时起到能够有光生电流输出的这段时间。显然响应时间越短，响应速度越快，器件性能越好。

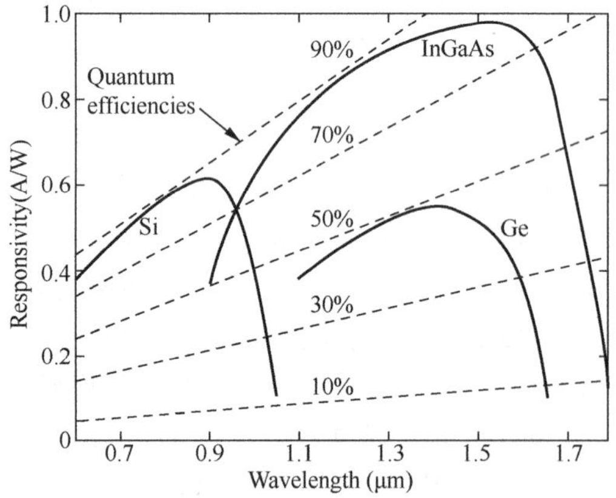

图 3-18　不同材料的光电二极管的响应度曲线

（4）暗电流

在理想条件下，当没有光照时，光电检测器应无光电流输出。但是实际上，由于热激励等，在无光情况下，光电检测器仍有电流输出，这种电流称为暗电流。暗电流主要由体内暗电流和表面暗电流组成。PIN-PD 的暗电流大小主要取决于其表面暗电流，因为 PIN-PD 的体内暗电流不会受到倍增作用，其值要比表面暗电流小得多。而 APD 的暗电流大小主要取决于其体内暗电流，由于倍增作用，APD 的暗电流要比 PIN-PD 的暗电流大得多，且随温度升高，暗电流将会急剧增加。暗电流会引起接收机噪声增大。因此，器件的暗电流越小越好。

2. APD 的特性

APD 除了上述 PIN 的特性之外，还包括雪崩倍增特性、温度特性及噪声特性等。

（1）倍增因子

倍增因子 g 实际上是电流增益系数。在忽略暗电流影响的条件下，它定义为

$$g=I_0/I_p \tag{3-17}$$

I_0 为有雪崩倍增时光电流平均值，I_p 为无倍增效应时光电流平均值。显然，APD 的响应度比 PIN 增加了 g 倍。目前，APD 的倍增因子 g 值在 40～100 之间。PIN-PD 的 $g=1$。

（2）温度特性

当温度变化时，原子的热运动状态发生变化，从而引起电子、空穴电离系数的变化，使得 APD 的增益也随温度而变化。随着温度的升高，倍增增益将下降。为保持稳定的增益，需要在温度变化的情况下进行温度补偿。

（3）噪声特性

PIN 光电二极管的噪声主要为量子噪声和暗电流噪声，APD 管还有倍增噪声。

3.3　无源光器件

无源光器件是指未发生光电能量转换的部件，它是构成光纤通信系统的基本且必不可少的器件。光纤传输系统对无源光器件的要求是：插入损耗小，使用方便，规格标准，可靠性高，不易受反复操作、温度变化和冲击力的影响，体积小，质量轻等。

3.3.1　光纤连接器

光纤连接器，又称光纤活动连接器，俗称活接头，ITU-T 建议将其定义为“用以稳定地，但并不是永久地连接两根或多根光纤的无源组件”。光纤连接器主要用于实现系统中设备与设备、设备与仪表、设备与光纤及光纤与光纤的非永久性固定连接，是光纤通信系统中不可缺少的无源器件。正是由于连接器的使用，使得光通道间的可拆式连接成为可能，从而为光纤提供了测试入口，方便了光纤通信系统的调测与维护，使光纤通信系统的转接调度更加灵活。

1．光纤连接器的基本结构

光纤连接器一般采用某种机械和光学结构，使两根光纤的纤芯对准并接触良好，保证 90%以上的光能够通过，目前有代表性并且正在使用的光纤连接器主要有 5 种结构，如图 3-19 所示。

（1）套管结构连接器由插针和套筒组成。插针为一精密套管，光纤固定在插针里面。套筒也是一个加工精密的套管，两个插针在套筒中对接并保证两根光纤对准，如图 3-19（a）所示。这种结构设计合理，加工技术能够达到要求的精度，因而得到了广泛应用。

（2）双锥结构连接器是利用锥面定位。插针的外端面加工成圆锥面，套管的内孔也加工成双圆锥面。两个插针插入套管的内孔实现纤芯对接，如图 3-19（b）所示。

（3）V 形槽结构连接器是将两个插针放入 V 形槽基座中，再用压盖板将插针压紧，利用对准原理使纤芯对准，如图 3-19（c）所示。这种结构可以达到较高的精度，但结构复杂。

（4）透镜耦合结构又称远场耦合，分为球透镜耦合和自聚焦透镜耦合两种，其结构如图 3-19（d）和图 3-19（e）所示。这种结构降低了对机械加工的精度要求，但结构复杂、接续损耗大。

2．光纤连接器的性能

对光纤连接器的性能要求主要有插入损耗、回波损耗、互换性、重复性和稳定性等。

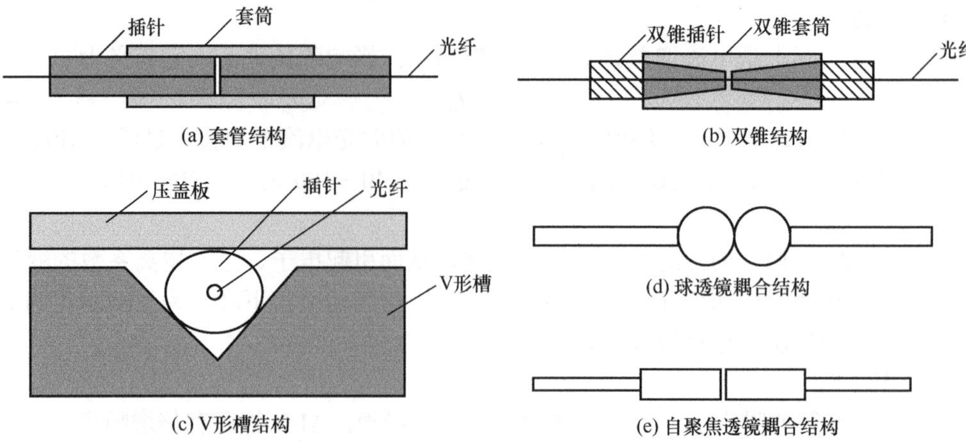

图 3-19 光纤活动连接器的结构

（1）插入损耗（介入损耗）是指由于连接器的介入而引起传输线路有效功率减小的量值，表达式为$\alpha_c = 10\lg P_{入} / P_{出}$ (dB)，该值越小越好。平均损耗值应不大于 0.5dB。

（2）回波损耗（或称后向反射损耗）是指光纤连接器处后向反射光功率与输入光功率之比的分贝数，其表达式为$\alpha_r = 10\lg P_{入} / P_{反}$ (dB)，该值越大越好，反映了连接器对链路光功率反射的抑制能力，其典型值应不小于 25dB。实际应用的连接器，插针表面经过了专门的抛光处理，可以使回波损耗更大，一般不低于 45dB。

（3）互换性是指连接器各部件互换时插入损耗的变化。每次互换后，其插入损耗变化量ΔL 越小越好。

（4）重复性是指光纤活动连接器多次插拔后插入损耗的变化。每次插拔后插入损耗变化量ΔL 越小越好。

（5）稳定性是指连接器连接后，插入损耗随时间、环境温度的变化，此值越小越好。

（6）插拔寿命（最大可插拔次数）。光纤连接器的插拔寿命一般由元件的机械磨损情况决定。目前，光纤连接器的插拔寿命一般可大于 1 000 次，附加损耗不超过 0.2dB。

3．光纤连接器的种类

光纤连接器的品种、型号很多，按连接头结构形式可分为 FC、SC、ST、MT 等多种形式。在我国使用最多的活动连接器是 FC 型连接器、SC 型连接器和 ST 型连接器。FC 型连接器多用于干线系统；SC 型和 ST 型连接器主要用于光纤局域网、CATV 和用户网中。MT 连接器用于带状多芯光缆的连接。

（1）FC 型连接器

FC 型连接器是一种用螺旋连接、外部零件采用金属材料制作的连接器。其接头的对接方式为平面对接，是我国通信网中使用的主要品种，我国已制定了 FC 型连接器的国家标准。FC 型连接器是单芯光纤连接器的一个标准型号，具有插头—连接器—插头式结构。此类连接器结构简单、操作方便、制作容易，但回波损耗较大。

FC/PC 型连接器是 FC 型的改进型，与前者相比，这种连接器外部结构没有改变，只是其对接面的结构由平面变为球面，降低了对灰尘、污染物的敏感性，使得接入损耗和回波损耗性能有了较大幅度的提高，是我国最通用的规格。例如，介入损耗标称值为 0.5dB 的连接器，实测最大值为 0.35dB，平均值为 0.18dB。

（2）SC 型连接器

SC 活动连接器其外壳呈矩形，所采用的插针与耦合套筒的结构尺寸与 FC 型完全相同。其中插针的端面多采用 PC 或 APC 型研磨方式；紧固方式是采用插拔销闩式，不需旋转。其特点是工艺简单，价格低廉，插拔操作方便，占用空间位置小，可以密集安装，也可以做成多芯连接器。缺点是易变形，连接可靠性较差。

（3）ST 型连接器

ST 型连接器采用带键的卡口式锁紧结构，确保连接时准确对中。其优点是重复性好、体积小、重量轻。

对于 10Base-F 连接来说，连接器通常是 ST 类型的，对于 100Base-FX 来说，连接器大部分情况下为 SC 类型。ST 连接器的芯外露，SC 连接器的芯在接头里面。

（4）固定连接

光纤与光纤的连接有两种形式，一种是活动连接，另一种是永久性连接。以上介绍的是活动连接。而对于永久性连接，有粘接法和熔接法之分，目前多采用熔接法。大多借助专用自动熔接机在现场进行热熔接，也可以用 V 形槽连接。热熔接的接头平均损耗达 0.05dB/个。

3.3.2　光衰减器

光衰减器是用来对输入的光信号功率进行一定程度的衰减，以满足各种需要。它是光功率调节不可缺少的器件，主要用于调整中继段的线路衰减、测量光系统的灵敏度及校正光功率计等。光衰减器按其衰减量的变化方式不同分为固定式光衰减器和可变式光衰减器两种。

（1） 固定式光衰减器，其产生的功率衰减值是固定不变的，一般用于调节传输线路中某一区间的损耗。具体规格有 3dB、5dB、10dB、15dB、20dB、30dB、40dB 等标准衰减量。衰减量误差＜10%。其优点是尺寸小、价格低，适用于接线板和配线盒。

（2）可变式光衰减器，所产生的功率衰减值可在一定范围内调节。它允许网络安装人员和操作人员依据要求改变衰减量，通过调整衰减片的角度，改变反射光与透射光比例来改变光衰减量的大小。可变衰减器又分为连续可变和分挡可变两种。前者的衰减范围可达 60dB 以上，衰减量误差＜10%。通常将两种可变衰减器组合起来使用。

3.3.3　光耦合器

光耦合器是分路或合路光信号的器件。它的功能是把一个输入的光信号分配给多个输出（分路），或把多个输入的光信号组合成一个输出（耦合）。在光纤通信系统或光纤测试中，经常要遇到需要从光纤的主传输信道中取出一部分光信号，作为监测、控制等使用，有时也需要把两个不同方向来的光信号合起来送入一根光纤中传输，这都需要光耦合器来完成。

1. 光耦合器的类型

图 3-20 所示为常用光耦合器的类型，它们具有不同的功能和用途。

（1）T 形耦合器

这是一种 2×2 的 3 端耦合器，如图 3-20（a）所示，其功能是把一根光纤输入的光信号按一定比例分配给两根光纤，或把两根光纤输入的光信号组合在一起，输入到一根光纤中。这种耦合器主要用作不同分路比的功率分配器或功率组合器。

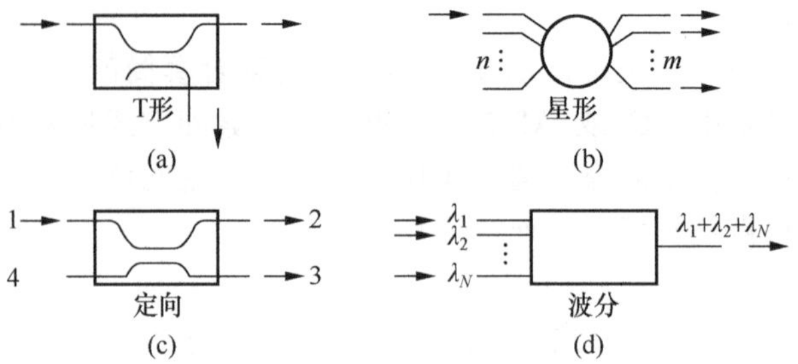

图 3-20　常用耦合器的类型

（2）星形耦合器

这是一种 $n\times m$ 耦合器，如图 3-20（b）所示，其功能是把 n 根光纤输入的光功率组合在一起，均匀地分配给 m 根光纤，m 和 n 不一定相等。这种耦合器通常用作多端功率分配器。

（3）定向耦合器

这是一种 2×2 的 3 端或 4 端耦合器，其功能是分别取出光纤中向不同方向传输的光信号。如图 3-20（c）所示，光信号从端 1 传输到端 2，一部分由端 3 耦合，端 4 无输出；光信号从端 2 传输到端 1，一部分由端 4 耦合，端 3 无输出。定向耦合器可用作分路器，不能用作合路器。

（4）波分复用器/解复用器（也称合波器/分波器）

这是一种与波长有关的耦合器，如图 3-20（d）所示。波分复用器的功能是把多个不同波长的发射机输出的光信号组合在一起，输入到一根光纤；解复用器是把一根光纤输出的多个不同波长的光信号，分配给不同的接收机。前者称为合波器，后者称为分波器。

2．光耦合器的性能指标

表示光纤耦合器性能指标的参数有：隔离度、插入损耗和分光比等。下面以 2×2 型耦合器为例来说明。

（1）隔离度

隔离度（A）是指某一光路对其他光路中的信号的隔离能力。隔离度越高，则线路之间的串音越小。如图 3-20（c）所示，由端 1 输入的光功率 P_1 应从端 2 和端 3 输出，端 4 理论上应无光功率输出。但实际上端 4 还是有少量光功率输出（P_4），其大小就表示了 1、4 两个端口的隔离程度。隔离度 A 表示为

$$A_{1、4}=-10\lg\frac{P_4}{P_1}(\mathrm{dB}) \tag{3-18}$$

一般情况下，要求 $A>20\mathrm{dB}$。

（2）插入损耗

插入损耗（L）表示了耦合器损耗的大小。定义为输出光功率之和相对全部输入光功率的减少值，该值通常以分贝为单位。如由端 1 输入光功率 P_1，由端 2 和端 3 输出光功率为 P_2 和 P_3，插入损耗等于输出光功率之和与输入光功率之比的分贝值，用 L 表示为

$$L=-10\lg\frac{P_2+P_3}{P_1}(\mathrm{dB}) \tag{3-19}$$

一般情况下，要求 $L\leqslant 0.5\mathrm{dB}$。

（3）分光比 T

分光比 T 定义为各输出端口的光功率之比。如从端 1 输入光功率，从端 2 和端 3 输出光信号，则端 2 和端 3 分光比 T 为

$$T=\frac{P_3}{P_2} \tag{3-20}$$

一般情况下，光耦合器的分光比为 1:1～1:10，由需要来决定。

3.3.4　光隔离器与光环行器

1．光隔离器

光隔离器是保证光波只能正向传输的器件。光隔离器是允许光向一个方向通过而阻止向相反方向通过的无源器件，作用是对光的方向进行限制，使光只能单方向传输，通过光纤回波反射的光能够被光隔离器很好地隔离，提高光波传输效率。某些光器件，特别是激光器和光放大器，对光线路中由于各种因素而产生的反射光非常敏感。通常隔离器放在最靠近激光器或光放大器的输出端，以消除反射光的影响，使系统工作稳定。

2．光环行器

光环行器与光隔离的工作原理基本相同，只是光隔离器一般为两端口器件，而光环行器则为多端口器件。

它的典型结构有 N（$N \geqslant 3$）个端口，如图 3-21 所示，当光由端口 1 输入时，光几乎无损地由端口 2 输出，其他端口几乎没有光输出；当光由端口 2 输入时，光也几乎无损地由端口 3 输出，其他端口几乎没有光输出，依此类推。这 N 个端口形成了一个连续的通道。严格地讲，若端口 N 输入的光可以由端口 1 输出，称为环形器，若端口 N 输入的光不可以由端口 1 输出，称为准环行器；通常人们并不在名称上做严格区分，一般都称为环行器。

光环行器为双向通信中的重要器件，它可以完成正反向传输光的分离任务。光环行器在光通信中的单纤双向通信、上/下话路、合波/分波及色散补偿等领域有广泛的应用。图 3-22 所示为光环行器用于单纤双向通信的例子。

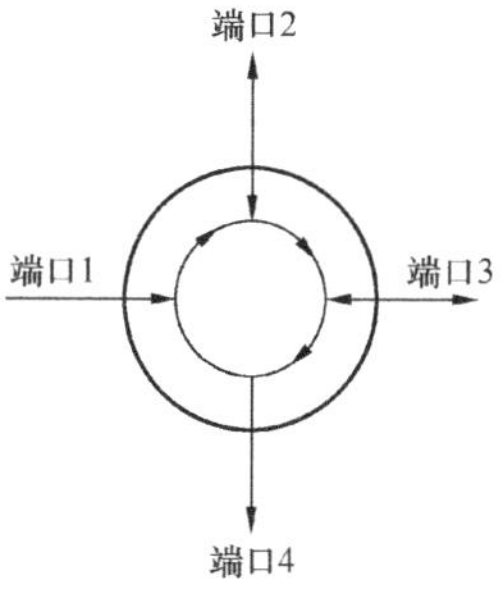

图 3-21　光环行器示意图

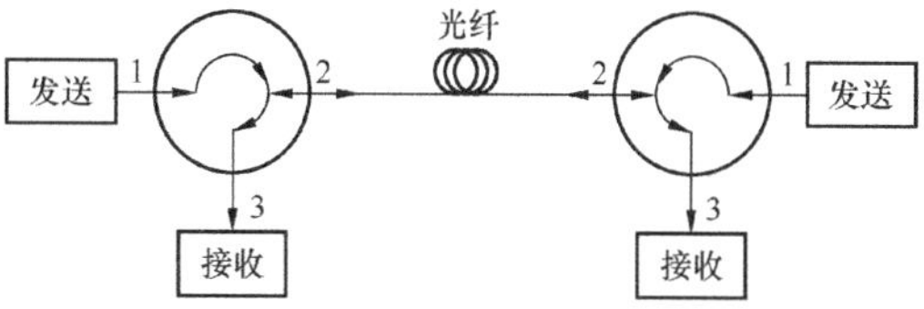

图 3-22　光环行器用于单纤双向通信示意图

3．光隔离器的性能指标

插入损耗和隔离度是光隔离器的两个主要性能参数，它们都希望从输入端口输入的光信号到输出端口时，衰减尽量小，即要求对正向入射光的插入损耗越小越好；对不应有输出的端口，隔

离度越大越好。目前器件典型的插入损耗值约为 1dB 左右，隔离度为 40～50dB。另外还有回波损耗、偏振相关损耗和偏振模色散。一般情况下，光通信系统对光隔离器的主要技术指标要求为：插入损耗≤1.0dB；隔离度≥35dB；回波损耗≥50dB；*PDL*≤0.2dB；*PMD*≤0.2ps。

3.3.5　光开关

能够控制传输通路中光信号通断或进行光路切换作用的器件，称为光开关。光开关是光纤通信系统中重要的光器件之一，可用于光纤通信系统、光纤测量系统和光纤传感系统中，起到切换光路的作用。

1．光开关的种类

（1）根据输入和输出端口数的不同，光开关可分为 1×1，1×2，1×*N*，2×2，*M*×*N* 等多种。它们在不同的场合有不同的用途。

① 1×1 光开关，主要应用于光纤测试技术中，控制光源的接通和断开。

② 1×2 光开关，主要应用于光纤断裂或传输发生故障时，环路中的主备光纤倒换。

③ 1×*N* 光开关，可用于光网络监控和光纤通信的测试中，通过此种开关在远端光纤测试点把多根光纤接到一个光时域反射仪（OTDR），通过光开关倒换，实现对所有光纤监测，或者插入网络分析仪实现网络在线分析。

④ 2×2 光开关，用此开关可组成 *M*×*N* 光开关矩阵，主要用在 OXC 中，实现动态的光路管理、光网络故障保护等。

（2）根据其工作原理不同，光开关可分为机械式光开关和电子式光开关。

① 机械式光开关的开关功能是通过机械方法实现的。它是依靠光纤或光学元件移动，使光路发生改变，从而实现光路切换。这类光开关的优点是插入损耗小（一般为 0.5～1.2dB），隔离度高（可达 80dB），串扰小，适合各种光纤，技术成熟；缺点是开关速度较慢（约为 15ms），体积较大，不易集成等。

② 电子式光开关，利用磁光、电光、声光或热光效应来改变波导折射率，使光路发生改变，完成开关功能，称为电子式光开关或波导光开关。与机械式光开关正好相反，此种光开关的优点是开关速度快，体积小，易于集成化；缺点是插入损耗大（可达几个 dB），隔离度低，串扰大，只适合单模光纤。

2．光开关的性能指标

光开关的性能参数主要有插入损耗、隔离度、开关时间、回波损耗等。由于光开关的接入所引入的插入损耗越小越好，对不应有输出的端口，隔离度越大越好，开关时间越短越好。

3.3.6　光波长转换器

能够使光信号从一个波长转换到另一个波长的器件称为光波长转换器。光波长转换器根据波长转换机理可分为光电型波长转换器和全光型波长转换器。

1．光电型波长转换器

光电型波长转换器是将光信号转换为电信号，再用该电信号调制所需波长的激光器，从而实现波长变换。如图 3-23 所示，接收机通过光电检测器首先将波长为 λ_1 的输入光信号转换为电信号，经过放大器的放大以后，对激光器进行调制，输出所需要的波长为 λ_2 的光信号，即完成了光波长转换。

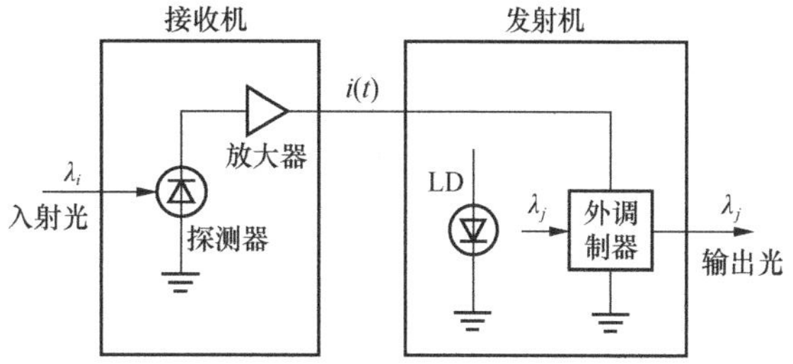

图 3-23　光电型波长转换器

这种波长转换器是目前唯一一种非常成熟的波长转换器。优点是比较容易实现，且输入动态范围大、不需要光滤波器、与输入偏振无关等优点。缺点是速度受电子器件限制，不适应高速大容量光纤通信系统的要求，且成本高。

2. 全光型波长转换器

此种类型的波长转换器主要由半导体光放大器（SOA）构成。最简单的一种是根据半导体光放大器的增益饱和效应制成的全光型波长转换器，如图 3-24 所示。

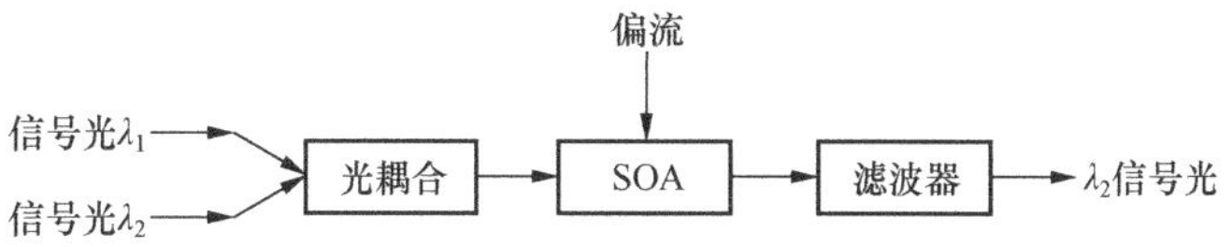

图 3-24　全光型波长转换器

波长为 λ_1 的输入光信号与需要转换为波长为 λ_2 的连续探测光信号同时耦合进 SOA，当输入光信号为高电平时，使 SOA 增益发生饱和，从而使连续的探测光受到调制，结果使得输入光信号所携带的信息转换到 λ_2 上，通过滤波器取出 λ_2 光信号，即可实现从 λ_1 到 λ_2 的全光波长转换。这种波长变换器的优点是工作速率高，可达 20Gbit/s，缺点是长波长和短波长变换时不对称，且消光比较低。

3.3.7　光波分复用器

在一根光纤中能同时传输多个波长光信号的技术，称为光波分复用技术（WDM）。波分复用系统的核心部件是波分复用器件，即光复用器和光解复用器（有时也称合波器和分波器），实际上均为光学滤波器，其性能好坏在很大程度上决定了整个系统的性能，图 3-25、图 3-26 所示为单向波分复用和双向波分复用示意图。

合波器的功能是在系统发送端，将多个不同波长的光信号组合在一起，并注入到一根光纤中传输。分波器的功能是在系统接收端将组合在一起的光信号分离，送入不同的终端，与波分复用器正好相反。原理上讲，合波器与分波器是相同的，只需改变输入、输出方向。

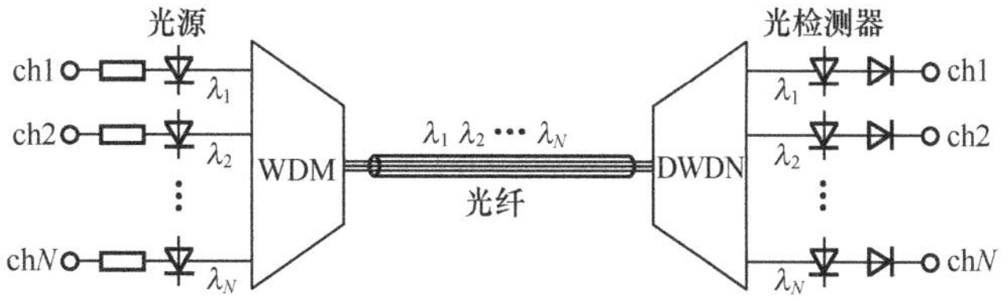

图 3-25　单向波分复用示意图

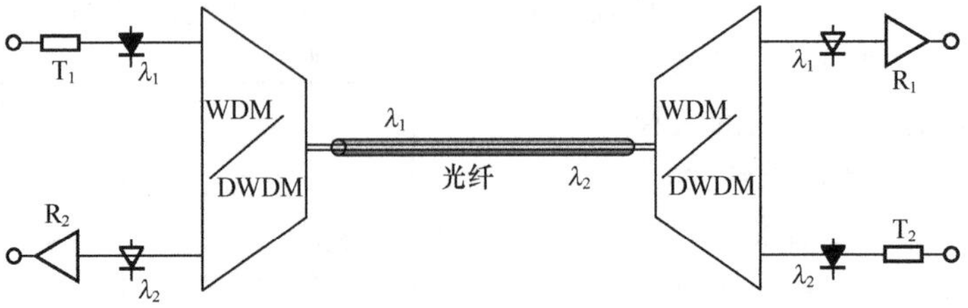

图 3-26　双向波分复用示意图

1．光波分复用器的种类

根据其制造方法不同，波分复用器件可以分为 4 种类型：角色散型、介质膜干涉型、光纤耦合型和集成光波导型。

2．光波分复用器的性能指标

波分复用器件是波分复用系统的重要组成部分，对波分复用器件的基本要求主要是插入损耗小，隔离度大；带内平坦，带外插入损耗变化陡峭；温度稳定性好，工作稳定、可靠；复用通路数多、尺寸小等。

（1）插入损耗。插入损耗是指系统接入光波分复用器件后所产生的附加损耗。该损耗包括器件本身存在的固有损耗和由于器件接入在光纤线路连接点上产生的连接损耗，这个值越小越好，目前此值可以做到 0.5dB 以下。

（2）信道隔离度。信道隔离度是指信道之间的串扰（串扰是指某一信道中的信号耦合到了另一个信道中）程度，它表示 i 信道和 j 信道之间最大串扰信号功率的大小。当几个不同波长的光信号通过波分复用器耦合到一根光纤中传输时，串扰与每个光源的谱宽及信道间隔有很大关系。为了避免两信道间的串扰，要求通信系统的光源应具有较窄的谱线宽度及保持光源有恒定的环境温度；为了减少串扰，也可适当加大两个光源的信道间隔，但加大信道间隔，对波长资源是一种浪费，因此，在系统设计中采用一个合理的间隔很重要。

3.3.8　光滤波器

在光纤通信系统中，只允许一定波长的光信号通过的器件称为光滤波器。如果所通过的光波长可以改变，则称为波长可调谐光滤波器。目前，结构最简单、应用最广的光滤波器是 F-P 腔光滤波器。具体结构有两类，一类为干涉滤波器，另一类为吸收滤波器，两者均可用介质膜构成，具体结构和工作原理从略。

3.3.9　光纤光栅

光纤光栅是近几年发展最为迅速的一种光纤无源器件。当掺锗的石英光纤受到峰值波长为 240nm 的紫外光呈空间周期性照射时，纤芯中折射率就会出现周期性变化，这就形成了光栅（FG）。它是利用光纤中的光敏性而制成的，用紫外光照射，使得光纤纤芯折射率分布呈周期性变化，在满足布拉格光栅条件的波长上全反射，而其余波长通过的是一种全光纤陷波滤波器。如光纤布拉格光栅滤波器，就是利用光纤布拉格光栅的基本特性制成的一个窄带光学滤波器。图 3-27 所示为布拉格光栅滤波器示意图。

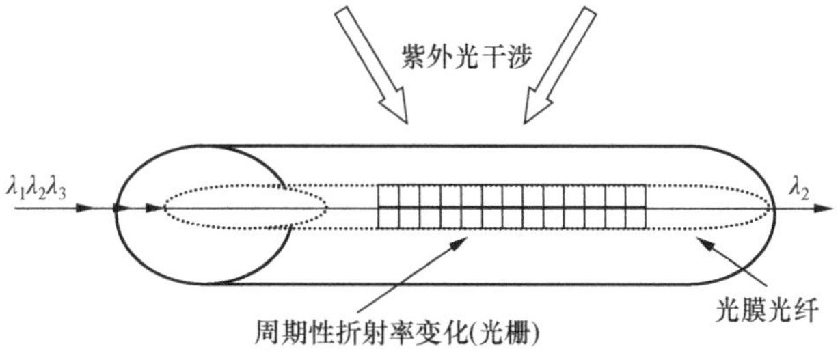

图 3-27　布拉格光栅滤波器

布拉格光纤光栅的显著优点是结构简单，成本较低，便于与光纤耦合，插入损耗很小，温度特性稳定，其滤波特性带内平坦，而带外十分陡峭，因此，可以制作成信道间隔非常小的带通或带阻滤波器，目前在波分复用系统中得到了广泛的应用。然而，这类光纤光栅滤波器的波长适用范围较窄，只适用于单个波长，带来的好处是可以随着使用的波长数而增减滤波器，应用比较灵活。

3.4　光放大器

3.4.1　光放大器的概念与分类

光放大器是可对微弱的光信号直接进行放大的有源光器件，其主要功能是放大光信号，以补偿光信号在传输过程中的衰减，增加传输系统无中继距离。目前光放大器在光纤通信系统中最重要的应用就是促使了波分复用技术（WDM）走向实用化。

有两种主要类型的光放大器：半导体光放大器（SOA）和光纤放大器（FOA）。

1．半导体光放大器

半导体光放大器（SOA）是由半导体材料制成，如果将半导体激光器两端的反射去掉，即变成没有反馈的半导体型波长放大器，它能适合不同波长的光放大。SOA 的优点是体积小、功耗低、结构简单、便于光电集成；缺点是与光纤的耦合损耗较大，放大器的增益受偏振影响较大，噪声及串扰较大等，以上缺点使得它作为在线放大器使用受到了限制。

2．光纤放大器

光纤放大器（FOA）与半导体光放大器不同，光纤放大器的活性介质（或称增益介质）是一段特殊的光纤或传输光纤本身，并且和泵浦激光器相连；当信号光通过这一段光纤时，信号光被放大。实用化的光纤放大器有掺铒光纤放大器（EDFA）和光纤拉曼放大器（FRA）。

（1）光纤拉曼放大器（FRA）是一种非线性光纤放大器，它是利用石英光纤的非线性效应而制成的。其工作是利用强的光源对光纤进行激发，使光纤产生非线性效应而出现拉曼散射，当光信号沿着这种受激发的一段光纤中传输时，得到了光放大。

（2）掺铒光纤放大器（EDFA）。铒（Er）是一种稀土元素，将它注入到纤芯中，即形成了一种特殊的光纤，它在泵浦光源的作用下可直接对某一波长的光信号进行放大，因此称为掺铒光纤放大器。它是大容量 WDM 系统中必不可少的关键部件。

EDFA 之所以得到迅速的发展，源于它的一系列优点。

① 工作波长在 1 530～1 565nm 范围，与光纤最小损耗窗口一致，可在光纤通信中获得广泛应用。

② 对掺铒光纤进行激励的泵浦功率低，仅需几十毫瓦。

③ 耦合效率高。因为是光纤型放大器，易于与光纤耦合连接，耦合效率高，且连接损耗低，可低至 0.1dB。

④ 增益高且特性稳定、噪声低、输出功率大。增益可达 40dB，在 100℃内增益特性保持稳定，且与偏振无关，输出功率可达 14～20dBm，噪声系数可低至 3～4dB，串话也很小。

⑤ 可实现信号的透明传输。对各种类型、速率与格式的信号可进行透明传输。

EDFA 有以下缺点。

① 波长固定，只能放大 1 550nm 左右的光波，可调节的波长有限。

② 增益带宽不平坦，EDFA 的增益带宽很宽，但 EFDA 本身的增益谱不平坦，在 WDM 系统中需要采用特殊的手段来进行增益谱补偿。

3.4.2 EDFA 的基本结构与工作原理

1. EDFA 的基本结构

掺铒光纤放大器主要由掺铒光纤（EDF）、泵浦光源、光耦合器、光隔离器及光滤波器等组成，如图 3-28 所示。

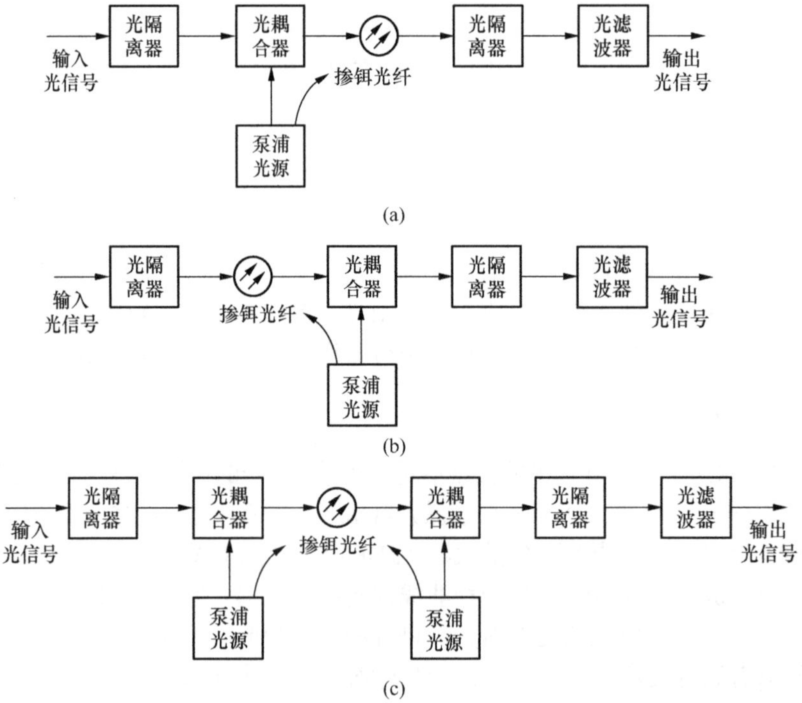

图 3-28 掺铒光纤放大器结构图

光耦合器将输入光信号和泵浦光源输出的光波耦合到掺铒光纤中，多采用波分复用器。

光隔离器的作用是抑制反射光，保证光信号只能正向传输，以确保光放大器稳定工作，对其要求是插入损耗要小，隔离度要大，一般应小于 40dB。

掺铒光纤是一段长度为 10～100m 的掺铒石英光纤，将稀土元素铒离子 Er^{3+}注入到纤芯中，浓度约为 25mg/kg。

光滤波器是滤除光放大器的噪声、降低噪声对系统的影响，提高系统的信噪比。

泵浦光源为半导体激光器，输出的光功率为 10～100mW，工作波长约为 980nm 或 1 480nm。一般而言，980nm 相对于 1 480nm 来讲，增益高、噪声小，是目前光纤放大器的首选泵浦波长。

按照泵浦光源输出能量是否和输入的光信号能量以同一方向注入掺铒光纤，EDFA 又可有 3 种不同的结构方式。

（1）同向泵浦结构

同向泵浦方式中，泵浦光与信号光从同一端注入掺铒光纤，如图 3-28（a）所示。在掺铒光纤的输入端，泵浦光较强，粒子数反转激励也强，其增益系数大，信号一进入光纤就得到较强的放大。但由于吸收的原因，泵浦光将沿着光纤长度衰减，使其在一定的光纤长度上达到增益饱和，从而使噪声迅速增加。其优点是结构简单，缺点是噪声性能差。

（2）反向泵浦结构

在反向泵浦方案中，泵浦光与信号光从不同方向输入掺铒光纤，两者在掺铒光纤中反向传输，如图 3-28（b）所示。其优点是：当光信号放大到很强时，泵浦光也强，不易达到饱和，因而噪声性能较好。

（3）双向泵浦结构

在双向泵浦方案中，有两个泵浦源，其中一个泵浦光与信号光以同一方向注入掺铒光纤，另一泵浦光从相反方向注入掺铒光纤。这种方式结合了同向泵浦和反向泵浦的优点，使泵浦光在光纤中均匀分布，从而使其增益在光纤中均匀分布，如图 3-28（c）所示。

从图 3-28 所示的结构图中可以看出，EDFA 的主体部件是泵浦光源和掺铒光纤。

2．EDFA 的工作原理

前面已经讨论了半导体激光器的工作原理，它是在泵浦源的作用下，使得工作物质处于粒子数反转分布，具有了光的放大作用。对于 EDFA，其基本工作原理与之相同。EDFA 之所以能放大光信号，简单地说，是在泵浦光源的作用下，在掺铒光纤中出现了粒子数反转分布，产生了受激辐射，从而使光信号得到放大。

由理论分析可知，铒离子有 3 个工作能级：$E1$、$E2$ 和 $E3$，如图 3-29 所示。$E1$ 能级最低，称为基态；$E2$ 能级为亚稳态；$E3$ 能级最高，称为激发态。

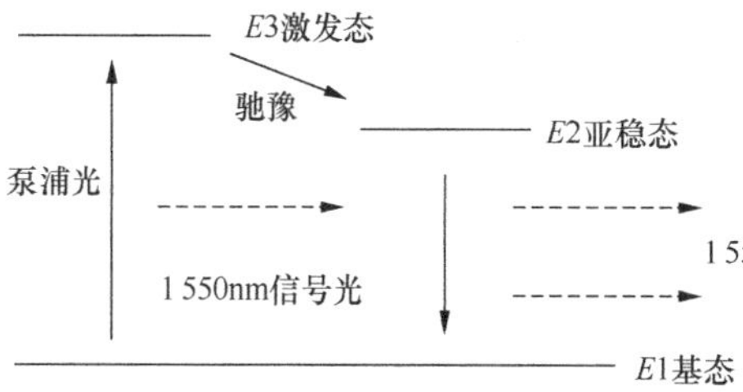

图 3-29　EDFA 能级结构

E_r^{3+}在未受到任何光激励的情况下，处在最低能级 $E1$ 上，当用泵浦光源的激光不断地激发掺铒光纤时，处于基态的粒子获得了能量就会向高能级跃迁，通常跃迁至 $E3$。然而，粒子在 $E3$ 这个高能级上是不稳定的，它将迅速地以无辐射衰减（即不释放光子）落到亚稳态 $E2$ 上，而粒子在 $E2$ 能级存活寿命较长。由于泵浦光源不断激发，则 $E2$ 能级上的粒子数就不断增加，而 $E1$ 能级上的粒子数就不断减少，从而在这段掺铒光纤中实现了粒子数反转分布状态，具备了实现光放大的条件。

当具有 1 550nm 波长的输入光信号通过这段掺铒纤时，若光子能量 $E=hf$ 正好等于 $E2$ 和 $E1$ 的能级差，即 $E2-E1=hf$ 时，则亚稳态 $E2$ 上的粒子将以受激辐射的形式跃迁到基态 $E1$ 上，并辐射出和输入光信号中的光子一样的全同光子，从而大大增加了信号光中的光子数量，即实现了信号光在掺铒纤传输过程中的不断被放大的功能。EDFA 的放大原理如图 3-30 所示。

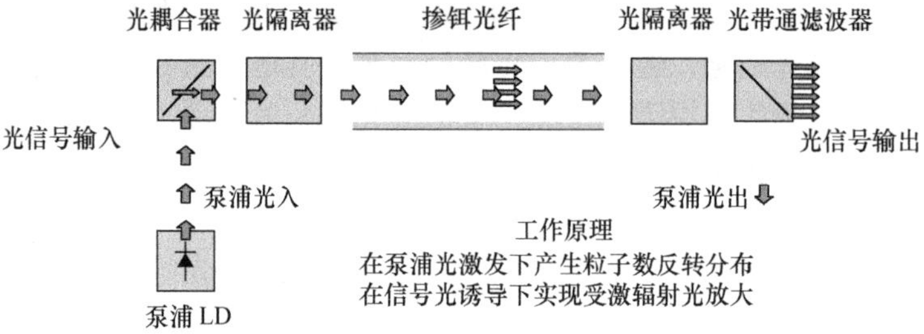

图 3-30　EDFA 放大器工作原理图

3.4.3　EDFA 的工作特性

1．功率增益

功率增益（G）反映掺铒光纤放大器的放大能力，定义为输出信号光功率 P_{out} 与输入信号光功率 P_{in} 之比，一般以分贝（dB）来表示。

$$G=10\lg P_{out}/P_{in}\ \text{(dB)} \tag{3-21}$$

功率增益的大小与铒离子的浓度、掺铒光纤的长度和泵浦光功率有关，如图 3-31 所示。

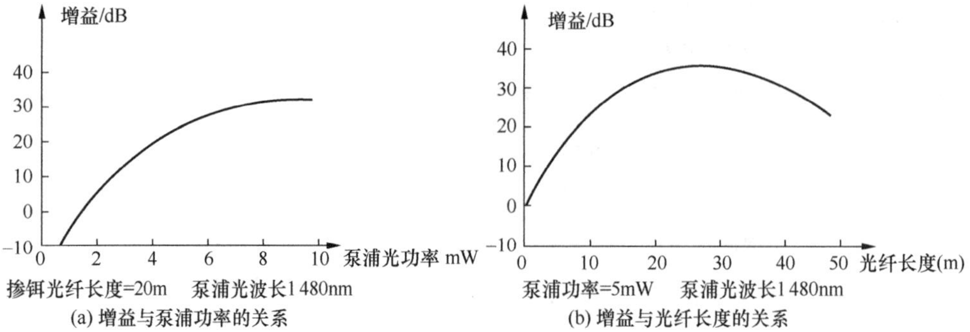

图 3-31　掺铒光纤放大器增益与泵浦功率、光纤长度的关系

由图 3-31（a）可见，放大器的功率增益随泵浦功率的增加而增加，但当泵浦功率达到

一定值时，放大器增益出现饱和，即泵浦功率再增加，增益基本保持不变。

由图 3-31（b）可见，对于给定的泵浦功率，放大器的功率增益开始时随掺铒光纤长度的增加而上升，当光纤长度达到一定值后，增益反而逐渐下降。由此可见，当光纤为某一长度时，可获得最佳功率增益，这个长度称为最佳光纤长度。如采用 1 480nm 泵浦光源，当泵浦功率为 5mW，掺铒光纤长度为 30m 时，可获得 35dB 增益。

因此，在给定掺铒光纤的情况下，选择合适的泵浦功率和光纤长度，以达到最佳增益。

2．增益饱和特性

在光纤长度固定不变时，随泵浦功率的增加，增益迅速增加，但泵浦功率增加到一定值后，增益随泵浦功率的增加变得缓慢，甚至不变，这种现象称为增益饱和。这是泵浦功率导致 EDFA 出现增益饱和的缘故。

在泵浦功率一定的情况下，输入信号功率较小时，放大器增益不随输入光信号的增加而变化，而是基本保持恒定不变；当输入信号功率大到一定值后，增益开始随信号功率的增加而下降，这是输入信号导致 EDFA 出现增益饱和的缘故，如图 3-32 所示。

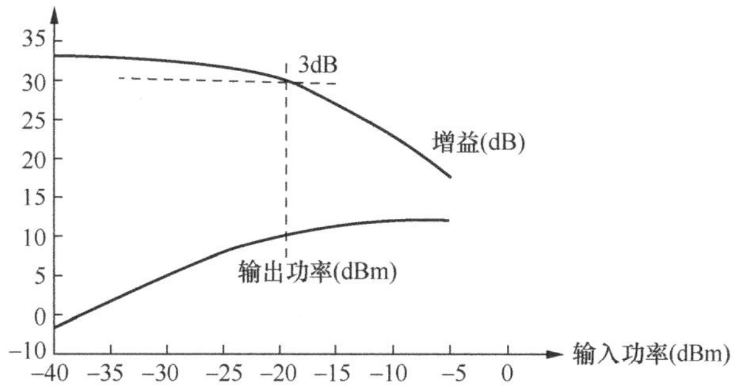

图 3-32　掺铒光纤放大器的输出特性和增益饱和特性曲线

掺铒光纤放大器的最大输出功率常用 3dB 饱和输出功率来表示，即当饱和增益下降 3dB 时所对应的输出光功率值。它表示了掺铒光纤放大器的最大输出能力。

3．噪声特性

掺铒光纤放大器的噪声主要来自它的自发辐射。在激光器中，自发辐射是产生激光振荡必不可少的条件，而在放大器中它却成了有害噪声的来源。它与被放大的信号在光纤中一起传播、放大，在检测器中检测时便得到下列几种形式的噪声：自发辐射的散弹噪声；自发辐射的不同频率光波间的差拍噪声；信号光与自发辐射光间的差拍噪声；信号光的散弹噪声。本身产生的噪声放大后使得信号的信噪比下降，造成对传输距离的限制。

掺铒光纤放大器的噪声特性可用噪声系数 F 来表示，它为放大器的输入信噪比（SNR_{in}）与输出信噪比（SNR_{out}）之比

$$F=(SNR)_{\mathrm{in}}/(SNR)_{\mathrm{out}} \tag{3-22}$$

经分析，EDFA 噪声系数的极限约为 3dB。980nm 泵浦的放大器的噪声系数优于 1 480nm 泵浦的噪声系数。一般噪声系数越小越好。

3.4.4 EDFA 的应用

掺铒光纤放大器在光纤通信系统中的主要作用是延长通信中继距离，当它与波分复用技术结合时，可实现超大容量、超长距离传输。其在光纤通信系统中主要用作前置放大器（preamplifier，PA）、功率放大器（Booster Amplfier，BA）和线路放大器（Line Amplifier，LA）。

1．作前置放大器

光接收机的前置放大器，一般要求是高增益、低噪声的放大器。由于 EDFA 的低噪声特性，将其用作光接收机的前置放大器时，可提高光接收机的灵敏度，如图 3-33（a）所示。

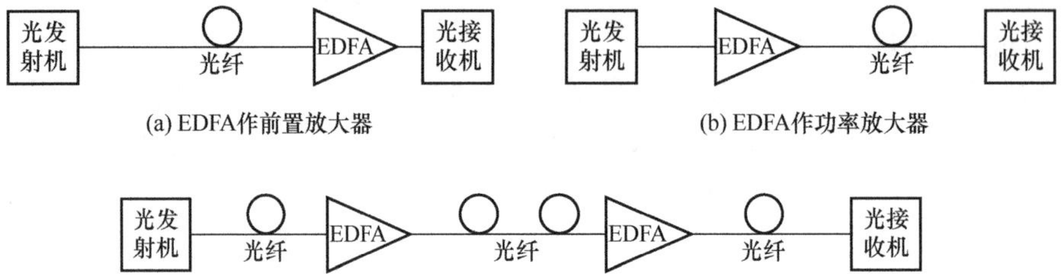

(a) EDFA作前置放大器　　(b) EDFA作功率放大器

(c) EDFA作线路放大器

图 3-33　EDFA 的应用

2．作功率放大器

若将 EDFA 接在光发射机的输出端，可用来提高输出功率，增加入纤光功率，延长传输距离，如图 3-33（b）所示。

3．作线路放大器

这是 EDFA 在光纤通信系统中的一个重要应用，它可代替传统的光/电/光中继器，对线路中的光信号直接进行放大，延长中继距离，如图 3-33（c）所示。

实践项目与教学情境

情境 1：到实训室，认识有源光器件和无源光器件，分析应用场合，编写考察报告。

情境 2：查阅光纤活动连接器的种类、使用方法，并在实训室进行光纤活动连接，掌握各种光纤活动连接的方法。

情境 3：到通信公司传输机房参观，观察认识各种有源光器件和无源光器件的应用，撰写报告。

小结

（1）光纤通信系统中所用的光器件有半导体光源、半导体光检测器以及光无源器件。

（2）光源器件是光纤通信设备的核心，它的作用是将电信号转换成光信号送入光纤。光纤通信中常用的光源器件有半导体激光器（LD）和半导体发光二极管（LED）两种。

（3）半导体激光器（LD）是激光器工作的物理基础；半导体激光器（LD）由工作物质、激励源和光学谐振腔组成。

（4）半导体发光二极管（LED）与半导体激光器的区别是前者没有光学谐振腔，它的发光仅限于自发辐射，从而使所发的光为荧光，是非相干光；LED 的结构及特性。

（5）半导体光电检测器有 PIN 光电二极管和 APD 雪崩光电二极管。由于 APD 雪崩光电二极管的雪崩效应，使得 APD 比 PIN 光电二极管更能提高接收机的灵敏度。

（6）光放大器是可对微弱的光信号直接进行放大的器件，光放大器主要包括半导体光放大器和光纤放大器两种。较为实用的光纤放大器是掺铒光纤放大器（EDFA）。

（7）无源光器件在光纤通信系统中的作用非常重要，对光纤通信系统的构成、功能的扩展或性能的提高，都是不可缺少的。常用的无源光器件有光连接器、光衰减器、光耦合器、光隔离器、光环形器、光波长转换器、光波分复用器、光开关、光滤波器等。

思考题与练习题

3-1　光纤通信系统中常用的光源主要有几种？常用的光电检测器主要有几种？

3-2　光源、光电检测器各自的作用是什么？光纤通信系统对它们的要求是什么？

3-3　激光器主要由几部分组成？各部分的作用是什么？

3-4　说明光与物质相互作用的 3 种主要基本过程。

3-5　什么是粒子数的反转分布？

3-6　分析说明半导体激光器产生激光输出的工作原理。

3-7　半导体发光二极管与半导体激光器的本质区别是什么？

3-8　半导体光电二极管是利用什么原理实现光/电转换的？

3-9　雪崩光电二极管（APD）利用什么原理使检测灵敏度得到大大提高？

3-10　光源和光电检测器的特性有哪些？

3-11　光放大器的种类包括哪些？有哪些泵浦方式？其主要应用形式有哪些？

3-12　EDFA 的主要优点是什么？

3-13　光纤连接器的作用是什么？主要性能指标有哪些？常用的光纤连接器有哪几类？

3-14　光纤耦合器的作用是什么？主要性能指标有哪些？有哪些类型？

3-15　光隔离器的功能是什么？

3-16　光开关的种类有哪些？

3-17　光衰减器、波长转换器的作用是什么？

3-18　光波分复用器的主要功能是什么？

第 4 章 光端机

本章内容

- 光发送机。
- 光接收机。
- 光中继器。

本章重点、难点

- 光发送机和光接收机的功能、电路组成和工作原理。

本章学习的目的和要求

- 掌握光发送机和光接收机的组成框图及工作原理。
- 熟悉光中继器的组成框图及工作原理。

本章实践要求及教学情境

- 到光纤通信实训室，参观光发送机和光接收机的位置，了解其工作过程。

光纤通信系统主要包括光纤（光缆）和光端机。每一部光端机又包含光发送机和光接收机两部分，如果通信距离长时还要加光中继器，如图 4-1 所示。

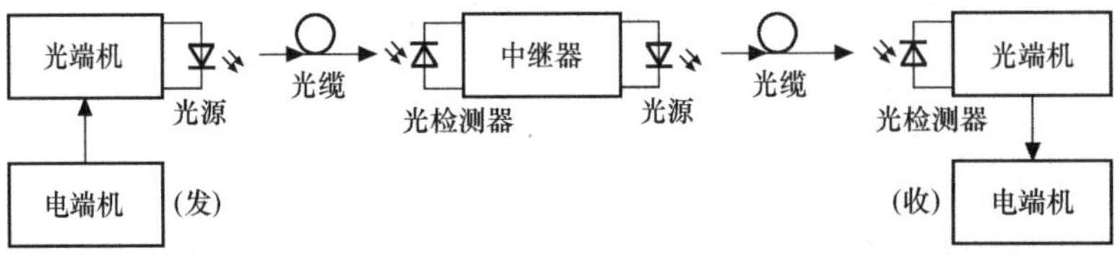

图 4-1　光纤通信系统组成

光发送机是实现电/光（E/O）转换的光端机。其功能是将来自于电端机的电信号对光源发出的光波进行调制，成为已调光波，然后，再将已调的光信号耦合到光纤线路中进行传输。光发送机中的光源是整个系统的核心器件，其性能直接关系到光纤通信系统的性能和质量指标。

光接收机是实现光/电（O/E）转换的光端机。其功能是将经光纤传输来的微弱的光信号，经光检测器转变为电信号，并对电信号进行放大、整形、再生后，生成与发送端相同的电信号，送到接收端的电端机。光接收机中的关键器件是半导体光检测器，其利用自动增益控制电路保证信号的稳定输出，它和接收机中的前置放大器合称光接收机前端。前端的性能是决定光接收机的主要因素。

光中继器是信号经过一段距离传输后，当信道信噪比不太大时，及时识别判决，以防止信道误码。只要不出现误码，经过光中继器后的输出脉冲，会完全恢复成和原来一样的标准脉冲波形。

电端机在发送端把模拟信息进行模/数转换并完成复用，然后将信号送入光发送端机。电端机在接收端将光接收端机送来的信号进行解复用后再完成数/模转换，恢复成原来的模拟信息。

本章首先介绍光发送机和光接收机的组成及其工作原理，接着介绍光中继器的组成及其工作原理，最后介绍光纤传输的线路码型。

4.1 光发送机

在光纤通信系统中，光发送机的作用是把从电端机送来的电信号转变成光信号，并送入光纤线路进行传输。因此，对光发送机有一定的要求。

1. 有合适的输出光功率

光发送机的输出光功率，通常是指耦合进光纤的功率，亦称入纤功率。入纤功率越大，可通信的距离就越长，但光功率太大也会使系统工作在非线性状态，对通信产生不良影响。因此，要求光源应有合适的光功率输出，一般为 0.01～5mW。

与此同时，要求输出光功率要保持恒定，在环境温度变化或器件老化的过程中，稳定度要求为 5%～10%。

2. 有较好的消光比

消光比的定义为全“1”码平均发送光功率与全“0”码平均发送光功率之比。可用下式表示

$$EXT=10\lg\frac{P_{11}}{P_{00}}(\mathrm{dB}) \tag{4-1}$$

式中，P_{11} 为全“1”码时的平均光功率；P_{00} 为全“0”码时的平均光功率。

理想情况下，当进行“0”码调制时应没有光功率输出，但实际输出的是功率很小的荧光，这给光纤通信系统引入了噪声，从而造成接收机灵敏度降低，故一般要求 $EXT\geqslant 10\mathrm{dB}$。

3. 调制特性要好

调制特性好，是指光源的 P-I 曲线在使用范围内线性特性好，否则，在调制后将产生非线性失真。

除此之外，还要求电路尽量简单、成本低、稳定性好、光源寿命长等。

4.1.1 光发送机的基本组成

图 4-2 所示为数字光发送机的基本组成，主要包括输入电路和电/光转换电路两大部分。输入电路有均衡放大、码型变换、复用、扰码和时钟提取电路。电/光转换电路有光源、光源的调制（驱动）电路、光源的控制电路（ATC 和 APC）及光源的监测和保护电路等。下面介绍各部分的功能。

1. 均衡放大

由 PCM 端机送来的电信号是 HDB_3 码（如 PCM 基群接口码型）或 CMI 码（如 PCM 四次群的接口码型），首先要进行均衡放大，用以补偿由电缆传输所产生的衰减和畸变，保

证电、光端机间信号的幅度、阻抗适配，以便正确译码。

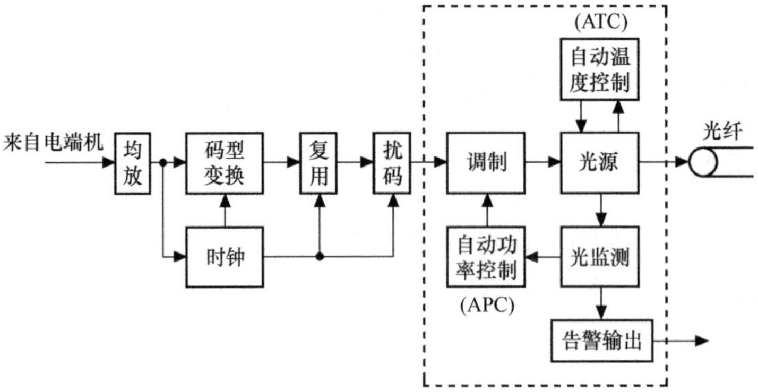

图 4-2　数字光发送机原理方框图

2．码型变换

由均衡器输出的仍是 HDB_3 码或 CMI 码，前者是双极性归零码（即+1，0、−1），后者是归零码。这两种码型都不适合在光纤通信系统中传输，因为在光纤通信系统中，是用有光和无光分别对应“1”码和“0”码，无法与+1、0、−1 相对应，需通过码型变换电路将双极性码变换为单极性码，将归零码变换为不归零码（即 NRZ 码），以适应光发送机的要求。

3．复用

复用是指利用一个大的传输信道来同时传送多个低容量的用户信息及开销信息的过程。具体的复用过程将在第 5 章中介绍。

4．扰码

若信码流中出现长连“0”或长连“1”的情况，将会给收端时钟信号的提取带来困难，为了避免这种情况，需加一扰码电路，它可有规律地破坏长连“0”和长连“1”的码流，从而达到“0”、“1”等概率出现，有利于收端从线路数据码流中提取时钟。

5．时钟提取

由于码型变换和扰码过程都需要以时钟信号作为依据，因此，在均衡放大之后，由时钟提取电路提取 PCM 中的时钟信号，供给码型变换和扰码电路使用。

6．调制（驱动）电路

光源驱动电路又称调制电路，是光发送机的核心。它用经过扰码后的数字信号对光源进行调制，让光源发出的光信号强度随电信号码流变化，形成相应的光脉冲送入光纤，即完成电/光变换任务。当使用不同的光源时，由于其 *P-I* 特性不同，驱动方式也不同。

7．光源

光源是实现电/光转换的关键器件，在很大程度上决定着数字光发送机的性能。它的作用是产生作为光载波的光信号，并作为信号传输的载体携带信号在光纤传输线路中传送。

8. 温度控制和功率控制

半导体激光器是对温度敏感的器件，它的输出光功率和输出光谱的中心波长会随着温度的变化或 LD 管的老化而发生变化。因此，为了稳定输出功率和波长，光发送机往往加有控制电路，控制电路包括自动温度控制（ATC）电路和自动功率控制（APC）电路，以稳定工作温度和输出的平均光功率。

9. 其他保护、监测电路

光发送机除由上述各部分电路组成之外，还有一些辅助电路。如光源过流保护电路、无光告警电路、LD 偏流（寿命）告警等。

（1）光源过流保护电路：为了使光源不致因通过大电流而损坏，一般需要采用光源过流保护电路，可在光源二极管上反向并联一只肖特基二极管，以防止反向冲击电流过大。

（2）无光告警电路：当光发送机电路出现故障，或输入信号中断，或激光器失效时，都将使激光器“较长时间”不发光，这时延迟告警电路将发出告警指示。

（3）LD 偏流（寿命）告警

光发送机中的 LD 管随着使用时间的增长，其阈值电流也将逐渐加大。因此，LD 管的工作偏流也将通过 APC 电路的调整而增加，一般认为当偏流大于原始值的 3～4 倍时，激光器寿命完结，由于这是一个缓慢的过程，所以发出的是延迟维修告警信号。

4.1.2　光源的调制

1. 光源

光源的作用是产生作为光载波的光信号，是光发送部分的“心脏”，其性能好坏直接影响通信的质量，所以通信用光源应满足如下要求。

（1）发送的光波长应和光纤低损耗“窗口”一致，即中心波长应在 0.85μm、1.31μm 和 1.55μm 附近。光谱单色性要好，即谱线宽度要窄，以减小光纤色散对带宽的限制。

（2）电/光转换效率高，即要求在足够低的驱动电流下，有足够大而稳定的输出光功率，且线性良好。发送光束的方向性要好，以利于提高光源与光纤之间的耦合效率。

（3）发送的光功率足够高，以便传输较远的距离。

（4）调制速率要高或响应速度要快，以满足系统的大传输容量的要求。

（5）可靠性高，工作寿命长，工作稳定性好，具有较高的功率稳定性、波长稳定性和光谱稳定性。

（6）温度稳定性好，即温度变化时，输出光功率及波长变化应在允许的范围内。

（7）器件体积小，重量轻，安装使用方便，价格便宜。

以上各项中，调制速率、谱线宽度、输出光功率和光束方向性直接影响光纤通信系统的传输容量和传输距离，是光源最重要的技术指标。目前，不同类型的半导体激光器（LD）和发光二极管（LED）可以满足不同应用场合的要求。

2. 调制方式

光源的调制是指在光纤通信系统中，由承载信息的数字电信号对光波进行调制使其载荷信息。目前技术上成熟并在实际光纤通信系统得到广泛应用的是强度调制-直接检波（IM-DD）。对光源进行调制的方法分为两类，即直接调制（内调制）和间接调制（外调制）。

直接调制是将电信号直接加在光源上，使其输出的光载波信号的强度随调制信号的变化而变化，即直接调制半导体激光器的注入电流。这种直接调制的调制特性主要由 LD、LED 的 *P-I* 曲线所决定，是光纤通信中最常用的通信方式。

间接调制即不直接调制光源，而是在光源输出的通路上外加调制器来对光波进行调制。是利用某些晶体的电光效应、声光效应、磁光效应等特性做成调制器，放置在激光器之外的传输通道上。把电信号加在调制器上，改变调制器的物理性质，当激光通过晶体时，光波的特性将随信号变化而变化。这种调制是在激光形成之后进行的，因而对激光器的特性影响不大，一般在高速大容量的光纤通信系统中或相干光通信系统中，采用的是间接调制。

（1）直接调制

① 基本概念及调制原理

直接调制即直接对光源进行调制，通过控制半导体激光器注入电流的大小，改变激光器输出光波的强弱，又称为内调制。传统的 PDH 系统和 2.5Gbit/s 速率以下的 SDH 系统使用的 LED 或 LD 光源基本上都采用这种调制方式。直接调制又分为模拟信号的强度调制和数字信号的强度调制。光纤通信中最常用的调制方式是数字信号的强度调制，图 4-3 所示为发光二极管（LED）和激光器（LD）的直接光强度数字调制原理。

图 4-3（a）所示为 LED 的直接光强度数字调制原理图。可见，在 LED 上要加以小的直流正向偏置（0～1mA），其目的是提高响应速度。至于调制电流幅度 I_m 应根据 *P-I* 的特性来选择。既要保证足够的输出光脉冲幅度，又要考虑 LED 对电流的承受能力。

由于 LED 属于无阈值的器件，随着注入电流的增加，输出光功率近似呈线性增加，其 *P-I* 曲线的线性特性好于 LD 的，因而在调制时，其动态范围大，信号失真小。但 LED 属于自发辐射光，其谱线宽度要比 LD 宽得多，这一点对于高速信号的传输非常不利，因此，在高速光纤通信系统中通常使用 LD 作为光源。

图 4-3（b）所示为对 LD 的直接光强度数字调制原理图。由于 LD 是阈值器件，对 LD 的调制，必须在 LD 上加一稍低于阈值电流 I_{th} 的偏置电流 I_b，在偏置电流上叠加调制电流 I_m，I_b+I_m 为驱动电流，用此电流直接去驱动 LD 激光器。当调制脉冲信号为“0”码时，驱动电流 I_b+I_m 小于阈值电流 I_{th}，LD 处于荧光工作状态，输出光功率为“0”；当调制信号脉冲为“1”码时，驱动电流 I_b+I_m 大于阈值电流 I_{th}，LD 被激励，发出激光，输出光功率为“1”。在这里偏置电流 I_b 一般取（0.7～1.0）I_{th}，调制电流 I_m 幅度的选择，应根据 LD 的 *P-I* 特性曲线，既要保证有足够的输出光脉冲的幅度，又要考虑光源的负担，还要考虑选择光源的线性区域。

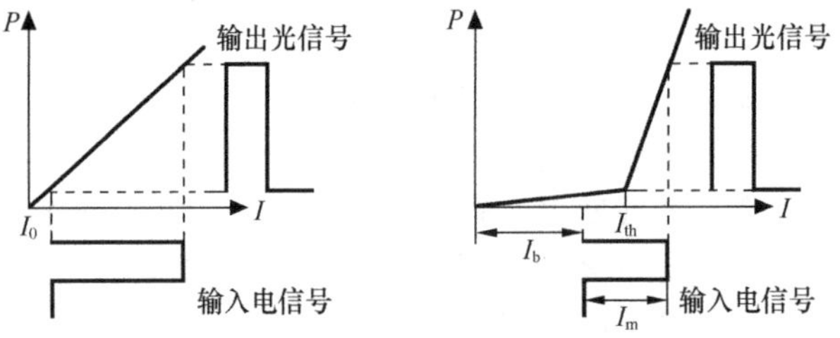

(a) LED 数字调制　　(b) LD 数字调制

图 4-3　直接光强度数字调制原理图

由此可见，当激光器的驱动电流大于阈值电流 I_{th} 时，输出光功率 *P* 和驱动电流 *I* 基本上呈现线性关系，且输出光功率和输入电流成正比，所以输出光信号可以反映输入电信号的变化。

② 特点

直接调制方式的特点是，输出功率正比于调制电流，调制简单、损耗小、成本低。但由于调制电流的变化将引起激光器发光谐振腔的长度发生变化，引起发射激光的波长随着调制电流线性变化，这种变化被称作调制啁啾，它实际上是一种直接调制光源无法克服的波长（频率）抖动。啁啾的存在展宽了激光器发射光谱的带宽，使光源的光谱特性变坏，限制了系统的传输速率和距离。一般情况下，在常规 G.652 光纤上使用时，传输距离≤100km，传输速率≤2.5Gbit/s。对于不采用光线路放大器的 WDM 系统，从节省成本的角度出发，可以考虑使用直接调制的激光器。

（2）间接调制

① 基本概念及调制原理

间接调制不直接调制光源，而是在光源输出的通路上外加调制器来对光波进行调制，此调制器实际上起到一个开关的作用，即光辐射之后再加载调制电压，使经过调制器的光载波得到调制，这种调制方式又称作外调制，结构如图 4-4 所示。

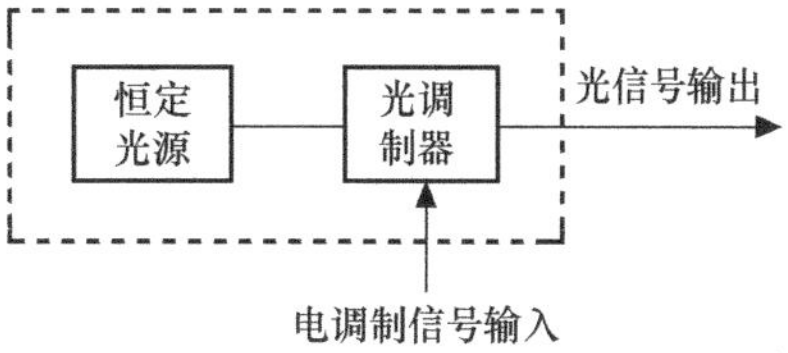

图 4-4 间接调制激光器的结构

恒定光源是一个连续发送固定波长和功率的高稳定光源，在发光的过程中，不受电调制信号的影响，因此不产生调制频率啁啾，光谱的谱线宽度维持在最小。光调制器对恒定光源发出的高稳定激光根据电调制信号以“允许”或者“禁止”通过的方式进行处理，在调制的过程中，对光波的频谱特性不会产生任何影响，保证了光谱的质量。与直接调制激光器相比，大大压缩了谱线宽度。

② 特点

间接调制方式是对光载波进行调制，因此可分别对其强度、相位、偏振和波长等进行调制。此种方式的激光器比较复杂、损耗大、而且造价也高。但调制频率啁啾很小或没有，谱线宽度窄，可以应用于传输速率≥2.5Gbit/s，传输距离超过 300km 以上的高速大容量传输系统之中。因此，在使用光线路放大器的 WDM 系统中，发送部分的激光器均为间接调制方式的激光器。光孤子系统及相干光通信系统中也使用这种调制方式。

4.1.3 自动功率控制和温度控制

半导体激光器是高速传输的理想光源，但是半导体对温度是很敏感的，特别是长波长半导体激光器（LD）对温度更加敏感。而且随着激光器的老化，其输出功率将减小。温度的变化和器件的老化给半导体激光器带来的不稳定性主要表现在激光器的阈值电流随温度和老化而变化，从而使输出光功率发生变化。通常，随着温度的升高，阈值电流增加，输出光脉冲幅度下降，发光功率降低，发射波长向长波长漂移。

在实际使用中，必须对这些影响加以控制，以保证输出特性的稳定。控制电路的作用就是消除温度和器件老化的影响，稳定输出光信号，目前采用的稳定方法有自动功率控制和自动温度控制。

温度变化会引起 LD 阈值电流的变化，从而使输出光功率变化。当温度变化不大时，通过自动功率控制（APC）电路也可以对光功率进行调节，但如果温度升高较多时，会使得阈值电流增加很多，经过 APC 电路的调节，偏置电流会有较大增加，会使 LD 的结温更高，以致烧坏。因此，一般还需加自动温度控制（ATC）电路，使 LD 管芯的温度恒定在 20℃左右。

温度控制只能控制温度变化引起的输出光功率的变化，不能控制由于器件老化而产生的输出功率的变化。

对于短波长激光器，一般只需加自动功率控制电路。而对于长波长激光器，由于其阈值电流随温度的漂移较大，因此，一般还需加自动温度控制电路，以使输出光功率达到稳定。

4.1.4 光发送机的主要指标

光发送机的主要指标有平均发送光功率、消光比和光谱特性。

平均发送光功率是在正常条件下光发送机发送光源尾纤输出的平均光功率。平均发送光功率指标应根据整个系统的经济性、稳定性、可维护性及光纤线路的长短等因素全面考虑，并不是越大越好。

消光比在前面已定义过，其直接影响光接收机的灵敏度，从提高光接收机的灵敏度角度希望消光比尽可能大，但综合考虑，也不是越大越好。

对于高速光纤通信系统，光源的光谱特性成为制约系统性能的至关重要的参数指标，影响了系统的色散性能。ITU-T 建议 G.957 中规范了最大均方根宽度、最大−20dB 宽度和最小边模抑制比三种参数。

4.2 光接收机

光接收机的主要作用是将光纤传输后的幅度被衰减、波形产生畸变的、微弱的光信号变换为电信号，并对电信号进行放大、整形、再生后，生成与发送端相同的电信号，输入到电接收端机，并且用自动增益控制电路（AGC）保证稳定的输出。光接收机中的关键器件是半导体光检测器，它和接收机中的前置放大器合称光接收机前端。前端的性能是决定光接收机的主要因素。

4.2.1 光接收机的基本组成

光接收机的主要作用是将经过光纤传输的微弱光信号转换成电信号，并放大、再生成原发射的信号。对于强度调制（IM）的数字光信号，在接收端采用直接检测（DD）方式时，光接收机的组成方框图如图 4-5 所示，主要包括光电检测器、前置放大器、主放大器、均衡器、时钟恢复电路、取样判决器以及自动增益控制（AGC）电路等。

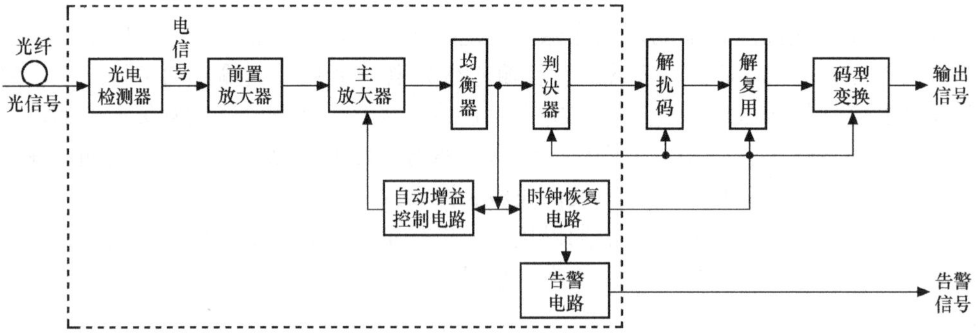

图 4-5 光接收机方框图

1. 光电检测器

光电检测器是利用光电二极管将发送光端机经光纤传输过来的光信号变换为电信号送入前置放大器，是接收机实现光/电（O/E）转换的关键器件。由于从光纤中传输过来的光信号一般是非常微弱且产生了畸变的信号，因此，为了有效地将光信号转换成电信号，对光电检测器提出了非常高的要求。

（1）在系统的工作波长上要有足够高的响应度，即对一定的入射光功率，光电检测器能输出尽可能大的光电流。

（2）波长响应要和光纤的 3 个低损耗窗口（0.85μm、1.31μm 和 1.55μm）兼容。

（3）有足够高的响应速度和足够的工作带宽，即对高速光脉冲信号有足够快的响应能力。

（4）产生的附加噪声要尽可能低，能够接收极微弱的光信号。

（5）光电转换线性好，保真度高。

（6）工作性能稳定，可靠性高，寿命长。

（7）功耗小，体积小，使用简便。

目前，满足上述要求、适合于光纤通信系统使用的光电检测器主要有半导体光电二极管（PIN-PD）、雪崩光电二极管（APD）和光电晶体管等，其中前两种应用最为广泛。

2．放大器

光接收机的放大器包括前置放大器和主放大器两部分。

（1）前置放大器

由于此放大器与光电检测器紧密相连，又称为前置放大器。前置放大器是放大从光电检测器送来的微弱的电信号，是光接收机的关键部分。光接收机的噪声主要取决于前端的噪声性能，因为放大器在放大信号的过程中，放大器本身会引入噪声，且在多级放大器中，后一级放大器会把前一级放大器输出的信号和噪声同样放大，即前一级放大器引入的噪声也被放大了。因此，对前置放大器的要求有较低的噪声、较宽的带宽和较高的增益，只有这样才能获得较高的信噪比。所以，前置放大器应是低噪声、宽频带、高增益放大器，它的噪声对整个电信号的放大影响甚大，直接影响到光接收机的灵敏度。

前置放大器的噪声取决于放大器的类型，目前有 3 种类型的前置放大器可供选择：低阻抗前置放大器、高阻抗前置放大器和跨阻抗前置放大器（或跨导前置放大器）。

低阻抗前置放大器的特点是：接收机不需要或只需很少的均衡就能获得很宽的带宽，前置级的动态范围也较大。但由于放大器的输入阻抗较低，造成电路的噪声较大。高阻抗前置放大器是指放大器的阻抗很高，其特点是电路的噪声很小。但是，放大器的带宽较窄，在高速系统应用时对均衡电路提出了很高的要求，限制了放大器在高速系统中的应用。跨阻抗放大器具有频带宽、噪声低的优点，而且其动态范围也比高阻抗前置放大器改善很多，因而，在高速率大容量的通信系统中广泛应用。

（2）主放大器

主放大器一般是多级放大器，它的功能主要是提供足够高的增益，把来自前置放大器的输出信号放大到判决电路所需的信号电平，并通过它实现自动增益控制（AGC），以使输入光信号在一定范围内变化时，输出电信号保持恒定输出。主放大器和 AGC 决定着光接收机的动态范围。

3．均衡器

均衡器的作用是对经过光纤线路传输、光/电转换和放大后已产生畸变（失真）和有码间干扰的电信号进行均衡补偿，设法消除拖尾的影响，以消除或减少码间干扰，使输出信号的波形有利于判决、再生电路的工作，减小误码率。

均衡的方法可以在频域或时域采用均衡网络实现。频域方法是采用适当的网络，将输出波形均衡成具有升余弦频谱，这是光接收机中最常用的均衡方法。时域的方法是先预测出一个“1”码过后，在其他各码元的判决时刻，判决这个“1”码的拖尾值，然后，设法用与拖尾值大小相等、极性相反的电压来抵消拖尾，以消除码间干扰。

4．再生电路

再生电路由判决器和时钟恢复电路组成，它的任务是把放大器输出的升余弦波形恢复成数字信号。为了判定信号，首先要确定判决的时刻，这需要从均衡后的升余弦波形中提取准确的时钟信号。时钟信号经过适当的相移后，在最佳时刻对升余弦波形进行取样，然后，将取样幅度与判决域值进行比较，以判定码元是“0”还是“1”，从而把升余弦波形恢复成原传输的数字波形。理想的判决器应该是带有选通输入的比较器。

5．自动增益控制

光接收机的自动增益控制（AGC）就是用反馈环路来控制主放大器的增益，在采用雪崩管（APD）的接收机中还通过控制雪崩管的高压来控制雪崩管的雪崩增益。当大的光信号功率输入时，则通过反馈环路降低放大器的增益；当小的光信号功率输入时，则通过反馈环路提高放大器的增益，从而达到使送到判决器的信号稳定，以利于判决。显然，自动增益控制的作用是增加光接收机的动态范围，使光接收机的输出保持恒定。

自动增益控制（AGC）电路原理框图如图 4-6 所示。数字光接收机的放大均衡输出经峰值检波，送入运算放大器，其输出分别控制 APD 的偏置电压和主放大器的增益可调部位，从而形成一个负反馈控制环路，自动改变数字光接收机放大器的增益，以达到始终保持其输出信号幅度不变的程度。其中，对 APD 的控制是调整它的倍增因子，它是与主放大器的增益同步变化的，在主放大器为最大增益状态工作时，APD 则以最佳倍增因子工作，相反则以小于其最佳倍增因子工作。

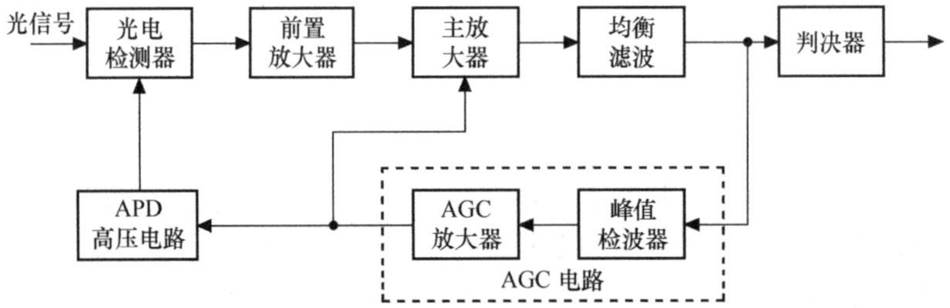

图 4-6　自动增益控制电路原理框图

对于采用 PIN 光电检测器的数字光接收机，其自动增益控制只对主放大器起作用。

4.2.2　光接收机的噪声特性

光接收机的输入功率不能无限制降低的主要原因是受到了系统中噪声的限制。因此，为了研究接收机的灵敏度指标，就需要研究光纤通信系统中的噪声，主要是研究从接收机端引入的噪声。

光接收机的噪声主要来自光接收机内部噪声：包括光电检测器的噪声和光接收机的电路噪声。这些噪声的分布如图 4-7 所示。光电检测器的噪声包括量子噪声、暗电流噪声、漏电流噪声和 APD 的倍增噪声；电路噪声主要是前置放大器的噪声。因为前置级输入的是微弱信号，其噪声对输出信噪比影响很大，而主放大器输入的是经前置级放大的信号，只要前置级增益足够大，主放大器引入的噪声就可以忽略不计。前置放大器的噪声包括电阻热噪声及晶体管组件内部噪声。

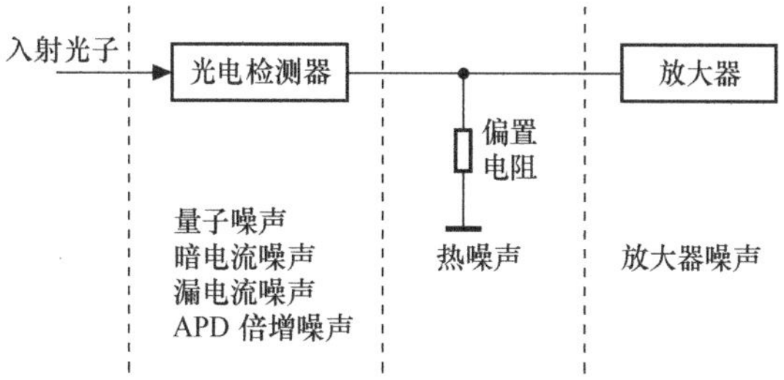

图 4-7　接收机的噪声及其分布

1．量子噪声

当一个光电检测器受到外界光照，其光子受激励而产生的光生载流子是随机的，从而导致输出电流的随机起伏，这就是量子噪声。即使在理想的光检测器中，热噪声和暗电流噪声等于零，量子噪声也会伴随着光信号而产生。因此，量子噪声是影响光接收机灵敏度的主要因素之一，这是光电检测器固有的噪声。

2．暗电流噪声

暗电流是指无光照射时光电检测器中产生的电流。由于激励起暗电流的条件（如热激励、放射线等）是随机的，因而激励出的暗电流也是浮动的，这就产生了噪声，称为暗电流噪声。

严格地说，暗电流还应包括器件表面的漏电流。由漏电流产生的噪声为漏电流噪声。

3．雪崩倍增噪声

由于雪崩光电二极管的雪崩倍增作用是随机的，这种随机性必然要引起雪崩管输出信号的浮动，从而引入噪声。

对于 PIN 光电二极管来说，由于其内部不存在碰撞雪崩过程，因此其内部噪声主要是量子噪声。对于雪崩光电二极管来说，内部的噪声一方面是由于雪崩过程带来的倍增噪声，另一方面是量子噪声，当雪崩倍增噪声远大于量子噪声，量子噪声可以忽略不计。

4．光接收机的电路噪声

光接收机的电路噪声主要是指前置放大器噪声，其中包括电阻热噪声及晶体管组件内部噪声。

4.2.3　光接收机的主要指标

数字光接收机主要指标有光接收机的灵敏度和动态范围。

1．光接收机的灵敏度

光接收机的灵敏度是指在系统满足给定误码率指标的条件下，光接收机所需的最小平均接收光功率 P_{min}（mW）。工程中常用毫瓦分贝（dBm）来表示，即

$$P_R = 10\lg\frac{P_{min}}{1mW}(dBm) \tag{4-2}$$

如果一部光接收机在满足给定的误码率指标下，所需的平均光功率低，说明它在微弱的输入光条件下就能正常工作，显然这部接收机的灵敏度高，其性能是好的。影响光接收机灵

敏度的主要因素是噪声，它包括光电检测器的噪声、放大器的噪声等。

2．光接收机的动态范围

光接收机的动态范围是指在保证系统误码率指标的条件下，接收机的最大允许输入光功率（dBm）和最小输入光功率（dBm）之差（dB），即

$$D=10\lg\frac{P_{max}}{10^{-3}}-10\lg\frac{P_{min}}{10^{-3}}=10\lg\frac{P_{max}}{P_{min}}(\mathrm{dB}) \qquad (4\text{-}3)$$

之所以要求光接收机有一个动态范围，是因为光接收机的输入光信号不是固定不变的，为了保证系统正常工作，光接收机必须具备适应输入信号在一定范围内变化的能力。低于这个动态范围的下限（即灵敏度），如前所述将产生过大的误码；高于这个动态范围的上限，在判决时亦将造成过大的误码。显然一部好的光接收机应有较宽的动态范围，表示光接收机对输入信号具有良好的适应能力，数值越大越好。

4.3 光中继器

长途通信中，由于光纤损耗和色散的影响，使得光脉冲信号的幅度下降和波形失真，从而使信息传输质量下降，影响通信质量。因此，每隔一定距离要设置一个再生中继器，用来将经光纤传输后有较大衰减和畸变的光信号变成没有衰减和畸变的光信号，然后，再输入光纤内继续传输，从而增大光的传输距离。在进行长距离光通信传输时，光中继器是保证高可靠性和高质量传输的重要组成部分。光中继器主要分为两类，即光电型中继器和全光型中继器。

光电型中继器是指采用光—电—光转换方式的传统光中继器。它将接收到的微弱光信号经过光电检测器转换成电信号（光/电转换）后，放大、整形和再生，恢复出原来的数字电信号，然后再对光源进行调制（即电/光转换），产生出光信号，输入到光纤继续传输。此外，还要完成区间通信和公务、监控、倒换等辅助信息的上下路功能。光电型中继器由于在放大的过程中引入了光/电和电/光转换，限制了光信号的高速率传输。

全光型中继器是利用光放大器直接在光域对衰减和畸变了的光信号进行处理的光中继器。常用的全光型中继器是掺铒光纤放大器（EDFA），EDFA 的波长为 1 550nm，实际使用时，将 EDFA 安放在光纤线路中，两端与传输光纤直接对接，就能对 1 550nm 波长的光信号进行放大，实现光信号的中继。由于这种光放大器只对光信号幅度直接进行放大，因此称为直接光放大型中继器。掺铒光纤放大器作中继器的优点是设备简单，没有光—电—光的转换过程，工作频带宽。缺点是光放大器作中继器时，对波形的整形不起作用。

实践项目与教学情境

情境：到光纤通信实训室或运营商传输机房，考察光发射机与光接收机设备的情况，以及与光纤传输线路之间的连接情况，撰写考察报告。

小结

（1）光发射机与光接收机统称为光端机。光端机位于电端机和光纤传输线路之间。光发

射机是实现电/光（E/O）转换的光端机。光接收机是实现光/电（O/E）转换的光端机。

（2）对光发射机的要求是：有合适的输出光功率；有较好的消光比；调制特性要好。

（3）数字光发射机基本组成包括均衡放大、码型变换、复用、扰码、时钟提取、光源、光源的调制（驱动）电路、光源的控制电路（ATC 和 APC）及光源的监测和保护电路等。

（4）对光源进行强度调制的方法分为两类，即直接调制（内调制）和间接调制（外调制）。通常直接调制适用于速率小于 2.5Gbit/s 的系统，间接调制适合于高速大容量的系统。

（5）数字光接收机主要包括光电检测器、前置放大器、主放大器、均衡器、时钟提取电路、取样判决器以及自动增益控制（AGC）电路。

（6）光接收机的噪声主要来自光接收机内部噪声：包括光电检测器的噪声和光接收机的电路噪声。光电检测器的噪声包括量子噪声、暗电流噪声、漏电流噪声和 APD 的倍增噪声；电路噪声主要是前置放大器的噪声。

（7）数字光接收机主要指标有光接收机的灵敏度和动态范围。

（8）光中继器用来将经光纤传输后有较大衰减和畸变的光信号变成没有衰减和畸变的光信号，然后，再输入光纤内继续传输，从而增大光的传输距离。光中继器主要分为两类，即光电转换型中继器和全光型中继器。

思考题与练习题

4-1　简述光发射机的组成及其功能。

4-2　简述光接收机的组成及其功能。

4-3　对光发送机和光接收机的主要要求是什么？

4-4　什么是直接调制和间接调制？

4-5　光接收机的噪声包括哪些？

4-6　光接收机的灵敏度和动态范围指的是什么？

4-7　在光纤通信系统中，光中继器的作用是什么？两种类型的光中继器的区别是什么？

第 5 章 SDH 技术

本章内容

- SDH 的产生、基本概念、速率和帧结构。
- SDH 的映射原理、同步复用和开销。
- SDH 网元、传送网和自愈网。
- SDH 网同步、网络传输性能和网络管理。

本章重点、难点

- SDH 的基本概念、速率和帧结构。
- SDH 的映射原理、同步复用和开销。
- SDH 网元、自愈网和网同步。

本章学习的目的和要求

- 掌握 SDH 的基本概念、速率和帧结构。
- 掌握 SDH 的映射原理、同步复用和开销。
- 掌握 SDH 网元的功能。
- 掌握 SDH 传送网、自愈网及网同步。
- 掌握 SDH 的误码性能，了解 SDH 的抖动和漂移性能。
- 熟悉 SDH 的网络管理。

本章实践要求及教学情境

- 到光纤通信实训室或运营商传输机房，考察了解相关 SDH 设备和组网情况。
- 到光纤通信实训室进行 SDH 设备系统告警状态观察和故障处理。
- 到光传输设备销售商处参观考察光传输设备的状况。

5.1 SDH 的产生和基本概念

随着社会的进步、科学技术的发展，以往在传输网络中普遍采用的准同步数字体系（PDH）已不能满足现代信息网络的传输要求，因此同步数字体系（SDH）应运而生。SDH 是一种全新的传输体制，它是随着现代信息网络的发展和用户要求的不断提高而产生的。它显著提高了网络资源的利用率，并大大降低了管理和维护费用，实现了灵活、可靠和高效的网络运行、维护与管理，因而在现代信息传送网络中占据重要地位。

1. PDH 存在的主要问题

传统的 PDH 应用了 30 多年，技术已相当成熟，长期以来在通信网的传输中占据主导地位，然而随着数字通信技术的发展，这种复用方法有以下一些固有弱点。

（1）两大体系，三种地区性标准，使国际间的互通存在困难。国际上现存着相互独立的两大体系或三种地区性标准（日本、北美、欧洲和中国），如表 5-1 所示。北美和日本都采用以 1.544Mbit/s 为基群速率的 PCM24 路系列，但略有不同；而欧洲和中国则采用以 2.048Mbit/s 为基群速率的 PCM30/32 路系列。由于没有统一的世界性标准，造成国际间互通、互连困难。

表 5-1　　　　准同步数字体系

	一次群（基群）	二　次　群	三　次　群	四　次　群
北美	24 路 1.544Mbit/s	96 路（24×4） 6.312Mbit/s	672 路（96×6） 44.736Mbit/s	4 032 路（672×6） 274.176Mbit/s
日本	24 路 1.544Mbit/s	96 路（24×4） 6.312Mbit/s	480 路（96×5） 32.064Mbit/s	1 440 路（480×3） 97.782Mbit/s
欧洲、中国	30 路 2.048Mbit/s	120 路（30×4） 8.448Mbit/s	480 路（120×4） 34.368Mbit/s	1 920 路（480×4） 139.264Mbit/s

（2）没有世界性的标准光接口规范，使各厂家的产品在光路上互不兼容。PDH 仅制定了电接口（G.703）的技术标准，但未制定光接口的技术标准，使得传输设备在光路上只能实现纵向兼容，无法实现横向兼容，限制了设备选择的灵活性。

（3）准同步复用方式，上下电路不便。现行的 PDH 中只有 1.544Mbit/s 和 2.048Mbit/s 的基群信号（及日本的 6.3Mbit/s 二次群）采用同步复用，其余高速等级信号均采用准同步复用。准同步复用难以从高速信号中直接识别和提取低速支路信号。为了上下电路，唯一的方法是采用逐级码速调整来实现复用/解复用，这不仅增加了设备的复杂性，硬件数量大，而且也缺乏灵活性，上下业务费用高，且信号产生损伤。

（4）网络管理能力弱，给建立集中式电信管理网带来困难。PDH 中没有安排很多的用于网络运行、管理和维护（OAM）的比特，只有通过线路编码来安排一些插入比特用于监控，因此，用于网管的通道明显不足，难以满足 TMN 的要求。

（5）网络结构缺乏灵活性。PDH 是建立在点到点连接的基础之上的，网络结构简单，缺乏灵活性，造成网络的调度性较差，同时，也很难实现良好的自愈功能。

（6）面向话音业务。PDH 主要是为话音业务设计，不适应业务多样化、宽带化、智能化和个人化的发展趋势。

2．SDH 的产生

由于 PDH 已不能满足现代通信的需求，1984 年由美国贝尔通信研究所的科学家们提出来一种新的传输体制——光同步传送网（SYNTRAN），此技术结合了高速大容量光纤传输技术和智能网络技术。1985 年，美国国家标准协会（ANSI）通过此标准，形成了国家的正式标准，并更名为同步光网络（SONET）；1986 年，这一体系成为美国数字体系的新标准。与此同时，欧洲和日本等国也提出了自己的意见，同时也引起了原国际电报电话咨询委员会（CCITT，现改为 ITU-T，系国际电联标准化组织）的关注。1988 年，原 CCITT 经充分讨论、协商，接受了 SONET 的概念，并进行了适当的修改，重新命名为同步数字体系（SDH），使之成为不仅适于光纤，也适于微波和卫星传输的技术体制。1989 年，ITU-T 在其蓝皮书上发表了 G.707、G.708 和 G.709 三个标准，从而揭开了现代信息传输崭新的一页，并在随后的十多年里得到了空前的应用和发展。

SDH 与 SONET 相比，两者的主体思想和内容基本一致，但在一些技术细节上却不尽相同，主要反映在速率等级、复用映射结构、开销字节定义、指针中比特定义、净负荷类型等方面。表 5-2 列出了 SDH 与 SONET 在速率等级上的对照情况。近年来，SDH 与 SONET 的标准各自都进行了一些修改，并彼此靠拢，尽量做到兼容互通。本章主要讲述 SDH 的原理及应用。

表 5-2　SDH 和 SONET 网络节点接口的标准速率

SDH			SONET	
等　级	标称速率（Mbit/s）	简　称	等　级	标准速率（Mbit/s）
			OC-1/STS-1（480CH）	51.840
STM-1（1 920CH）	155.520	155Mbit/s	OC-3/STS-3（1 440CH）	155.520
			OC-9/STS-9	466.560
STM-4（7 696CH）	622.080	622Mbit/s	OC-12/STS-12	622.080
			OC-18/STS-18	933.120
			OC-24/STS-24	1244.160
			OC-36/STS-36	1866.240
STM-16（3 0720CH）	2 488.320	2.5Gbit/s	OC-48/STS-48（3 2356CH）	2 488.320
			OC-96/STS-96 *（尚待确定）	4 976.640
STM-64（122 880CH）	9 953.280	10Gbit/s	OC-192/STS-192（12 9024CH）	9 953.280

注：STM：Synchronous Transport Module——同步传输模块。
STS：Synchronous Transport Signal——同步传输信号。
OC：Optical Carrier——光载波。
括号内的值为等效话路（CH）容量。

3．SDH 的概念

SDH 是一套可进行同步信息传输、复用、分插和交叉连接的标准化数字信号的结构等级。

SDH 网络则是由一些基本网络单元（NE）组成的，在传输介质上（如光纤、微波等）进行同步信息传输、复用、分插和交叉连接的传送网络。SDH 网络的基本网元有终端复用器（TM）、分插复用器（ADM）、同步数字交叉连接设备（SDXC）、再生中继器（REG）等，其功能各异，但都有统一的标准光接口，能够在光路上实现横向兼容。

4．网络节点接口

网络节点接口（NNI）是表示网络节点之间的接口，在实际中也可以看成是传输设备和网络节点之间的接口。它在网络中的位置如图 5-1 所示。图中包含了传输网络的两种基本设备，即传输设备和网络节点。传输设备可以是光缆传输系统、微波传输系统或卫星传输系统。网络节点实现信号的终结、复用、交叉连接等功能。

规范一个统一的 NNI，必须有一个统一、规范的接口速率和信号帧结构。而 SDH 的 NNI 处有标准化接口速率、信号帧结构和信号码型，即 SDH 在 NNI 实现了标准化。

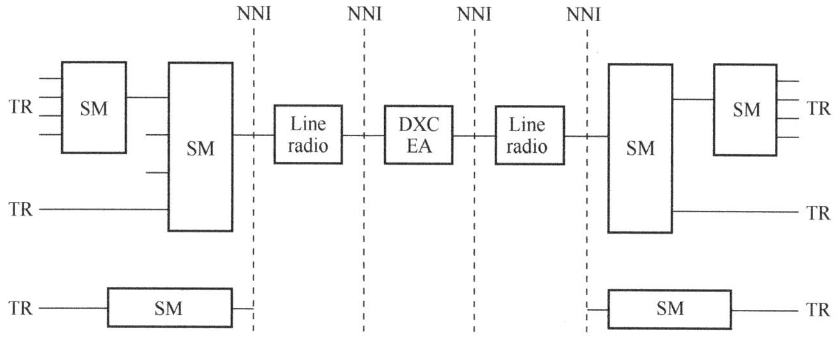

图 5-1　NNI 在网络中的应用

5.2　SDH 的速率与帧结构

1．SDH 的速率

SDH 采用一套标准化的信息结构等级，称为同步传输模块 STM-N（N=1，4，16，64，…），其中最基本的模块是 STM-1，其传输速率是 155.520Mbit/s；更高等级的 STM-N 信号是将 N 个 STM-1 按字节间插同步复用后所获得的，其中 N 是正整数，目前，国际标准化 N 的取值为：N=1，4，16，64，……相应各 STM-N 信号的速率为：

STM-1	155.520Mbit/s；
STM-4	622.080Mbit/s；
STM-16	2 488.320Mbit/s；
STM-64	9 953.280Mbit/s。

2．SDH 的帧结构

SDH 的帧结构是实现 SDH 网络诸多功能的基础，因此，对它的基本要求是：①能够满足对支路信号进行同步数字复用和交叉连接；②支路信号在帧内的分布是均匀的、有规律和可控的，便于接入和取出；③对 PDH 1.544Mbit/s 系列和 2.048Mbit/s 系列信号，都具有统一的方便性和实用性。

为满足上述要求，ITU-T 最终采纳了一种以字节（每个字节含 8bit）为基本单元的矩形块状帧结构，如图 5-2 所示。

STM-N 帧结构是由 9 行×270×N 列字节组成的块状帧结构，帧周期为 125μs，帧结构中字节的传输是由左到右逐行进行，首先由图中左上角第 1 个字节开始，从左向右、由上到下顺序排成串形码流依次传输，在 125μs 时间内传完一帧的 9×270×N 字节，再转入下一帧。

对于 STM-1 而言，其信息结构为 9 行×270 列的块状帧结构；一帧的字节数为 9×270=2 430 字节；一帧的比特数是 2 430×8=19 440 比特；传输一帧的时间为 125μs，每秒共传 8 000 帧；传输速率：f_b=9×270×8×8 000=155.520Mbit/s。

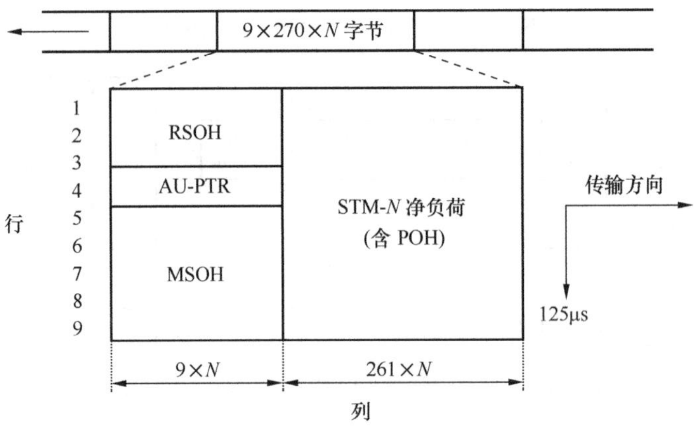

图 5-2　STM-N 帧结构

更高等级的 STM-N 信号是将 N 个 STM-1 信号按同步复用，经字节间插后的结果，其中 N 值是正整数，取值为 1、4、16、64 等。例如，将 4 个 STM-1 同步复用构成 STM-4，传输速率为 4×155.520Mbit＝622.080Mbit/s。依此类推，彼此正好是 4 倍的关系。

在 STM-N 帧结构中，每个字节是根据它在帧中的位置来加以区分的，而每个字节的速率均为 64kbit/s，正好与数字化话音信号的传输速率相等，从而为灵活上下电路和支持各种业务打下基础。从结构组成来看，整个帧结构可分成 3 个区域，分别是段开销区域、信息净负荷区域和管理单元指针区域。

（1）段开销区域。段开销（SOH）是指 SDH 帧结构中为了保证信息净负荷正常、灵活、有效地传送所必须附加的字节，主要用于网络的运行、管理和维护（OAM）功能。

段开销分为再生段开销（RSOH）和复用段开销（MSOH）两部分，其中：RSOH 位于帧结构中的 1～3 行和 1～9×N 列，MSOH 位于帧结构中的 5～9 行和 1～9×N 列。例如，对于 STM-1 而言，每帧有 216bit（8bit/字节×9 字节/行×3 行）用于 RSOH，有 360bit（8bit/字节×9 字节/行×5 行）用于 MSOH。可见段开销是非常丰富的，为实现强大的网络管理奠定了基础。

（2）信息净负荷区域。信息净负荷（Payload）区域主要用于存放各种业务信息比特，也存放了少量可用于通道性能监视、管理和控制的通道开销（POH）字节。图 5-2 中 1～9 行、9×N＋1～270×N 列字节属于信息净负荷区域。从图 5-2 中可见，当 N 个 STM-1 信号通过字节间插复用成 STM-N 信号时，仅是将 STM-1 信号的列按字节间插复用，行数恒定为 9 行。对于 STM-1 而言，共有 18 792bit（8bit/字节×261 字节×9 行）位于净负荷区域，可用于业务信息传输，速率为 150.336Mbit/s。

（3）管理单元指针区域。管理单元指针（AU-PTR）是一种指示符，其作用是用来指示净负荷区域内的信息首字节在 STM-N 帧内的准确位置，以便在接收端能正确地分离净负荷。图 5-2 中第 4 行的 1～9×N 列字节是留给 AU-PTR 用的。

3. SDH 的特点

SDH 是完全不同于 PDH 的新一代传输体系，它主要具有以下特点。

（1）新型的复用映射方式。SDH 采用同步复用方式和灵活的复用映射结构，使低阶信号和高阶信号的复用/解复用一次到位，大大简化了设备的处理过程，简化了运营与维护。

（2）接口标准统一。SDH 具有全世界统一的网络节点接口，并对各网络单元的光接口有严格的规范要求，从而使得任何网络单元在光路上得以互通，体现了横向兼容性。

（3）网络管理能力强。SDH 帧结构中安排了丰富的开销比特，使网络的 OAM 能力大大加强。

（4）组网与自愈能力强。SDH 网络中采用先进的分插复用器（ADM）、数字交叉连接（DXC）设备等，使组网能力和自愈能力大大增强，同时也降低了网络的维护管理费用。

（5）兼容性好。SDH 网不仅能与现有的 PDH 网实现完全兼容，使得 PDH 的 1.544Mbit/s 和 2.048Mbit/s 两大体系（3 个地区性标准）在 STM-1 等级上获得统一，实现了数字传输体制上的世界性标准。同时，还可容纳各种新的数字业务信号（如 ATM 信元、IP 包等）。因此，SDH 网具有完全的前向兼容性和后向兼容性。

（6）先进的指针调整技术。虽然在理想情况下，网络中各网元都由统一的高精度基准时钟定时，但实际网络中各网元可能分属于不同的运营者，在一定范围内是能够同步工作的（即同步岛），若超出这一范围，则有可能出现一些定时偏差。SDH 采用了先进的指针调整技术，使来自于不同业务提供者的信息净负荷可以在不同的同步岛之间进行传送，即可实现准同步环境下的良好工作，并有能力承受一定的定时基准丢失。

（7）独立的虚容器设计。SDH 引入了“虚容器”的概念，当将各种业务信号经处理装入虚容器以后，系统只需处理各种虚容器，而不管具体的信息结构，具有很好的信息透明性。

（8）系列标准规范。SDH 已提出了一系列较完整的标准，使各生产单位和使用单位均有章可循，同时也使各厂家的产品可以直接互通，另外也便于国际互连互通。

归纳起来，SDH 最为核心的 3 个特点是同步复用、强大的网络管理能力和统一的光接口及复用标准，并由此带来了许多优良的性能，这些特点在后面的介绍中将有充分的体现。

4．SDH 应用的若干问题

SDH 具有许多优良的性能，但也存在不足之处，主要有以下几个方面。

（1）频带利用率低。SDH 为了得到丰富的开销功能，造成频带利用率不如传统的 PDH 系统高。例如，PDH 的四次群（139.264Mbit/s）中含有 64 个 2.048Mbit/s 系统或 4 个 34.368Mbit/s 系统，而 SDH 的 STM-1（155.520Mbit/s）中只能含有 63 个 2.048Mbit/s 系统或 3 个 34.368Mbit/s 系统，可以说，SDH 的高可靠性和灵活性，是以牺牲频带利用率为代价的。

（2）抖动性能劣化。SDH 由于引入了指针调整技术，所以引起了较大的相位跃变，使抖动性能劣化，尤其是经过 SDH/PDH 的多次转接，使信号损伤更为严重，必须采取有效的相位平滑等措施才能满足抖动和漂移性能的要求。

（3）软件权限过大。SDH 中由于大规模地采用软件控制和智能化设备，使网络应用十分灵活，但由于软件的权限过大，各种人为的错误、计算机故障、病毒的侵入等都可能导致网络出现重大故障，甚至造成全网瘫痪，因此，必须进行强有力的安全管理。

（4）定时信息传送困难。由于 SDH 中的关键设备 ADM 和 DXC 具有分插和重选路由功能，较难区分出来自不同方向的、具有不同经历的 2.048Mbit/s 信号，也就难以确定最适于做网络定时的 2.048Mbit/s 信号，同时，由于其具有指针调整功能，无法承载定时信息，从而给网同步规划增加了难度。

（5）IP 业务对 SDH 传送网结构的影响。当网络的 IP 业务量越来越大时，将会出现业务量向骨干网的转移、收发数据的不对称性、网络 IP 业务量大小的不可预测性等特征，对底层的 SDH 传送网结构将会产生重大的影响。

综上所述，虽然 SDH 还存在着一些弱点，但从总体技术上看，SDH 以其良好的性能得到了举世公认，成为目前传送网的发展主流。尤其是与目前一些先进技术相结合，如波分复用（WDM）技术、ATM 技术、Internet 技术等，仍是目前通信网中的主要物理传送平台。

5.3 映射原理与同步复用

同步复用和映射方法是 SDH 最有特色的内容之一，它使数字复用由 PDH 僵硬的大量硬件配置转变为灵活的软件配置。它可将 PDH 两大体系的绝大多数速率信号都复用进 STM-*N* 帧结构中。下面介绍 SDH 的复用映射结构与实现机理。

5.3.1 基本复用映射结构

ITU-T 在 G.707 建议中给出了 SDH 的通用复用映射结构，如图 5-3 所示。

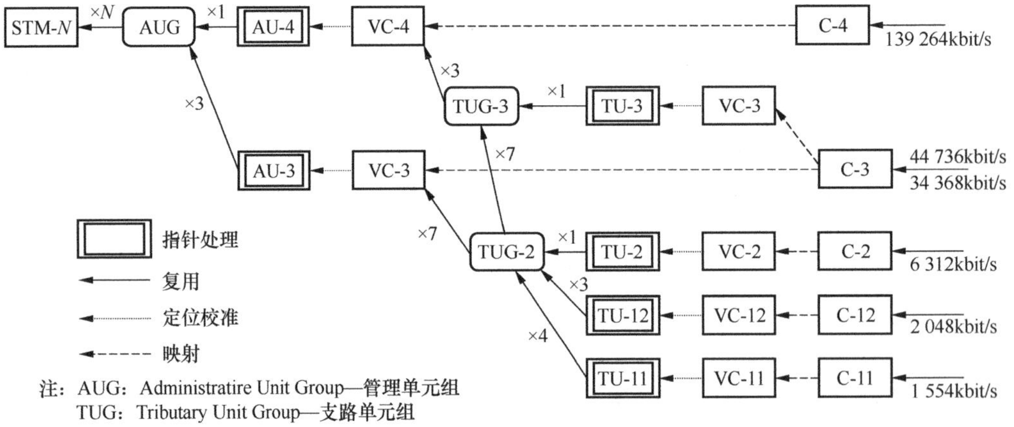

图 5-3　SDH 的通用复用映射结构

1. SDH 的通用复用映射结构

由图 5-3 可见，SDH 的通用复用映射结构是由一些基本复用映射单元组成的、有若干个中间复用步骤的复用结构。它可以将目前 PDH 的绝大多数标准速率装入 SDH 帧结构内的净负荷区，也可以容纳 ATM 信元或其他新业务信号。为了将各种信号装入 SDH 帧结构净负荷区，需要经过映射、定位校准和复用 3 个步骤，基本工作原理如下所述。

首先是映射，各种速率等级的数据流进入相应的容器（C），完成适配功能（主要是速率调整），再进入虚容器（VC），加入通道开销（POH）。然后是定位，由 VC 出来的数字流再按图 5-3 中规定的路线进入管理单元（AU）或支路单元（TU），在 AU 和 TU 中要进行速率调整，因而低一级数字流在高一级数字流中的起始点是浮动的。为准确确定起始点的位置，AU 和 TU 设置了指针（AU-PTR 和 TU-PTR），从而可以在相应的帧内进行灵活和动态的定位。最后是复用，*N* 个 AUG 信号按字节间插同步复用后再加上 SOH 就构成了

STM-*N* 的帧结构（*N*=4，16，64，…）。

2. 我国基本的 SDH 复用映射结构

图 5-3 所示的复用映射结构是 ITU-T 所规定的最一般、最完整的复用映射结构，并不排除最简单的选择。从图 5-3 中可见，对不少支路信号有多种复用映射途径可供选择。为了简化设备，可以根据网络的具体应用和业务要求，省去某些接口和复用映射支路，使每种净负荷只有唯一的复用映射途径。根据这一思想，各个国家和地区可根据自己的实际情况对复用映射结构进行简化，制定出符合本国国情的复用映射结构。如：欧洲电信标准协会（ETSI）制定了欧洲的复用映射结构；美国国家标准协会（ANSI）制定了北美的复用映射结构；我国也制定了本国的复用映射结构，如图 5-4 所示。由图可知我国基本的复用映射结构使每种速率的信号只有唯一的复用路线到达 STM-*N*，接口种类由 5 种简化为 3 种，主要包括 C-12、C-3 和 C-4 三种进入方式。

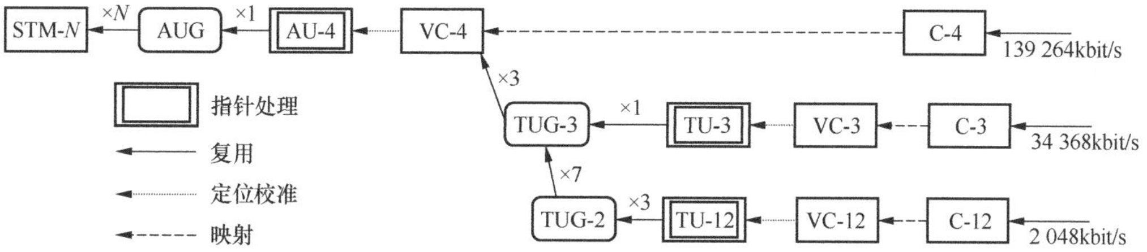

图 5-4　我国基本的 SDH 复用映射结构

3. 我国新的 SDH 复用映射结构

图 5-4 所示为我国基本的复用映射结构，后又根据 ITU-T 新建议进行了修改，如图 5-5 所示。

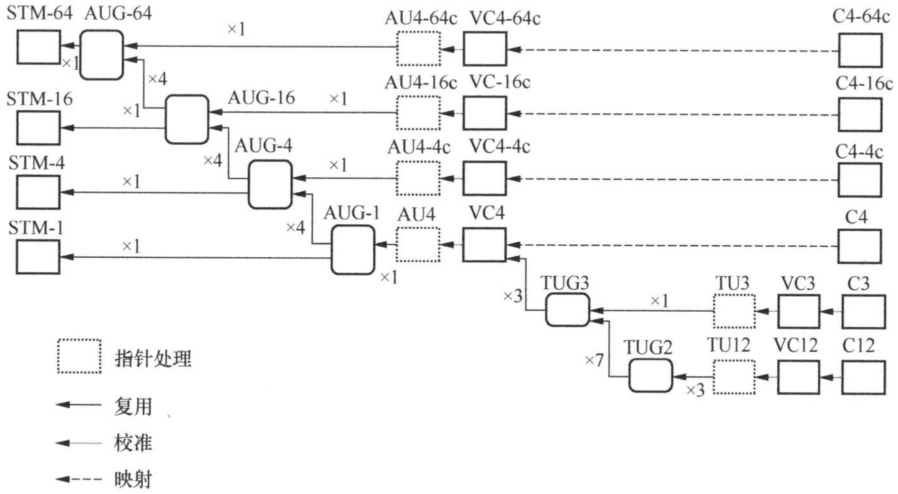

图 5-5　我国新的 SDH 复用映射结构

4. 复用单元

图 5-3 和图 5-4 所示为将 PDH 的标准速率信号等级复用映射成符合 SDH 帧结构标准的

信号。图中所涉及的各单元的名称及定义如下所述。

（1）容器。容器（C）是装载各种速率业务信号的信息结构，其基本功能是完成 PDH 信号与 VC 之间的适配（即码速调整）。针对不同的 PDH 信号，ITU-T 规定了 5 种标准容器，表示为 C-n（n=11，12，2，3，4），即 C-11、C-12、C-2、C-3 和 C-4 五种，每一种容器分别对应于一种标称的输入速率，即 1.544Mbit/s、2.048Mbit/s、6.312Mbit/s、34.368Mbit/s 和 139.264Mbit/s。我国的 SDH 复用映射结构仅涉及 C-12、C-3 及 C-4。

（2）虚容器。虚容器（VC）由信息容器（C）加上相应的通道开销（POH）组成，即

$$\text{VC-}n=\text{C-}n+\text{VC-}n\ \text{POH}$$

VC 是 SDH 中最为重要的一种信息结构，用来支持 SDH 通道层的连接。VC 可以装载各种不同速率的 PDH 支路信号，除了在 VC 的组合点和分解点，整个 VC 在传输过程中保持不变，因此，VC 在 SDH 网中传输时可以作为一个整体独立地在通道层取出、插入、复用或交叉连接，十分灵活方便。

VC 可分成低阶 VC 和高阶 VC 两类。其中 TU 前的 VC 为低阶 VC，有 VC-11、VC-12、VC-2 和 VC-3；AU 前的 VC 为高阶 VC，有 VC-4 和 VC-3。可见 VC-3 根据复用路线的不同，既可以是低阶 VC 也可以是高级 VC，我国的 VC-3 属于低阶 VC。用于维护和管理这些 VC 的开销称为通道开销（POH），管理低阶 VC 的 POH 称为低阶通道开销（LPOH），管理高阶 VC 的 POH 称为高阶通道开销（HPOH）。

（3）支路单元。支路单元（TU）是在低阶通道层和高阶通道层（低阶 VC 和高阶 VC）之间提供适配的信息结构，是传送低阶 VC 的实体，可表示为 TU-n（n＝11，12，2，3）。TU-n 由低阶 VC-n 和相应的支路单元指针（TU-nPTR）组成，即

$$\text{TU-}n=\text{低阶 VC-}n+\text{TU-}n\ \text{PTR}$$

其中，TU-nPTR 用来指示 VC-n 净负荷帧起点在高阶 VC 帧中的位置。

（4）支路单元组。几个支路单元经过复用组成支路单元组（TUG）。有 TUG-3 和 TUG-2 两种支路单元组。例如

$$1\times\text{TUG-2}=3\times\text{TU-12}$$

$$1\times\text{TUG-3}=7\times\text{TUG-2}=21\times\text{TU-12}$$

$$1\times\text{VC-4}=3\times\text{TUG-3}=63\times\text{TU-12}$$

（5）管理单元。管理单元（AU）是在高阶通道层和复用段层之间提供适配的信息结构，是传送高阶 VC 的实体，可表示为 AU-n（n=3，4）。它由高阶 VC-n 和管理单元指针（AU-nPTR）组成，即

$$\text{AU-}n=\text{高阶 VC-}n+\text{AU-}n\text{PTR}$$

AU-nPTR 指示 VC-n 净负荷帧起点相对于复用段帧起点间的偏移，而其自身相对于 STM-N 帧的位置总是固定的。

（6）管理单元组。管理单元组（AUG）由一个或多个在 STM-N 净负荷中占据固定的、确定位置的管理单元组成。例如

$$1\times\text{AUG}=1\times\text{AU-4}$$

4 个 AUG-1 以字节间插方式复用后就组成了 AUG-4。与之类似，4 个 AUG-4 以字节间插方式复用后就组成了 AUG-16，4 个 AUG-16 以字节间插方式复用后就组成了 AUG-64。

（7）同步传输模块。N 个 AUG 信号按字节间插同步复用后再加上 SOH 就构成了同步传输模块（STM-N）信号（N=4，16，64，…），即

$$N \times \text{AUG}+\text{SOH}=\text{STM-}N$$

5. 应用示例

例如，一个 2.048Mbit/s 和一个 139.264Mbit/s 信号的映射复用过程如下。

$$\text{2.048Mbit/s} \xrightarrow{\text{适配}} \text{C-12} \xrightarrow{+\text{POH}} \text{VC-12} \xrightarrow{+\text{TU-12 PTR}} \text{TU-12} \xrightarrow{\times 3} \text{TUG-2} \xrightarrow{\times 7} \text{TUG-3}$$

$$\xrightarrow{\times 3+\text{POH}} \text{VC-4} \xrightarrow{+\text{AU-4 PTR}} \text{AU-4} \xrightarrow{\times 1} \text{AUG} \xrightarrow{\times N+\text{SOH}} \text{STM-}N$$

$$\text{139.264Mbit/s} \xrightarrow{\text{适配}} \text{C-4} \xrightarrow{+\text{POH}} \text{VC-4} \xrightarrow{+\text{AU-4 PTR}} \text{AU-4} \xrightarrow{\times 1} \text{AUG} \xrightarrow{\times N+\text{SOH}} \text{STM-}N$$

5.3.2　基本复用映射步骤

由图 5-4 所示的我国的 SDH 复用映射结构可见，各种信号复用映射进 STM-*N* 帧的过程都要经过映射、定位和复用 3 个步骤，下面分别介绍这 3 个步骤。

（1）映射。映射（Mapping）即装入，是一种在 SDH 网络边界处，把各种业务信号适配装入相应虚容器的过程。例如，将各种速率的 PDH 信号先分别经过码速调整装入相应的标准容器，再加进低阶或高阶通道开销，以形成标准的 VC。因此，映射的实质是使各种业务信号（如 PDH 系统的各种支路信号、ATM 信号、IP 信号等）和相应的虚容器同步。

（2）定位。定位（Alignment）是把 VC-*n* 放进 TU-*n* 或 AU-*n* 中，同时将其与帧参考点的偏差也作为信息结合进去的过程。通俗地讲，定位就是用指针值指示 VC-*n* 的第一个字节在 TU-*n* 或 AU-*n* 帧中的起始位置。

（3）复用。复用（Multiplex）是一种将多个低阶通道层的信号适配进高阶通道层或者把多个高阶通道层信号适配进复用段层的过程，即将多个低速信号复用成一个高速信号。其方法是采用字节间插的方式将 TU 组织进高阶 VC 或将 AU 组织进 STM-*N*。由于经 TU-PTR 和 AU-PTR 处理后的各 VC 支路已实现了相位同步，因此，其复用过程为同步复用，复用的路数可参见图 5-4。例如

$$1\times\text{STM-1}=1\times\text{AUG}=1\times\text{AU-4}=1\times\text{VC-4}=3\times\text{TUG-3}=21\times\text{TUG-2}$$
$$=63\times\text{TU-12}=63\times\text{VC-12}$$
$$1\times\text{STM-1}=1\times\text{AUG}=1\times\text{VC-4}=3\times\text{TUG-3}=3\times\text{TU-3}=3\times\text{VC-3}$$
$$1\times\text{STM-1}=1\times\text{AUG}=1\times\text{VC-4}$$
$$\text{STM-}N=N\times\text{STM-1}$$

5.3.3　映射方法

实现映射这个装入过程，需要选择映射方法和映射工作模式。映射方法按净负荷是否与网络同步，映射可分为异步映射和同步映射两种方法，其中，同步映射又可分为比特同步映射和字节同步映射。映射工作模式按净负荷在高阶虚容器中是浮动的还是锁定的分为浮动模式和锁定模式两种。

1．映射方法

（1）异步映射。异步映射是一种对映射信号结构无任何限制（信号有无帧结构均可），也无需与网络同步，仅利用码速调整将信号适配装入 VC 的映射方法。

此种方法对映射信号没有任何限制性要求，映射信号可以具有一定的帧结构，也可以不具有帧结构；映射信号的速率可以与网络同步，如 64kbit/s 或 N×64kbit/s 信号；也可以不与网络同步，如 ATM 信元等。

异步映射方法的优点是可以适用于同步和异步的信息净负荷，其通用性和灵活性大，可直接提取或接入 PDH 速率等级的信号，且硬件接口简单，是 SDH 映射的首选方式。但当需从 2.048Mbit/s 信号中直接提取或接入 64kbit/s 或 N×64kbit/s 信号时，无法做到。

（2）字节同步映射。字节同步映射是一种要求映射信号具有以字节为单位的块状帧结构（如 PDH 基群帧结构），且必须与网络同步，无需码速调整即可将信号装入 VC 的映射方法。

字节同步映射要求映射信号的速率不仅与网络同步，且映射信号仅包括 64kbit/s 或 N×64kbit/s 支路信号。

字节同步映射的优点是可以从 TU 帧内直接提取或插入 64kbit/s 或 N×64kbit/s 信号，且对 VC12 可进行独立的交叉连接，在 SDH 中有一定的应用。其缺点是对净负荷信号速率有严格限制，引入的时延较大，硬件接口也较复杂。

（3）比特同步映射。比特同步映射是一种对映射信号结构无任何限制，但必须与网络同步，从而无需码速调整即可使信号适配装入 VC 的映射方法。

此种方法要求信息净负荷不一定仅包括 64kbit/s 或 N×64kbit/s 信号，但信号的速率必须与网络同步。该方式的硬件接口相当复杂，目前尚未采用。

2．映射工作模式

（1）浮动模式。浮动模式是指 VC 净负荷在 TU 或 AU 帧内的位置不固定（可以浮动），其起点位置由 TU-PTR 或 AU-PTR 来指示的一种工作模式。

它采用 TU-PTR 和 AU-PTR 两层指针处理来容纳 VC 净负荷与 STM-N 帧的频差和相差，从而无需滑动缓存器即可实现同步，且引入的信号时延较小（约 10μs）。因此，浮动模式对被映射的信号没有限制，可以是与网络同步的同步信号，也可以是与网络不同步的异步信号。所以，浮动模式既包括异步映射方法又包括同步映射方法。3 种映射方法都能以浮动模式工作。

在浮动模式下，VC 帧内安排有相应的 VC POH，因此，可进行通道性能的端到端监测。

（2）锁定模式。锁定模式是指信息净负荷必须与网络同步，且在 TU 帧内位置固定，因而无需 TU-PTR 定位的一种工作模式。

锁定模式中，信息净负荷在帧结构中的位置固定，所以可以直接从中提取或接入支路信号。另外，锁定模式省去了 TU-PTR，可以用来传送负荷信息，提高了传输效率。但锁定模式中，VC 内不能安排 VC POH，因此需用 125μs（一帧容量）的滑动缓存器来容纳 VC 净负荷与 STM-N 帧的频差和相差，从而引入较大的信号时延，且不能进行通道性能的端到端监测。

锁定模式要求信息净负荷必须与网络同步，所以锁定模式只适用于同步映射方式。

综上所述，SDH 共有 5 种映射方式，即浮动的异步映射、浮动的字节同步映射、浮动的比特同步映射、锁定的字节同步映射和锁定的比特同步映射，如表 5-3 所示。

表 5-3 SDH 的映射方式

工作模式 映射方法	浮动模式	锁定模式
异步映射	浮动的异步映射	不存在
字节同步映射	浮动的字节同步映射	锁定的字节同步映射
比特同步映射	浮动的比特同步映射	锁定的比特同步映射

由以上讨论可知，浮动模式应用灵活，其基本上可以提供锁定模式的所有功能，在绝大多数场合可以取代锁定模式；异步映射应用广泛，是 SDH 首选的映射方式；字节同步映射尽管接口较复杂，但可以从 TU 帧内直接提取或接入 64kbit/s 或 N×64kbit/s 信号，解决了异步映射方式不能解决的难题，且允许对 VC-12 进行独立的交叉连接，所以字节同步映射也得到了一定的应用；比特同步映射无明显的优越性，目前尚未采用。

应用中，应针对不同的实际情况，结合各种映射方式的特点来选择适当的映射方式。如：139.264Mbit/s 信号映射进 VC-4 和 34.368Mbit/s 信号映射进 VC-3，全部采用浮动的异步映射方式；2.048Mbit/s 信号映射进 VC-12 大部分采用浮动的异步映射方式，但如需要从 2.048Mbit/s 或 STM-1 信号中直接提取或接入 64kbit/s 或 N×64kbit/s 信号，以及需要对 VC-12 进行独立的交叉连接时，则应采用字节同步映射方式。ATM 信号可以以异步映射的方式映射进 VC-4 或 VC-12。IP 信号需通过 PPP（点到点协议）封装进 PPP 分组，然后，利用高级数据链路控制（HDLC）帧结构组帧，最后，再以字节同步方式映射进 SDH 的帧结构中。

3．映射方式示例

上面介绍了各种映射方式的比较，由于 SDH 目前主要采用的是浮动的异步映射方式，下面就以此种映射方式为例来说明我国现用的 PDH 信号如何映射进入相应的 VC。

（1）将 139.264Mbit/s 信号异步映射进 VC-4

① VC-4 帧结构。图 5-6 所示为 139.264Mbit/s 信号异步映射进 VC-4 的帧结构和 VC-4 子帧结构。VC-4 由一列 9 个字节的 VC-4 通道开销加上 9 行×260 列的 C-4 净负荷组成。C-4 基帧的每一行为一个子帧，每个子帧为一个速率调整单元，每个子帧分成 20 个字节块，每个字节块 13 字节。每个字节块的首字节依次是 W，X，Y，Y，Y，X，Y，Y，Y，X，Y，Y，Y，X，Y，Y，Y，X，Y，Z。每个字节块的后 12 个字节放的是 139.264Mbit/s 的信息比特（共有 12×8＝96 个 D 比特）。

在图 5-6 中，X 字节内含 1 个调整控制比特（C 码）、5 个固定塞入比特（R 码）和两个开销比特（O 码）；Z 字节内含 6 个信息比特（D 码）、1 个调整机会比特（S 码）和 1 个 R 码；Y 字节为固定塞入字节，含 8 个 R 码；W 字节为信息字节，含 8 个信息比特，每个字节块的后 12 个字节均为信息字节 W。因此，每行有 5 比特 C 码和 1 个 S 码，由 5 个 C 码来控制 1 个 S 码，当 5 个 C 全为 0 时 S＝D，当 5 个 C 全为 1 时 S＝R。当用户信息进入时，要严格按此结构装入。因此

$$\text{C-4 子帧}=(\text{C-4})/9=241\text{W}+13\text{Y}+5\text{X}+1\text{Z}=260\text{ 字节}$$
$$=(1\,934\text{ D}+1\text{ S})+5\text{ C}+130\text{ R}+10\text{ O}$$
$$=2\,080\text{bit}$$

② 码速调整。当具有一定频差的输入信息装入 C-4 时要经过码速调整，即利用调整控

制比特 C 码来控制相应的调整机会比特（S 码）作为信息比特 D 或作为填充比特 R（接收机对 R 忽略不计）来实现正码速调整。

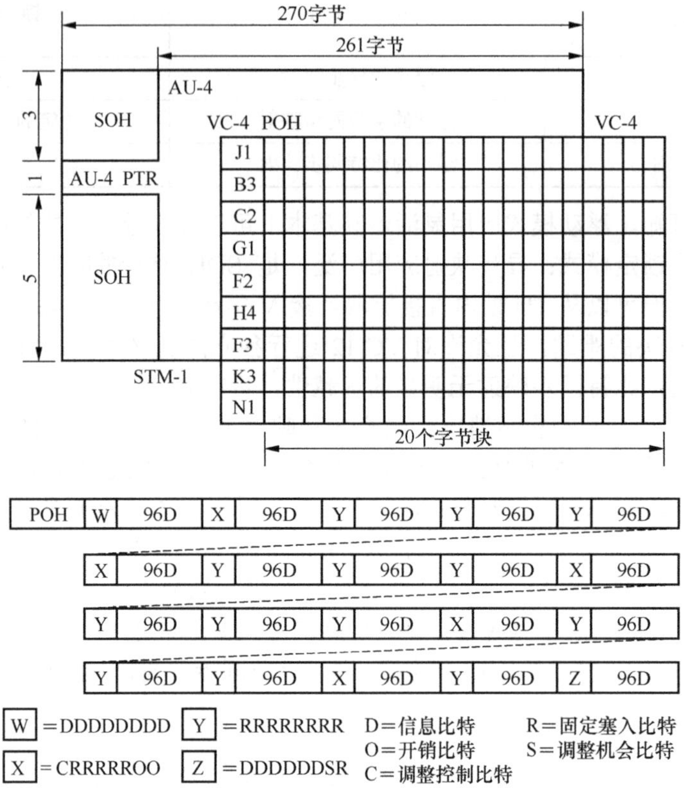

图 5-6　139.264Mbit/s 支路信号的异步映射结构和 VC-4 的子帧结构

当支路信号速率大于 C-4 标称速率时，令 CCCCC=00000，相应的 S=D;

当支路信号速率小于 C-4 标称速率时，令 CCCCC=11111，相应的 S=R。

在收端解同步器中，为了防范 C 码中误码的影响，采用多数判决准则，即当 5 个 C 码中大于等于 3 个 C 码为 1 时，则解同步器把 S 比特的内容作为填充比特 R，不理睬 S 比特的内容；而当 5 个 C 码中大于等于 3 个 C 码为 0 时，则解同步器把 S 比特的内容作为信息比特解读。

根据 S 全为 D 或全为 R，可算出 C-4 容器能够容纳的输入信息速率 IC=（1 934 D+S）的上限和下限，即

$$IC_{max}=（1\ 934+1）\times 9\times 8\ 000=139.320\text{Mbit/s}$$

$$IC_{min}=（1\ 934+0）\times 9\times 8\ 000=139.248\text{Mbit/s}$$

而 PDH 四次群支路信号的速率范围为 139.264Mbit/s ± 15ppm，即 139.261～139.266Mbit/s，正处于 C-4 能容纳的净负荷范围之内，所以能适配装入 C-4，适配后为标准 C-4 速率（9×260×8×8 000＝149.760Mbit/s）。

③ C-4 映射进 VC-4。在 C-4 的 9 个子帧前分别依次插入 VC-4 的通道开销（VC-4 POH）字节 J1，B3，C2，G1，F2，H4，F3，K3，N1 就构成 VC-4 帧（9 行×261 列块状帧），完成 C-4 向 VC-4 的映射。

④ VC-4 的级联。在实际应用中，可能需要传送大于单个 C-4 容量的净负荷，如传送 IP 信号或以太网信号等，此时可将多个 C-4 组合在一起当作单个实体使用（如复用、交叉

连接、传送等），这种方式称为级联。X 个 C-4 级联成的容器记为 C-4-X_c（X＝4，16，64），可用于映射的容量是 C-4 的 X 倍。相应地，C-4-X_c 加上 VC-4-X POH 即构成 VC-4-X_c。级联后的 VC-4-X_c 帧只保留第 1 个 VC-4 的一列 POH，其他 VC-4 的 POH 位置规定为固定塞入字节，即 VC-4-X_c 的第 1 列是 VC-4-X_c POH，第 2 列至第 X 列为固定塞入字节，如图 5-7 所示。

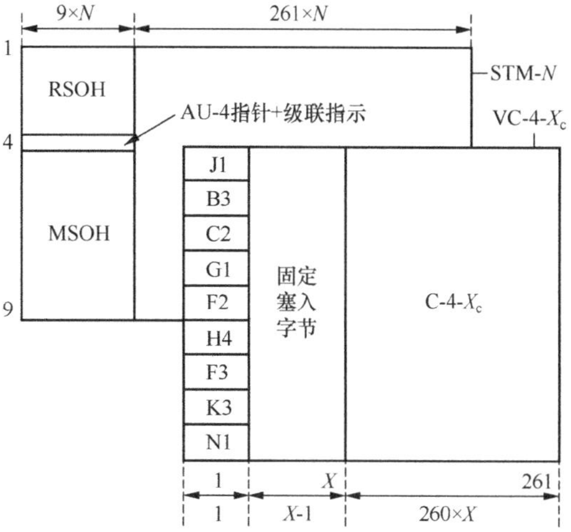

图 5-7　VC-4 的级联

级联有两种方式，相邻级联和虚级联。所谓相邻级联就是级联的 VC-4 是相邻的，而虚级联则是级联的 VC-4 可以是不相邻的。两种方法都提供 X 倍 VC-4 带宽的容量给一个通道，不同的是终端设备。相邻级联在整个传输过程中保持了相邻带宽的整体性，而虚级联则是把连续带宽打乱并放入各个 VC 中传送，要在终端进行重组，因此，虚级联只需在终端设备处具有级联功能即可，而相邻级联则必须在整个通路中所有设备都具有此功能。

（2）将 2.048Mbit/s 信号异步映射进 VC-12

一次群信号的映射是最重要也是最复杂的。为了适应各种不同的网络应用情况，映射既可以采用异步映射，也可以采用同步映射。这里只介绍最常用的浮动异步映射。

① VC-12 帧结构。图 5-8 所示为 2.048Mbit/s 支路信号异步映射进 VC-12 的帧结构（500μs 的复帧）。VC-12 复帧结构由 VC-12 POH 和 C-12 复帧组成。C-12 复帧由 4 个 C-12 基帧组成，C-12 基帧的结构是 9×4－2＝34 个字节，C-12 复帧由 34×4＝136 个字节的净负荷组成。其中，有 1 023（32×3×8＋31×8＋7）个信息比特（D）、6 个调整控制比特（C1、C2）、两个调整机会比特（S1、S2）、8 个开销比特（O）以及 49 个固定塞入比特（R）组成。即

C-12 复帧＝C-12×4

＝（1 023 D+S1+S2）＋3 C1 ＋3C2＋49 R＋8 O＝1 088bit

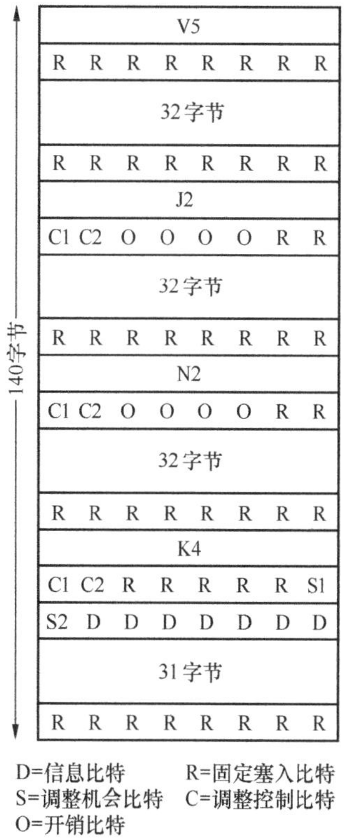

图 5-8　2.048Mbit/s 支路信号的异步映射

② 码速调整。当具有一定频差的输入信息装入 C-12 时要经过码速调整，即利用调整控制比特（C1、C2 码）来控制相应的调整机会比特（S1、S2）作为信息比特 D 或作为调整比特 R 来实现正/0/负码速调整。

当支路信号速率大于 C-12 标称速率时，采用负码速调整，令 C1C1C1＝C2C2C2＝000，相应的 S1＝S2＝D；

当支路信号速率小于 C-12 标称速率时，采用正码速调整，令 C1C1C1＝C2C2C2＝111，相应的 S1＝S2＝R；

当支路信号速率等于 C-12 标称速率时，采用 0 码速调整，令 C1C1C1＝111，C2C2C2

＝000，相应的 S1＝R，S2＝D。

在收端解同步器中，为了防范 C 码中误码的影响，采用多数判决准则，即当 3 个 C1 码中大于等于两个 C1 码为 1 时，则解同步器把 S1 比特的内容作为填充比特 R，不理会 S 比特的内容；而当 3 个 C1 码中大于等于两个 C1 码为 0 时，则解同步器把 S1 比特的内容作为信息比特解读。C2、S2 的情况与 C1、S1 相同。

根据 S1 和 S2 全为 D 或全为 R，可算出 C-12 容器能够容纳的输入信息速率 IC＝（1 023D＋S1＋S2）的上限和下限，即

$$IC_{max}=(1\,023+2)/4\times 8\,000=2.050\text{Mbit/s}$$

$$IC_{min}=(1\,023+0)/4\times 8\,000=2.046\text{Mbit/s}$$

而 PDH 一次群支路信号的速率范围为 2.048Mbit/s±50ppm，即 2.0481～2.0479Mbit/s，正处于 C-12 能容纳的净负荷范围之内，所以能适配地装入 C-12。

③ C-12 映射进 VC-12。在每个 C-12 帧前分别依次插入 VC-12 的通道开销（VC-12 POH）字节 V5，J2，N2，K4 就构成 VC-12 帧，完成信号向 VC-12 的映射。与 C-12 一样，VC-12 也以复帧形式出现，一个复帧由 4 个基帧组成，每个基帧 9×4－1＝35 个字节。

5.3.4 复用方法

SDH 采用的是字节间插同步复用的方法将多个低阶通道层信号适配进高阶通道层，或将多个高阶通道层信号适配进复用段层。那么，在 SDH 中 PDH 的各种速率的支路信号是如何复用进入 STM-N 的呢？下面分别以 AU-4、TU-3 和 TU-12 为例来说明 SDH 的复用过程。

1. N 个 AU-4 复用成 STM-N 帧

（1）AU-4 复用成 AUG。AU-4 由 VC-4（9×261 字节）净负荷加上 AU-4 指针组成，但 VC-4 在 AU-4 内的相位是不确定的，即允许 VC-4 在 AU-4 帧内浮动以便进行动态定位。由于 VC-4 是个整体，它在 AU-4 帧内的位置可以由其第 1 个字节的位置来确定，VC-4 第 1 个字节相对 AU-4 指针的位置由 AU-4 指针值给出。为了将 AU-4 装入 STM-N 帧结构，先要经由 AUG 的复用。单个 AU-4 复用成 AUG 的结构如图 5-9 所示。AU-4 与 AUG 之间有固定的相位关系，因而只需将 AU-4 直接置入 AUG，不需加额外的开销。

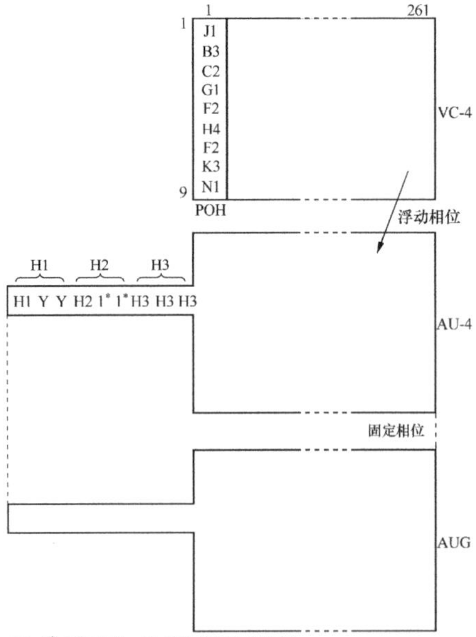

注：1*=11111111，Y=1001SS11(S 未规定)

图 5-9 单个 AU-4 复用成 AUG

（2）N 个 AUG 复用成 STM-N 帧。N 个 AUG 复用成 STM-N 帧的安排如图 5-10 所示。

AUG 是由 9 行×261 列外加 9 个字节的 AU-PTR 所构成的，而 STM-N 则是由 N 个 AUG 外加 SOH 构成的，这 N 个 AUG 是按单字节间插的方式复用，再加上 SOH 就构成了 STM-N 帧结构，N 个 AUG 与 STM-N 帧有确定的相位关系。

1 个 AUG-1→STM-1：1 个 AUG-1 加上 5 行 9 列的 MSOH 及 3 行 9 列的 RSOH，便构成 STM-1。

4 个 AUG-1 复用成 AUG-4→STM-4：4 个 AUG-1 以字节间插方式复用成 AUG-4，再加上 5 行 9×4 列的 MSOH 及 3 行 9×4 列的 RSOH，便构成 STM-4。

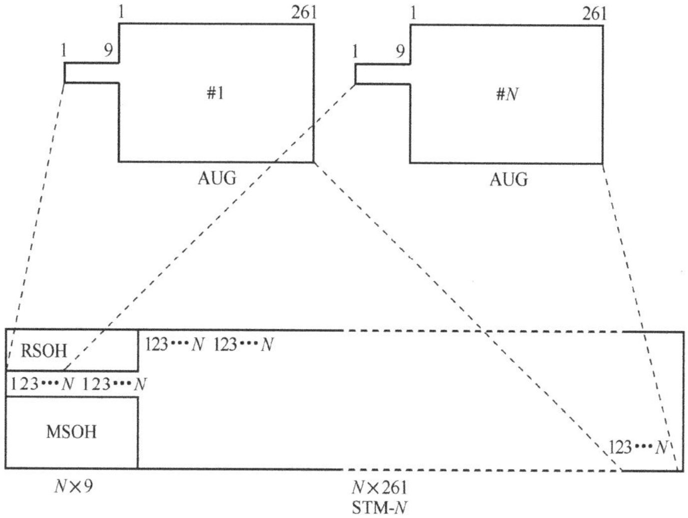

图 5-10　将 N 个 AUG 复用成 STM-N 帧

同理，4 个 AUG-4 复用成 AUG-16→STM-16，4 个 AUG-16 复用成 AUG-64→STM-64。

2．TU-3 复用成 VC-4 帧

（1）单个 TU-3 复用成 TUG-3。单个 TU-3 复用成 TUG-3 的结构如图 5-11 所示。TU-3 由 VC-3（9 行×84 列的 C-3 加 1 列 VC-3 POH）和 TU-3 指针组成，而 TUG-3 由 9 行×86 列字节组成。第 1 列为 3 个字节的 TU-3 指针和 6 个字节的固定塞入比特，其中，TU-3 指针由 TUG-3 的第 1 列的上面 3 个字节 H1、H2 和 H3 构成。VC-3 相对 TUG-3 的相位由 TU-3 指针指示。将 TU-3 加上 6 个字节的塞入比特即可构成 TUG-3。

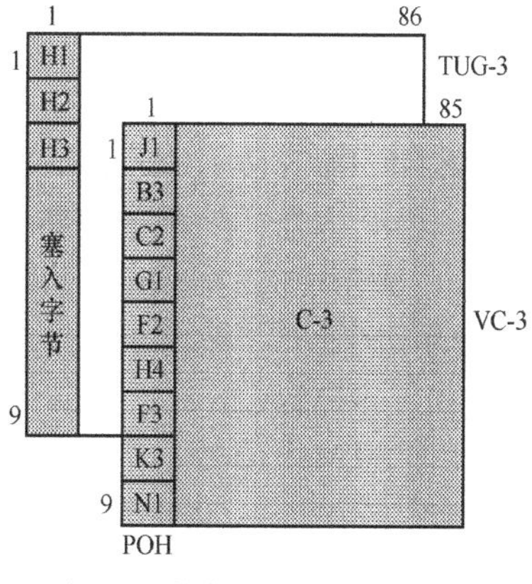

图 5-11　单个 TU-3 复用成 TUG-3

（2）3 个 TUG-3 复用成 VC-4。3 个 TUG-3 复用进 VC-4 的安排如图 5-12 所示。TUG-3 是 9 行×86 列的块状结构，3 个 TUG-3 按字节间插方式复用，形成 9 行×258 列的块状结构，然后，再附加上两列固定塞入字节和 1 列 VC-4 POH，最后，组成具有 9 行×261 列块状结构的 VC-4。

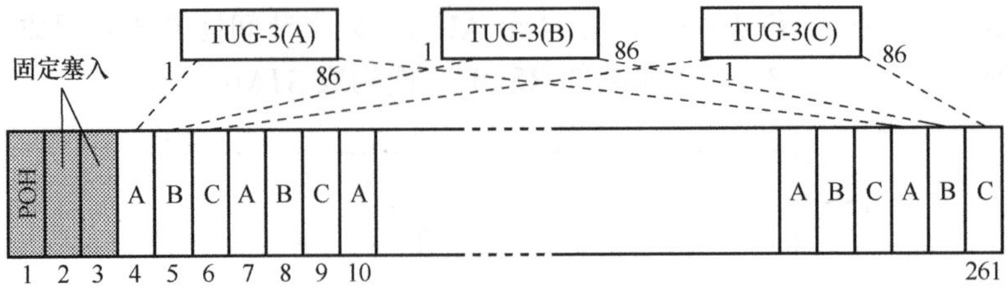

图 5-12　3 个 TUG-3 复用成 VC-4

可见，VC-4 帧可由 3 个 TU-3 复用而成，即一个 VC-4 可容纳 3 个 34.368Mbit/s 的信号。

3. TU-12 复用成 VC-4 帧

（1）TU-12 复用成 TUG-2。TU-12 由 VC-12（34 个字节的 C-12 加 1 个字节的 VC-12POH）和 TU-12 指针组成，所以 TU-12 由 9 行×4 列＝36 字节组成，第 1 列的第 1 个字节为 TU-12 指针。VC-12 相对 TU-12 的相位由 TU-12 指针值指示。3 个 TU-12 按单字节间插的方式复用成 TUG-2（9 行×12 列）。复用安排参见图 5-13。

（2）7 个 TUG-2 复用成 TUG-3。7 个 TUG-2 按单字节间插进行复用，形成 9 行×84 列的块状结构，然后，再加上两列固定塞入字节，其中第 1 列的前 3 个字节为无效指针指示（NPI），组成 9 行×86 列字节的块状 TUG-3，具体安排如图 5-13 所示。从图 5-13 可见，在列上有规律的排列使得 2.048Mbit/s 支路信号可直接上下电路。

这种结构的 TUG-3 和由一个 TU-3 组成的 TUG-3 的区别是第 1 列的前 3 个字节。若前 3 个字节为无效指针指示（NPI），表明 TUG-3 装载的是 7 个 TUG-2，即为 21 个 2.048Mbit/s 支路信号；若前 3 个字节为指针 H1、H2、H3，则表明 TUG-3 装载的是 1 个 TU-3，即为 1 个 34.368Mbit/s 支路信号。

（3）3 个 TUG-3 复用成 VC-4。将 3 个 TUG-3 复用成 VC-4 的安排如图 5-12 所示。可见 VC-4 帧由 3×7×3＝63 个 TU-12 复用而成，即一个 VC-4 可容纳 63 个 2.048Mbit/s 的信号。

4. 实例说明

（1）PDH 四次群信号至 STM-1 的形成过程如图 5-14 所示，PDH 四次群信号（139.264Mbit/s）首先异步映射进入 C-4 容器，经码速调整后输出 149.760Mbit/s 的数字信号；加入 VC-4 POH 便构成了 VC-4，输出 150.336Mbit/s 的数字信号；再加上 AU-4 PTR（9 字节/帧）构成 AU-4，AU-4 直接复用进 AUG，输出 150.912Mbit/s 的信号；N 个 AUG 通过单字节间插复用并加上段开销便得到了 STM-N 信号。若 N=1，则由一个 AUG 加入段开销 SOH 后输出 155.520Mbit/s 的信号，即 STM-1 信号。

（2）PDH 基群信号至 STM-1 的形成过程。如图 5-15 所示，标称速率为 2.048Mbit/s 的 PDH 基群信号先异步映射进入 C-12，再加上 VC-12 POH 便构成了 VC-12（2.240Mbit/s）。设置了 TU-12 PTR 后形成 TU-12，3 个 TU-12 经字节间插复用成 TUG-2。7 个 TUG-2 经同样的字节间插复用成 TUG-3。进而，由 3 个 TUG-3 经字节间插复用并加上两列塞入字节和一列 VC-4 POH 后构成 VC-4，再加上 AU-4 PTR 就组成了 AU-4。单个 AU-4 直接置入 AUG，N 个 AUG 通过字节间插复用并加上段开销便得到了 STM-N 信号。当 N=1 时，一个 AUG 加上段开销即形成了 STM-1 的标称速率 155.520Mbit/s。

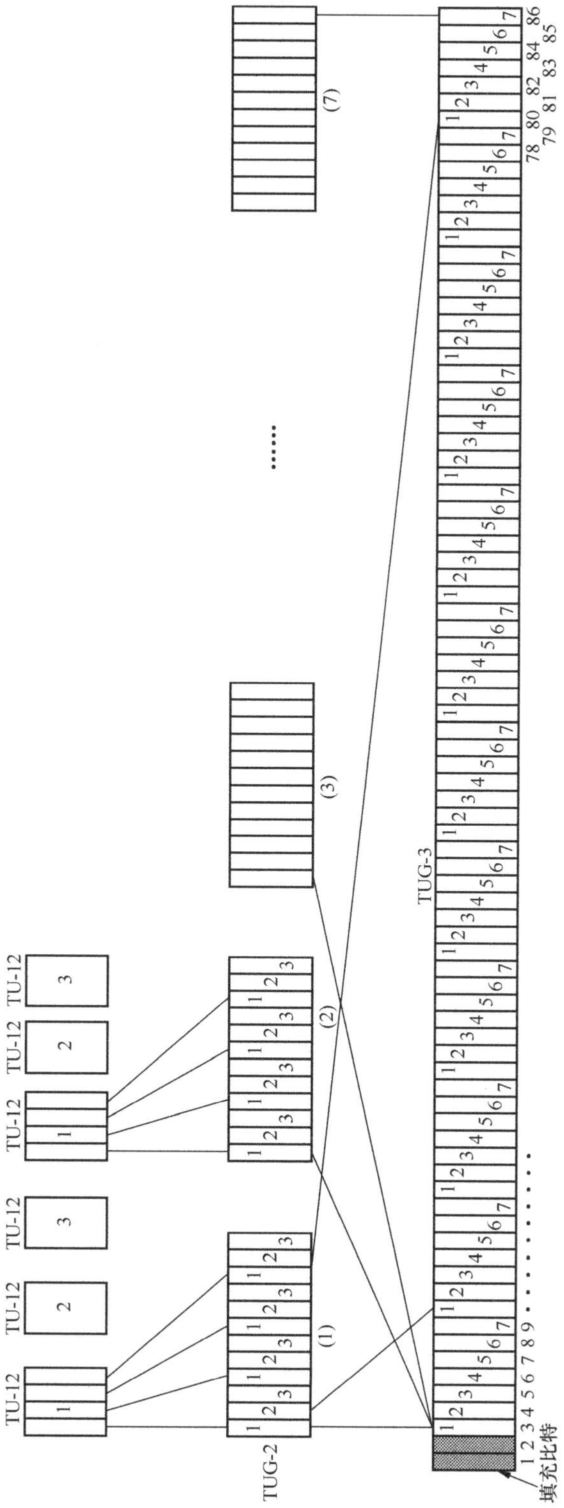

图 5-13　7 个 TUG-2 复用成 TUG-3 的字节安排

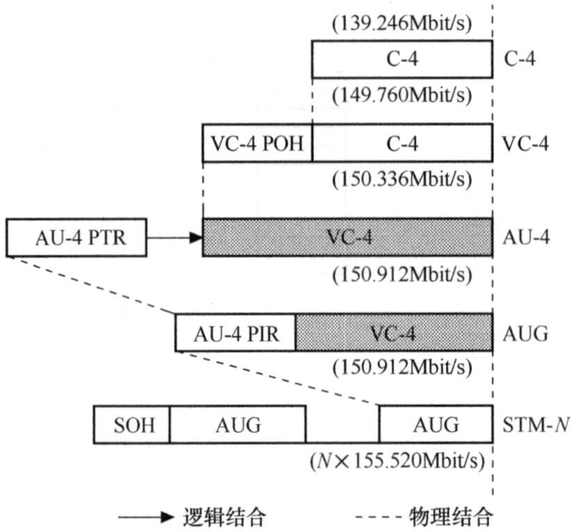

注：无阴影区之间是相位对准定位的；阴影区与无阴影区间的相位对准定位由指针规定，并由箭头指示。

图 5-14　139.264Mbit/s 信号至 STM-1 的形成过程

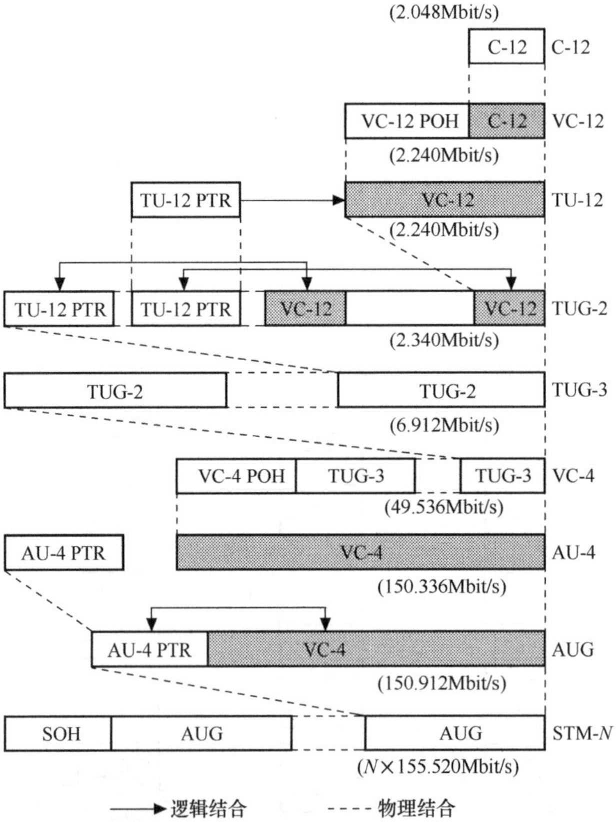

注：非阴影区域是相位对准定位的；阴影区与非阴影区间的相位对准定位由指针规定，并由箭头指示。

图 5-15　2.048Mbit/s 信号至 STM-1 的形成过程

5.3.5 指针

SDH 中的指针类似软件中的指针，它是一种指示符，其值定义为 VC-*n* 相对于支持它的传送实体参考点的帧偏移。指针的使用允许 VC 可以在帧内"浮动"，从而灵活、动态地定位 VC 帧的起点。

指针的主要作用就是定位，通过定位使收端能正确地从 STM-*N* 中分离出相应的 VC，进而分离出 PDH 低速信号。具体过程是通过附加在 VC 上的指针指示，确定 VC 帧的起点在 TU 或 AU 净负荷中的准确位置，在发生相对帧相位偏差使 VC 帧起点"浮动"时，指针值亦随之调整，从而保证指针值始终指示 VC 帧起点的位置。

指针分为 AU PTR 和 TU PTR，AU PTR 又包括 AU-4 PTR 和 AU-3 PTR，TU-PTR 包括 TU-3 PTR、TU-2 PTR、TU-11 PTR 和 TU-12 PTR。在我国的复用映射结构中，有 AU-4 PTR、TU-3 PTR 和 TU-12 PTR，此外还有表示 TU-12 位置的指示字节 H4。

1. AU-4 指针调整机理

AU-4 PTR 用以指示 VC-4 的首字节在 AU-4 净负荷中的具体位置，以便收端据此正确分离 VC-4。

（1）AU-4 指针位置。在 VC-4 进入 AU-4 时应加上 AU-4 指针（AU-4 PTR），即

$$AU\text{-}4 = VC\text{-}4 + AU\text{-}4\ PTR$$

AU-4 PTR 由处于 AU-4 帧第 4 行、第 1～9 列的 9 个字节组成（见图 5-16），即

$$AU\text{-}4\ PTR = H1，Y，Y，H2，1^*，1^*，H3，H3，H3$$

其中，Y＝1001SS11，SS 是未规定值的比特，1*＝11111111。指针的值在 H1、H2 两字节中，H3 为负调整机会字节。

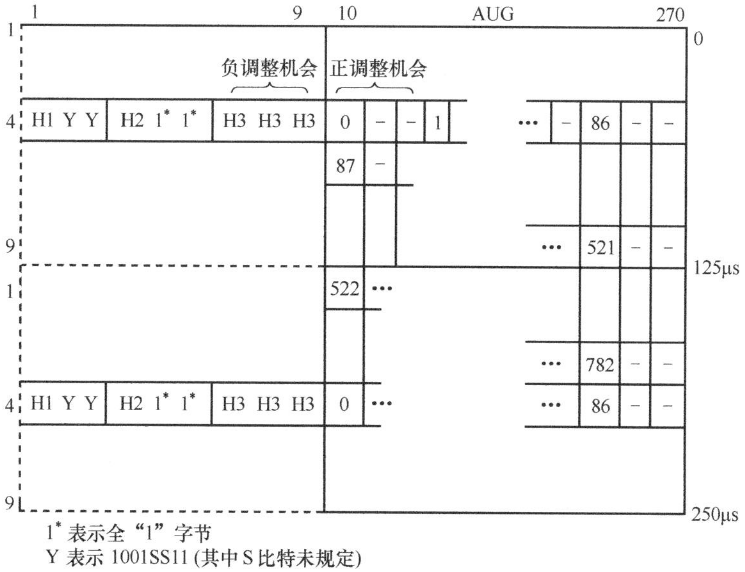

图 5-16 AU-4 指针位置和偏移编号

（2）AU-4 指针值。含在 H1、H2 字节中的指针值指出 VC-4 起始字节的位置，而 H3 字

节用于帧速率调整，负调整时携带额外的 VC 数据。

H1、H2 字节可以看作一个码字，其中最后 10 比特（7～16 比特）携带具体指针值，共可提供 2^{10}＝1 024 个指针值。而 AU-4 指针值的有效范围为 0～782（由于 VC-4 帧内共有 9 行×261 列＝2 349 字节，以 3 个字节为一个调整单位，所以需用 2 349/3 字节＝783 个指针值来表示，编号是 0～782），如图 5-17 所示。指针值表示了指针和 VC-4 第 1 个字节间的相对位置，该值每增减 1，代表 3 个字节的偏移量。例如，指针值为 0 表示 VC-4 的首字节将于最后一个 H3 字节后面的那个字节开始。

AU-4 PTR 中由 H1 和 H2 构成的 16 比特指针码字如图 5-17 所示。指针值由码字的第 7～16 比特表示，这 10 比特的奇数比特记为 I 比特，偶数比特记为 D 比特。以 5 个 I 比特或 5 个 D 比特中的全部或多数比特发生反转来分别指示指针值应增加或减少。因此，I 和 D 分别称为增加比特和减少比特。H1 和 H2 也可作为级联指示，当传送大于单个 C-4 容量的净负荷时，可将多个 C-4 级联起来组成一个容量 C-4-X_c，级联的第 1 个 AU-4 指针仍然具有正常的指针功能，其后所有的 AU-4 的 H1、H2 都设置为级联指示（CI），其值是 1001SS1111111111，即第 1～4 比特为 1001，第 5 和第 6 比特没有规定，最后 10 比特皆为 1。

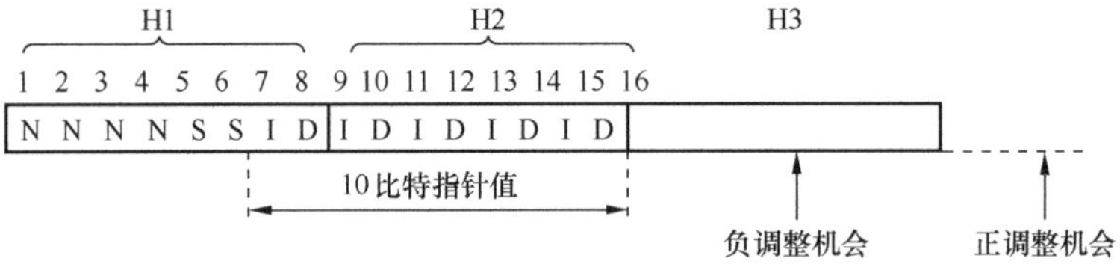

I：增加比特　D：减少比特　N：新数据
新数据标识 (NDF)：
• 当4个N比特中至少有3个与“1001”相符时NDF解释为“使能”(允许)
• 当4个N比特中至少有3个与“0110”相符时NDF解释为“止能”(禁止)
其他码为无效

SS 值	AU 和 TU 类型
10	AU-4，TU-3

指针值：(比特 7~16)
正常范围：
AU-4：0~782 (十进数)，TU-3：0~764 (十进数)。
负调整：反转5个D比特，5个比特多数表决判定。
正调整：反转5个I比特，5个比特多数表决判定。
级联指示：1001SS1111111111 (S 比特未做规定)。
注1：当出现“AIS”时，指针全置为“1”。

图 5-17　AU-4 指针值

（3）频率调整。如果 VC-4 帧速率与 AU-4 帧速率间有频率偏移，则 AU-4 指针值将需要增减，同时伴随着相应的正或负调整字节的出现或变化。

① 正调整。当 VC-4 帧速率比 AU-4 帧速率低时，意味着 VC-4 在 AU-4 帧内数据不足，需要正调整来提高 VC-4 的帧速率，此时可以在 0# 位置插入 3 个固定填充的空闲字节（即正调整字节），从而增加 VC-4 帧速率。由于插入了正调整字节，VC-4 帧在时间上向后推移了一个调整单位（3 字节），因而用来指示 VC-4 帧起始位置的指针值也要加 1。应注意的是 AU-4 指针值为 782 时，782＋1＝0。

进行正调整时由指针值码字中的 5 个 I 比特的反转来表示，随后，在最后一个 H3 字节后面立即安排有 3 个正调整字节，而下一帧的 5 个 I 恢复，其指针值将是调整后的新值（$n \to n+1$），如图 5-18 所示。在收端将按 5 个 I 比特中是否多数反转来决定是否有正调整，以决定是否解读 0#位置的内容。

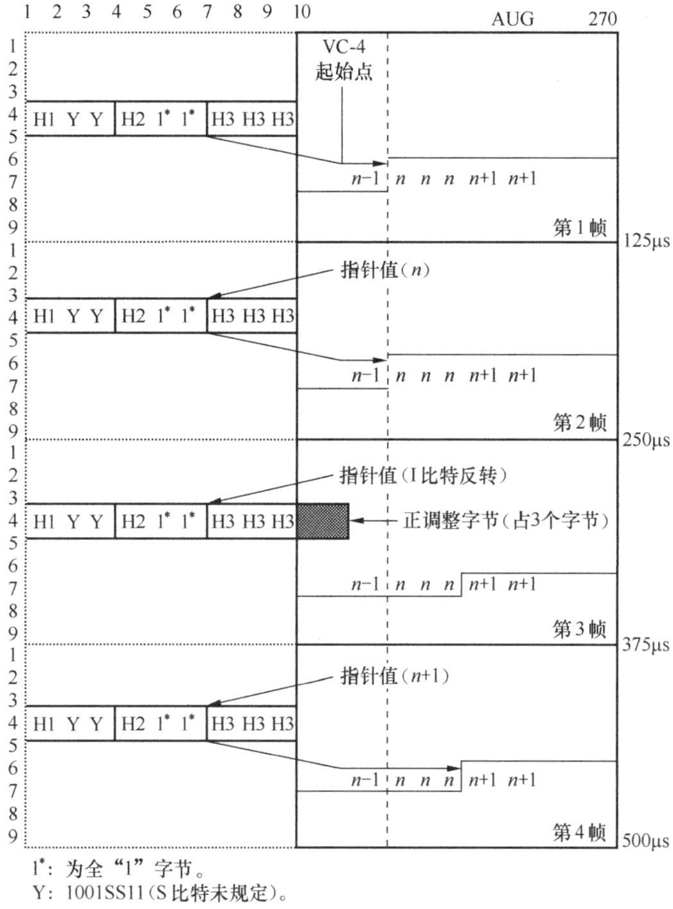

图 5-18　AU-4 指针正调整

② 负调整。当 VC-4 帧速率比 AU-4 帧速率高时，意味着 VC-4 在 AU-4 帧内数据过多，需要负调整来降低 VC-4 的帧速率，即设法扩大 VC-4 字节的存放空间，相当于降低了 VC-4 帧速率。实际做法是利用 H3 字节来存放实际 VC 净负荷的 3 字节，使 VC 在时间上向前移动了一个调整单位（3 字节），因而指示其起始位置的指针值也应减 1。要注意的是 AU-4 指针值是 0 时，0−1＝782。

进行负调整时由指针值码字中的 5 个 D 比特反转来表示，随后在 H3 字节中立即存放 3 个负调整字节（VC 净负荷），而下一帧的 5 个 D 恢复，其指针值将是调整后的新值（$n \to n-1$），如图 5-19 所示。在接收端，将按 5 个 D 比特中是否多数反转来决定是否有负调整，并决定是否解读 H3 字节的内容。

③ 理想情况。当 VC-4 帧速率与 AUG 帧速率相等时，时钟频率没有偏差，无需调整，H3 字节是填充伪信息，0#位置是 VC 净负荷。

指针调整是以 3 字节为一个调整单位，如果不足 3 字节，在缓存器中先存储，待累积到一个调整单位时才调整一次。当频率偏移较大，需要连续多次指针调整时，相邻两次指针调整操作之间至少间隔 3 帧（即每个第 4 帧才能进行操作），这 3 帧期间的指针值保持不变。实际上，指针调整并不经常出现，大部分时间都处于同步状态，不需作频率调整。因而，

H3字节大部分时间内是填充伪信息字节。

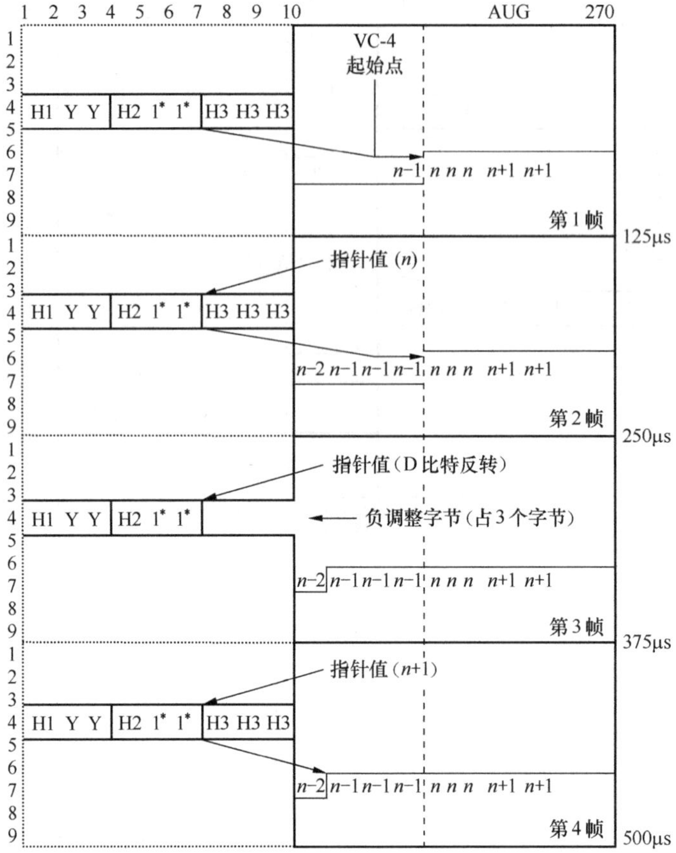

1*：为全“1”字节。
Y：1001SS11（S比特未规定）。

图5-19　AU-4指针负调整

（4）AU-4指针解释。

① 新数据标帜。新数据标帜（New Data Flag，NDF）表示允许由净负荷变化所引起的指针值的任意变化。NDF由AU-4指针码字的第1～4比特（见图5-17）携带。

- 若净负荷无变化，正常情况下（无论正调整、负调整或0调整），NNNN置为“0110”，指针值不能任意跳变，10比特指针值只能进行加1或减1操作。
- 若净负荷发生变化，则NNNN反转为“1001”，即是新数据标帜（NDF）。此时指针值可以任意变化，10bit指针值应按变化的净负荷重新取值。由于NDF有4比特，因而有误码校正功能，即只要其中至少有3比特与“1001”相符时，就认为净负荷有新数据，符合新情况的新指针值将取代当前的指针值，它表示净负荷变化后VC的新起始位置。
- NDF只在含有新数据的第1帧出现，并在后续帧中反转回正常值“0110”，指针变化操作在NDF出现的那帧进行，且至少隔3帧才允许再次进行任何指针操作。
- NDF反转表示AU-4净负荷有变化，此时指针值会出现跃变。若连续8帧收到NDF反转，则收端出现AU-LOP告警，并下插AIS告警信号。
- 若NDF与指针加1或减1操作同时出现，则NDF优先。

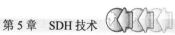

② 指针值的解读。接收端对指针解码时，除对以下 3 种情况进行解读以外，将忽略任何变化的指针。

- 连续 3 次以上收到前后一致的新的指针值。
- 指针变化之前多数 I/D 比特已被反转，随后一帧的指针值将被加 1 或减 1。
- NDF 为“1001”，变化后的新指针值将代替当前值。

在这 3 种情况中，第 1 种情况的优先级最高。

③ 指针产生规则小结。

- 在正常运行期间，指针值确定了 VC-4 在 AU-4 帧内的起始位置。NDF 被设置为“0110”。
- 若需正调整，当前指针值的 I 比特反转，且其后的正调整机会（0#位置）用伪信息填充，下一帧的指针值等于原先指针值加 1。若前一个指针值为最大值（782），那么随后指针值应置为 0。在此操作后至少连续 3 帧内不允许进行任何指针增减操作。
- 若需负调整，当前指针值的 D 比特反转，且其后的负调整机会（H3 位置）被填写实际数据。下一帧的指针值等于原先指针值减 1。若前一个指针值为 0，那么随后指针值应置为最大值（782）。在此操作后至少连续 3 帧内不允许进行任何指针增减操作。
- 若 VC-*n* 的定位因其他原因而改变（不含上述两种调整），新指针值将伴随着 NDF 置为“1001”而发送。NDF 仅出现在含有新值的第一帧中，新 VC-*n* 的起始位置由新指针值指示。同样，在此操作以后至少连续 3 帧内不允许进行任何指针增减操作。
- AU-PTR 的范围是 0～782，否则为无效指针值，当收端连续 8 帧收到无效指针值，设备产生 AU-LOP 告警。

④ 级联指示。当若干 AU-4 需要级联时，则除了第 1 个 AU-4 以外的其余 AU-4 指针都设置为级联指示 CI，其内容是 1001SS1111111111。

2．TU-3 指针调整机理

TU-3 指针用以指示 VC-3 的首字节在 TU-3 帧内的具体位置，以便收端正确分离 VC-3。

（1）TU-3 指针的位置。在 VC-3 进入 TU-3 时应加上 TU-3 指针（TU-3 PTR），即

$$TU\text{-}3=VC\text{-}3+TU\text{-}3\ PTR$$

TU-3 PTR 位于 TU-3 帧的第 1 列的前 3 个字节（H1、H2 和 H3）位置，如图 5-20 所示。

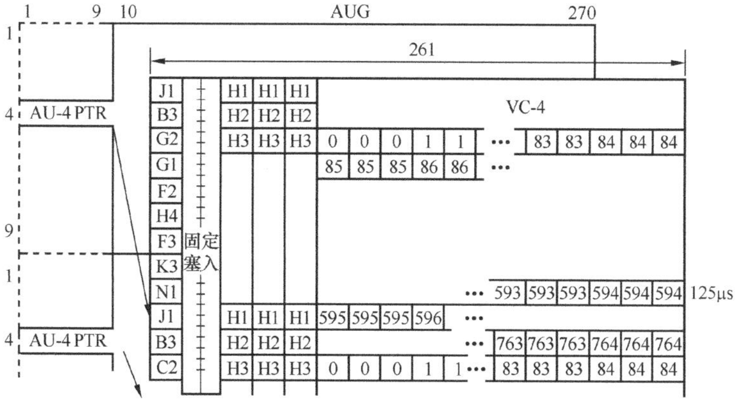

图 5-20　TU-3 指针位置和偏移编号

（2）TU-3 指针值。与 AU-4 指针值类似，H1、H2 字节中的指针值指出 VC-3 起始字节的位置，而 H3 字节用于帧速率调整，负调整时可携带 VC 数据。不同的是 TU-3 指针值用十进制数表示的有效范围是 0～764（因为 TU-3 按单个字节为单位调整，因而需要 9 行×85 列=765 个指针值来表示，编号是 0～764），如图 5-20 所示。该值表示了指针和 VC-3 第 1 个字节间的相对位置。指针值每增减 1，代表 1 个字节的偏移量。当 TU-3 PTR 的值不在 0～764 内时，定为无效指针值。若连续 8 帧收到无效指针值或 NDF，则收端产生 TU-LOP 告警，并下插 AIS 告警信号。

（3）频率调整。与 AU-4 指针调整类似，如果 VC-3 帧速率与 TU-3 帧速率间有频率偏移，则 TU-3 指针值将需要增减，同时伴随着相应的正或负调整字节的出现或变化。当频率偏移较大，需要连续多次指针调整时，相邻两次指针调整操作之间至少间隔 3 帧。

① 正调整。当 VC-3 帧速率比 TU-3 帧速率低时，需要正调整，以提高 VC-3 的帧速率。TU-3 指针值码字中的 5 个 I 比特反转，随后在正调整机会 0#位置插入 1 个填充伪信息字节，而下一帧其指针值为原指针值加 1（$n \to n+1$）。在此操作后至少连续 3 帧内不允许进行任何指针增减操作。在接收端，将按 5 个 I 比特中是否多数反转来决定是否有正调整，以决定是否解读 0#位置的内容。

② 负调整。当 VC-3 帧速率比 TU-3 帧速率高时，需要负调整，以降低 VC-3 的帧速率。TU-3 指针值码字中的 5 个 D 比特反转，随后在负调整机会字节 H3 位置存放实际 VC 净负荷信息，而下一帧其指针值为调整后的新值（$n \to n-1$）。在接收端，将按 5 个 D 比特中是否多数反转来决定是否有负调整，以决定是否解读 H3 字节的内容。

③ 理想情况。当 VC-3 帧速率与 TU-3 帧速率相等时，时钟频率没有偏差，无需调整，H3 字节是填充伪信息，0#位置是 VC 净负荷。

（4）TU-3 指针解释。在正常运行期间（无论正调整、负调整或 0 调整），TU-3 PTR 指针值确定了 VC-3 在 TU-3 帧内的起始位置。NDF 被设置为“0110”。

若 VC-3 的净负荷发生变化，此时指针值会出现跃变，新指针值将伴随着 NDF 置为“1001”而发送。NDF 仅出现在含有新指针值的第 1 帧中，新 VC-3 的起始位置由新指针值指示。指针变化操作在 NDF 出现的那帧进行，且至少隔 3 帧才允许再次进行任何指针操作。

其他同 AU-4 指针。

3. TU-12 指针调整机理

TU-12 指针用以指示 VC-12 的首字节在 TU-12 帧内的具体位置，以便收端正确分离 VC-12。

（1）TU-12 PTR 的位置。在 VC-12 进入 TU-12 时应加上 TU-12 指针（TU-12 PTR），即

$$\text{TU-12} = \text{VC-12} + \text{TU-12 PTR}$$

TU-12 PTR 位于 TU-12 帧的第 1 列的第 1 个字节，4 个子帧构成一个复帧，形成 TU-12 的指针 V1、V2、V3 和 V4，如图 5-21 所示。

（2）TU-12 指针值。与 TU-3 指针值类似，其 V1、V2 字节中的指针指出 VC-12 起始字节的位置，而 V3 字节为负调整机会字节，V3 后的一个字节（35#）为正调整机会字节，V4 为保留字节。不同的是 TU-12 指针值用十进制数表示的范围是 0～139（因为 TU-12 按单个字节为单位调整，因而需要 35×4=140 个指针值来表示，编号是 0～139），如图 5-21 所示。该值表示了指针和 VC-12 第 1 个字节间的相对位置。指针值每增减 1，代表 1 个字节的偏移量。

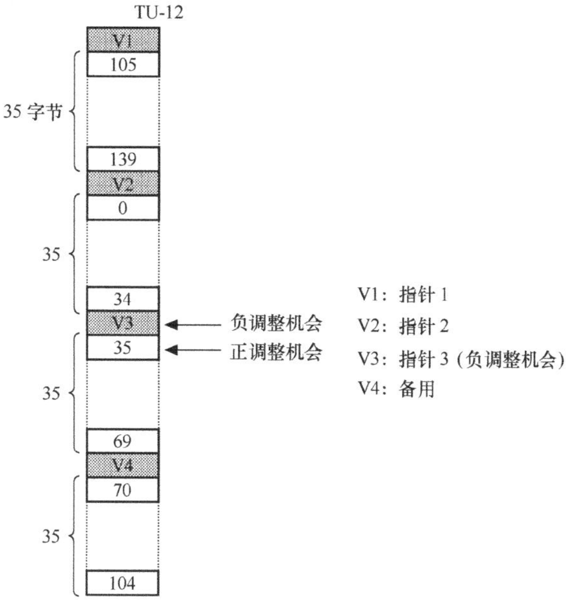

图 5-21 TU-12 指针位置和偏移编号

（3）频率调整。与 TU-3 指针调整类似，如果 VC-12 帧速率与 TU-12 帧速率间有频率偏移，则 TU-12 指针值将需要增减，同时伴随着相应的正或负调整字节的出现或变化。当频率偏移较大，需要连续多次指针调整时，相邻两次指针调整操作之间至少间隔 3 帧。

① 正调整。当 VC-12 帧速率比 TU-12 帧速率低时，需要正调整，以提高 VC-12 的帧速率，TU-12 指针值码字中的 5 个 I 比特反转，随后在正调整机会 V3 后的一个字节（$35^{\#}$）位置插入 1 个填充伪信息字节，而下一帧其指针值为原指针值加 1（$n \rightarrow n+1$）。在此操作后至少连续 3 帧内不允许进行任何指针增减操作。在接收端，将按 5 个 I 比特中是否多数反转来决定是否有正调整，以决定是否解读 V3 后的一个字节的内容。

② 负调整。当 VC-12 帧速率比 TU-12 帧速率高时，需要负调整，以降低 VC-12 的帧速率，指针值码字中的 5 个 D 比特反转，随后在负调整机会（V3 字节位置）存放实际 VC 净负荷信息，而下一帧其指针值为调整后的新值（$n \rightarrow n-1$）。在接收端，将按 5 个 D 比特中是否多数反转来决定是否有负调整，以决定是否解读 V3 字节的内容。

③ 理想情况。当 VC-12 帧速率与 TU-12 帧速率相等时，时钟频率没有偏差，无需调整，V3 字节是填充伪信息，V3 后的一个字节（$35^{\#}$）位置是 VC 净负荷。

（4）TU-12 指针解释。在正常运行期间（无论正调整、负调整或 0 调整），TU-12 PTR 指针值指示了 VC-12 在 TU-12 帧内的起始位置。NDF 被设置为“0110”。

若 VC-12 的净负荷发生变化，新指针值将伴随着 NDF 置为“1001”而发送。NDF 仅出现在含有新值的第 1 帧中，新 VC-12 的起始位置由新指针值指示。指针变化操作在 NDF 出现的那帧进行，且至少隔 3 帧才允许再次进行任何指针操作。

其他同 AU-4 指针。

5.4 SDH 开销

SDH 开销是指用于 SDH 网络的运行、管理和维护（OAM）的比特。

SDH 开销分两类：段开销（SOH）和通道开销（POH），分别用于段层和通道层的 OAM。

SOH 包含有同步信息、用于维护和性能监视的信息以及其他操作功能。SOH 分为再生段开销（RSOH）和复用段开销（MSOH）两种。RSOH 可提供帧同步及再生段 OAM，可终结在再生中继设备和复用设备。MSOH 用于复用段 OAM，只能终结在复用设备上，透明地通过每个再生中继设备。每经过一个再生段更换一次 RSOH，每经过一个复用段更换一次 MSOH。

POH 主要用于通道性能监视及告警状态的指示。有低阶通道开销（LPOH）和高阶通道开销（HPOH）两种。LPOH 在低阶 VC-*n* 的组装和拆卸处接入或终接；HPOH 在高阶 VC-*n* 的组装和拆卸处接入或终接。各种开销对应于相应的管理对象，如图 5-22 所示。

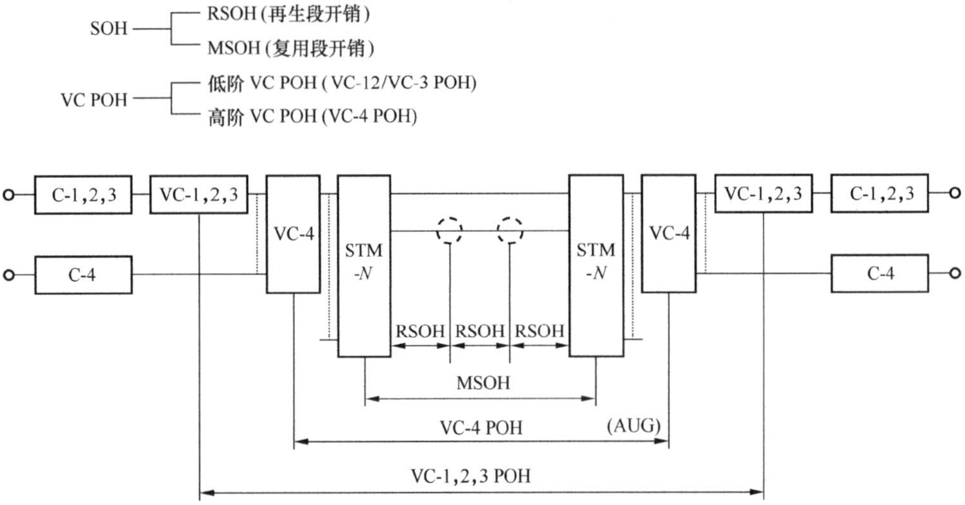

图 5-22　SDH 开销的类型和作用

5.4.1　段开销

STM-1 的段开销（SOH）字节安排如图 5-23 所示。至于 STM-*N*（*N*>1，*N*＝4，16，…）的 SOH 字节，可利用字节间插方式构成，安排规则如下：第 1 个 STM-1 的 SOH 被完整保留，其余 *N*−1 个 SOH 中仅保留定帧字节 A1、A2 和 BIP−*N*×24 字节 B2，其他字节（B1，E1，E2，F1，K1，K2 和 D1～D12）均省去，M1 字节要重新定义位置。下面以 STM-1 为例，介绍各开销字节的定义、功能及应用。

（1）定帧字节：A1 和 A2。SOH 中的 A1 和 A2 字节的作用是识别一帧的起始位置，以区分各帧，即实现帧同步功能。A1 和 A2 的二进制码分别为：11110110 和 00101000。对 STM-1 而言，帧内共安排有 6 个定帧字节，其目的是为了既能减少伪同步出现的概率，又尽可能地缩短同步建立时间。对于 STM-*N* 帧，定帧字节由 3×*N* 个 A1 字节和 3×*N* 个 A2 字节组成。

A1 和 A2 字节不经过扰码，全透明传送。当收信正常时，再生器直接转发该字节；当收信故障时，再生器重新产生该字节。在接收端若连续 3ms 检测不到定帧字节 A1 和 A2，则产生帧丢失（LOF）告警，下插 AIS 信号，整个业务中断。在 LOF 状态，若收端连续 1ms 以上处于定帧状态，业务恢复正常。

（2）再生段踪迹字节：J0。该字节用于确定再生段是否正确连接。该字节被用来重复发送“段接入点识别符”，以便使段接收机能据此确认其与指定的发送端是否处于持续的连接状态。若收到的值与所期望的值不一致，则产生再生段踪迹标识失配（RS-TIM）告警。

9 字节（9 行）

A1	A1	A1	A2	A2	A2	J0	*×	*×	RSOH
B1	Δ	Δ	E1	Δ		F1	×	×	RSOH
D1	Δ	Δ	D2	Δ		D3			RSOH
B2	B2	B2	K1			K2			MSOH
D4			D5			D6			MSOH
D7			D8			D9			MSOH
D10			D11			D12			MSOH
S1					M1	E2	×	×	MSOH

注：Δ 为与传输媒质特征有关的字节（暂用）。
× 为国内使用的保留字节。
* 为不扰码字节。
所有未标记字节待将来国际标准确定（与媒质有关的应用、附加国内使用和其他用途）。

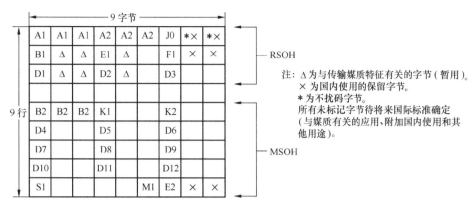

图 5-23　STM-1 SOH 字节安排

在国内网中，“段接入点识别符”可以是一个单字节（包含 0～255 个码）或 ITU-T G.831 建议中规定的“接入点标识符”格式；在国际边界或在不同运营者的网络边界，除另有协议外，均应采用 G.831 中所规定的格式。J0 也不经过扰码，全透明传送。

（3）数据通信通路：D1～D12。DCC 用来提供所有网元都可接入的通用数据通信通路（DCC），作为嵌入式控制通路（ECC）的物理层，构成 SDH 管理网（SMN）的传送链路，在网元之间传送 OAM 信息。

D1～D3 字节称为再生段 DCC，用于再生段终端间传送 OAM 信息，速率为 192kbit/s。

D4～D12 字节称为复用段 DCC，用于复用段终端之间传送 OAM 信息，速率为 576kbit/s。

（4）公务联络字节：E1 和 E2。这两个字节用于提供公务联络的语音通路，速率为 64kbit/s。

E1 属于 RSOH，用于再生段之间的本地公务联络，可在所有终端接入。

E2 属于 MSOH，用于复用段终端之间的直达公务联络，可在复用段终端接入。

（5）使用者通路字节：F1。该字节是留给使用者（通常为网络提供者）专用的，主要为特殊维护目的而提供临时的数据/语音通路连接，其速率为 64kbit/s。

（6）比特间插奇偶校验 8 位码：B1。为了在不中断业务的前提下，提供误码性能的监测，在 SDH 中采用了 BIP-*n* 的方法。

B1 字节用于再生段在线误码监测，使用偶校验的比特间插奇偶校验码。

比特间插奇偶校验 8 位码（BIP-8）误码监测的原理如下：发送端对上一 STM-*N* 帧除 SOH 的第 1 行以外的所有比特扰码后按 8 比特为一组分成若干码组，如图 5-24 所示。将每一码组内的第 1 个比特与 B1 的第 1 个比特组成第 1 监视码组，进行偶校验，即若每一码组内的第 1 个比特中“1”的个数为奇数，则本帧 B1 字节的第 1 个比特置为“1”，若“1”的个数为偶数，则本帧 B1 字节的第 1 个比特置为“0”。依此类推，组成本帧扰码前的 B1（b1～b8）字节数值。接收端将收到的前一帧待解扰的所有比特进行 BIP-8 计算，并将计算结果与收到的解扰后的本帧 B1 字节的值进行异或比较，若这两个值不一致，则异或后有“1”出现，根据出现“1”的个数，则可监测出该帧在传输中出现了多少个误码块。

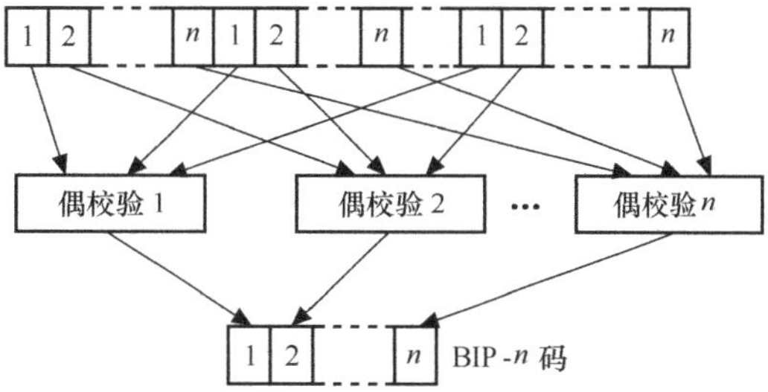

图 5-24　BIP-*n* 偶校验运算方法

当 B1 误码过量，误块数超过规定值时，系统产生再生段误码率越限（RS-EXC）告警。

该方式简单易行，但若在同一监视码组内恰好发生偶数个误码的情况，则无法检出。当然，这种情况出现的可能性较小。由于每个再生段都要重新计算 B1，因而故障定位较易实现。

（7）比特间插奇偶校验 $N\times24$ 位码：B2。B2 字节用作复用段在线误码监测，其误码监测的原理与 BIP-8（B1）类似，只不过计算的范围是对前一个 STM-N 帧中除了 RSOH（SOH 的第 1～3 行）以外的所有比特进行 BIP-$n\times24$ 计算，并将计算结果置于本帧扰码前的 B2 字节位置上。由于 B2 计算未包含 RSOH，因此，可使再生器能在不中断基本性能监视的情况下读出或写入 RSOH。

误码检测在接收设备中进行，监测过程与 BIP-8 类似，将监测结果用 M1 字节中的复用段远端差错指示（MS-REI）将误块的情况回送发送端。若 B2 误码过量，检测的误块个数超过规定值时，本端产生复用段误码率越限（MS-EXC）告警。

（8）自动保护倒换（APS）通路字节：K1 和 K2（b1～b5）。这两个字节用作 MS-APS 指令，实现复用段的保护倒换，响应时间较快，一般小于 50ms。

K1 作为倒换请求字节，K2（b1～b5）作为证实字节。各比特的具体作用为：K1 字节的 b1～b4 表示请求的类型，b5～b8 表示请求倒换的信道号。K2 字节的 b1～b4 表示已经发生倒换的信道号，b5 用于区分 APS 的保护方式，“0”表示 1＋1 保护，“1”表示 1:n 保护。

若系统发生复用段的保护倒换，则产生保护倒换（PS）告警。

（9）复用段远端缺陷指示（MS-RDI）字节：K2（b6～b8）。MS-RDI 用来向发送端回送指示信号，表示接收端已经检测到上游段缺陷（即输入失效）或正在接收复用段告警指示信号（MS-AIS）。

MS-RDI 的产生是在扰码前将 K2 的（b6～b8）插入“110”码。

（10）复用段远端差错指示（MS-REI）字节：M1。该字节用作收端向发端回传由 BIP-$n\times24$（B2）所检出的差错块（误块）个数（0～255），用 M1 的（b2～b8）表示。计数范围为〔0，24〕（n＝1），〔0，96〕（n＝4），〔0，255〕（n＝16、64）。具体表示 BIP-$n\times24$ 违例数的比特编码规定详见 G.707 建议。

（11）同步状态字节：S1（b5～b8）。S1（b5～b8）表示同步状态消息，这 4 个比特可以有 2^4＝16 种不同编码，因而可以表示 16 种不同的同步质量等级。其中“0000”表示同步质量不知道；“1111”表示不应用作同步；“0010”表示 G.811 时钟信号；“0100”表示 G.812 转接局时钟信号；“1000”表示 G.812 本地局时钟信号；“1011”表示同步设备定时源（SETS）信号；其他编码保留未用。

各网元（NE）的 S1（b5～b8）由它跟随的同步时钟信号等级来定义。若在优先级表中配置了外部时钟源，当外部时钟源失效后，产生 EXC-SYN-LOS 告警，表示外同步时钟源丢失。

（12）备用字节。在图 5-23 中的×表示国内未使用的保留字节；Δ表示与传输介质有关的特征字节；未标记的由将来国际标准确定。

以上讨论了完整的 SOH 定义与功能，但在某些应用场合（例如局内接口），不少开销字节的功能可以省去，因而接口可以简化。使用简化的 SOH 功能接口，只选用其中的某些开销字节即可。

5.4.2 通道开销

SDH 在实现网络管理时，采用了分层结构，前面所说的 SOH 主要用于再生段和复用段的管理，而通道开销（POH）用于通道的 OAM。POH 根据所管理对象（VC）的不同可分为高阶通道开销（HPOH）和低阶通道开销（LPOH）。

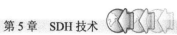

另外，VC-3 POH、VC-4-*X*c-POH 和 VC-4 POH 一样，只是在帧结构中的位置不同。比如 VC-3 结构由 9 行 85 列组成，其中第 1 列的 9 个字节作为 VC-3 POH；VC-4 结构由 9 行 261 列组成，其中第 1 列的 9 个字节作为 VC-4 POH；VC-4-*X*c 结构由 9 行 *X* 个 261 列组成，其中第 1 列的 9 个字节作为 VC-4-*X*c POH。这些 VC-3/ VC-4/VC-4-*X*c POH 将与相应的净负荷在网中一起传送，直至净负荷被去映射为止。

1．高阶通道开销

高阶通道开销（HPOH）包括 VC-3 POH、VC-4 POH 和 VC-4-*X*c POH。对于 VC-3 POH，既可作为 HPOH，又可作为 LPOH。我国将 VC-3 POH 用作了 LPOH，但是它的组成和功能与 HPOH 是一样的。HPOH 共有 9 个字节，用来完成高阶 VC 通道性能监视、告警状态指示、维护用信号及复帧结构指示。参见图 5-6，依次为 J1，B3，C2，G1，F2，H4，F3，K3，N1。

（1）通道踪迹字节：J1。J1 是 VC 的第 1 个字节，其位置由相关的 AU-4 PTR 或 TU-3 PTR 来指示。

该字节功能同 J0，只是被用来重复发送“高阶通道接入点识别符”，使通道接收端能够据此确认与所指定的发送端是否处于持续的连接状态。识别符格式应符合 ITU –T 的 G.831 规定格式。若收到的值与所期望的值不一致，则产生高阶通道踪迹标识失配（HP-TIM）告警。

（2）通道 BIP-8 字节：B3。该字节用作 VC-3/VC-4/VC-4-*X*c 通道的误码监测，它使用偶校验的 BIP-8 码。其误码监测的原理与 SOH 中的 B1 类似，只是计算范围是对扰码前上一帧中 VC-3/ VC-4/VC-4-*X*c 的所有字节进行计算，并将结果置于本帧扰码前 B3 字节。

若接收端检测有误块，则将误块情况通过 G1 字节中的高阶通道远端差错指示（HP-REI）回送源端。若 B3 误码过量，检测的误块个数超过规定值时，本端产生高阶通道误码率越限（HP-EXC）告警。

（3）信号标记字节：C2。该字节用来指示 VC 帧内的复接结构和信息净负荷性质。例如，“00H”表示通道未装载信号，C2＝00H 超过 5 帧，设备出现 HP-UNEQ 告警。“02H”表示为 2M 信号是按 TUG 结构的复用路线映射的。“04H”表示 34.368Mbit/s 和 45.368Mbit/s 信号异步映射进 C-3。“12H”表示 139.264Mbit/s 信号异步映射进 C-4。“13H”表示为 ATM 映射等。若此值与净负荷的内容不符，则产生高阶通道信号标记失配（HP-SLM）告警。

（4）通道状态字节：G1。该字节用来将通道宿端检测出的通道状态和性能回送给 VC-3/VC-4/VC-4-*X*c 通道的源端，实现双向通道状态和性能的监视。G1 字节的比特分配如图 5-25 所示。

REI				RDI	备用		保留
1	2	3	4	5	6	7	8

图 5-25　VC-4/VC-3/VC-4*X*c 通道状态字节（G1）

b1～b4：高阶通道远端差错指示（HP-REI），用来传递通道终端用 BIP-8 码（B3）检出的差错块个数。这 4 个比特共有 16 种组合，其中 9 个是合法值，即 0～8 个差错；余下 7 个值只能由某些不相关的条件产生，应看作是无差错。

b5：高阶通道远端缺陷指示（HP-RDI），当通道的终端设备检测到 VC-3/VC-4/VC-4-*X*c 信号失效（如 LOP、UNEQ、AIS 或 TIM 等）时，收端将 b5 置“1”，向通道的源端回送 HP-RDI 表示通道远端有缺陷；否则置“0”。

b6、b7：保留作为任选项。若不采用该任选项，b6、b7 被设置为 00 或 11，此时的 b5 为单比特 HP-RDI，接收机应将这两个比特的内容忽略不计；若采用该任选项，b6、b7 与

b5 一起作为增强型 HP-RDI（增强型 HP-RDI 能区别出远端失效的类型）使用。是否使用该任选项，由产生 G1 字节的通道源端决定。

b8：留作将来使用，其值未做规定，要求接收机对其内容忽略不计。

（5）使用者通路字节：F2 和 F3。这两个字节为使用者提供与净负荷有关的通道单元之间的通信。

（6）位置指示字节：H4。该字节为净负荷提供一般位置指示，也可以指示特殊的净负荷位置。例如，作为 ATM 信元净负荷进入一个 VC-4 时的一个信元边界指示器。也可以作为 VC-12 的复帧位置指示器，因为 2.048Mbit/s 信号装入 C-12 时是以 4 个基帧组成一个复帧的形式装入的，在收端为正确定位、分离出 2.048Mbit/s 信号，就必须知道当前帧是复帧中的第几个基帧。H4 字节就是指示当前的 TU-12（VC-12 或 C-12）是当前复帧中的第几个基帧，起着位置指示的作用。H4 的 b7、b8 为 00 时表示第 0 个基帧，为 01 时表示第 1 个基帧，为 10 时表示第 2 个基帧，为 11 时表示第 3 个基帧。

（7）网络操作者字节：N1。该字节用来提供高阶通道的串联连接监视（TCM）功能。在不同网络运营公司的边界处，利用此功能，每个公司可以知道自己收到了多少个差错以及将多少个差错传给了下一个网络运营公司，从而可以比较容易地解决各网络运营者之间的争议。有关细节详见 G.707。

（8）自动保护倒换（APS）通路字节：K3（b1～b4）。这几个比特用作高阶通道自动保护倒换（HP-APS）指令。

（9）备用比特：K3（b5～b8）。这几个比特留作将来使用，未规定其值，接收机忽略它们即可。

2．低阶通道开销

低阶通道开销（LPOH）包括 VC-12 POH、VC-11 POH 和 VC-2 POH。LPOH 由 V5、J2、N2 和 K4 四个字节组成，具体位置如图 5-8 所示。V5 字节是复帧的第 1 个字节，其位置由 TU-12/TU-11/TU-2 指针指示。

（1）通道状态和信号标记字节：V5。该字节是复帧的首字节，提供低阶通道的误码检测、信号标记和通道状态等功能。字节内各个比特的分配如图 5-26 所示。

BIP-2		REI	RFI	信号标记			RDI
1	2	3	4	5	6	7	8

b5	b6	b7	意义
0	0	0	未装载或监控未装载
0	0	1	已装载 — 非特定净负荷
0	1	0	异步
0	1	1	比特同步
1	0	0	字节同步
1	0	1	保留
1	1	0	O.181 测试信号
1	1	1	VC-AIS

图 5-26　VC-12/VC-11/VC-2 通道状态字节

b1、b2：BIP-2，用于低阶通道的误码性能监视。其产生过程是第 1 比特的设置应使得前一个 VC-12/VC-11/VC-2 复帧内所有字节的全部奇数比特（即 1、3、5、7 比特）的奇偶校验结果为偶数，而第 2 比特的设置应使得其全部偶数比特（即 2、4、6、8 比特）的奇偶校验结果为偶数。在整个 BIP-2 码计算过程中应包括 VC-12/VC-11/VC-2 POH 字节，但不包括 V1、V2、V3 和 V4 字节，若 V3 做负调整时，则将 V3 包括进去。

若接收端检测有误块，则将误块情况用 b3 码指示的低阶通道远端差错指示（LP-REI）回送源端。若误码过量，检测的误块个数超过规定值时，本端产生低阶通道误码率越限（LP-EXC）告警。

b3：低阶通道远端差错指示（LP-REI）。当 BIP-2 码检测到 1 个或多个误块时，LP-REI 设置为“1”，并回送给通道源端；否则就设置为“0”。

b4：低阶通道远端故障指示（LP-RFI）。当一个缺陷持续时间超过传输系统保护的最大时间时，设备进入故障状态，此时 LP-RFI 比特设置为“1”，并回送给通道源端；否则该比特为“0”。

b5～b7：提供低阶通道信号标记功能，表示净负荷的装载情况及映射方式。这 3 个比特共有 8 种可能的二进制数值。具体表示情况如图 5-26 所示，由图可知，只要收到的值不是“000”就认为通道已装载。若此值与净负荷的内容不符，则产生低阶通道信号标记失配（LP-SLM）告警。

b8：低阶通道远端失效指示（LP-RDI），当通道的远端接收失效时，b8 位置为“1”，并回送源端；否则置为“0”。

（2）通道踪迹字节：J2。J2 字节用来重复发送“低阶通道接入点识别符”，以便使通道接收端能够据此确认与所指定的发送端是否处于持续的连接状态。识别符格式应符合 ITU -T 建议 G.831 所规定格式。若收到的值与所期望的值不一致，则产生 LP-TIM 告警。

（3）网络操作者字节：N2。该字节用来提供低阶通道的串联连接监视（TCM）功能。有关细节详见 G.707。

（4）自动保护倒换（APS）通路字节：K4（b1～b4）。这 4 个比特用作低阶通道自动保护倒换（LP-APS）指令。

（5）保留比特：K4（b5～b7）。这 3 个比特是保留的任选比特，用作增强型 RDI（增强型 RDI 能区别出远端失效的类型）。若使用增强型 RDI，则 K4（b5）与 V5（b8）保持一致，另外两个比特表示 RDI 的类型；若使用单比特 RDI，只用 V5（b8），K4（b5～b7）应设置为“000”或“111”，留作将来使用，接收机将其内容忽略不计。究竟是否使用该任选功能，由产生 K4 字节的源端决定。

（6）备用比特：K4（b8）。该比特留作将来使用，其值不做规定，接收机将其内容忽略不计即可。

3．开销与告警的关系

以上介绍了各开销字节的定义、功能，下面介绍开销字节与产生告警信号的关系。

（1）高阶部分信号流。高阶部分信号流的告警信号流程图如图 5-27 所示。

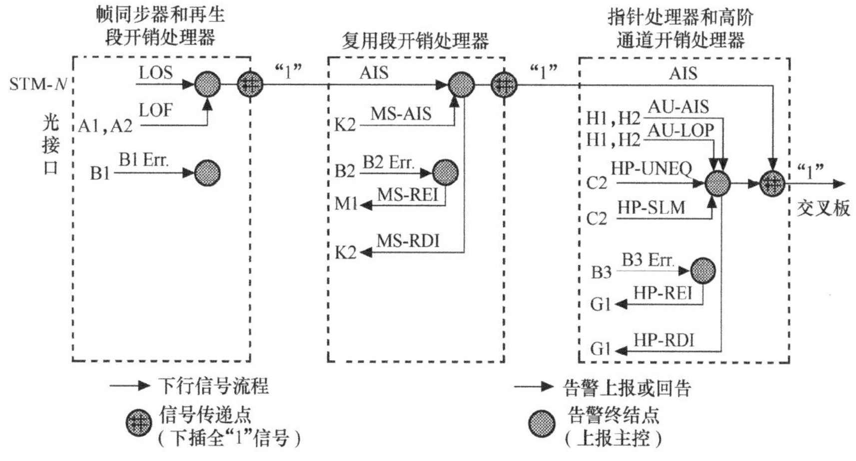

图 5-27　高阶部分告警信号流程图

（2）低阶部分信号流。低阶部分信号流的告警信号流程图如图 5-28 所示。

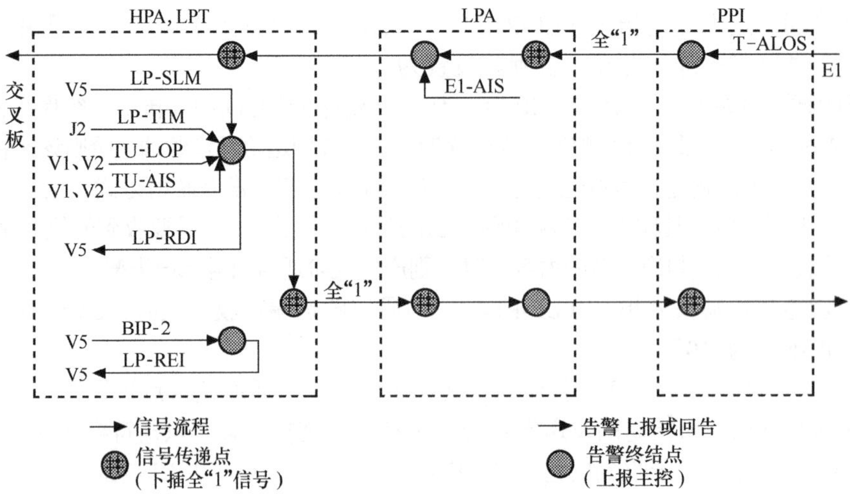

图5-28　低阶部分告警信号流程图

（3）TU-AIS 告警产生流程。TU-AIS 在维护设备时会经常碰到，通过对图 5-29 的分析，就可以方便地定位 TU-AIS 及其他相关告警的故障点和原因。

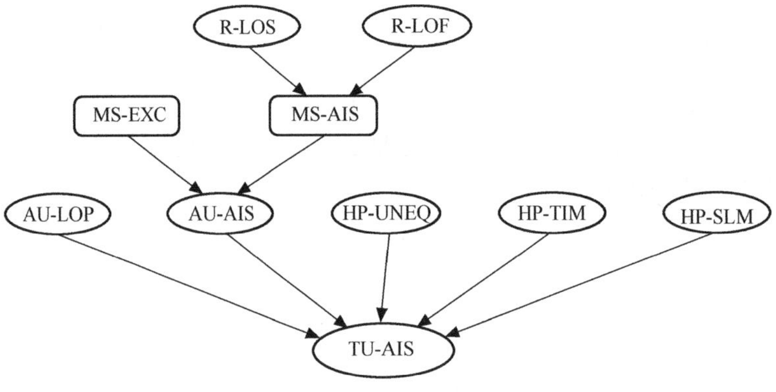

图5-29　简明 TU-AIS 告警产生流程图

（4）SDH 设备各功能块的告警流程图。图 5-30 所示为一个较详细的 SDH 设备各功能块的告警流程图，通过它可看出 SDH 设备各功能块产告警维护信号的相互关系。

（5）告警维护信号。以上是告警信号流的关系，下面解释其中的内容。

① LOS（收光信号丢失）：输入无光功率、光功率过低、光功率过高，使 *BER* 劣于 10^{-3}，设备进入 LOS 状态。LOS 是最常见的告警，一般是由光纤中断或光路损耗过大引起。

- 在 LOS 状态下，如果连续检测到两个正确的帧定位图案（A1＝F6H，A2＝28H），且在此期间（一帧时间）没有检出 LOS，设备退出 LOS 状态。
- T-LOS：支路 2M 信号丢失，一般是未上交换业务或 DDF 的 2M 线接触不良，是最常见的告警。

② OOF（帧失步）：搜索不到 A1、A2 字节时间超过 625μs（5 帧）。当连续搜索到 A1、A2 字节时间超过 250μs（2 帧），则 OOF 退出。

- LOF（帧丢失）：OOF 持续 3ms 以上，说明接收侧帧同步丢失，SDH 设备应进入 LOF 状态。一般由光板故障或光路故障引起。当连续处于定帧状态至少 1ms 后，SDH 设备应退出 LOF 状态。

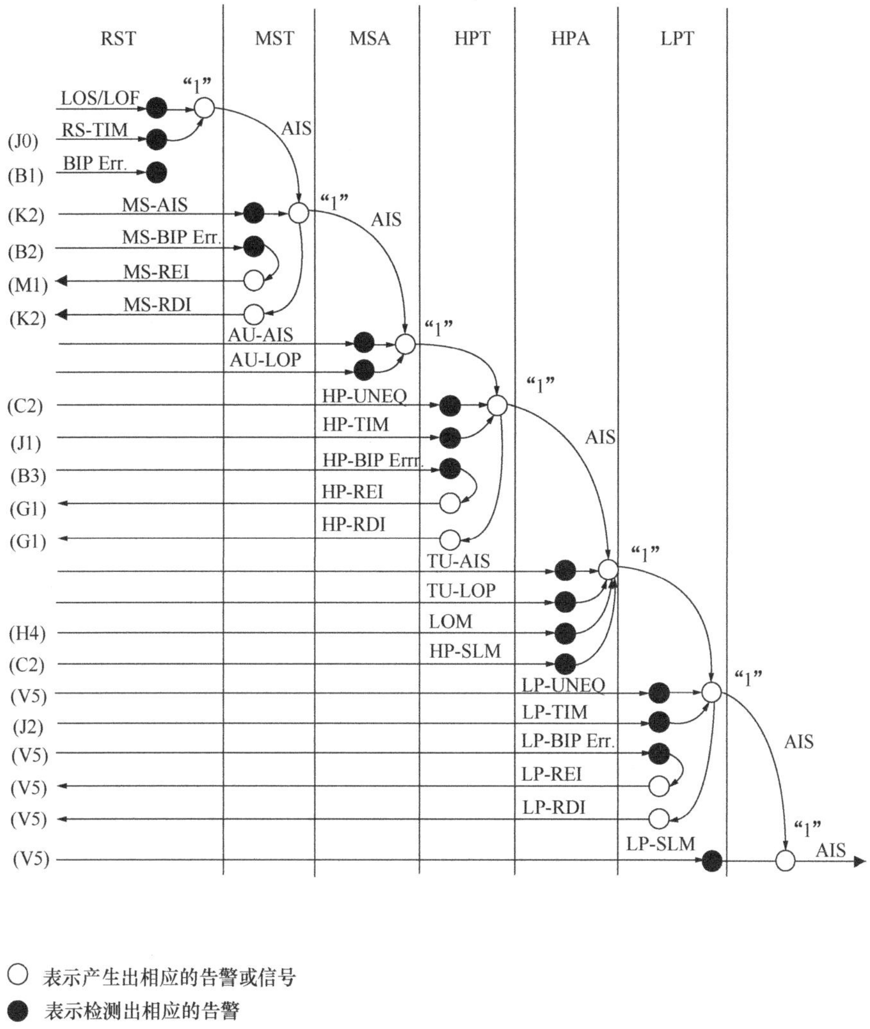

图 5-30　SDH 各功能块告警流程图

③ LOP（指针丢失）：连续 8 帧收到无效指针或 NDF 时，设备应进入 LOP 状态。常见的 LOP 告警有 AU-LOP 和 TU-LOP 等。

- AU-LOP：连续 8 帧检测到 AU 指针无效或 NDF。常见的有业务时隙冲突。
- TU-LOP：连续 8 帧检测到 TU 指针无效或 NDF。如在增减时隙配置时发生时隙冲突。
- 当检测到连续 3 个具有正常 NDF 的有效指针或级联指示时，设备应退出 LOP 状态。

④ AIS（告警指示信号）：AIS 是送往下游来指示上游故障已被检出并告警的信号。AIS 也称全"1"告警，即对下一级信号结构插入全"1"，告知该信号不可用。常见的 AIS 告警有 MS-AIS、AU-AIS 和 TU-AIS 等。

- MS-AIS（复用段告警指示信号）：整个 STM-*N* 帧内除 RSOH 外全部为"1"。检测接收到的复用段开销字节 K2（b6～b8）＝111，且超过 3 帧时，上报此告警，发送全"1"数字信号。一般由 LOS 告警或 LOF 告警引起或上游站传递过来。

- AU-AIS（管理单元告警指示信号）：包含 AU-*n*（*n*=3、4、4-*X*c）指针在内的整个AU-*n* 帧内全为“1”。一般由 LOS、MS-AIS 告警引起，常见的原因是业务配置有问题。
- TU-AIS（支路单元告警指示信号）：包含 TU-*n*（*n*=11、12、3）指针在内的整个 TU-*n* 内全为“1”。检测到 TU-LOP、TU-AIS、LP-TIM 和 LP-SLM 等信号，向下游发送此信号，并向上游回送 LP-RDI 告警指示。一般由线路板、交叉板或支路板故障引起，或是业务故障。

⑤ RDI（远端接收缺陷指示）：指示对端站检测到 LOS（信号丢失）、AIS 等告警后，传给本端的回告。常见的 RDI 告警有 MS-RDI、HP-RDI 和 LP-RDI 等。

- MS-RDI（复用段远端接收缺陷指示）：对端检测到 MS-AIS、MS-EXC，由 K2（b6～b8）=110 回发过来，表示下游站接收到的本站信号有故障，一般是本站至对端线路板间有问题。
- HP-RDI（高阶通道远端接收缺陷指示）：对端收到 HP-TIM、HP-SLM，由 G1（b5）=1 回发过来，表示下游站接收到的本站信号有故障，一般由对端复用段或高阶通道引起。
- LP-RDI（低阶通道远端接收缺陷指示）：对端收到 TU-AIS 或 LP-SLM、LP-TIM，由 V5（b8）=1 回发过来，表示下游站接收到的本站信号有故障，一般是 TU-AIS 的对告。

⑥ REI（远端差错指示）：采用 BIP-*n* 时，收端检测到误码块向发端站的回传信号。常见的 REI 告警有 MS-REI、HP-REI 和 LP-REI 等。

- MS-REI（复用段远端差错指示）：由对端通过 M1 字节（表示误码块个数）回发由B2 检测出的复用段误块数。
- HP-REI（高阶通道远端差错指示）：由对端通过 G1（b1～b4）（b1～b4 表示误码块个数）回发由 B3 字节检测出的高阶通道误块数。
- LP-REI（低阶通道远端差错指示）：由对端通过 V5（b3）（b3 表示有无误码块）回发由 V5（b1，b2）检测出的低阶通道有无误码块。

⑦ EXC（过误码告警）：当检测的误码块个数超过规定值时，产生此告警。常见的EXC 有 RS-EXC、MS-EXC、HP-EXC 和 LP-EXC 等。

- RS-EXC（再生段过误码）：由 B1 检测的误码块个数超过规定值。
- MS-EXC（复用段过误码）：由 B2 检测的误码块个数超过规定值。
- HP-EXC（高阶通道过误码）：由 B3 检测的误码块个数超过规定值。
- LP-EXC（低阶通道过误码）：由 V5（b1，b2）检测到的误码块个数超过规定值。

⑧ TIM（踪迹识别符失配）：一般由两端的踪迹识别符不一致引起的。该告警不一定影响业务。常见的有 HP-TIM 和 LP-TIM。

- HP-TIM（高阶通道踪迹识别符失配）：J1 应收和实际所收的不一致时产生此告警，一般由两端光板的踪迹识别符不一致引起的。
- LP-TIM（低阶通道踪迹识别符失配）：J2 应收和实际所收的不一致时产生此告警。一般由两端支路板的踪迹识别符不一致引起的。

⑨ 信号标记失配（SLM）：信号标记字节与净负荷的内容不符，则产生此告警。常见的告警有 HP-SLM 和 LP-SLM。

- HP-SLM（高阶通道净荷失配）：C2 字节表示的内容与净负荷的内容不符。
- LP-SLM（低阶通道净荷失配）：V5（bit5～7）表示的内容与净负荷内容不符。

⑩ 背景误码块（BBE）：采用 BIP-*n* 校验检测出的误码块数。常见的 BBE 告警有 RS-BBE、MS-BBE 和 HP-BBE。

- RS-BBE（再生段背景误码块）：显示本端由 B1 检测到的再生段的 STM-*N* 误码块数。

- MS-BBE（复用段背景误码块）：显示本端由 B2 检测到的复用段的 STM-*N* 误码块数。
- HP-BBE（高阶通道背景误码块）：显示本端由 B3 字节检测出的高阶通道误块数。

⑪ 通道未装载（UNEQ）：当通道未装载任何信号超过 5 帧时产生此告警。常见的告警有 HP-UNEQ 和 LP-UNEQ。

- HP-UNEQ（高阶通道未装载）：C2＝00H 超过了 5 帧。
- LP-UNEQ（低阶通道未装载）：V5（b5～b7）＝000 超过了 5 帧。

⑫ PS（保护倒换）告警：若系统发生了保护倒换，可发生此告警。

5.5　SDH 传输网

SDH 传输网是由不同类型的网元通过光缆线路的连接组成的，通过不同网元完成 SDH 网的传送功能：上/下业务、交叉连接业务、网络故障自愈等。SDH 网常见网元有：终端复用器（TM）、分插复用器（ADM）、同步数字交叉连接设备（SDXC）和再生中继器（REG）等。

5.5.1　SDH 传输网的物理拓扑

网络的物理拓扑泛指网络的形态，即网络节点和传输线路的几何排列，它反映了物理上的连接性。网络的功能、可靠性和经济性等在很大程度上与具体的物理拓扑有关。SDH 网络的基本拓扑有有点对点、线性、环形、网孔形等类型，如图 5-31 所示。

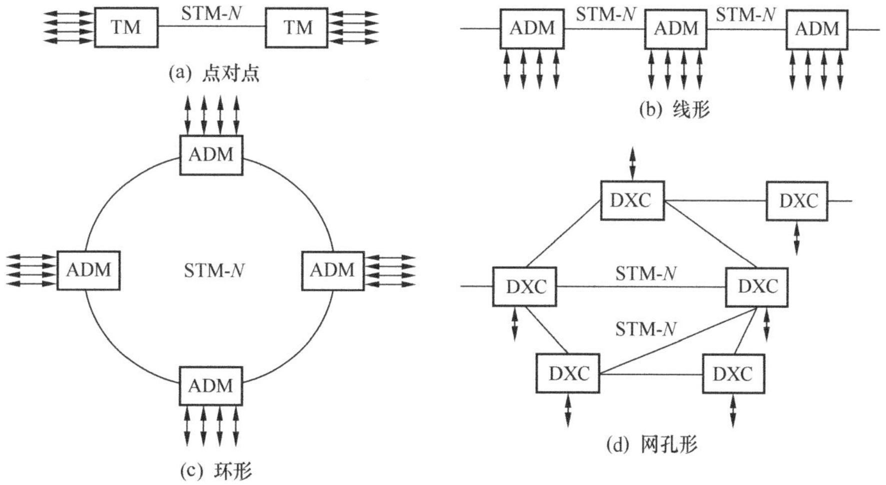

图 5-31　SDH 传输网络结构举例

5.5.2　SDH 网元

SDH 传输网由各种网元构成，网元的基本类型有终端复用器（TM）、分插复用器（ADM）、同步数字交叉连接设备（SDXC）和再生中继器等，如图 5-32 所示。

1. 终端复用器

终端复用器用在网络的终端站点上，其作用是将支路端口的低速信号 PDH 信号或 STM-*M*（*M*<*N*）复用到线路端口的高速信号 STM-*N* 中，或从 STM-*N* 信号中分出低速支路信号。可以

看出其线路端口输入/输出一路 STM-*N* 信号，而支路端口却可以输出/输入多路低速支路信号。在将低速支路信号复用进 STM-*N* 帧中时，有一个 VC 的交叉功能，例如，可将支路的一个 STM-1 信号复用进线路上的 STM-16 信号中的任意位置上，即复用在 1～16 个 STM-1 的任一个位置上；可将支路的 2Mbit/s 信号复用到一个 STM-1 中 63 个 VC12 的任一个位置上去。

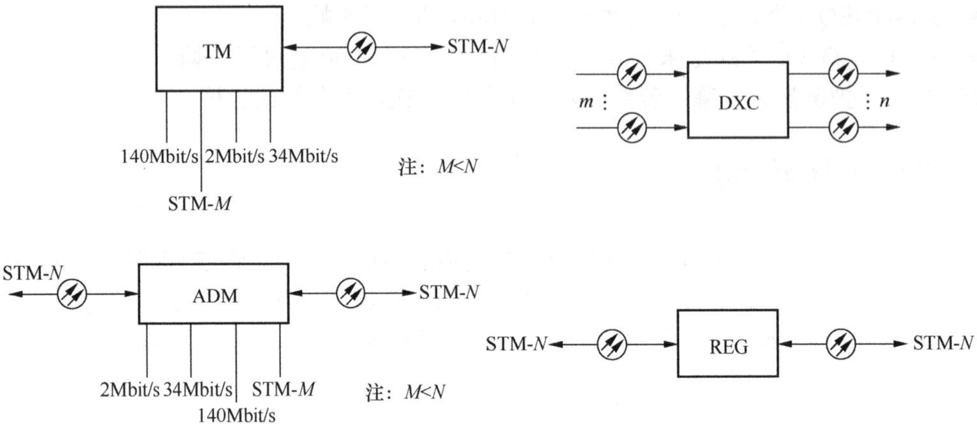

图 5-32　SDH 网元功能示意图

2．分插复用器

ADM 用于 SDH 传输网络的转接站点处，例如，链的中间节点或环上节点，是 SDH 网上使用最多、最重要的一种网元，它是一个三端口的器件。ADM 将同步复用和数字交叉连接功能综合为一体，具有灵活地分插任意支路信号的能力，因此被称为分插复用器。

（1）主要功能。ADM 有两个线路（群路）端口和一个支路端口。ADM 的作用是将低速支路信号：PDH 信号或 STM-*M*（*M*<*N*）交叉复用进东或西向线路的 STM-*N* 信号中去，或从东或西向线路的 STM-*N* 信号中拆分出低速支路信号。另外，还可将东/西向线路侧的 STM-*N* 信号进行交叉连接，如将东向 STM-16 中的 3#STM-1 与西向 STM-16 中的 15#STM-1 相连接。

（2）交叉连接能力。ADM 设备具有支路–线路（上/下支路信号）和线路–线路（直通）的交叉连接能力。其中支路–线路又可分为部分连接和全连接，如图 5-33（a）和图 5-33（b）所示，两者的区别在于上/下支路仅能取自 STM-*N* 内指定的某一个（或几个）STM-1 还是从 STM-*N* 的所有 STM-1 实现任意组合。

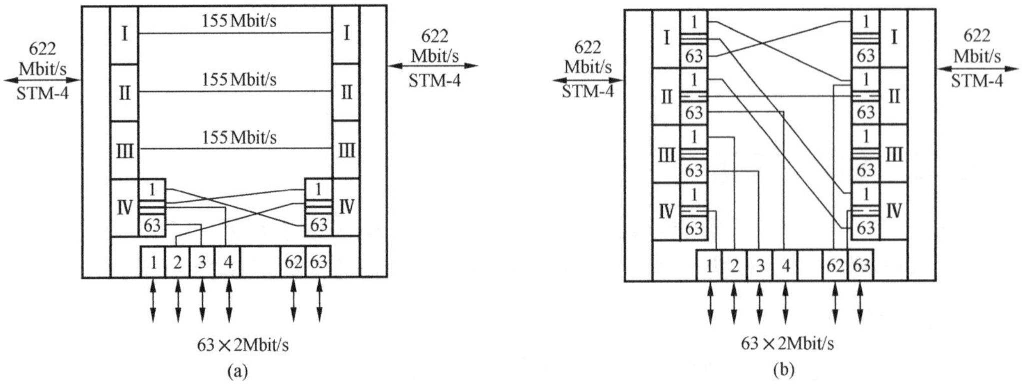

图 5-33　ADM 设备的连接能力

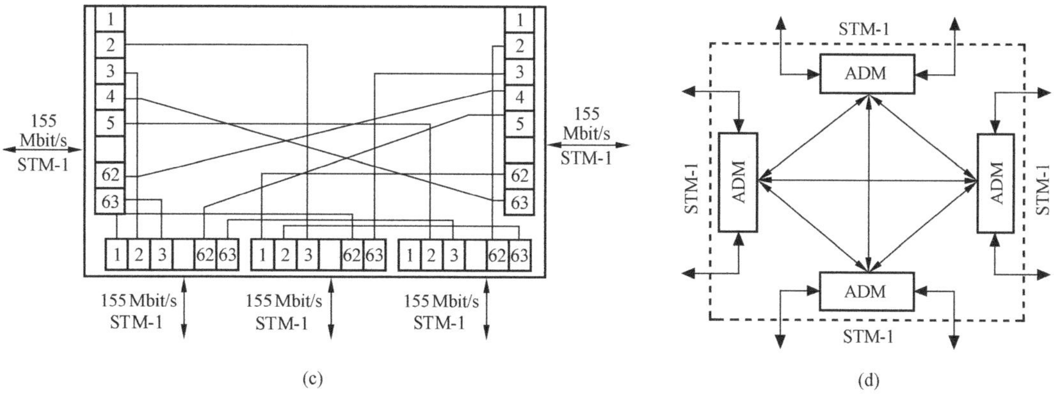

图 5-33 ADM 设备的连接能力（续）

支路–支路的连接功能如图 5-33（c）所示，是将支路的某些时隙与另一支路的相关时隙相连，而不是像上述结构中与东、西两侧线路相连。将这种具有支路–支路连接能力的 ADM 设备进行有机地组合，可实现小型 DXC 的功能，如图 5-33（d）所示。

3. 数字交叉连接设备

（1）基本概念。数字交叉连接设备（DXC）是一种具有一个或多个准同步数字体系（G.702）或同步数字体系（G.707）信号的端口，可以在任何端口信号速率（及其子速率）间进行可控连接和再连接的设备。适用于 SDH 的 DXC 称为同步数字交叉连接设备（SDXC），SDXC 能进一步在端口间提供可控的 VC 透明连接和再连接。这些端口信号可以是 SDH 速率，也可以是 PDH 速率。

（2）功能。DXC 可将输入的 *m* 路 STM-*N* 信号交叉连接到输出的 *n* 路 STM-*N* 信号上，其核心功能是交叉连接，功能强的 DXC 能完成高速（如 STM-16）信号在交叉矩阵内的低级别交叉（如 VC12 级别的交叉）。DXC 是一个多端口器件，实际上相当于一个交叉矩阵，完成各个信号间的交叉连接，如图 5-32 所示。

（3）DXC 的类型。根据端口速率和交叉连接速率的不同，DXC 可以有各种配置形式。配置类型通常用 DXC*X*/*Y*（SDXC 中的 S 往往可省略）表示，其中 *X* 表示接入端口的最高速率等级，*Y* 表示参与交叉连接的最低速率级别。*X* 越大表示 DXC 的承载容量越大；*Y* 越小表示 DXC 的交叉灵活性越大。*X* 和 *Y* 可以是数字 0，1，2，3，4，5，6，…，其中 0 表示 64kbit/s 的电路速率；1，2，3，4 分别表示 PDH 中的一至四次群速率，其中 4 也代表 SDH 中的 STM-1 等级；5 和 6 分别表示 SDH 中的 STM-4 和 STM-16 等级。

DXC1/0 又称电路 DXC，表示接入端口的最高速率为一次群信号，而交叉连接速率则为 64kbit/s，主要提供 64kbit/s 电路的数字交叉连接功能；DXC4/1 表示接入端口的最高速率为 140Mbit/s 或 155Mbit/s，而交叉连接的最低速率为一次群信号，即 DXC4/1 设备允许所有一、二、三、四次群电信号和 STM-1 信号接入和进行交叉连接，主要用于局间中继网；DXC4/4 允许 PDH 的四次群电信号和 STM-1 信号接入和进行交叉连接，其接口速率与交叉连接速率相同，一般用于长途网。

（4）DXC 与常规数字交换机的区别。由 DXC 的交叉连接功能可知，交叉连接功能也是一种“交换功能”，与常规数字交换机的交换功能相比较，不同点如表 5-4 所示。

表 5-4 DXC 与常规数字交换机的主要区别

比 较 对 象	DXC	交 换 机
交换对象	多个电路组成的电路群（2～155Mbit/s）	单个电路（64kbit/s）
业务控制	交叉连接矩阵由外部操作系统控制，用来连至 TMN	交换由用户业务信号控制
保持时间	静态交换，每个电路群是半永久性的电路	动态交换，每个电路是暂时连接
阻塞情况	无	有
网关功能	有	无

4．再生中继器

SDH 网的再生中继器（REG）有两种，一种是纯光的再生中继器，主要进行光功率放大以延长光传输距离；另一种是光—电—光的再生中继器，主要将线路口接收到的光信号变换成电信号，然后，对电信号进行放大、整形和判决再生，最后，再把电信号转换为光信号送到线路上，保证线路上传送信号波形的完好性。这里讲的是后一种再生中继器，REG 是双端口器件，只有两个线路端口，如图 5-32 所示。

REG 的作用是完成信号的再生整形，将东/西侧的 STM-*N* 信号传到西/东向线路上去。注意：此处不使用交叉能力。REG 与 ADM 相比仅少了支路端口，所以 ADM 若本地不上/下话路（支路不上/下信号）时完全可以等效为一个 REG。REG 只需处理 STM-*N* 帧中的 RSOH，且不需要交叉连接功能（w-e 直通即可），而 ADM 和 TM 因为要完成将低速支路信号分/插到 STM-*N* 中，所以不仅要处理 RSOH，还要处理 MSOH。

5.6 SDH 自愈网

随着技术的不断进步，信息的传输容量以及速率越来越高，对通信网络传递信息的及时性、准确性的要求也越来越高。一旦通信网络出现线路故障，将会导致局部甚至整个网络瘫痪，因此，网络生存性问题是通信网络设计中必须加以考虑的重要问题。因而提出一种新的概念——自愈网。

5.6.1 自愈网的概念

自愈网是指网络局部发生故障时，无需人为干预，网络就能在极短的时间内自动选择替代传输路由，重新配置业务，并重新建立通信，自动恢复所携带的业务，使用户感觉不到网络出了故障。其基本原理是使网络能够发现替代传输路由，并在一定时限内重新建立通信。自愈网的概念只涉及重新建立通信，而不管具体实效元部件的修复和更换，后者仍需人工干预才能完成。

自愈网技术分为“保护”型和“恢复”型两类。保护型自愈要求在节点之间预先提供固定数量的用于保护的容量配置，以构成备用路由。当工作路由失效时，业务将从工作路由迅速倒换到备用路由，如 1＋1 保护、$m{:}n$ 保护等。保护倒换的时间很短（小于 50ms）。恢复型自愈所需的备用容量较小，网络中并不预先建立备用路由。当发生故障时，节点或在网络管理系统的指挥下、或自发利用网络中仍能正常运转的空闲信道建立迂回路由，恢复受影响的业务，具有相对较长的计算时间，通常需要几秒钟至几分钟，如 DXC 保护。

SDH 网络中的自愈保护可以分为线路保护倒换、ADM 自愈环保护和网孔形 DXC 保护。其中，线路保护倒换和 ADM 自愈环保护采用的是保护型策略，其技术比较成熟并已得到了广泛的应用；网孔形 DXC 保护采用的是恢复型策略，利用网络内的空闲信道恢复受故障影响的通道。

要理解自愈技术，首先要明确再生段、复用段和通道的界定。图 5-34 所示为再生段、复用段和通道的基本位置。

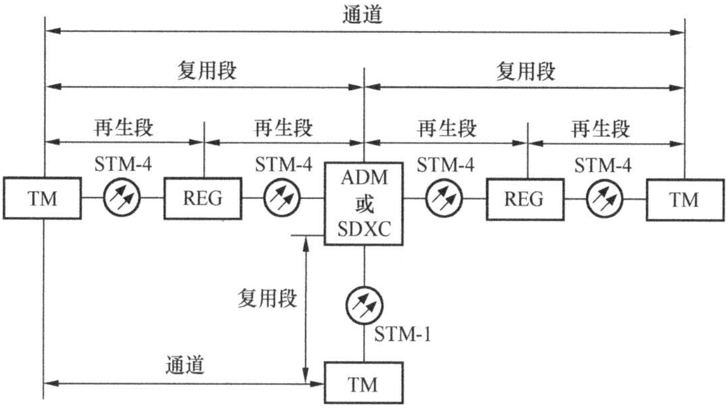

图 5-34　再生段、复用段和通道示意图

5.6.2　线路保护倒换

线路保护倒换是最简单的自愈网形式，基本原理是当出现故障时，由工作通道倒换到保护通道，使业务得以继续传送。线路保护倒换有 1+1 和 1:*N* 两种方式。

（1）1+1 方式。如图 5-35（a）所示，1+1 方式采用并发优收，即工作段和保护段在发送端永久地连接在一起（桥接），而在接收端择优选择接收性能良好的信号。由于工作段和保护段在发送端是永久性桥接，因而 1+1 方式不可能提供无保护的额外业务。

（2）1:*N* 方式。如图 5-35（b）所示，备用信道（1 个）由 *N*（*N*=1～14）个工作信道共享，当其中任意一个出现故障时，均可倒至备用信道。其中 1:1 方式是 1:*N* 方式的一个特例。

（3）1+1 方式与 1:1 方式的不同。1+1 方式与 1:1 方式的不同是：1+1 方式，正常情况下备用信道传送业务信号，所以不能提供无保护的额外业务；而 1:1 的保护方式，在正常情况下，备用信道不传业务信号，因而可以在备用信道传送一些级别较低的额外业务信号，也可不传。

（4）倒换类型与倒换模式。线路保护倒换可以采用双向倒换也可采用单向倒换，这两种倒换方式都可使用恢复模式或非恢复模式。在双向倒换时，两个方向的信道都倒换到保护信道，不允许仅有一个方向倒换；在单向倒换时，当故障信道倒换到保护信道时便完成了倒换。恢复模式是当工作通道故障被恢复后，工作通道由保护段倒回工作段；非恢复模式是即使故障恢复后倒换仍保持。线路保护倒换通过复用段保护倒换（MSP）字节 K1 和 K2 来完成的。

（5）线路保护倒换的特点。线路保护倒换的特点是：业务恢复时间短（小于 50ms），易配置和管理，可靠性高，但成本较高。

若工作段和保护段属同缆备用（主用和备用光纤在同一缆芯内），则有可能导致工作（主用）段和保护（备用）段同时因意外故障而被切断，此时这种保护方式就失去了作用。解决的办法是采用地理上的路由备用方式。这样，当主用光缆被切断时，备用路由上的光缆不受影响，仍能将信号安全地传输到对端。通常采用空闲通路作为备用路由。这样既保证了通信的顺畅，同时也不必准备备份光缆和设备，不会造成投资成本的增加。

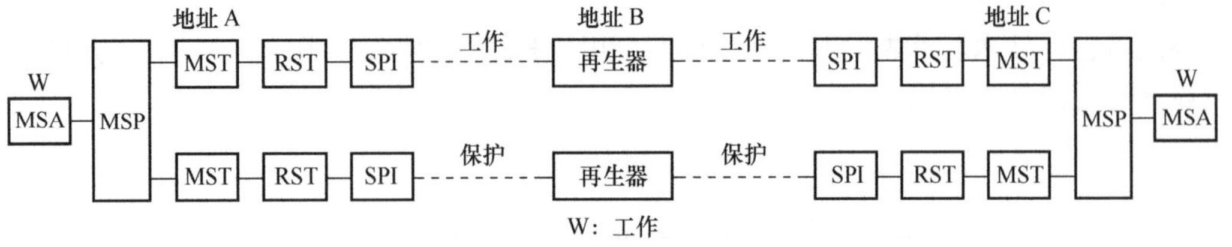

(a) 1+1 方式

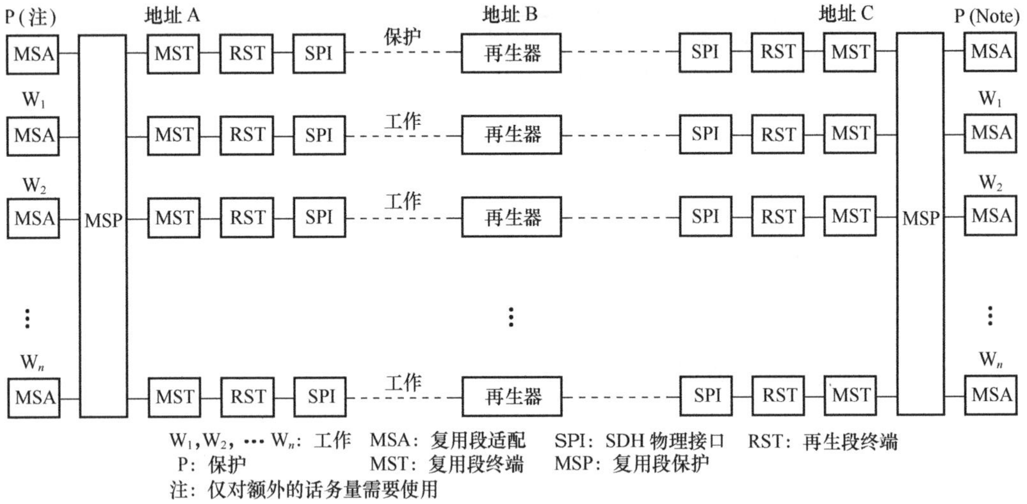

(b) 1 : N 方式

图 5-35　线路保护倒换

5.6.3　ADM 自愈环保护

自愈环（Self-Healing Ring，SHR）是指采用分插复用器（ADM）组成环形网实现自愈的一种保护方式，如图 5-36 所示。自愈环不仅能提供光缆切断的保护，而且能提供节点设备失效的有效保护，从而进一步提高网络的生存性。

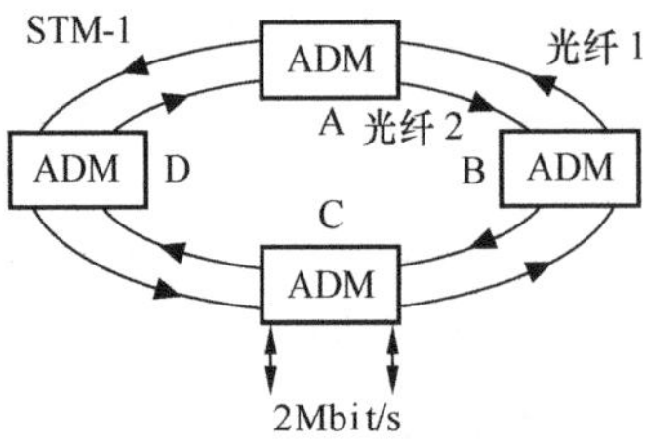

图 5-36　ADM 自愈环

根据自愈环的结构，可分为通道保护环和复用段保护环。所谓通道保护环，即业务量的保护以通道为基础，保护的是 STM-N 信号中的某个 VC（如：STM-1 为 VC-12，STM-4 为 VC-12 或 VC-4），倒换与否以环上的每一个通道信号质量的优劣而定，一般利用 TU-AIS 来决定是否应该进行倒换。这种环属于专用保护，保护时隙为整个环专用，在正常情况下保护段往往也传业务信号。

对于复用段保护环，业务量的保护以复用段为基础，倒换与否按每一对节点间复用段信号质量的优劣而定。当复用段出故障时，整个节点间的复用段业务信号都转向保护段。复用段保护环需要采用自动保护倒换（APS）协议，从性质上来看，多属于共享保护，即保护时隙由每一个复用段共享，正常情况下保护段往往是空闲的。

根据环中节点间信息的传送方向，自愈环可分为单向环和双向环。单向环是指节点收发业务信号在环中按同一方向传输，而双向环是指节点收发业务信号在环中按不同方向传输。

根据环中每一对节点间所用光纤的最小数量，自愈环有二纤环和四纤环。对于双向复用段保护环，既可用二纤方式也可用四纤方式，而对于通道保护环，只可用二纤方式。

下面介绍目前常用的几种自愈环结构。

1. 二纤单向通道保护环

二纤单向通道保护环（Two-fiber Chidirectional Path Protection Rings）采用两根光纤实现，其中一根用于传输业务信号，称 W1 光纤；另一根用于保护，称 P1 光纤（见图 5-37）。基本原理采用 1+1 的保护方式（首端桥接，末端倒换），即利用 W1 光纤和 P1 光纤同时携带业务信号并分别沿两个方向传输，但接收端只择优选取其中的一路，通常选收主用环上的业务。

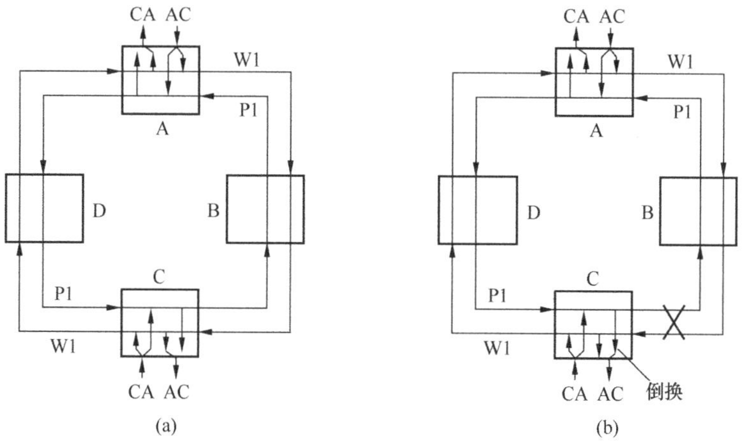

图 5-37　二纤单向通道保护环

例如，节点 A 至节点 C 进行通信（AC）。首先将要传送的支路信号同时馈入 W1 和 P1，其中 W1 沿顺时针方向将该业务信号送到 C，而 P1 沿逆时针方向将同样的信号作为保护信号也送到 C，接收节点 C 同时收到两个方向的信号，按其优劣决定选取其中一路作为接收信号。正常情况下，W1 中为主信号，因此，在节点 C 先接收来自 W1 的信号。节点 C 至节点 A 的通信（CA）同理。

若 BC 节点间光缆中的这两根光纤同时被切断，则来自 W1 的 AC 信号丢失，按接收时择优选取的准则，在节点 C 将通过开关转向接收来自 P1 的信号，从而使 AC 业务信号得以维持，不会丢失。故障排除后，开关返回原来位置。

二纤单向通道保护实际上是单端操作的 1+1 保护倒换，无需 APS 协议。

2. 二纤双向通道保护环

二纤双向通道保护环（Two-Fiber Bidirectional Path Protection Rings）仍采用两根光纤，并可分为 1+1 和 1:1 两种方式，其中的 1+1 方式与单向通道保护环基本相同（并发优收），只是返回信号沿相反方向（双向）而已。网上业务量与二纤单向通道保护环相同，但结构复杂，故一般不用。

图 5-38 所示为采用 1+1 方式的二纤双向通道保护环的结构，从图中不难分析出正常情况下和光缆断裂情况下业务信号的传输与保护。

二纤双向通道保护也可采用 1:1 方式，即在保护通道中可传送额外业务量，只在故障出现时，才从工作通道转向保护通道。这种结构的特点是：需要采用 APS 协议，但可传送额外业务。尤其重要的是，它由 1:1 方式进一步演变成 *M*:*N* 方式，由用户决定只对哪些业务实施保护，无需保护的通道可在节点间重新启用，从而大大提高了可用业务容量。缺点是需要由网管系统进行管理，恢复业务时间较长。

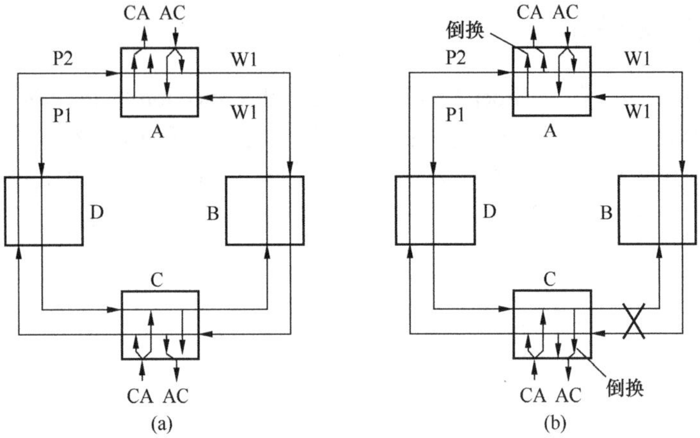

图 5-38　二纤双向通道保护环

3．四纤双向复用段共享保护环

如图 5-39 所示，四纤双向复用段共享保护环（Four-fiber MS Shared Protection Rings）在每个区段（节点间）采用两根工作光纤（一发一收，W1 和 W2）和两根保护光纤（一发一收，P1 和 P2），其中 W1 和 W2 分别沿顺时针和逆时针双向传输业务信号，而 P1 和 P2 分别形成对 W1 和 W2 的两个反方向的保护环，在每一节点上都有相应的倒换开关作为保护倒换之用。

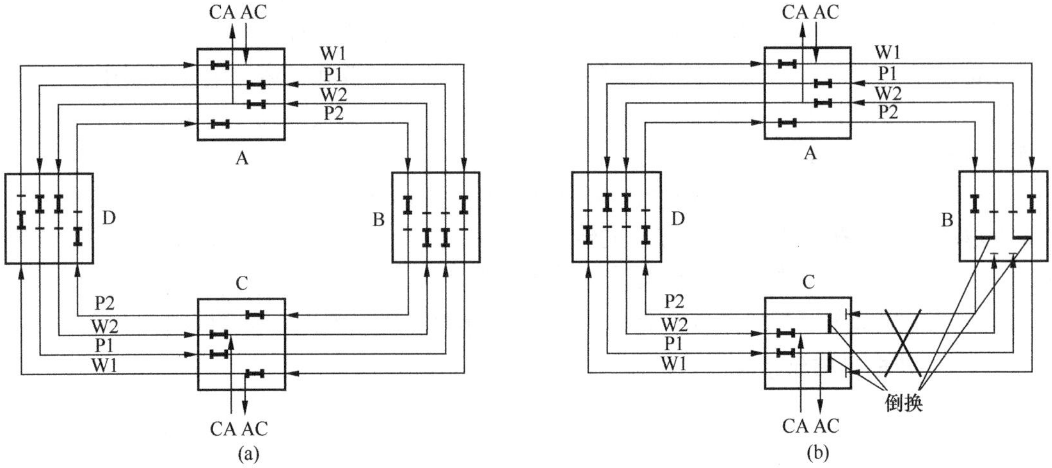

图 5-39　四纤双向复用段共享保护环

正常情况下，节点 A 至节点 C 的信号（AC）沿 W1 顺时针传至节点 C，节点 C 至节点 A 的信号（CA）沿 W2 逆时针传至节点 A，P1 和 P2 空闲。

当 BC 节点间光缆中的光纤全部被切断时，利用 APS 协议，在 B 和 C 节点中各有两个倒换开关执行环回功能，维持环的连续性，即在 B 节点，W1 和 P1 沟通，W2 和 P2 沟通。C 节点也完成类似功能，其他节点则确保光纤 P1 和 P2 上传送的业务信号在本节点完成正常的桥接功能。如图 5-39 所示的信号走向，不难分析出维持信号继续传输的道理。当故障排除后，倒换开关通常返回原来位置。

4．二纤双向复用段共享保护环

二纤双向复用段共享保护环（Two-Fiber MS Shared Protection Rings）采用了时隙交换（TSI）技术，如图 5-40 所示。在一根光纤中同时载有工作通路 W1 和保护通路 P2，在另一根光纤中同时载有工作通路 W2 和保护通路 P1。

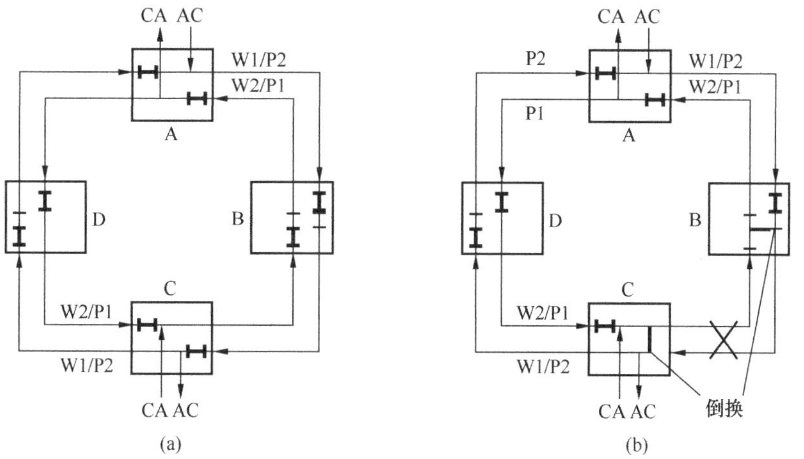

图 5-40　二纤双向复用段共享保护环

每根光纤上的一半通路规定作为工作通路（W），另一半通路作为保护通路（P），一条光纤的工作通路（W1），由沿环的相反方向的另一条光纤上的保护通路（P1）来保护；反之亦然。

对于传送 STM-*N* 的二纤双向复用段共享保护环，实现时是利用 W1/P2 光纤中的一半 AU-4 时隙（如从时隙 1～*N*/2）传送业务信号，而另一半时隙（从时隙 *N*/2＋1～*N*）留给保护信号。另一根光纤 W2/P1 也同样处理。也就是说，编号为 *m* 的 AU-4 工作通路由对应的保护通路在相反方向的第（*N*/2＋*m*）个 AU-4 来保护。

当光纤断裂时，可通过节点 B 的开关倒换，将 W1/P2 光纤上的业务信号时隙（1～*N*/2）移到 W2/P1 光纤上的保护信号时隙（*N*/2＋1～*N*）；通过节点 C 的开关倒换，将 W2/P1 光纤上的业务信号时隙（1～*N*/2）移到 W1/P2 光纤上的保护信号时隙（*N*/2＋1～*N*）。于是图 5-39 所示的四纤环可简化为如图 5-40 所示的二纤环，但容量仅为四纤环的一半（如 STM-4 系统，段容量为 2×STM-1，每条光纤上的另一半留作保护用）。当故障排除后，倒换开关通常返回原来位置。

四纤/二纤双向复用段共享保护环需要 APS 协议，即 MSOH 中的 K1 和 K2 字节供保护倒换使用。

5.6.4 DXC 网形网保护

DXC 保护主要是指利用 DXC 设备在网孔形网络中进行保护的方式。在业务量集中的长途网中，一个节点有很多大容量的光纤支路，它们彼此之间构成互连的网孔形拓扑。若是在节点处采用 DXC4/4 设备，则一旦某处光缆被切断时，利用 DXC4/4 的快速交叉连接特性，可以很快地找出替代路由，并且恢复通信。于是产生了 DXC 保护方式。

DXC 的工作方式按路由表的计算方式不同，可分为静态方式、动态方式和即时方式 3 种。即时方式需要最少的保护容量，动态方式次之，静态方式需要的保护容量最大。然而，即时方式的业务恢复时间最长，静态方式的业务恢复时间最短。按 DXC 自愈网的控制方式，有集中式控制和分布式控制。集中控制方式的业务恢复时间很长；在分布式控制方式中业务恢复时间较短。可根据实际情况选用不同方式。

图 5-41 所示为一种 DXC 保护的结构，节点 A 与节点 D 之间有 12 个单位业务量（如 12×140/155Mbit/s），当其间的光缆被切断后，利用 DXC 的快速交叉连接迅速找到替代路由并恢复业务，即由 A→E→D 传 6 个单位，由 A→B→E→D 传 2 个单位，由 A→B→C→D 传 4 个单位，从而使 AD 间的业务不至于中断。

另外，还可利用上述的环形网和 DXC 保护相结合，取长补短，大大增加了网络的生存性（见图 5-42）。此时，自愈环主要起保护作用，DXC4/1 起环形网间连接和通道调度作用。

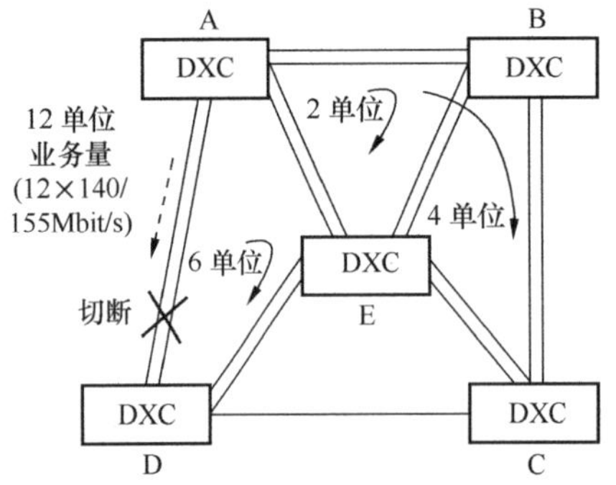

图 5-41 利用 DXC 的保护结构

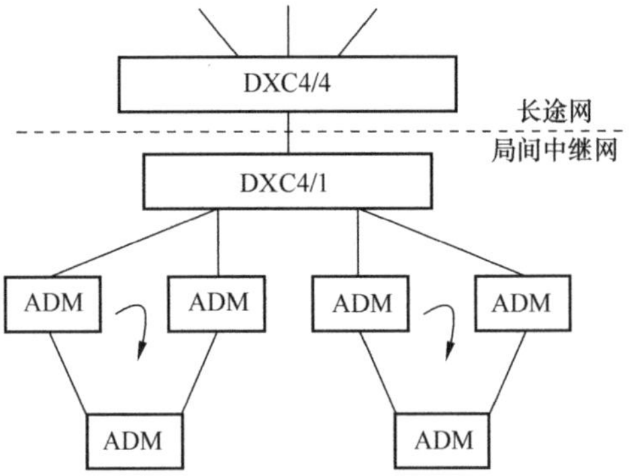

图 5-42 混合保护结构

5.6.5 各种自愈保护比较

前面主要讨论了线路保护倒换、ADM 自愈环和 DXC 自愈网，下面就应用情况做一个简单比较。

（1）线路保护倒换方式配置容易，网络管理简单，恢复时间很短（50ms 以内），但成本较高，一般用于保护较重要的光缆连接（1+1 方式）或两点间有较稳定的大业务量情况。

（2）自愈环具有很高的生存性，网络恢复时间也较短（50ms 以内），并具有良好的业务量疏导能力，但它的网络规划较难实现，很难预测今后的发展，可用于接入网、中继网和长途网。在用户接入网部分，适于采用通道保护环；而在中继网和长途网中，则一般采用双向复用段保护环；至于二纤或四纤方式的选取则要取决于容量要求和经济性的综合考虑。

（3）DXC 的保护方式也具有很高的生存性，在同样的网络生存性条件下所需附加的空闲容量远小于环形网络。一般附加的空闲容量仅需 10%～15%就足以支持采用 DXC 保护的自愈网，并且使用灵活方便，也便于规划和设计，因而 DXC 保护最适合于高度互连的网孔形拓扑，在长途网中应用较多。另外，利用 DXC 将多个环形网互连也是现在应用较多的一种方式。

（4）混合保护网的可靠性和灵活性较高，而且可以减少对 DXC 的容量要求，降低 DXC 失效的影响，改善了网络的生存性，另外，环的总容量由所有的交换局共享。

5.7　SDH 网同步

网同步是数字网所特有的问题，所谓网同步就是使网中所有交换节点的时钟频率和相位保持一致，或者说所有交换节点的时钟频率和相位都控制在预先确定的容差范围内，以便使网内各交换节点的全部数字流实现正确、有效的交换，以免由于数字传输系统中收/发定时的不准确导致传输性能劣化（误码、抖动等）。

5.7.1　网同步的工作方式

网同步的方式有好几种，如，主从同步方式、相互同步方式等。目前，各国公用网中交换节点时钟的同步主要采用主从同步方式。

1. 主从同步方式

主从同步方式是在网内某一主交换局设置高精度、高稳定度的时钟源（称为基准主时钟或基准时钟），并以其为基准时钟，通过树形结构的时钟分配网传送到（分配给）网内其他各交换局，各交换局采用锁相技术将本局时钟频率和相位锁定在基准时钟上，使全网各交换节点时钟都与基准主时钟同步，如图 5-43 所示。目前 ITU-T 将各级时钟分为以下 4 类：

（1）基准主时钟（PRC），精度达 1×10^{-11}，由 G.811 建议规范；

（2）转接局从时钟，精度达 5×10^{-9}，由 G.812（T）建议规范；

（3）端局从时钟，精度达 1×10^{-7}，由 G.812（L）建议规范；

（4）SDH 网元时钟（SEC），精度达 4.6×10^{-6}，由 G.813 建议规范。

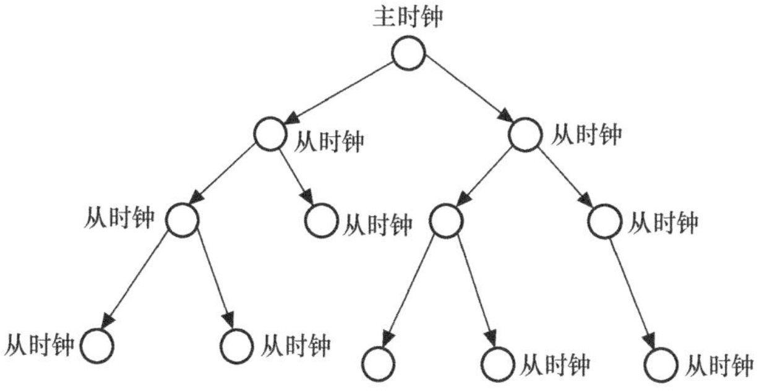

图 5-43　主从同步方式

主从同步方式一般用于一个国家、地区内部的数字网，它的特点是国家或地区只有一个基准主时钟，网上其他网元均以此基准主时钟来进行本网元的定时。其主要优点是：网络稳定性较好；组网灵活；适于树形结构和星形结构；对从节点时钟的频率精度要求较低；控制简单；网络的滑动性能也较好。主要缺点是：对基准主时钟和同步分配链路的故障很敏感，一旦基准主时钟发生故障，会造成全网的问题。为此，基准主时钟应采用多重备份以提高可靠性，同步分配链路也尽可能有备用。

2．相互同步方式

图 5-44 所示为相互同步方式。这种同步方式在网中不设主时钟，由网内各交换节点的时钟相互控制，最后都调整到一个稳定的、统一的系统频率上，从而实现全网的同步工作。网频率为各交换节点时钟频率的加权平均值。

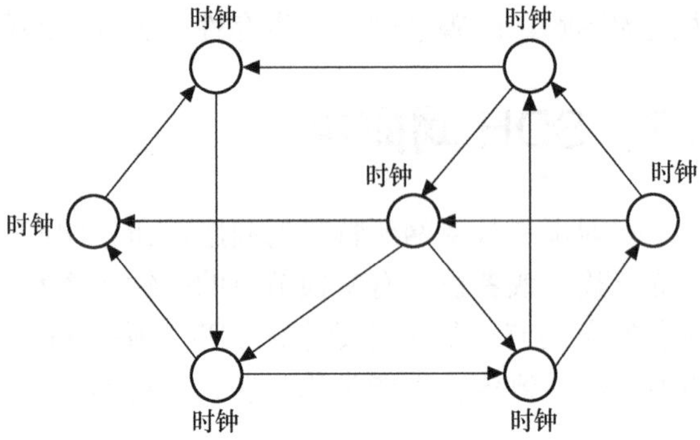

图 5-44　相互同步方式

相互同步方式的特点是由于各个时钟频率的变化可能相互抵消，因此，网频率的稳定性比网内各交换节点时钟的稳定性更高，并且这种同步方式对同步分配链路的失效不甚敏感，适于网孔形结构，对节点时钟要求较低，设备便宜。但是，其网络稳定性不如主从方式，系统稳态频率不确定，且易受外界因素影响，因此较少采用。

3．我国数字同步网的网络结构

我国数字同步网的网络结构是“多基准钟，分区等级主从同步”方式，如图 5-45 所示。其特点如下。

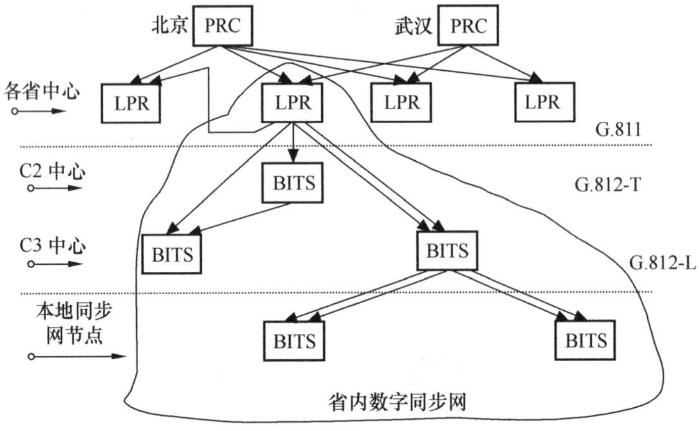

PRC：基准主时钟　LPR：区域基准钟　BITS：大楼综合定时供给系统

图 5-45　我国数字同步网的网络结构

（1）北京、武汉各建了一个以铯（Cs）钟为主、包括了 GPS 接收机的高精度基准主时钟，称为 PRC。

（2）其他各省中心以上城市（北京、武汉除外）各建立了一个以 GPS 接收机为主加铷（Rb）钟构成的高精度区域基准钟，称为 LPR。

（3）LPR 以 GPS 信号为主用，当 GPS 信号发生故障或降质时，该 LPR 转为经地面数字电路直接（或间接）跟踪于北京或武汉的 PRC。

（4）各省以本省中心的 LPR 为基准钟组建数字同步网。

（5）地面传输同步信号一般采用 PDH 2Mbit/s（2Mbit/s 专线或局间中继），在缺乏 PDH 链路而 SDH 已具备传输定时的条件下，可采用 STM-*N* 线路码流传输定时信号。

4．时钟类型和工作模式

（1）时钟类型。目前公用网中实际使用的时钟类型主要有如下 5 种。

① 铯（Cs）原子钟：这是一种长期频率稳定性和精度都很高的时钟，其长期频偏优于 1×10^{-11}，可以作为全网同步的最高等级的基准主时钟。不足之处是可靠性较差，平均无故障工作时间 5～8 年。

② 石英晶体振荡器（简称石英晶振）：这是一种应用十分广泛的廉价频率源，晶体钟长期频率稳定度和短期频率稳定度均比铯原子钟差，但其体积小、重量轻、耗电少、寿命长、价格低、频率稳定度范围很宽。一般，高稳定度石英晶振可以作为长途交换局和端局的从时钟，此时石英晶振采用窄带锁相环，并具有频率记忆功能。低稳定度石英晶振可以作为远端模块或数字终端设备的时钟。

③ 铷原子钟：这种时钟的性能（稳定度和精确度）和成本介于上述两种时钟之间。频率可调范围大于铯原子钟，长期稳定度比铯原子钟低一个量级左右，但具有出色的短期稳定度和低成本特性，寿命约 10 年。利用 GPS 校正铷钟的长期稳定性，也可达到一级时钟标准，因此，配置了 GPS 的铷钟系统常用作同步区的基准时钟。

④ 全球定位系统（GPS）：GPS 是由美国国防部组织建立并控制的利用多颗低轨道卫星进行全球定位的导航系统。这个系统通过 GPS 卫星广播方式向全球发送精确的三维定位信息和跟踪世界协调时（UTC）的时间信息，民用的时钟精度可达 1×10^{-13}。

⑤ 大楼综合定时供给系统（BITS）：属于受控时钟源，其结构如图 5-46 所示。BITS 的优点有：可以滤出传输过程中的瞬断、抖动和漂移，将高精度的、近乎理想的同步信号提供给楼内所需同步的各种设备；网络维护相对简单，不需要给每个业务设备专门提供同步分配链路和维护同步链路；可以提供完善的监视和信息提供功能；性能稳定，可靠精度可达二级钟或三级钟水平；具有 SSM 功能和其他一些避免定时环路的功能；具有方便在线升级改造的能力。

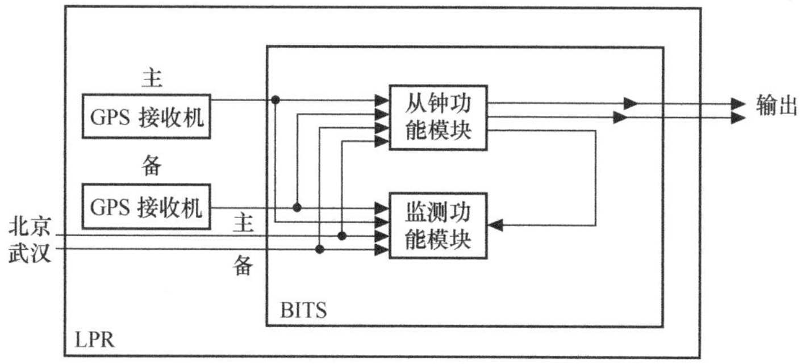

图 5-46　大楼综合定时供给系统结构图

（2）从时钟的工作模式。综上所述，在 SDH 同步网中，主要采取主从同步方式，节点从时钟通常有 3 种工作（运行）模式。

① 正常工作模式。正常工作模式是指从时钟同步于输入的基准时钟信号，即从站跟踪锁定的时钟基准是从上级站传来的，可能是网络中的主时钟，也可能是上级网元内置时钟源下发的时钟，也可能是本地区的 GPS 时钟。与其他两种模式相比，此时从时钟的工作模式精度最高。

② 保持模式。当所有定时基准丢失后，从时钟进入保持模式。此时，从时钟利用定时基准信号丢失之前所存储的最后频率信息作为其定时基准。也就是说，从时钟有“记忆”功能，通过“记忆”功能提供与原定时基准较相符的定时信号，以保证从时钟频率在长时间内与基准频率只有很小的频率偏差，使滑动损伤仍然在允许的指标范围内。但由于振荡器的固有频率会慢慢地漂移，故此种工作方式提供的较高精度时钟不能持续很久。这种方式可以应付长达数天的外定时中断故障。实际应用中，转接局时钟、端局时钟和一些重要的网元时钟都具备保持模式功能（如 TM、ADM 和 DXC），一些简单的小网元时钟也可以不具备此功能（如 REG）。

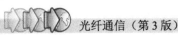

③ 自由运行模式。当时钟不仅丢失所有外部定时基准，也失去了定时基准记忆，或处于保持模式太长，或根本没有保持模式时，从时钟内部振荡器工作于自由振荡方式。此种模式的时钟精度最低。

5.7.2 SDH 网同步结构和同步方式

SDH 网络中的网同步结构采用主从同步方式，要求所有网元时钟的定时都能最终跟踪至全网的基准主时钟。同步定时的分配则随网络应用场合不同而异。

1. SDH 网同步结构

（1）局内定时分配。局内定时分配一般采用逻辑上的星形拓扑。所有的网元时钟都直接从本局内最高质量的时钟——BITS 获取。此时，BITS 跟踪上游时钟信号，并滤除由于传输所带来的损伤（如抖动和漂移），重新产生高质量的定时信号，用此信号同步局内通信设备。

在重要的同步节点或通信设备较多，以及通信网的重要枢纽都需要 BITS。BITS 是整个通信楼内或通信区域内的专用定时时钟供给系统，它从来自别的交换节点的同步分配链路中提取定时，并能一直跟踪至全网的基准时钟，并向楼内或区域内所有被同步的数字设备提供各种定时时钟信号。BITS 是专门设置的定时时钟系统，从而能在各通信楼或通信区域内用一个时钟统一控制各种网的定时时钟，如数字交换设备、分组交换网、数字数据网、7 号信令网、智能网、SDH 设备、宽带网等，故而解决了各种专业业务网和传输网的网同步问题，同时也利于同步网的监测、维护和管理。

局内定时从 BITS 到被同步设备之间的连线采用 2Mbit/s 或 2MHz 专线，如图 5-47 所示。

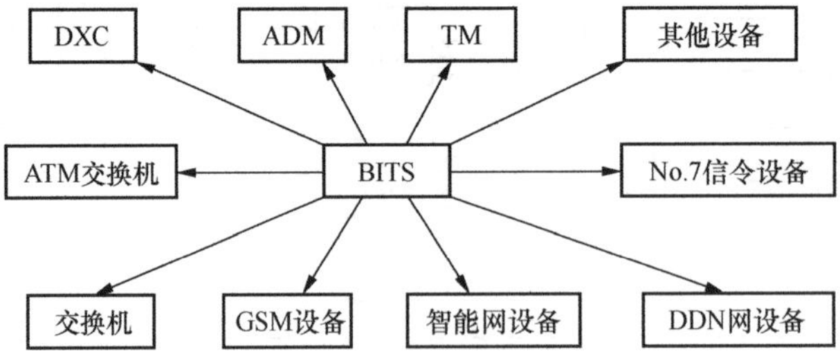

图 5-47　局内定时分配

图 5-47 中的设备都具有单独的外时钟输入口和输出口，接口类型有 2Mbit/s 或 2MHz，将 BITS 提供的定时信号通过 2Mbit/s 或 2MHz 的专线直接连接到设备的外时钟输入口上，并将设备的同步方式设置为外同步即可。这种结构的优点是同步结构简单、直观、便于维护；缺点是外连接线较多，发生故障的概率增大。同时，由于每个设备都直接连接到同步设备上，占用较多的同步网资源。

因此，在实际网络中，对这种星形结构做了一些改进。当局内的设备较多时，对同一类设备（如多个交换机）或组成系统的设备（如 TM、ADM、DXC 组成局内传输系统），可以进行同步串联，即将其中一个设备的外时钟输入口连到 BITS 上，其他与该设备相连的设备，其定时从业务信号中提取，如图 5-48 所示。

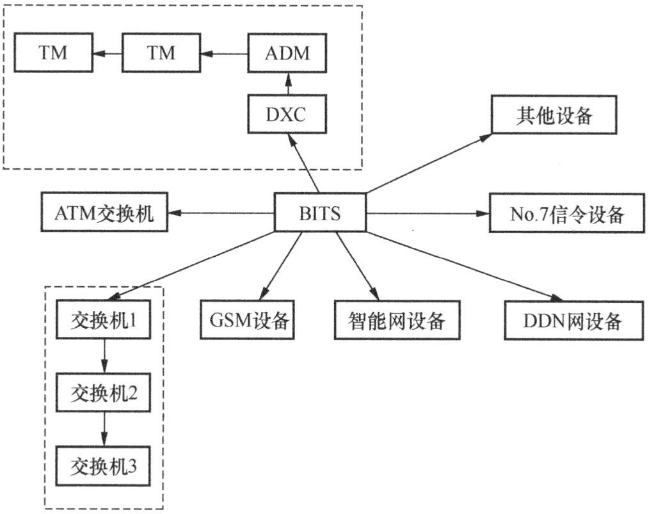

图 5-48　实际中的局内定时分配

（2）局间定时分配。局间定时分配是指在同步网节点间的定时传递。其一般采用树形拓扑，通过定时链路在同步网节点间将来自基准钟的定时信号逐级向下传递，如图 5-49 所示。上级时钟通过定时链路将定时信号传递给下游时钟，下游时钟提取定时，滤除传输损伤，重新产生高质量信号，提供给局内设备，并再通过定时链路传递给下游时钟。

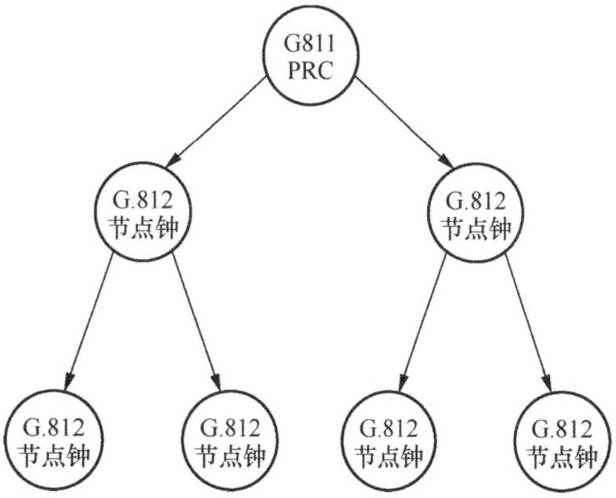

图 5-49　局间分配的同步网结构

低等级的时钟只能接收更高等级或同一等级时钟的定时，这样做的目的是防止形成定时环路（所谓定时环路是指传送时钟的路径——包括主用和备用路径形成一个首尾相连的环路，其后果是使环中各节点的时钟互相控制以脱离基准时钟，而且容易产生自激），造成同步不稳定。

目前采用的定时链路主要有两种：PDH 定时链路和 SDH 定时链路。

① PDH 定时链路。PDH 定时链路是指利用 PDH 传输链路传递同步网定时。定时链路包括 2Mbit/s 专线和 2Mbit/s 业务线。

- 2Mbit/s 专线定时链路的传递如图 5-50 所示，BITS 的定时信息送至传输系统，通过不带业务的 2Mbit/s 专线传递给下游时钟，下游时钟采用终结方式提取时钟信号。
- 2Mbit/s 业务定时链路的传递如图 5-51 所示，BITS 的定时信息通过交换机送至传输系统，随业务信号一起传递给下游时钟，下游时钟通过跨接方式提取时钟信号。

PDH 定时链路传递同步网定时的特点是：PDH 系统对同步网定时损伤小，适合长距离传递定时；网络结构简单，便于定时链路的规划设计；由于在同步网节点间无传输系统时钟的介入，当定时链路发生故障时，下游时钟可迅速发现故障，便于定时恢复。

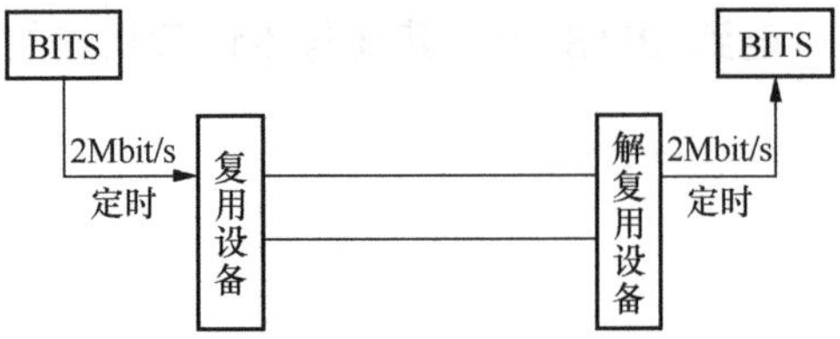

图 5-50　2Mbit/s 专线定时链路的传递

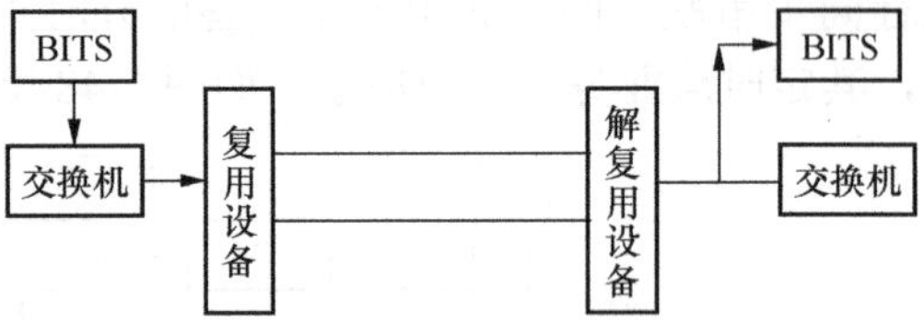

图 5-51　2Mbit/s 业务定时链路的传递

② SDH 定时链路。SDH 定时链路是指利用 SDH 传输链路传递同步网定时。与 PDH 定时链路不同，由于 SDH 指针调整技术，不宜采用从 STM-*N* 信号中分解（解复用）出 2.048Mbit/s 信号作为基准定时信号，因为在分解的过程要进行指针调整，而指针调整会引起相位抖动，继而影响时钟的定时性能。SDH 定时链路一般采用 STM-*N* 信号传递定时。在定时链路始端的 SDH 网元通过外部时钟信号进行同步网定时，将定时信号承载到 STM-*N* 上。在 SDH 系统中，若其他 SDH 网元与其同步，则该网元时钟接收线路定时信号，并为发送的线路时钟提供定时。这样，同步网定时信号承载到 STM-*N* 上，通过 SDH 系统传递下去。另外，在 SDH 定时链路上，不仅包括定时信号的传递，还包括同步状态信息（SSM）的传递。

SSM 也称为同步质量信息，用于在同步定时链路中传递定时信号的质量等级。复用段 S1 字节（b5～b8）表示时钟的质量等级，同步网中的节点时钟通过对 SSM 的解读获得上游时钟等级的信息后，以控制本节点的工作状态（如继续跟踪该信号、倒换输入基准信号或转入保持状态）。

2. SDH 网同步方式

SDH 网同步方式主要有全同步方式、伪同步方式、准同步方式和异步方式 4 种。

（1）全同步方式。全同步方式是指网中所有时钟都能最终跟踪到同一个网络的基准主时钟（PRC）。在这种运行方式中，SDH 指针调整只是由同步分配过程中不可避免的噪声引起的，呈随机性。在单一网络运营者所管辖的范围内，该方式是正常的工作方式，同步性能最好。

（2）伪同步方式。伪同步方式是指网络中有两个以上都遵守 ITU-T 的 G.811 建议要求的基准时钟，网络中的从时钟可能跟踪于不同的基准时钟，形成几个不同的同步网。由于各个基准主时钟的时钟精度高，网内各局的时钟虽不完全相同（频率和相位），但误差很小，接近同步，称之为伪同步。通常在不同运营者所管辖的网络边界，以及国际网络接口处，该方式是正常工作方式。

（3）准同步方式。当同步网中有一个节点或多个节点时钟的同步路径和替代路径都不能使用时，失去所有外同步链路的节点时钟将进入保持模式或自由运行模式，这时的同步方式为准同步方式。此时网络仍能维持负载的传送，但可能出现较多的指针调整。

（4）异步方式。当网络节点时钟出现很大的频率偏差时，则网络工作于异步方式。如果节点时钟精度低于 G.813 要求时，SDH 网络不再维持正常业务传送，而将发送 AIS 信号。发送 AIS 所需的时钟精度只要求有$\pm 20\times 10^{-6}$即可。

5.7.3　SDH 网元的定时

1. 网元定时方式

SDH 网元包括 DXC、ADM、TM 和 REG 等设备，用它们可以组成网孔形网、环形网、线形网等。这些不同的网元在 SDH 网中的地位、数量和应用有很大差别，因此，其同步配置和时钟要求也不尽相同。按取得定时信号的来源可以分成 3 种定时方式，如表 5-5 所示（其中从接收的 STM-*N* 信号中提取定时又可细分成 3 种）。

表 5-5　　SDH 网元定时方式

定时信号的来源	定 时 方 式
从外部定时源，通常为 BITS 获取	外同步输入定时
从接收的 STM-*N* 信号中提取	通过定时
	环路定时
	线路定时
从设备内部振荡器获取	内部定时

（1）外同步定时源。网元的同步由外部定时源供给，如图 5-52（a）所示。在数字同步网已经到达的地方，可以从大楼定时供给系统（BITS）取得定时基准信号。在没有 BITS 的地方，可以从已经锁定在同步网频率基准上的设备获得，如从 PDH 网同步中的 2 048kHz 和 2 048kbit/s 同步定时源取得或从 DXC1/0 上取得。ADM 和 DXC 优先采用此种方式。

（2）从接收的 STM-*N* 信号中提取定时。从接收的 STM-*N* 信号中提取定时是广泛应用的同步定时方式。随着应用场合的不同，该方式又细分为通过定时、环路定时和线路定时 3 种，如图 5-52（b）、图 5-52（c）和图 5-52（d）所示。

① 通过定时。网元从同方向终结的 STM-*N* 输入信号中提取定时信号，并由此再对输出的 STM-*N* 发送信号进行同步，因而每个网元将有两个方向的定时信号，如图 5-52（b）所示。REG 通常采用此种定时方式。

② 环路定时。网元输出的 STM-*N* 信号的时钟，是从相应的 STM-*N* 接收信号中提取的，如图 5-52（c）所示。TM 主要采用此种定时方式。

③ 线路定时。网元所有发送的 STM-*N*/*M* 信号的定时信号都是由某一特定的输入 STM-*N* 信号中提取的，如图 5-52（d）所示。ADM 和 DXC 可采用此种定时方式。

（3）内部定时源。网元都具备内部定时源，以便在外同步源丢失时可以使用内部自身的定时源。当内部定时源具有保持能力（如 DXC、ADM 和 TM）时，首先工作于保持模式。失去保持后，还可工作于自由振荡模式。当内部定时源无保持能力（如 REG）时，只能工作于自由振荡模式，如图 5-52（e）所示。

随着网元的不同，对其内部定时源的要求也不同。REG 只要求内部定时源的频率准确度为$\pm 20\times 10^{-6}$即可；TM、ADM 要求内部定时源的频率准确度为$\pm 4.6\times 10^{-6}$；DXC 随应用不同，其时钟既可以是 2 级或 3 级时钟，也可以是频率准确度为$\pm 4.6\times 10^{-6}$的时钟。

2．SDH 网元时钟定时方法的具体应用

TM 通常不具备外同步接口，一般采用环路定时，但在某些网络应用场合，TM 可能会遇到没有任何外部数字连接的情况，此时必须提供自己的内部时钟并处于自由运行模式。

ADM 为了使性能最好，尽量选用外同步方式，当丢失定时基准时进入保持模式，维持系统定时。ADM 根据需要也可选用通过定时和线路定时方式。

REG 采用通过定时方式，当正常工作时，只能从同方向终结的 STM-*N* 信号中获取定

时。当基准定时丢失后，可以转向内部精度较低的时钟，处于自由震荡状态。

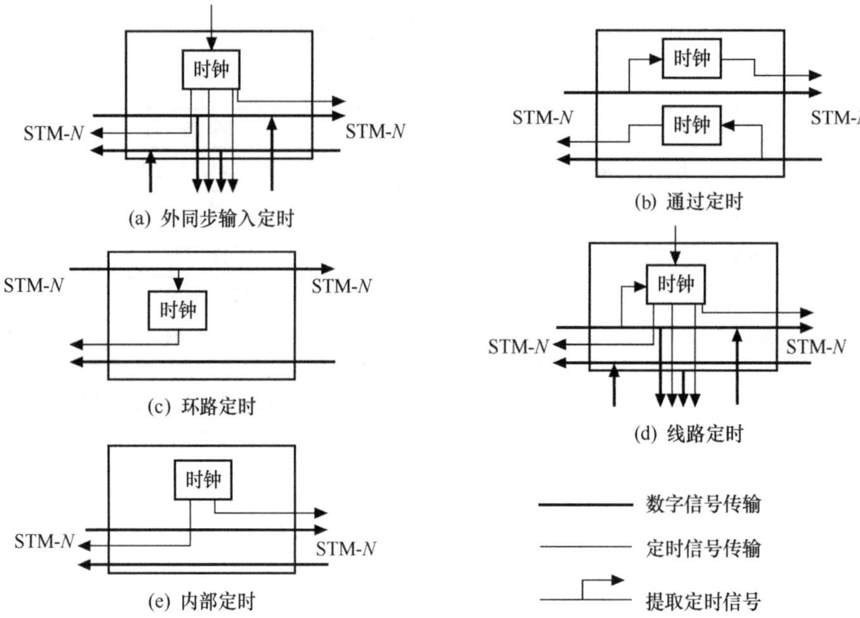

图 5-52　SDH 网元的定时方式

DXC 一般同步于局内 BITS，有些情况下也可采用 DXC 时钟作局内同步分配网的主时钟，或者即使跟踪于局内的 BITS，但仍用其作进一步同步分配的安排，此时 DXC 必须配置足够的同步输出口才行。

5.8　SDH 网络管理

电信管理网（TMN）是利用一个具备一系列标准接口（包括协议和消息规定）的统一体系结构来提供一种有组织的结构，使各种不同类型的操作系统（网管系统）与电信设备互连，从而实现电信网的自动化和标准化管理，并提供大量的各种管理功能。这样，可以实现多种不同设备的统一管理，降低了网络 OAM 成本，又促进了网络与业务的发展和演变。

SDH 管理网是 TMN 的一个子网，它的体系结构继承和遵从了 TMN 的结构。SDH 在帧结构中安排了丰富的开销比特，从而使其网络的监控和管理能力大大增强。

5.8.1　SDH 网管的基本概念

1. 基本概念

TMN 是最一般的管理网范畴，SDH 管理网（SMN）是它的一个子集，专门负责管理 SDH 网元（NE），SMN 又可细分成一系列的 SDH 管理子网（SMS），一个 SMS 是以数据通信通路（DCC）为物理层的嵌入控制通路（ECC）互连的若干网元（NE），其中至少应有一个网元具有 Q 接口，并可通过此接口与上一级管理层互通，这个能与上级互通的网元称为网关网元（GNE）。

TMN、SMN 与 SMS 的关系，可用图 5-53 来表示，图 5-54 所示的是一个具体应用示例，可以有助于理解三者之间的相互关系。图 5-54 中 SMS 内部各个 NE 经 ECC 互连，局站内也可用本地通信网（LCN）互连。OS 可以有多层，直接与 NE 打交道的低层 OS 往往用 Q_3 接口与 GNE 相连。

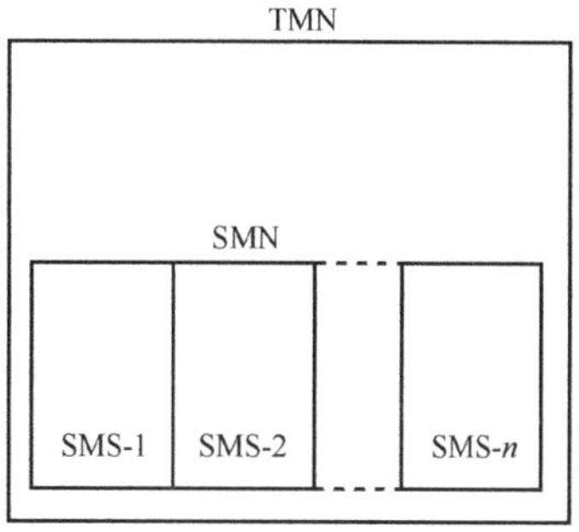

图 5-53　TMN、SMN 与 SMS 的关系

SDH NE 与 TMN 其他部分的连接可以通过一系列标准接口，如与工作站（WS）的连接可以通过 F 接口，与 OS 的连接通过标准的 Q_3 接口或简化的 Q_3 接口。

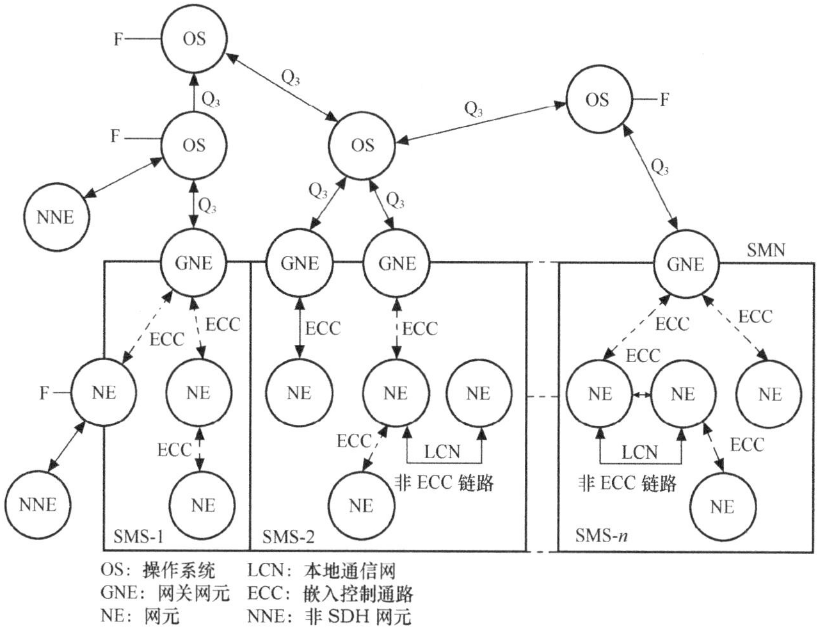

图 5-54　SMN、SMS 和 TMN 关系示例

具有智能的网元和采用嵌入的 ECC 是 SMN 的重要特点，这两者的结合使 SMN 信息的传送和响应时间大大缩短，而且可以将网管功能经 ECC 下载给网元，从而实现分布式管理。可以说，具有强大的、有效的网络管理能力是 SDH 的基本特点。

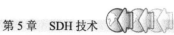

2．SMS 的结构特点

（1）在同一设备站内可能有多个可寻址的 SDH NE，要求所有的 NE 都能终结 ECC，并要求 NE 支持 Q3 接口和 F 接口。

（2）不同局站的 SDH NE 之间的通信链路通常由 SDH ECC 构成。

（3）在同一局站内，SDH NE 可以通过站内 ECC 或 LCN 进行通信，趋势是采用 LCN 作为通用的站内通信网，既为 SDH NE 服务，又可以为非 SDH NE 服务。

3．SMS 的 ECC 拓扑

由于实际的网络配置情况是千变万化的，因而 ITU-T 并不打算对 ECC 的物理传送拓扑进行限制；作为 ECC 物理层的 DCC 可以通过多种拓扑形式实现互连，如线形（总线形）、星形、环形和网孔形等。嵌入控制通路（ECC）的物理层是 DCC，DCC 由 SDH 段开销（SOH）中 D1～D12 共 12 个字节组成，其中 D1～D3 为再生段 DCC，D4～D12 为复用段 DCC。

通常，一个 SMS 内至少应该有一个 NE 可以与 OS 相连，以便与 TMN 相通。这类能与 OS 相连的 NE 称为网关网元（GNE），如图 5-54 所示。GNE 能为送往 SMS 内任何末端系统的 ECC 消息执行中间系统网络层选路由功能；GNE 还能支持统计复用功能，并执行协议转换、地址映射和消息转换等功能。

4．SMN 分层

SDH 的网络管理可以划分为 5 层，从下至上分别为网元层（NEL）、网元管理层（EML）、网络管理层（NML）、业务管理层（SML）和商务管理层（BML）。图 5-55 所示为 SDH 管理网的分层结构（只列出了下 3 层）。

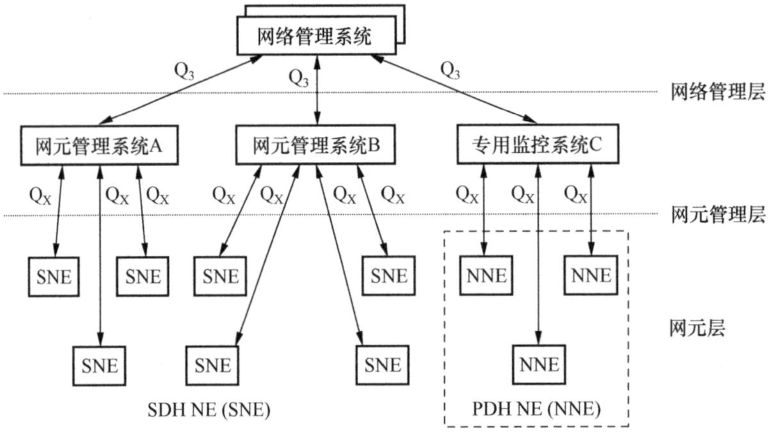

图 5-55 管理网络等级

（1）网元层。网元层（NEL）是最基本的管理层，它本身具有一定的管理功能，主要向上层网管提供网元的状态等信息，并负责解释上层网管下达的命令。网元层的基本功能应包含单个 NE 的配置、故障和性能等管理功能。网元层分为两种管理方式，一种是网管系统将很多管理功能经软件下载给 NE，使单个网元具有很强的管理功能，可以实现分布式管理，此时，网络对各种发生事件的反应十分迅速；另一种是给网元以很弱的功能，将大部分管理功能集中在网元管理层上。

（2）网元管理层。网元管理层（EML）直接参与管理个别网元或一组网元，网元管理层直接控制设备，其管理功能由网络管理层分配，提供诸如配置管理、故障管理、性能管理、安全管理、计费管理等功能。通常是在某些操作系统（如工作站）上开发一些软件来完成该层功能。这些操作系统被称为网元管理系统或网元管理器（EM）。也可利用子网管理系统管理多个 EM，以便在更大范围内实现网元管理层的功能。

（3）网络管理层。网络管理层（NML）负责对所辖区域的网络进行集中式或分布式控制管理，如电路指配、网络监视、网络分析统计等功能可以实现集中控制，而维护、告警处理、保护等功能则可以分配给地区性子网管理中心来控制。通常网络管理层应具备 TMN 所要求的主要管理应用功能，完成对若干个网元管理系统（EM）或子网级管理系统的管理和集中监控，并能对多数不同厂家的网元管理器进行协调和通信。

（4）业务管理层。业务管理层（SML）负责处理服务的合同事项。主要承担下述任务：①为所有服务交易（包括服务的提供和中止、计费、业务质量及故障报告等）提供与用户的基本联系点；②与网络管理层、商务管理层及业务提供者进行交互；③维护统计数据（如服务质量）；④服务之间的交互。

（5）商务管理层。商务管理层（BML）是最高的逻辑功能层，负责总的企业运营事项，主要涉及经济方面，包括商务管理和规划。

5.8.2　SDH 网管功能

SDH 网管系统利用帧结构中丰富的开销字节，实施对 SDH 设备和 SDH 传送网的各项管理。SDH 管理系统主要的管理功能如下所述。

1．故障管理

故障管理是指对不正常的电信网运行状况和环境条件进行检测、隔离和校正。包括：告警监视，收集报告不同网络的传输缺陷状态和指示信号，如 LOS、LOP、AIS 等；告警历史管理，存储某一特定期间内的告警记录并提供查询和整理这些告警记录的支持；测试管理，出于测试目的而进行的某些控制操作，如在各个层网络的环回控制等。

2．性能管理

性能管理是指提供有关通信设备的运行状况、网络及网络单元效能的报告和评估。包括：数据收集，有物理媒质层、再生段层、复用段层、高阶/低阶通道层误码等性能参数的收集；存储数据，存储多个 15min 间隔、24h 间隔的历史性能参数；门限管理，对性能参数的门限进行管理，方法是查询和设定某一性能参数的门限，当性能参数越过规定的门限时发出越限报告；统计事件，对 SDH 系统特有的一些事件（如指针调整事件）进行计数。

3．配置管理

配置管理涉及网络的实际物理安排，实施对网元的控制、识别、数据交换，配置网元和通道。包括：设备工作状态的设定和控制，包括 APS 状态和倒换管理，设置和释放人工、强制或自动保护倒换；设备工作参数的设定和检索，包括软件和硬件的工作模式和版本的设定与检索；连接管理，包括对网元内二端口和三端口交叉连接矩阵的管理及对设备的控制、识别和删除；开销字节的设置和检索。

4．安全管理

安全管理是指为网络的安全提供周密的安排，一切未经授权的人都不得进入网络系统。具体包括用户管理、口令管理、操作权限管理、操作日志管理等。安全管理涉及注册、口令和安全等级等。例如，可以把安全等级分为 3 个等级：操作员级（仅能看，不能改）、班长级（不仅能看，还能改变除了安全等级以外的所有设置）和主任级（不仅能看，还能改变所有设置）。

5．综合管理

综合管理主要包括人机界面管理、报表生成和打印管理、管理软件的下载及重载管理等。

由于目前 SDH 网管系统属于分布式处理系统，因此，已实现的大部分网络都是依靠不同层次的管理部件协同工作来实现管理的。

5.9 SDH故障处理与案例分析

1. LP16板版本不一致导致二纤双向复用段环不能正常倒换的问题

ZXSM-II型机、2500E组成的二纤双向复用段保护环。环网断纤在进行断纤测试时，保护倒换不正常，业务中断。

故障分析：复用段保护倒换不正常，首先判断APS配置是否正确，是否启停，节点的保护倒换状态是否正常；而且要保证复用段保护配置没有问题。再通过环回判断故障点。其次，LP16板的故障和单板软件版本也是重要因素。一个站点同一方向的LP16板的版本应该保持一致。否则导致环网保护不能正常执行。再就是考虑CSX的故障。

故障处理：查询后该环网中4#LP16板的软件版本与7#LP16版本不一致，升级后，故障排除。

2. 复用段保护关系失效导致复用段倒换不正常

某本地传输网采用ZXSM-10G系统组网，整个网络为一个二纤双向复用段共享保护环。升级前运行正常，但全网升级（包括网管、网元、单板的逐一升级）后，复用段倒换不正常，网管上查询APS标识已启动，保护关系配置正确。

故障分析：复用段无法正常倒换产生的原因可能包括光纤错连、APS标识错误、APS暂停或复用段保护关系配置错误等。由于在升级前工作正常，因此排除光纤错连和APS标识错误两个故障原因，定位故障的发生可能是由升级后网管复用段倒换数据失效导致。

故障定位和排除步骤：首先通过网管对该复用段保护环上的每个网元重新启动APS标识，下发命令后再次进行复用段保护倒换测试，倒换仍然不正常。通过网管清空原复用段保护关系的配置信息，下发清除命令，并按照原保护关系重新进行配置，命令下发后，倒换恢复。

3. 时钟板S口通信故障导致换板时业务中断

某局由4端2500E设备组成一个2.5G复用段保护环，中心局点使用内时钟，其他3端设备从中心局提取线路时钟。

故障现象：一日局方反映和中心局直接有光路连接的某站点一直有指针调整事件。

故障分析：到网管上进行检查，发现13槽位的SC板上报时钟源丢失的告警，检查时钟情况，发现该站点一直处于内时钟状态，而14槽位的SC板无任何告警。一般来说线路时钟丢失，两块时钟板应该同时上报告警，但是现在只有一块时钟板上报告警，显得有点不正常，将时钟板进行强制切换，告警现象不变，检查时钟源，发现仍然工作在13槽位的时钟板上，怀疑13槽位的时钟板S口通信问题影响时钟源对13槽位的时钟板进行S口通信测试，发现不提取时钟，然后将强制状态仍然设置在13槽位时钟板上。

故障处理：首先复位13槽位SC板，没有效果，将13槽位SC板拔出，此时业务发生中断，赶紧将新带的单板插入，等单板运行正常后业务也恢复了正常，对13槽位SC板进行S口通信测试，正常，检查时钟源，显示提取线路时钟正常。

思考：对于交叉板和时钟板，在网管中默认的强制状态是清除状态，但是往往由于一些误操作，将强制状态设置为某块固定的单板，这样就会发生拔插单板的时候业务中断的现象。

4．复用段 APS 协议失效造成业务中断的处理方法

某局由 6 端 II 型机和一端 2500E 设备组成一个 2.5G 复用段保护环，在初验时进行过复用段保护倒换的测试，测试正常。一日，局方电话通知说环上两个站点之间光缆中断，业务时通时断。

故障分析：由于走之前进行过复用段的保护倒换测试，可以确保复用段的配置是没有问题的，这种故障现象很可能是某块单板故障或者处理 APS 协议的寄存器发生紊乱造成的。电话指导局方检查两个站点的告警情况，发现其中一个站点频繁上报复用段保护倒换事件，由此基本判断是 APS 协议的寄存器发生了问题。

故障处理：将断纤的两个站点的 APS 协议复位，然后重新启动，业务恢复正常。

窍门：一般来说，复用段倒换后，业务时通时断，说明复用段协议也是一会儿个启动一会儿停止，这时候可以考虑复位 APS 协议来解决。

5．时钟板故障导致光板上报帧丢失或接收信号丢失告警

有一台 ZXSM-10G 设备在运行中突然所有光板上报“帧丢失”和“接收信号丢失”告警。当设备上报光接收信号丢失或帧丢失告警时，可首先怀疑光板的问题，采用自环光板的方法确定故障点在本端还是在远端。由于 SDH 信号调制以同步为前提，时钟故障也可导致以上告警，所以也不能忽略时钟板的问题。自环定位故障网元后，更换光板，但告警依旧，确定不是该网元光板的故障。更换时钟板，故障排除。

结论：故障的真正原因是 SC 板故障后，系统内无可用的定帧时钟，光板发出的信号无法成帧，最终导致上报帧丢失或接收信号丢失告警。

6．光板故障引发的 R-LOS 告警及倒换

某局 II 型机设备组成一个 622M 的通道保护环。一日两个站点之间上报 R-LOS 告警，引发通道环保护倒换。

故障分析以及处理：首先考虑光纤是否中断，由于两个站点之间距离比较远，而且中间跳纤比较多，如果定位那段光缆中断需要的时间比较长，我司工程人员正好在现场，首先要确定是否光板故障。通过查询网管，我们发现一个站点上的 NCP 板报 7 槽位 OL4 板的板类型失配告警，怀疑光板发生了故障，到该站点检查发现 7 槽位 OL4 板告警灯长亮，运行灯闪烁明显比其他业务单板慢，怀疑单板故障，硬复位单板，故障依然，将该板拔出后重新插入，告警消失。

思考：碰到 R-LOS 的告警，大家首先考虑的是光缆中断的情况，实际上也不能排除光板故障的可能，针对光缆中断而言，处理光板的时间要短得多了。

实践项目与教学情境

情境 1：到光纤通信实训室或运营商传输机房，考察了解相关的 SDH 设备及组网情况，画出本地传输网络的结构图，分析传输网络的保护机制。

情境 2：到光纤通信实训室进行设备维护实验，观察告警的产生、分析原因并进行故障处理，撰写报告。

情境 3：到光纤通信实训室了解相关网元设备的基本组成，并进行区别，撰写设备分析报告。

小结

（1）SDH 是一套可进行同步信息传输、复用、分插和交叉连接的标准化数字信号的结构等级，而 SDH 网络则是由一些基本网络单元（NE）组成的、在传输介质上（如光纤、微波等）进行同步信息传输、复用、分插和交叉连接的传送网络。

（2）SDH 采用一套标准化的信息结构等级 STM-N（N=1，4，16，64，…）。其传输速率为 155.520Mbit/s、622.080Mbit/s 和 2 488.320Mbit/s 等。

（3）SDH 的帧结构为矩形块状帧结构，它由 9 行×270×N 列字节组成，帧周期为 125μs，整个帧结构由段开销、信息净负荷和管理单元指针 3 个区域组成。

（4）将各种速率的信号装入 SDH 帧结构，需要经过映射、定位和复用 3 个步骤。

（5）指针定义为 VC-n 相对于支持它的传送实体参考点的帧偏移，指针的使用允许 VC 可以在帧内“浮动”。在我国的复用映射结构中，有 3 种指针：AU-4 PTR、TU-3 PTR 和 TU-12 PTR。

（6）SDH 开销是实现 SDH 网管的比特。开销有两大类，SOH 和 POH，SOH 有 RSOH 和 MSOH 两种，POH 有 LPOH 和 HPOH 两种。

（7）SDH 传输网由各种网元构成，网元的基本类型有 TM、ADM、SDXC、REG 等。

（8）SDH 网络的基本物理拓扑结构有 5 种类型：线形、星形、树形、环形和网孔形。

（9）自愈网是指通信网络发生故障时，无需人为干预，网络就能在极短的时间内从失效故障中自动恢复所携带的业务，使用户感觉不到网络已出了故障。当前广泛研究的 3 种自愈技术是线路保护倒换、ADM 自愈环和 DXC 网状自愈网。

（10）网同步是数字网所特有的问题。目前，同步方式主要有主从同步方式和相互同步方式两种。我国数字同步网采用“多基准钟，分区等级主从同步”的方式。

（11）SDH 网元定时方式有外同步定时源、从接收的 STM-N 信号中提取的定时和内部定时源 3 种。

（12）SMN 是 TMN 的一个子集，专门负责管理 SDH 网元。SMN 分为 5 层，从下至上分别为网元层（NEL）、网元管理层（EML）、网络管理层（NML）、业务管理层（SML）和商务管理层（BML）。SDH 管理系统的功能包括故障管理、性能管理、配置管理、安全管理和综合管理。

思考题与练习题

5-1　PDH 存在的主要问题是什么？

5-2　SDH 的特点是什么？其速率是多少？

5-3　SDH 的帧结构由几部分组成？各部分的功能是什么？

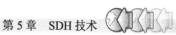

5-4　试说明 2.048Mbit/s 和 139.264Mbit/s 的 PDH 信号复用映射成 STM-*N* 信号的过程。

5-5　举例说明如何将 139.264Mbit/s 信号异步映射进 VC-4。

5-6　指针的作用是什么？有哪些种类？以 AU-4 PTR 为例，说明如何进行指针调整。

5-7　SDH 开销有哪些种类？每一种开销的作用是什么？

5-8　何为 BIP-*n*？SDH 是如何进行误码监测的？

5-9　SDH 传输网由哪些基本的网元构成？每种网元的功能是什么？

5-10　说明 1＋1 和 1:1 线路保护倒换两种方式的区别是什么？

5-11　画图说明二纤单向通道保护环和二纤双向复用段保护环的工作原理。

5-12　ITU-T 将时钟的等级分为几级，每级时钟的精度是多少？

5-13　说明我国数字同步网的网络结构。

5-14　主从同步方式中，节点从时钟的工作模式有哪些？

5-15　SDH 网元的定时方式有哪些？如何防止定时环路的产生？

5-16　SDH 的网络管理可以划分为几个层次？每层的功能是什么？

5-17　SDH 网管的功能有哪些？

5-18　出现 R-LOS 告警时，应如何处理？

第 6 章 WDM 系统

本章内容

- WDM 技术概述和系统结构。
- WDM 系统设备与组网。
- WDM 系统的关键技术。
- WDM 系统规范。

本章重点、难点

- WDM 系统结构与设备。
- WDM 系统规范。
- WDM 系统的关键技术。

本章学习的目的和要求

- 掌握 WDM 概念和系统结构。
- 掌握 WDM 系统的设备和组网。
- 了解 WDM 系统的关键技术。
- 掌握 WDM 系统规范。

本章实践要求及教学情境

- 到到光纤通信实训室或运营商传输机房，考察了解相关 WDM 设备和组网情况。

6.1 WDM 技术概述

6.1.1 WDM 概述

1. WDM 技术产生背景

随着话音业务的快速增长和各种新业务的不断涌现，特别是 IP 技术的广泛应用，网络扩容受到严重的挑战。传统的传输网络扩容方法采用空分多路复用（SDM）和时分多路复用（TDM）两种方式。

（1）空分多路复用

SDM 是通过增加光纤数量的方式线性地增加传输系统的容量，传输设备也随之线性地增加。这种方式并没有充分利用光纤的传输带宽，造成光纤带宽资源的浪费。对于通信网络的建设，不可能总是采用敷设新光纤的方式来扩容。因此，SDM 的扩容方式十分受限。

（2）时分多路复用

TDM 是一项比较常用的扩容方式，通过时分复用技术，可以成倍地提高光传输系统的容量，极大地降低了每条电路在设备和线路方面投入的成本。但时分复用的扩容方式有两个缺陷：一是影响业务，即在“全盘”升级至更高的速率等级时，网络接口及其设备需要完全更换，所以在升级时需中断正在运行的设备；二是速率的升级缺乏灵活性。虽然 TDM 是一种普遍采用的扩容方式，可以通过不断地进行系统速率升级实现扩容的目的，但当达到一定的速率等级时，会由于器件和线路等各方面特性的限制而不得不寻找另外的解决办法。

不管是采用 SDM 还是 TDM 的扩容方式，基本的传输网络均采用单一波长的光信号传输，这种传输方式是对光纤容量的一种极大浪费，因为光纤的带宽相对于目前我们利用的单波长信道来讲几乎是无限的。WDM 技术就是在这样的背景下应运而生的，它不仅大幅度地增加了网络的容量，而且还充分利用了光纤的宽带资源，减少了网络资源的浪费。

2．WDM 的概念和特点

（1）WDM 的概念

波分复用（WDM）技术是在一根光纤中同时传输多个波长光信号的一项技术。其基本原理是在发送端将不同波长的光信号组合起来（复用），并耦合到光缆线路上的同一根光纤中进行传输，在接收端又将组合波长的光信号分开（解复用），并作进一步处理，恢复出原信号后送入不同的终端，因此，将此项技术称为光波长分割复用，简称光波分复用技术。

可以将一根光纤看作是一个“多车道”的公用道路，传统的 TDM 系统只不过利用了这条道路的一个车道，提高比特率相当于在该车道上加快行驶速度来增加单位时间内的运输量；而使用 WDM 技术，类似利用公用道路上尚未使用的车道，以获取光纤中尚未开发的巨大传输能力。

由于目前一些光器件与技术还不十分成熟，因此，要实现光信道非常密集的光频分复用（OFDM）是很困难的。在这种情况下，人们通常把光信道间隔较大的几十 nm（甚至在光纤的不同窗口上）的复用称为光波分复用（WDM），而把在同一窗口中信道间隔较小的波分复用称为密集波分复用（DWDM）。目前，已经能够实现波长间隔为纳米级的复用，甚至可以实现波长间隔为零点几个纳米级的复用，只是在器件的技术要求上更加严格而已。在 1 550nm 波长区段内，可实现 8、16、32 或更多个波长复用在一对光纤上（也可采用单根光纤）传输，其中各个波长之间的间隔为 1.6nm、0.8nm、0.4nm 或更低，约对应于 200GHz、100GHz、50GHz 或更窄的带宽。

WDM、DWDM 和 OFDM 在本质上没有多大区别。以往习惯采用 WDM 和 DWDM 来区分是 1 310/1 550nm 简单复用还是在 1 550nm 波长区段内密集复用，但目前都采用 DWDM 技术。由于 1 310/1 550nm 的复用超出了 EDFA 的增益范围，只在一些专门场合应用，所以经常用 WDM 这个更广义的名称来代替 DWDM。本书中也是这样。

WDM 系统的基本组成光谱示意如图 6-1 所示。发送端的光发射机发出波长不同而精度和稳定度满足一定要求的光信号，经过光波长复用器复用在一起送入功率放大器（主要用来弥补合波器引起的功率损失和提高光信号的发送功率），再将放大后的多路光信号送入光纤中传输，中间可以根据情况决定有或没有光线路放大器，到达接收端，经光前置放大器（主要用于提高接收灵敏度，以便延长传输距离）放大以后，送入光波长分用器分解出原来的各路光信号。

（2）WDM 技术的特点

① 充分利用光纤的巨大带宽资源。

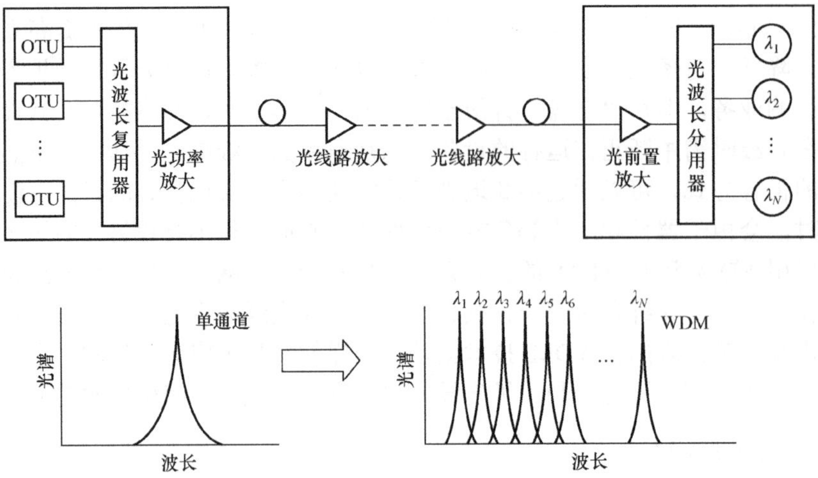

图 6-1 WDM 系统的基本组成及频谱示意图

光纤具有巨大的带宽资源（低损耗波段），但其利用率还很低，WDM 技术使一根光纤的传输容量比单波长传输增加几倍至几十倍，甚至几百倍，从而增加了光纤的传输容量，降低了成本，具有很大的应用价值和经济价值。

② 多种类型的信号可同时传输。

由于 WDM 技术使用的各波长的信道相互独立，因而可以传输特性和速率完全不同的信号，完成各种电信业务信号的综合传输，如 PDH 信号和 SDH 信号，数字信号和模拟信号，多种业务（音频、视频、数据等）的混合传输等。

③ 系统升级时能最大限度地保护已有投资。

在网络扩充和发展中，WDM 技术无需对光缆线路进行改造，只需更换光发射机和光接收机即可实现，是理想的扩容手段，也是引入宽带业务（例如：IP、CATV、HDTV 等）的方便手段，而且利用增加一个附加波长即可引入任意想要的新业务或新容量。

④ 高度的组网灵活性、经济性和可靠性。

利用 WDM 技术构成的新型通信网络比用传统的电时分复用技术组成的网络结构要大大简化，而且网络层次分明，各种业务的调度只需调整相应光信号的波长即可实现，由此而带来的网络灵活性、经济性和可靠性是显而易见的。

⑤ 降低器件的超高速要求。

随着传输速率的不断提高，许多光电器件的响应速度已明显不足，使用 WDM 技术可降低对一些器件在性能上的极高要求，同时又可实现大容量传输。

⑥ 可兼容全光交换。

可以预见，在未来有望实现的全光网络中，各种电信业务的上/下、交叉连接等都是在光路上通过对光信号波长的改变和调整来实现的。因此，WDM 技术将是实现全光网的关键技术之一，而且 WDM 系统能与未来的全光网兼容。

6.1.2 WDM 工作方式

WDM 的工作方式有双纤单向和单纤双向两种传输方式。

（1）双纤单向传输

如图 6-2 所示，双纤单向传输是指一根光纤只完成一个方向光信号的传输，反向光信号的传输由另一根光纤来完成。因此，同一波长在两个方向上可以重复利用。

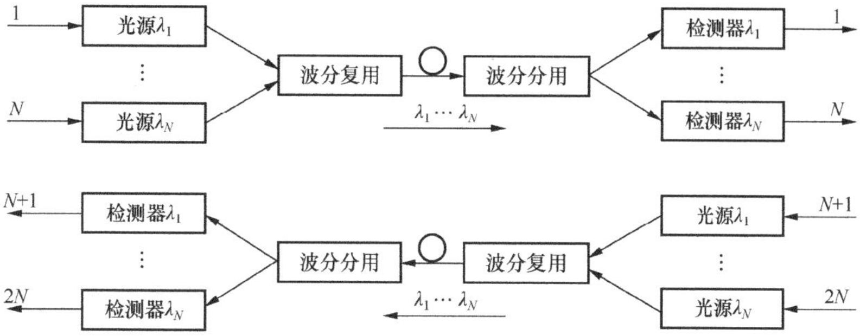

图 6-2 双纤单向传输的 WDM 系统

（2）单纤双向传输

如图 6-3 所示，单纤双向传输是指在一根光纤中实现两个方向光信号的同时传输，两个方向的光信号应安排在不同的波长上。

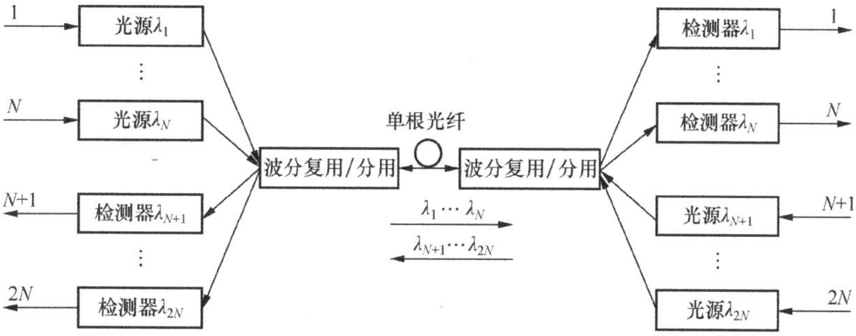

图 6-3 单纤双向传输的 WDM 系统

双纤单向传输的 WDM 系统在开发和应用方面都比较广泛。而单纤双向传输的 WDM 系统的开发和应用相对来说要求更高，但可以减少使用光纤和线路放大器的数量。

另外，通过在中间设置光分插复用器（OADM）或光交叉连接器（OXC）可以实现各波长的光信号在中间站的分出与插入，即完成光路的上/下，如图 6-4 所示。利用这种方式可以完成 WDM 系统的环形组网。目前，OADM 只能够做成固定波长上/下的器件，从而使该种工作方式的灵活性受到一定限制。

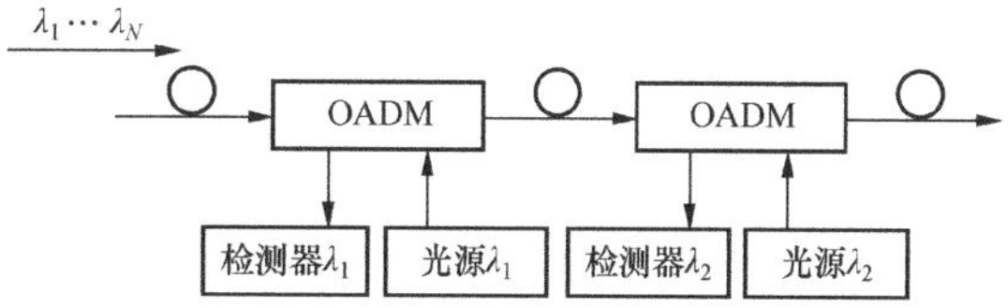

图 6-4 光信号的分出和插入传输

6.1.3 WDM 系统类型

WDM 系统可以分为集成式 WDM 系统和开放式 WDM 系统两大类。

1．集成式 WDM 系统

集成式 WDM 系统要求 SDH 终端设具有满足 G.692 的光接口：标准的光波长和满足长距离传输的光源，这两项指标都是当前 SDH 系统（G.957 接口）不要求的。把标准的光波长和满足长距离传输的光源集成在 SDH 系统中。整个系统构造比较简单，没有增加多余设备。但在接纳过去的老 SDH 系统时，还必须引入光波长转换器（OTU），完成波长的转换，而且要求 SDH 与 WDM 是同一个厂商生产的系统，在网络管理上很难实现 SDH、WDM 的彻底分开。集成式 WDM 系统如图 6-5 所示。

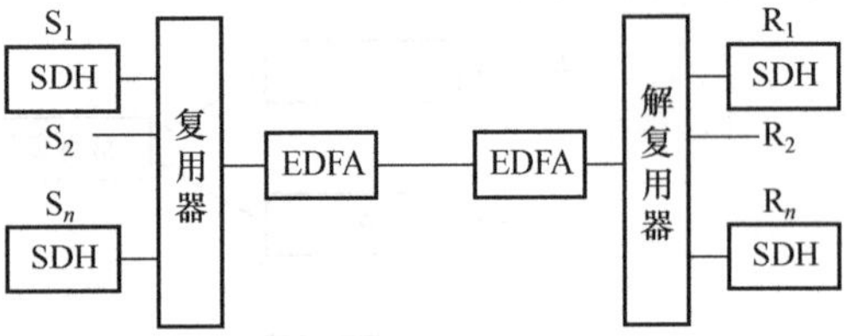

图 6-5　集成式 WDM 系统

2. 开放式 WDM 系统

开放式 WDM 系统就是在波分复用器前加入光波长转换器（OTU），将 SDH 非规范的波长转换为标准波长。OTU 对输入端的信号波长没有特殊要求，可以兼容任意厂家的 SDH 设备。OTU 输出端满足 G.692 的光接口，即标准的光波长、满足长距离传输的光源。开放式 WDM 系统可以接纳过去的 SDH 系统，SDH 设备可继续使用符合 G.957 的接口，实现不同厂家 SDH 系统工作在一个 WDM 系统内。开放式 WDM 系统如图 6-6 所示。该系统适用于多厂家环境，彻底实现了 SDH 与 WDM 分开。开放式 WDM 系统中的 OTU 应被纳入 WDM 系统的网元管理中，通过 WDM 的网元管理系统进行配置和管理。

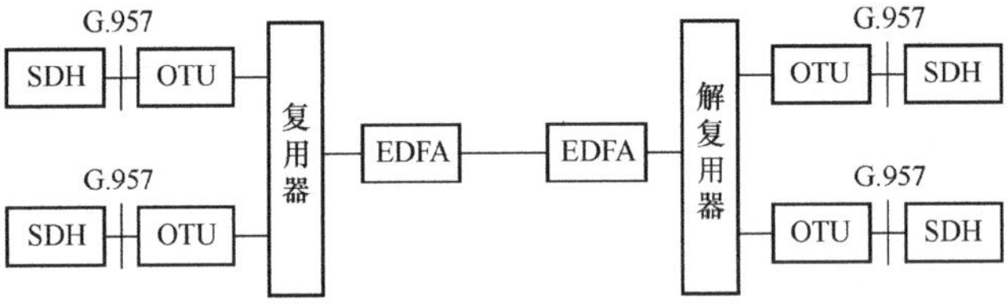

注：接收端的OTU是可选择项

图 6-6　开放式 WDM 系统

在实际建设中，运营者可以根据需要，选取集成式系统或开放式系统。例如，在多厂商 SDH 系统的环境中，可以选择开放式系统，而新建干线和 SDH 系统较少的地区，可以选择集成式系统，以降低成本，但是现在 WDM 系统采用开放式系统的已越来越多。

6.1.4 WDM 系统应用类型

根据 WDM 线路系统中是否设置有掺铒光纤放大器（EDFA），可将 WDM 线路系统分成有线路光放大器的 WDM 系统和无线路光放大器的 WDM 系统两大类。

1. 有线路光放大器的 WDM 系统

（1）有线路光放大器的 WDM 系统参考配置

图 6-7 所示为一般 WDM 系统的配置图，T_{x1}，T_{x2}，…，T_{xn} 为光发射机，R_{x1}，R_{x2}，…，R_{xn} 为光接收机，OM 为光复用器，OA 为光放大器，OD 为光解复用器。

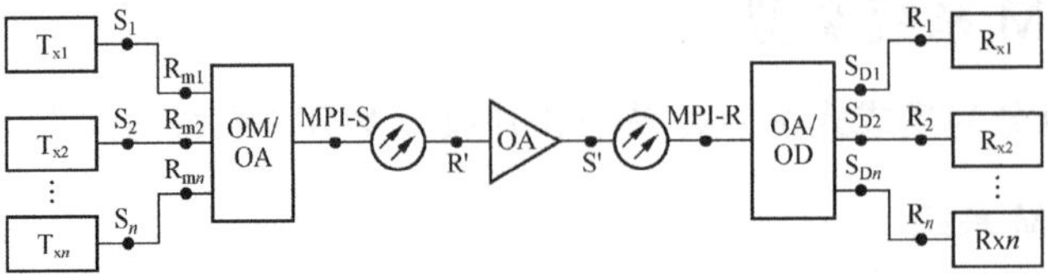

图 6-7　有线路光放大器的 WDM 系统参考配置

以上这些参考点位置，若是输出参考点，则是指某器件的输出连接器后面的位置，若是输入参考点，则是指某器件的输入连接器前面的位置。例如：S′是指光放大器的光输出连接器后面光纤上的参考点，R′是指光放大器的光输入连接器前面光纤上的参考点。

当把一个符合 ITU-T G.957 的发射机和光波长转换器结合起来作为 G.692 光发射机时，则如同在参考配置中定义的一样，参考点 S_n 位于光波长转换器的输出光连接器后面，如图 6-8 所示。在这种情况下，符合 G.957 的发射机和波长转换器之间的接口是从 G.957 给定的 S 点的一系列规定中选出来的。

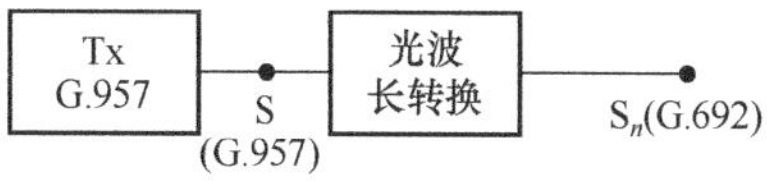

图 6-8 符合 G.957 的发射机和光转发器联合使用

（2）有线路光放大器的 WDM 系统的分类与应用代码

在有线路光放大器的 WDM 系统应用中，线路光放大器之间目标距离的标称值为 80km 和 120km，需要再生之前的总目标距离标称值为 360km、400km、600km 和 640km。这里所说的目标距离仅用来进行分类而非技术指标。

WDM 系统的应用代码一般采用以下方式构成：$nWx\text{-}y.z$，其中：n 是最大波长数目；W 代表传输区段（W＝L，V 或 U 分别代表长距离，很长距离或超长距离）；x 表示所允许的最大区段数（$x>1$）；y 表示该波长信号的最大比特率（$y=4$ 或 16 分别表示 STM-4 或 STM-16）；z 代表光纤类型（$z=2$，3 或 5，分别代表 G.652、G.653 或 G.655 光纤）。

表 6-1 所示为有线路光放大器 WDM 系统的分类与应用代码。表中的 nL5 和 nV3 类型的系统并非分别是 nL8 和 nV5 系统的一个子集，因为 nL8 和 nV5 系统需要采用不同的技术来实现（包括低噪声 OA 和更严格的色散要求），难度更大。另外，由 4 波长系统升级到 8 波长系统时，由于设计上的差异，也无法简单地直接实现升级。

表 6-1 有线路光放大器 WDM 系统的应用代码

应　用	长距离区段（每个区段的目标距离是 80km）		很长距离区段（每个区段的目标距离是 120km）	
区段数	5	8	3	5
4 波长	4L5-$y.z$	4L8-$y.z$	4V3-$y.z$	4V5-$y.z$
8 波长	8L5-$y.z$	8L8-$y.z$	8V3-$y.z$	8V5-$y.z$
16 波长	16L5-$y.z$	16L8-$y.z$	16V3-$y.z$	16V5-$y.z$

2．无线路光放大器的 WDM 系统

（1）无线路光放大器的 WDM 系统参考配置

无线路光放大器的 WDM 系统的参考配置如图 6-9 所示。

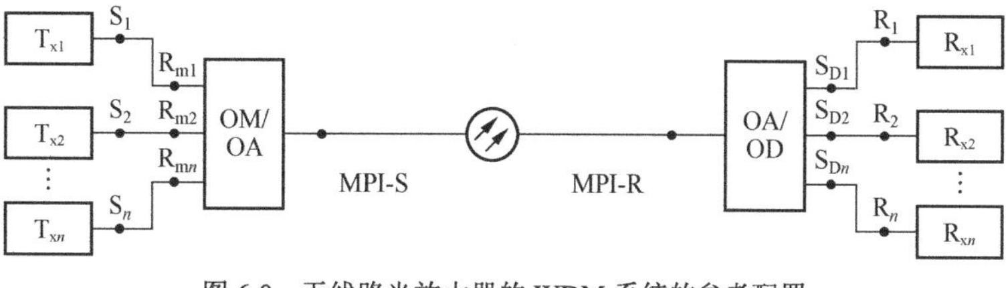

图 6-9 无线路光放大器的 WDM 系统的参考配置

（2）无线路光放大器的 WDM 系统的分类和应用代码

无线路光放大器的 WDM 系统的应用包括将 8 个或 16 个光通路复用在一起，每个通路的速率可以是 STM-16、STM-4 或其他，也包括将不同速率的通路同时混合在一起。这些系统在 G.652、G.653 和 G.655 光纤上传输的目标距离的标称值为 80km、120km 和 160km。表 6-2 所示

为无线路光放大器的分类与应用代码（各符号定义与前述相同，$x=1$，表示无线路放大器）。

表 6-2　无线路光放大器 WDM 系统的应用代码

应　用	长距离（目标距离是 80km）	很长距离（目标距离是 120km）	超长距离（目标距离是 160km）
4 波长	4L-*y.z*	4V-*y.z*	4U-*y.z*
8 波长	8L-*y.z*	8V-*y.z*	8U-*y.z*
16 波长	16L-*y.z*	16V-*y.z*	16U-*y.z*

6.2　WDM 系统结构与设备

6.2.1　WDM 系统的基本结构

一般来说，WDM 系统主要由 5 部分组成：光发射机、光中继放大、光接收机、光监控信道和网络管理系统，如图 6-10 所示。

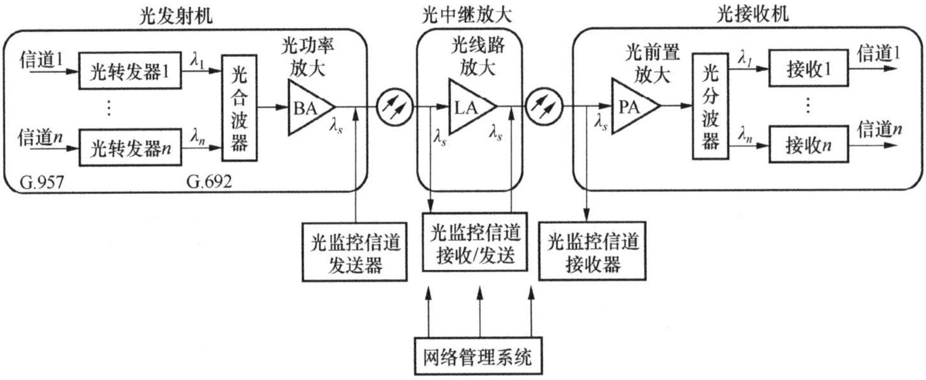

图 6-10　WDM 系统总体结构示意图（单向）

（1）光发射机

光发射机是 WDM 系统的核心，根据 ITU-T 的建议和标准，除了对 WDM 系统中发射激光器的中心波长有特殊的要求外，还需要根据 WDM 系统的不同应用（主要是传输光纤的类型和无电中继传输的距离）来选择具有一定色度色散容限的发射机。在发送端首先将来自终端设备（如 SDH 端机）输出的光信号，利用光波长转换器（OTU）把符合 ITU-T G.957 建议的非标准波长的光信号转换成具有稳定的标准波长（ITU-T G.692 建议）的光信号，然后，经合波器合成多通路光信号送入光功率放大器（BA，弥补合波器引起的功率损失和提高光信号的发送功率），再将放大后的多路光信号送入光纤传输。

（2）光放大器

光线路放大器可以根据情况决定有或没有，一般经过 80～120km 传输后，需要对光信号进行光中继放大。目前使用的光放大器多数为掺铒光纤光放大器（EDFA）。在应用时，可根据具体情况，将（EDFA）用作“线放（LA）”、“功放（BA）”和“前放（PA）”。

（3）光接收机

在接收端，光前置放大器（PA，提高接收灵敏度，以便延长传输距离）放大经传输而衰减的主信道光信号，采用分波器从主信道光信号中分出特定波长的光信道。

（4）光监控信道

其主要功能是监控系统内各信道的传输情况，在发送端，插入本节点产生的波长为 λ_s（1 510nm）的光监控信号，与主信道的光信号合波输出；在接收端，将接收到的光信号分波，分别输出波长为 λ_s（1 510nm）的光监控信号和业务信道光信号。帧同步字节、公务字节和网管所用的开销字节等都是通过光监控信道来传递的。

（5）网络管理系统

网管系统通过光监控信道物理层传送开销字节到其他节点或接收来自其他节点的开销字节对 WDM 系统进行管理，实现配置管理、故障管理、性能管理、安全管理等功能，并与上层管理系统（如 TMN）相连。

6.2.2　WDM 系统设备

WDM 设备一般按用途可分为光终端复用器（OTM）、光线路放大器（OLA）、光分插复用器（OADM）和电中继器（REG）几种类型。下面以华为公司的波分 320G 设备为例讲述各种网络单元类型在网络中所起的作用。

1. 光终端复用器

OTM 放置在终端站，可以划分为发送部分和接收部分。

在发送方向，OTM 把波长为 λ_1～λ_{16}（或 λ_{32}）的 STM-16 信号经合波器复用成 DWDM 主信道，然后对其进行光放大，并附加上波长为 λ_s 的光监控信道。

在接收方向，OTM 先把光监控信道取出，然后对 DWDM 主信道进行光放大，经分波器解复用成 16（或 32）个波长的 STM-16 信号。OTM 的信号流向如图 6-11 所示。

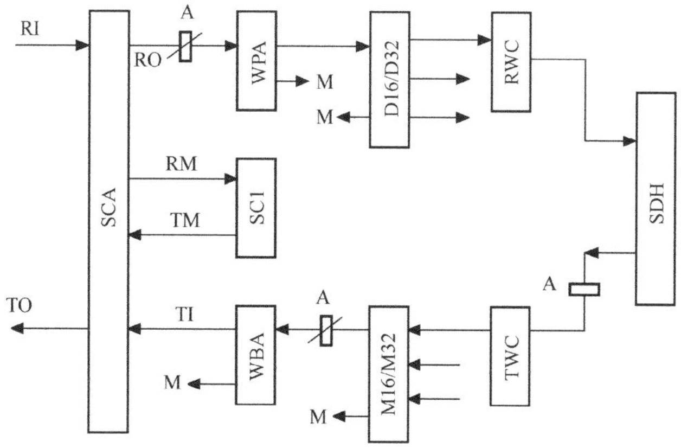

注：TWC、RWC 为发端和收端波长转换板；
M16/M32 和 D16/D32 为合波、分波板；WPA、WBA 为光放板；RM 为收端监控；
TM 为发端监控；SC1 为监控信号处理板；SCA 为监控信道接入板；A 为可调衰减器。

图 6-11　OTM 信号流向图

对于 32×10Gbit/s 的组网，由于接入的 SDH 信号速率级别为 STM-64，对应的波长转换板为 TWF 和 RWF（分别为发端和收端的波长转换板）。此时，图 6-11 所示的信号流向中的 TWC 和 RWC 分别替换为 TWF 和 RWF。

2．光线路放大器

光线路放大器放置在中继站上，用来完成双向传输的光信号放大，延伸无电中继的传输距离。

每个传输方向的 OLA 先取出光监控信道（OSC）并进行处理，再将主信道进行放大，然后将主信道与光监控信道合路并送入光纤线路。OLA 的信号流向如图 6-12 所示。

图 6-12 中每个方向都采用一对 WPA＋WBA 的方式来进行光线路放大，也可用单一波长前置放大器（WPA）或波长功率放大器（WBA）的方式来进行单向的光线路放大。

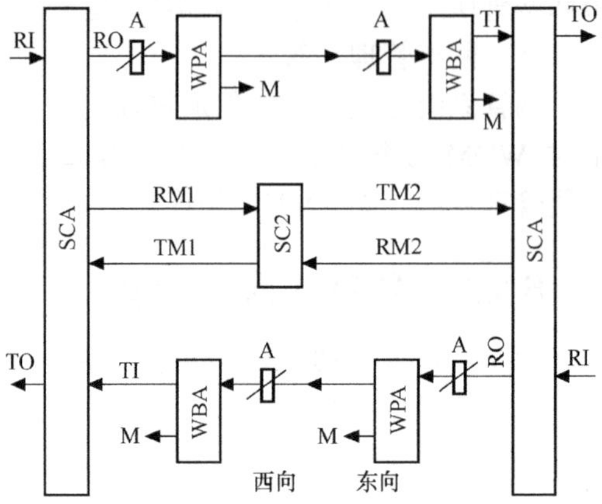

图 6-12　OLA 信号流向图

3．光分插复用器

光分插复用设备用于分插本地业务通道，其他业务通道穿通。

OADM 设备接收线路的光信号后，先提取监控信道，再用 WPA 将主光通道预放大，通过 MR2 单元把含有 16 或 32 路 STM-16 的光信号按波长取下一定数量后送出设备，要插入的波长经 MR2 单元直接插入主信道，再经功率放大后插入本地光监控信道，向远端传输。在本站下业务的信道，需经 RWC 与 SDH 设备相连；在本站上业务的信道，需经 TWC 与 SDH 设备相连。以 MR2 为例，其信号流向如图 6-13 所示。

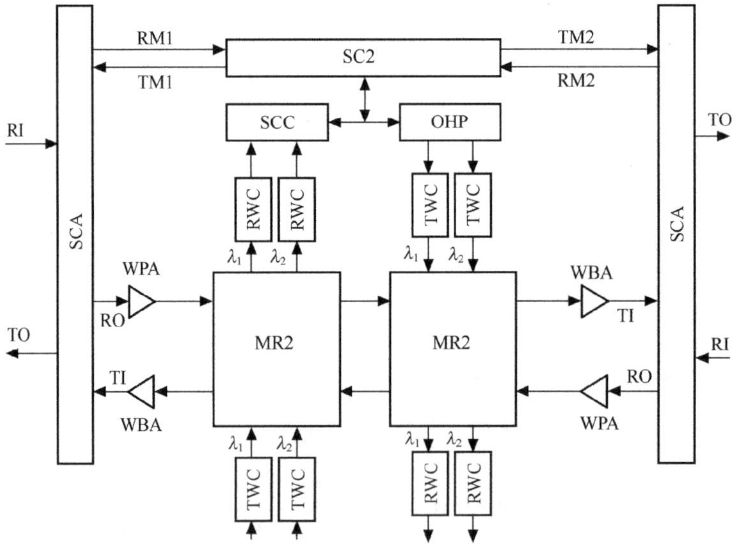

注：DCM 为色散补偿模块；MR2 为 ADD/DROP 单元；RM 为收端监控；TM 为发端监控

图 6-13　静态 OADM（32/2）信号流向图

用两个 OTM 背靠背的方式也可组成一个可上/下波长的 OADM，这种方式较之用一块单板进行波长上/下的静态 OADM 要灵活，可任意上/下 1～16 或 1～32 个波长，更易于组网。如果某一路信号不在本站上/下，可以从 D16/D32 的输出口直接接入同一波长的 TWC

再进入另一方向的 M16/M32 板。

双 OTM 背靠背组成的 OADM 的信号流向如图 6-14 所示。

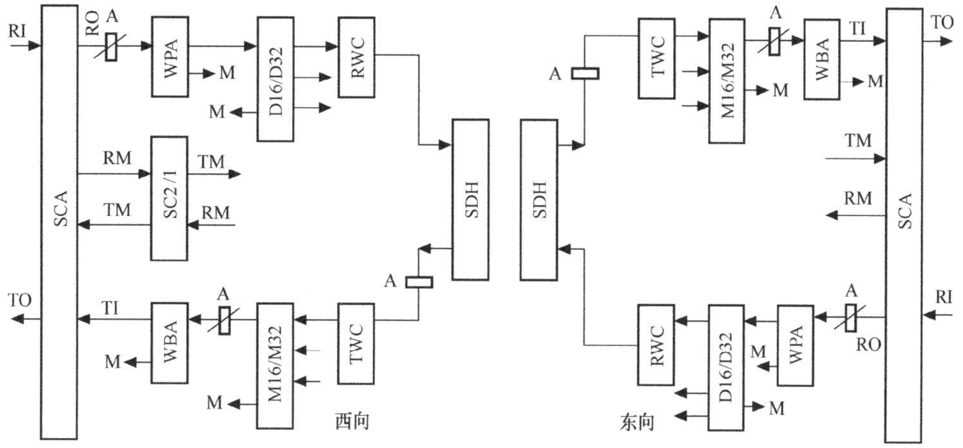

图 6-14 两个 OTM 背靠背组成的 OADM 信号流向图

4．电中继器

对于需要进行再生段级联的工程，要用到电中继器（REG），完成电信号的 3R（整形、定时和再生）过程，改善信号质量。电中继器无业务上/下，只是为了延伸传输距离。以 STM-16 信号的中继为例，电中继设备的信号流向如图 6-15 所示。

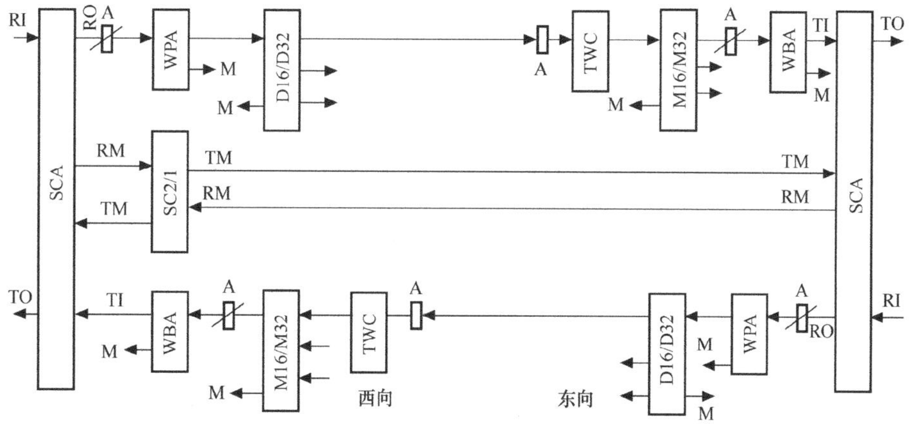

图 6-15 电中继器（REG）的信号流向图

其他 WDM 设备网络的基本单元种类也是上述这几种，功能也类似，在网络中的地位也是相同的，只是在名称上有所区别。

6.2.3 WDM 组网与网络保护

1．WDM 组网

WDM 系统最基本的组网方式为点到点组网、链形组网和环形组网，如图 6-16 所示。

由这 3 种方式可组合出其他较复杂的网络形式。

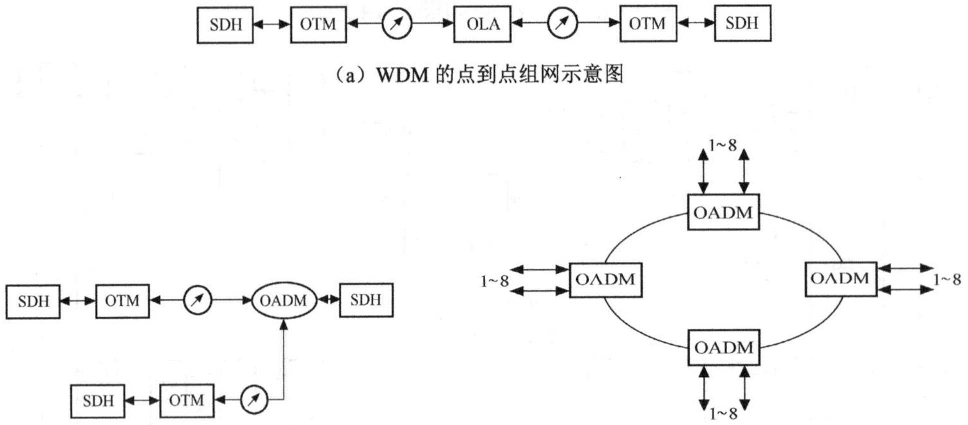

（a）WDM 的点到点组网示意图

（b）WDM 的链形组网示意图

（c）WDM 的环形组网示意图

图 6-16　WDM 的基本组网示意图

2．WDM 网络保护

由于 WDM 系统的负载很大，安全性特别重要。点到点线路保护主要有两种保护方式：一种是基于单个波长、在 SDH 层实施的 1+1 或 1:n 的保护；另一种是基于光复用段的保护，在光路上同时对合路信号进行保护，这种保护也称光复用段保护（OMSP）。另外还有基于环网的保护。

（1）基于单个波长的保护

① 基于单个波长，在 SDH 层实施的 1+1 保护

这种保护系统机制与 SDH 系统的 1+1 MSP 类似，所有的系统设备都需要有备份，SDH 终端、波分复用器/解复用器、线路光放大器、光缆线路等，SDH 信号在发送端被永久桥接在工作系统和保护系统，在接收端监视从这两个 WDM 系统收到的 SDH 信号状态，并选择更合适的信号，如图 6-17 所示。这种方式的可靠性比较高，但是成本也比较高。

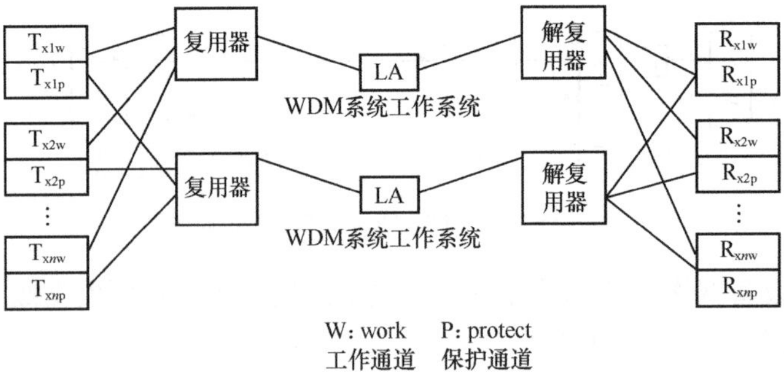

图 6-17　基于单个波长，在 SDH 层实施的 1+1 保护

② 基于单个波长，在 SDH 层实施的 1:n 保护

WDM 系统可实行基于单个波长，在 SDH 层实施的 1:n 保护，如图 6-18 所示，T_{x11}、T_{x21}、T_{xn1} 共用一个保护段，与 T_{xp1} 构成 1:n 的保护关系，T_{x12}、T_{x22}、T_{xn2} 共用一个保持段，

与 T_{xp2} 构成 1:n 的保护关系，依此类推，T_{x1m}、T_{x2m}、T_{xnm} 共用一个保护段，与 T_{xpm} 构成 1:n 的保护关系。SDH 复用段保护（MSP）监视和判断接收到的信号状态，并执行来自保护段合适的 SDH 信号的桥接和选择。

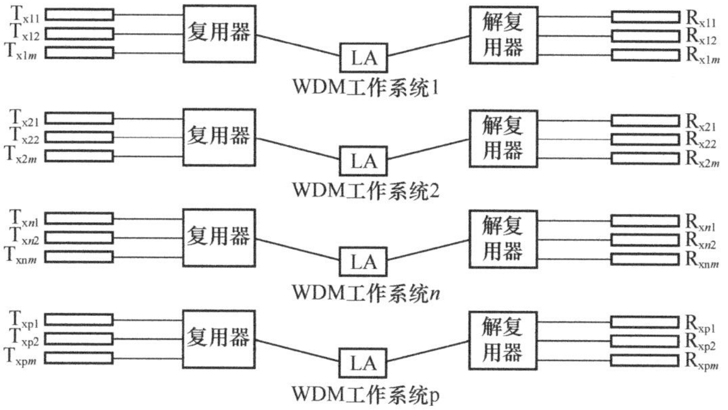

图 6-18 基于单个波长，在 SDH 层实施的 1:n 保护

③ 基于单个波长，同一 WDM 系统内 1:n 保护

考虑到一条 WDM 线路可以承载多条 SDH 通路，因而也可以使用同一 WDM 系统内的空闲波长作为保护通路。同一 WDM 系统内 1:n 保护是指在同一 WDM 系统内，有 n 个波长通道作为工作波长，1 个波长通路作为保护系统。但是考虑到实际系统中，光纤、光缆的可靠性比设备的可靠性要差，只对系统保护，而不对线路保护，实际意义不是太大。

（2）光复用段保护

这种技术只在光路上进行 1+1 保护，而不对终端线路进行保护。在发端和收端分别使用 1×2 光分路器和光开关，如图 6-19 所示。在发送端对合路的光信号进行分离，在接收端，对光信号进行选路。在这种保护系统中，只有光缆和 WDM 的线路系统是备份的，而 WDM 系统终端站的 SDH 终端和复用器则是没有备用的，在实际系统中，人们也可以用 n:2 的耦合器来代替复用器和 1:2 分路器。相对于 1+1 保护，减少了成本，OMSP 只有在独立的两条光缆中实施才有实际意义。

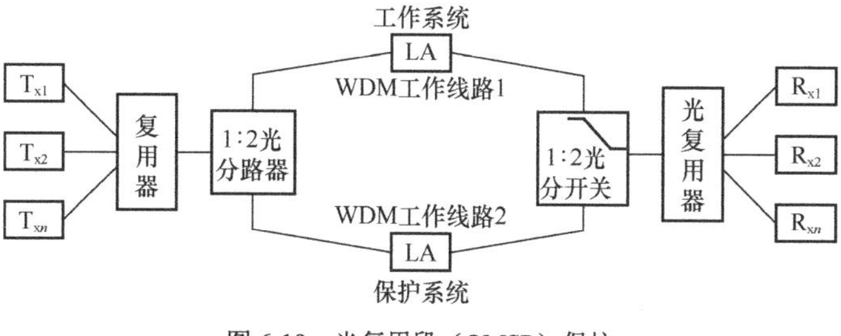

图 6-19 光复用段（OMSP）保护

（3）环网的保护

具有分插复用能力的 OADM 组环是 WDM 技术在环网应用中的一种形式。在 OADM 组环系统中，可以实施 SDH 系统的通道保护环和复用段保护环，WDM 系统只是提供“虚拟”的光纤，每个波长实施的 SDH 层保护与其他波长的保护方式无关，该环可以为 2 纤或 4 纤。

① 基于单个波长保护的波长通道保护环，即单个波长的 1+1 保护，类似于 SDH 系统

中的通道保护，图 6-20 所示为光通道保护环。

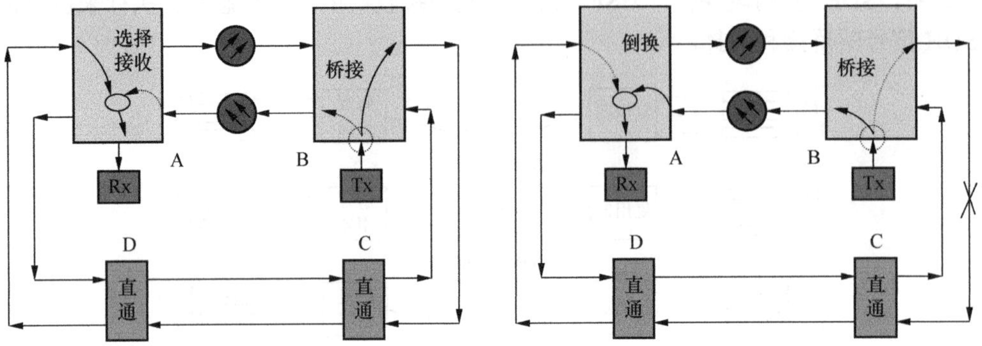

(a) 正常工作配置　　　(b) 保护倒换实施

图 6-20　光通道保护环

② 复用段保护环，对合路波长的信号进行保护，在光纤切断时，可以在断纤邻近的 2 个节点完成“环回”功能，从而使所有的业务得到保护，与 SDH 的 MSP 相类似，如图 6-21 所示。

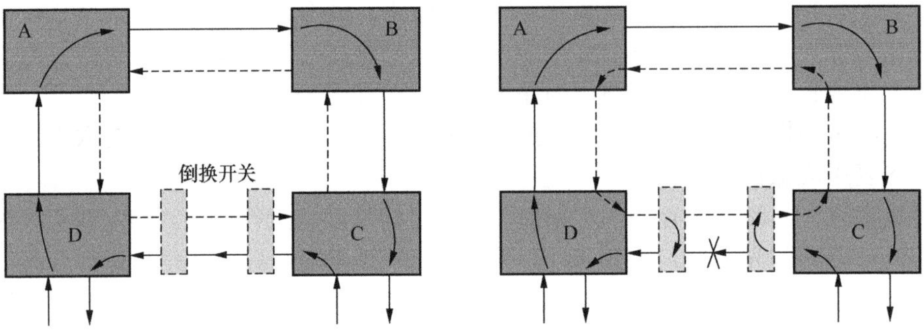

(a) 正常工作　　　(b) 保护倒换示意图

图 6-21　二纤单向光复用段保护环

6.2.4　WDM 系统的监控

WDM 系统的监控要求在一个新波长上传送有关 WDM 系统的网元管理和监控信息。

1．对光监控信道的要求

① 监控通路波长优选 1 510nm，监控速率优选 2Mbit/s。

② 光监控通路的 OSC 功能，应满足以下条件。

a．监控通路不应限制光放大器的泵浦波长。

b．监控通路不应限制光放大器之间的距离。

c．监控通路不应限制未来在 1 310nm 波长的业务。

d．在光放大器失效时监控通路仍然可用。

e．OSC 传输是分段的且具有 3R 功能和双向传输功能。在每个光放大器中继站上，信息能被正确接收下来，而且还可以附加上新的监控信息。

f. 应有 OSC 保护路由，防止光纤被切断后监控信息不能传送的严重后果。

③ 监控通路的帧结构中至少有 2 个时隙作为公务联络通路，光中继段间公务联络（E1 字节）和光复用段间公务联络（E2 字节）；至少有 1 个时隙供网络提供者使用（F1 字节），可以在光线路放大器中继站上接入；至少有 4 个时隙作为网络管理信息的 DCC 通道。

2. WDM 系统的监控

实用的 WDM 系统都是 WDM+EDFA 系统，EDFA 用作功率放大器或前置放大器时，传输系统自身的监控信道就可用于对它们进行监控。但对于用作线路放大的 EDFA 的监控管理，就必须采用单独的光信道来传输监控管理信息。

（1）带外波长监控技术

ITU-T 建议采用一特定波长作为光监控信道，传送监测管理信息，此波长位于业务信息传输带外时可选 1 310nm、1 480nm 或 1 510nm，优先选用 1 510nm。由于它们位于 EDFA 增益带宽之外，所以称之为带外波长监控技术。由于带外监控信号不能通过 EDFA，所以监控信号在 EDFA 之前要取出（下光路），在 EDFA 之后要插入（上光路）。因此，带外监控信号得不到 EDFA 的放大，传送的监控信息速率低，一般为 2.048Mbit/s，但由于一般 2.048Mbit/s 系统接收灵敏度优于−50dBm，所以虽不经 EDFA 放大也能正常工作。

（2）带内波长监控技术

带内监控技术选用位于 EDFA 增益带宽内的 1 532nm 波长，其优点是可利用 EDFA 增益，此时监控系统的速率可提高至 155Mbit/s。尽管 1 532nm 波长处于 EDFA 增益平坦区边缘的下降区，但因 155Mbit/s 系统的接收灵敏度优于 WDM 各个主信道系统的接收灵敏度，所以，监控信息仍能正常传输。

6.2.5　WDM 系统的网络管理

在一个 WDM 系统中，可以承载多家 SDH 设备，WDM 系统的网元管理系统应独立于所承载的 SDH 设备，可以管理 EDFA、光监控通道、OTU 及 OM/OA 等，对它们的控制要统一纳入 WDM 系统的网元级管理。这样，就明确划分了 SDH 系统和 WDM 系统的网元管理界限，一个面向 SDH 系统设备终端，另一个面向 WDM 系统设备。

网元管理系统的管理功能包括故障管理、性能管理、配置管理和安全管理。网元与网元之间互连通过 OSC 中的 DCC 通道传递监视控制信息。

1. 故障管理

故障管理应能对传输系统进行故障诊断、故障定位、故障隔离、故障改正，并应有路径测度功能。

故障管理功能包括告警功能和监视功能。告警功能有：可利用内部诊断程序识别所有故障定位至单块插板；能报告所有告警信号及其记录的细节，如时间、来源、属性及告警等级等；具有可闻、可视告警指示；具有告警历史记录，便于查看和统计功能；具有告警过滤和遮蔽功能；能够设置故障严重等级；有激光器寿命预告警功能。监视功能可以监视发射单元、接收单元、光放大器单元、光监控通路等参数，如激光器输出光功率值，总输入光功率，发送信号丢失、接收信号丢失等。

2．性能管理

故障管理中必须监视的基本参数也是性能管理必须监视的参数。此外，性能管理的功能还有：能对监控信道 OSC 的误码性能参数进行自动采集和分析，并能传送给外部存储设备；能同时对所有终端点进行性能监视；能同时对性能监视门限进行设置（如泵浦源功率、激光器偏置电流）；能存储和报告监控通路 15min 和 24h 两类性能事件数据；能报告“当前”和“近期”两种性能监视数据。

3．配置管理

配置管理包括：网元配置；网元的初始化；建立和修改网络拓扑图；配置网元状态；NE 的状态和控制等。

4．安全管理

安全管理的功能有：操作级别和权限划分；日志管理；口令管理；管理区域划分；用户管理；安全检查（如核查口令）；安全告警；未经授权的人不能接入管理系统，具有有限授权的人只能接入相应授权的部分；能对所有试图接入受限资源的申请进行监视和控制。

6.2.6 WDM 系统的性能

国家骨干网的波分复用系统是基于 SDH 多波长系统的，因此，其网络性能应该全部满足我国 SDH 体制及标准规定的指标，主要有误码、抖动和漂移指标。

在 WDM 系统承载的 SDH 系统中，当衡量 WDM 系统传输质量时，必须以 SDH 2.5Gbit/s 的信号作为标准，而不是 SDH 155Mbit/s 信号。系统必须增加对 2.5Gbit/s 误码和抖动的测试，测试的信号应为满负载的 SDH 2.5Gbit/s 成帧信号。

6.3 WDM 系统的关键技术

6.3.1 光源

光源的作用是产生激光或荧光，它是组成光纤通信系统的重要器件。目前应用于光纤通信的光源是 LD 和 LED，都属于半导体器件，共同的特点是：体积小、重量轻、耗电量小。

LD 和 LED 相比，主要区别在于，前者发出的是激光，后者发出的是荧光。因此，LED 的谱线宽度较宽，调制效率低，与光纤的耦合效率也较低；但它的输出特性曲线线性好，使用寿命长，成本低，适用于短距离、小容量的传输系统。而 LD 一般适用于长距离、大容量的传输系统，在高速率的 PDH 和 SDH 设备上已被广泛采用。

高速光纤通信系统中使用的光源分为多纵模激光器（MLM-LD）和单纵模激光器（SLM-LD）两类。从性能上讲，这两类半导体激光器的主要区别在于它们发射频谱的差异。MLM-LD 发射频谱的线宽较宽，为 nm 量级，而且可以观察到多个谐振峰的存在。SLM-LD 发射频谱的线宽为 0.1nm 量级，而且只能观察到单个谐振峰。SLM-LD 比 MLM-LD 的单色性更好。

WDM 系统的工作波长较为密集，一般波长间隔为几 nm 到零点几 nm，这就要求激光器工作在一个标准波长上，并且具有很好的稳定性。另一方面，WDM 系统的无电再生中继长度从单个 SDH 系统传输的 50～60km 增加到了 500～600km，在要求传输系统的色散受限距离大大延长的同时，为了克服光纤的非线性效应（如四波混频效应等），要求系统光源使用技术更为先进、性能更为优越的激光器。

总之，WDM 系统光源的突出特点是：有比较大的色散容纳值和标准而稳定的波长。

1．激光器的调制方式

目前，广泛使用的光纤通信系统均为强度调制-直接检波系统。对光源进行强度调制的方法有两类，即直接调制和间接调制，这两种调制方式见 4.1.2 小节。下面着重介绍间接调制方式。

（1）间接调制方式

间接调制，即不直接调制光源，而是在光源输出的通路上外加调制器来对光波进行调制，此调制器实际上起到一个开关的作用，这种调制方式又称作外调制。一般而言，对于不采用光线路放大器的 WDM 系统，从节省成本的角度出发，可以考虑使用直接调制的激光器。在使用光线路放大器的 WDM 系统中，发射部分的激光器均为间接调制方式的激光器。

常用的外调制器有电光调制器、声光调制器和波导调制器等。

① 电光调制器是利用晶体的电光效应制成的。电光效应是指电场引起晶体折射率变化，从而影响光波的传输特性。

② 声光调制器是利用介质的声光效应制成的。声光效应是由于声波在介质中传播时，介质受声波压强的作用而产生应变，这种应变使得介质的折射率发生变化，从而影响光波的传输特性。

③ 波导调制器是将钛（Ti）扩散到铌酸锂（$LiNbO_2$）基底材料上，用光刻法制出波导的具体尺寸。它具有体积小、重量轻、有利于光集成等优点。

（2）外调制激光器的类型

根据光源与外调制器的集成和分离情况，外调制激光器有集成外调制激光器和分离外调制激光器。

① 集成外调制激光器常用的是与光源集成在一起的电吸收调制器。电吸收调制器是一种损耗调制器，它工作在调制器材料吸收区边界波长处，当调制器无偏压时，光源发送波长在调制器材料的吸收范围之外，该波长的输出功率最大，调制器为导通状态；当调制器有偏压时，调制器材料的吸收区边界波长移动，光源发送波长在调制器材料的吸收范围内，输出功率最小，调制器为断开状态，如图 6-22 所示。

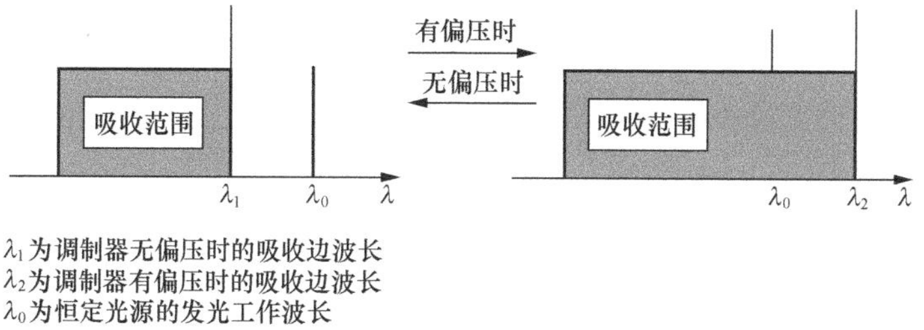

图 6-22　电吸收调制器的吸收波长的改变示意图

电吸收调制器可以利用与半导体激光器相同的工艺过程制造，因此光源和调制器容易集成在一起，适合批量生产，发展得很快，是 WDM 光源的发展方向。

② 分离外调制激光器常用的是恒定光输出激光器（CW）＋马赫-策恩德（Mach Zehnder）外调制器（$LiNbO_3$）。该调制器是将输入光分成两路相等的信号分别进入调制器的两个光支路，这两个光支路采用的材料是电光性材料，即其折射率会随着外部施加的电信号的大小而变化，由于光支路的折射率变化将导致信号相位的变化，故两个支路的信号在调制器的输出端再次结合时，合成的光信号是一个强度大小变化的干涉信号。通过这种办法，将电信号的信息转换到了光信号上，实现了光强度调制。分离式外调制激光器技术成熟、性能较好、且频率啁啾可以等于零，相对于电吸收集成式外调制激光器，成本较低。

2．激光器波长的稳定与控制

在 WDM 系统中，激光器波长的稳定是一个十分关键的问题，ITU-T G.692 建议要求，中心波长的偏差不大于光信道间隔的十分之一，即对光信道间隔为 1.6nm（200GHz）的系统，中心波长的偏差不能大于±20GHz。

在 WDM 中，由于各个光通路的间隔很小（可低达 0.8nm），因而，对光源的波长稳定性有严格的要求，例如，0.5nm 的波长变化就足以使一个光通路移到另一个光通路。在实际系统中通常必须控制在 0.2nm 以内，其具体要求随波长间隔而异，波长间隔越小要求越高，需要采用严格的波长稳定技术。

（1）集成式电吸收调制激光器的波长稳定

集成式电吸收调制激光器（EML）的波长微调主要是靠改变温度来实现的，其波长的温度灵敏度为 0.08nm/℃，正常工作温度为 25℃。在 15～35℃温度范围内调节芯片的温度，可使 EML 调定在一个指定的波长上，调节范围达 1.6nm。芯片温度的调节靠改变制冷器的驱动电流，再利用热敏电阻作反馈便可使芯片温度稳定在一个基本恒定的温度上。

（2）分布反馈式激光器的波长稳定

分布反馈式激光器（DFB）的波长稳定是利用波长和管芯温度的对应特性，通过控制激光器管芯处的温度来控制波长，以达到稳定波长。对于 1 550nm DFB 激光器，波长温度系数约为 0.02nm/℃。因此，在 15～35℃温度范围内中心波长符合要求的激光器，通过对管芯温度的反馈控制可以稳定激光器的波长。这种温度反馈控制的方法完全取决于 DFB 激光器的管芯温度，目前，MWQ-DFB 激光器工艺可以在激光器的寿命时间（20 年）内保证波长的偏移来满足 WDM 系统的要求。

（3）其他波长稳定技术

除了温度外，激光器的驱动电流也能影响波长，其灵敏度为 0.008nm/mA，比温度的影响约小一个数量级，在有些情况下，其影响可以忽略。此外，封装的温度也可能影响到器件的波长，例如，从封装到激光器平台的边线带来的温度传导和从封装壳向内部的辐射，也会影响器件的波长。在一个设计良好的封装中，其影响可以控制在最小。

以上这些方法可以有效解决短期波长的稳定问题，但对于激光器老化等原因引起的波长长期变化就显得无能为力了。直接使用波长敏感元件对光源进行波长反馈控制是比较理想的，波长控制的原理如图 6-23 所示。

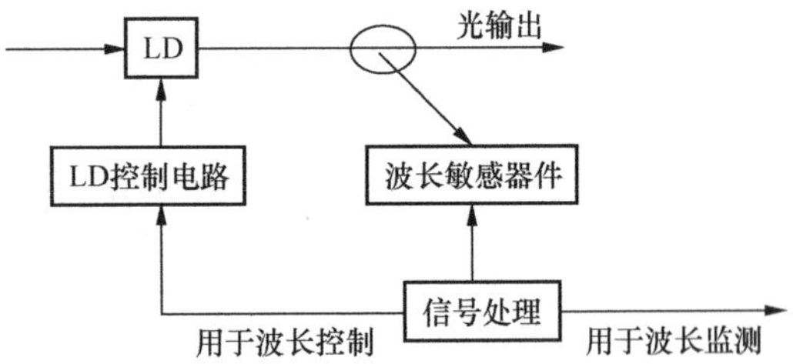

图 6-23 波长敏感器件对光源进行波长反馈控制原理图

6.3.2　光电检测器

由前面的介绍可知，在 WDM 系统中，可利用一根光纤同时传输不同波长的光信号，因而在接收时，必须能从所传输的多波长业务信号中检测出所需波长的信号，因此要求光电检测器应具有多波长检测能力。要完成此功能，可以采用可调光电检测器，它是在一般的光电二极管结构基础上增加一个谐振腔，这样可以通过调节施加到谐振腔上的电压来改变谐振腔的长度，从而达到调谐的目的。

6.3.3　光波长转换器

前面已经介绍，WDM 可以分为开放式和集成式两种系统结构。开放式 WDM 系统用波长转换器（OTU）将复用终端的光信号转换成指定的波长，对复用终端光接口没有特别的要求，只要这些接口符合 ITU-T G.957 建议的光接口标准即可。而集成式 WDM 系统没有采用波长转换技术，要求复用终端的光信号的波长符合 ITU-T G.692 规定的波长。

OTU 除了可以将非标准波长转换成 ITU-T 所规范的标准波长外，还可以根据需要增加定时再生的功能。

1．没有定时再生电路的 OTU

没有定时再生电路的 OTU 实际上由一个光/电转换器和一个电/光转换器构成，适用于传输距离较短，仅以波长转换为目的的情况，其原理如图 6-24 所示。

此种 OTU 一般被应用于开放式 WDM 系统的入口边缘，将常规光源发出的非标准波长的光转换成符合 ITU-T G.692 规定的波长。

2．有定时再生电路的 OTU

有定时再生电路的 OTU 是在光/电转换器和电/光转换器之间增加了一次整形，实际上兼有 REG 的功能，其原理如图 6-25 所示。

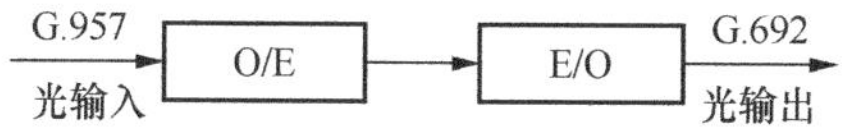

图 6-24　没有定时再生电路的 OTU

图 6-25　有定时再生电路的 OTU

此种 OTU 在进行波长转换的同时，还可以进行信号整形，抵制噪声，提高光功率，可以被置于数字段之上，作为常规再生中继器（REG）使用，简化了网络。

6.3.4　光放大器

光放大器（OA）是一种不需要经过光/电/光变换而直接对光信号进行放大的有源器件，能高效补偿光功率在光纤传输中的损耗，延长通信系统的传输距离，是新一代的长距离、大容量、高速率光通信系统的关键部件。

光放大器比电再生器有两大优势。一是光放大器支持任意比特率和信号格式。因为光放大器简单地放大所收到的信号，这种属性通常被描述为光放大器对任何比特率以及信号格式是透明的。二是光放大器不仅支持单个信号波长放大（如再生器），而且支持一定波长范围的光信号放大。实际上，只有光放大器特别是 EDFA 的出现，WDM 技术才真正在光纤通信中扮演重要角色，把波分复用和全光网络的理论变成现实。

在 WDM 系统中，应用最多的是 EDFA。EDFA 具有高增益、低噪声、大输出功率、宽频带等优点，但在 WDM 系统中必须采用增益平坦技术，使 EDFA 对不同波长的光信号具有相同的放大增益，同时，还需要考虑到不同数量的光信道同时工作的情况，能够保证光信道的增益竞争不影响传输性能。

1. EDFA 增益的平坦性

在 WDM 系统中，复用的光通路数越来越多，需要串接的光放大器的数目也越来越多，要求单个光纤放大器占据的谱宽也越来越宽，因而对单个光放大器的工作波长带宽和增益的平坦性要求也越来越严格。

普通的以纯硅光纤为基础的 EDFA 的增益平坦区很窄，仅在 1 549～1 561nm 之间，约为 12nm 的范围；在 1 530～1 542nm 之间的增益起伏很大，可高达 8dB 左右。在 EDFA 中适当地掺入一些铝，会大大地改善 EDFA 的工作波长带宽，平抑增益的波动。就目前的成熟技术来看，已经能够做到 1dB 增益平坦区几乎扩展到整个铒通带（1 525～1 560nm），基本解决了普通硅 EDFA 的增益不平坦问题。未掺铝的 EDFA 和掺铝的 EDFA 的增益曲线对比如图 6-26 所示。

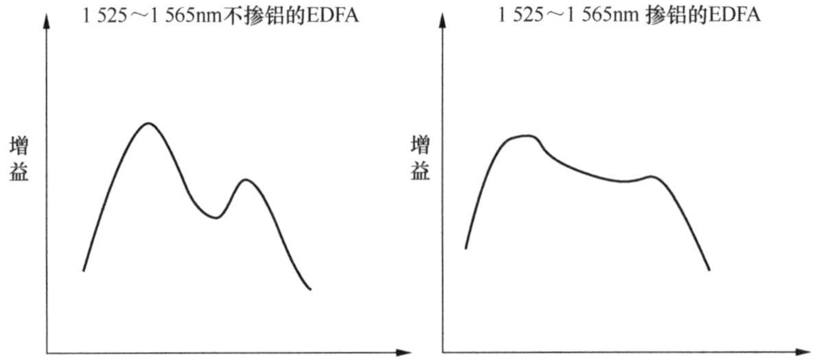

图 6-26　EDFA 增益曲线平坦性的改进

对 EDFA 的增益曲线，技术上将 1 525～1 540nm 范围称做蓝带区，将 1 540～1 565nm 范围称做红带区，一般来说，当传输的容量小于 40Gbit/s 时，优先使用红带区。

2. EDFA 的增益控制

EDFA 的增益均衡是一个重要问题，WDM 系统是一个多波长工作的系统，当某些波长信号失去时，由于增益竞争，其能量会转移到那些未丢失的信号上，使其他波长的功率变高。在接收端，由于电平的突然提高可能引起误码，而且在极限情况下，如果 8 路波长中 7 路丢失时，所有的功率都集中到所剩的一路波长上，功率可能会达到 17dBm 左右，这将带来严重的非线性或接收机接收功率过载，也会带来大量误码。常用的 EDFA 的增益控制技术有控制泵浦源增益和控制饱和波长的输出功率两种。

（1）控制泵浦源增益

控制泵浦源增益的方法是 EDFA 的增益控制技术中比较典型的一种。EDFA 内部的监测电路通过监测输入和输出功率的比值来控制泵浦源的输出，当输入波长中某些信号丢失时，输入功率会减小，输出功率和输入功率的比值会增加，通过反馈电路，降低泵浦源的输出功率，保持

EDFA 增益（输出/输入）不变，从而使 EDFA 的总输出功率减少，保持输出信号电平的稳定。

（2）控制饱和波长的输出功率

此种方法是在发送端，除了 8 路工作波长外，系统还发送另一个波长作为饱和波长。在正常情况下，该波长的输出功率很小，当线路的某些信号丢失时，饱和波长的输出功率会自动增加，用以补偿丢失的各波长信号的能量，从而保持 EDFA 输出功率和增益的恒定。当线路的多波长信号恢复时，饱和波长的输出功率会相应减少。这种方法直接控制饱和波长激光器的输出，速度较控制泵浦源要快一些。

3. EDFA 应用中应注意的问题

EDFA 解决了光纤传输系统中的许多难题，但同时也带来了一些新的问题，在 WDM 系统的设计和维护中应当引起注意。

（1）非线性问题

采用 EDFA 提高了注入光纤中的光功率，这个光功率并非越大越好。当光功率大到一定程度时，将产生光纤非线性效应（包括拉曼散射和布里渊散射），尤其是布里渊散射受 EDFA 的影响更大，非线性效应会极大地限制 EDFA 的放大性能和长距离无中继传输的实现。

（2）光浪涌问题

采用 EDFA 可使输入光功率迅速增大，但由于 EDFA 的动态增益变化较慢，在输入信号能量跳变的瞬时，将产生光浪涌，即输出光功率出现尖峰，尤其是在 EDFA 级联时，光浪涌现象更为明显。峰值光功率可以达到几瓦，有可能造成 O/E 变换器和光连接器端面的损坏。解决这一问题的方法是，设法在系统中加装光浪涌保护装置，即通过控制 EDFA 泵浦功率来消除光浪涌。

（3）色散问题

采用 EDFA 以后，因衰减限制无中继长距离传输的问题得以解决，但随着传输距离的增加，总色散也随之增加，原来不是十分突出的问题，现在变成了突出的问题，原来的衰减受限系统变成了色散受限系统。

对于常规 G.652 光纤来说，1 310nm 窗口是零色散窗口，1 550nm 窗口的色散典型值为 17ps/（nm • km），在 WDM 系统中，色散问题是一个不容忽视的问题。

6.3.5　光复用器和光解复用器

波分复用系统的核心部件是波分复用器件，即光复用器和光解复用器（有时也称合波器和分波器），实际均为光学滤波器，其特性好坏在很大程度上决定了整个系统的性能。光复用器和光解复用器的性能指标主要有插入损耗和串扰。WDM 系统对其要求是插入损耗小、信道间的串扰小和低的偏振相关性。

WDM 系统中常用的光波分复用器有介质薄膜干涉型、光栅型、熔锥型耦合器、阵列波导光栅型等。介质薄膜干涉型波分复用器是用得最早的光滤波器，优点是插入损耗小，缺点是要分离 1nm 左右波长较为困难，通过改进制膜方法，可以分离 1nm 的波长，一般在 16 个通道以下 WDM 系统中采用。光栅型波分复用器在制造上要求较精密，一般在科学研究中应用较多。熔锥型耦合器的串扰较大，在复用路数不是很多时，一般只用来做复用器。阵列波导光栅（AWG）型波分复用器具有波长间隔小、信道数多、通带平坦等优点，非常适合于超高速、大容量 WDM 系统使用。

此外，在 WDM 系统中，光纤传输技术也非常重要。由于采用波分复用器件引入的插入损耗较大，减少了系统的可用光功率，需要使用光放大器来对光功率进行必要的补偿。由于光纤中传送光功率的提高，光纤的非线性问题变得突出。同时，光纤的色散问题也是不可忽视的一个重要考虑因素。

6.4 WDM 系统规范

6.4.1 WDM 波长分配

光纤有两个长波长区的低损耗窗口，即 1 310nm 窗口和 1 550nm 窗口，它们均可用于光信号传输，但由于目前常用的 EDFA 的工作波长范围为 1 530～1 565nm。因此，WDM 系统的工作波长区也为 1 530～1 565nm，在这有限的波长区内如何有效地进行通路分配，关系到提高带宽资源的利用率及减少相邻通路间的非线性影响等。

1．绝对频率参考

在 WDM 系统中，一般选择 193.1THz 作为频率间隔的参考频率，其原因是它比基于任何其他特殊物质的绝对主频率参考（AFR）更好，193.1THz 值处于几条 AFR 线附近。一个适宜的光频率参考可以为光信号提供较高的频率精度和频率稳定度。

2．标称中心频率

标称中心频率指的是光波分复用系统中每个通路对应的中心波长。在 G.692 中允许的通路频率是基于参考频率为 193.1THz、最小间隔为 100GHz 的频率间隔系列。对于频率间隔系列的选择应该满足以下要求。

① 至少应该提供 16 个波长，因为当单通路比特速率为 STM-16 时，一根光纤上的 16 个通路就可以提供 40Gbit/s 的业务。

② 波长的数量不能太多，因为对这些波长进行监控将是一个庞杂而又难以应付的问题。波长数的最大值可以从经济和技术的角度予以限定。

③ 所有波长都位于光放大器增益曲线相对比较平坦的部分，使光放大器在整个波长范围内提供相对较均匀的增益，这将有助于系统的设计。对于 EDFA，它的增益曲线相对较平坦的部分是 1 540～1 560nm。

④ 这些波长应该与放大器的泵浦波长无关，在同一个系统中，允许使用 980nm 泵浦的光放大器和 1 480nm 泵浦的光放大器。

⑤ 所有通路在这个范围内均应该保持均匀间隔，且更应该在频率上而不是波长上保持均匀间隔，以便与现存的电磁频谱分配保持一致，并允许使用按频率间隔规范的无源器件。

3．通路间隔

WDM 系统的通路间隔是指相邻通路间的标称频率差，可以是均匀间隔也可以是非均匀间隔，非均匀间隔可以用来抑制 G.653 光纤中的四波混频效应。鉴于使用 G.652 和 G.655 光纤的 WDM 系统中没有观察到四波混频效应的明显影响，这里只讨论通路间隔均匀的系统。G.692 文件推荐使用的通路间隔均匀的 41 个标准波长如表 6-3 所示，工作波长区为 192.1～196.1THz。

表 6-3　　WDM 系统中心频率

标准中心频率（THz）100GHz 间隔	标准中心波长（nm）	标准中心频率（THz）100GHz 间隔	标准中心波长（nm）
196.10	1 528.77	194.00*	1 545.32
196.00	1 529.55	193.90*	1 546.12
195.90	1 530.33	193.80*	1 546.92
195.80	1 531.12	193.70*	1 547.72
195.70	1 531.90	193.60**	1 548.51
195.60	1 532.68	193.50***	1 549.32
195.50	1 533.47	193.40**	1 550.12
195.40	1 534.25	193.30***	1 550.92
195.30	1 535.04	193.20**	1 551.72
195.20 *	1 535.82	193.10***	1 552.52
195.10 *	1 536.61	193.00**	1 553.33
195.00 *	1 537.40	192.90***	1 554.13
194.90 *	1 538.19	192.80**	1 554.94
194.80 *	1 538.98	192.70***	1 555.75
194.70 *	1 539.77	192.60**	1 556.55
194.60 *	1 540.56	192.50***	1 557.36
194.50 *	1 541.35	192.40**	1 558.17
194.40 *	1 542.14	192.30***	1 558.98
194.30 *	1 542.94	192.20**	1 559.79
194.20 *	1 543.73	192.10***	1 560.61
194.10 *	1 544.53		

在实际系统中，全部应用以上通路的可能性几乎为零，连续频带的 32×2.5Gbit/s WDM 系统的标称中心频率为表 6-3 中带“*”、“**”以及“***”的波长，典型的 16 通路 WDM 系统的标称中心频率为表 6-3 中带“**”和“***”的波长；8 通路 WDM 系统的标称中心频率为表 6-3 中带“***”的波长。

4．中心频率偏差

中心频率偏差定义为标称中心频率与实际中心频率之差。由于 16 通路和 8 通路 WDM 系统的通道间隔为 100GHz 和 200GHz，最大中心频率偏移均为±20GHz（约为 0.16nm）。这些偏差值均为寿命终了值。影响中心频率偏差的主要因素有光源啁啾、信号信息带宽、光纤的自相位调制（SPM）引起的脉冲展宽及温度和老化的影响等。

6.4.2　WDM 系统光接口

1．光接口的位置

光接口在 WDM 系统中十分重要，单通路的光接口的位置如图 6-27 所示，多通路的光接口的位置如图 6-28 所示。

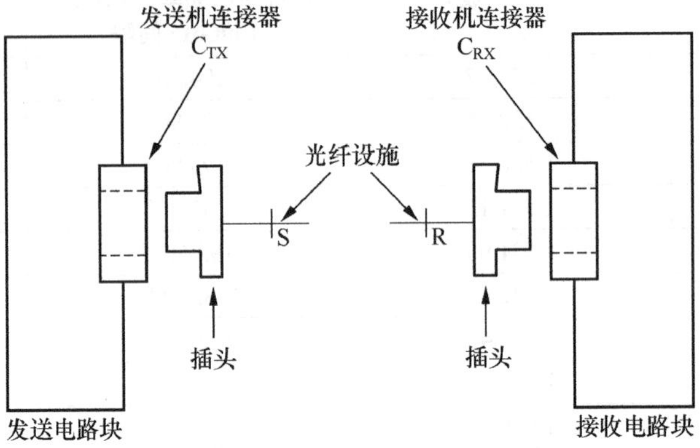

图 6-27　单通路的光接口的位置

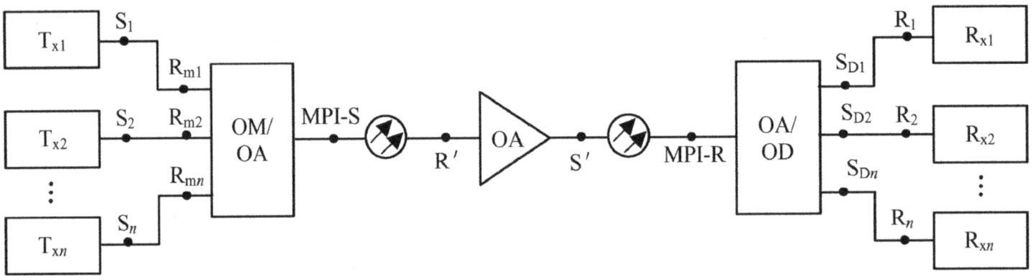

图 6-28　多通路的光接口的位置

为了在再生段上实现横向兼容性，与过去的 PDH 体系不同，SDH 体系和 WDM 系统都有世界范围的标准光接口，这些光接口标准是系统设计必须遵循的依据。

2. 光接口参数

（1）单个发送机输出端参数

输出端参数对应于各个通路发送机后的输出口，各项参数如下。

① 最大色散容纳值：系统能够忍受的主通道色散的最大未补偿值，该值为衡量光源质量的重要条件。

② 光谱特性有 20dB 谱宽和边模抑制比。

- 20dB 谱宽：单纵模激光器光谱宽度定义为从最大峰值功率跌落 20dB 时的最大带宽。
- 边模抑制比：最大模的峰—峰值与第二边模峰—峰值的比例。该值主要是为了减少模式分配噪声造成的误码性能劣化。

③ 平均发送功率：发送机发送伪随机序列信号时，在参考点 S_n 测得的平均光功率。

④ 消光比：指在最坏反射条件下且全调制时，传号（发射光信号）平均光功率与空号（不发射光信号）平均光功率的比值。

⑤ 眼图模板：发送信号波形以眼图模板的形式规定了发送机的光脉冲形状特性，包括上升时间、下降时间、脉冲过冲及振荡等。

以上这些参数也对应于单个通道输入口，即 OM/OA 输入口的参考点 R_{mn}。

（2）单个接收机输入口参数

单个接收机的输入口对应于接收机前端定义的各项参数如下。

① 接收灵敏度，指当接收机误码率为 1×10^{-12} 时，所需要的最小平均接收光功率。

② 接收机波长范围，指在 R_n 点可接收的信号波长范围，一般在 1 530～1 565nm。

③ 光信噪比，指当接收机误码率为 1×10^{-12} 时，所需要的最小的光信噪比。

④ 接收机反射系数，指在 R_n 点处的反射光功率与入射光功率之比。

⑤ 光通道代价，指光信号在 S_n～R_n 点之间的光通道传输后，信号波形失真所引起的接收机灵敏度下降的数值。

（3）合路信号的输入口参数

合路信号输入口对应于 R′点和 MPI-R 点的接口，即光放大器的输入口。下列参数的最大值和最小值与波分复用系统的路数无关。

① 平均每路输入功率，指在 R′点和 MPI-R 处测量到的每路最大和最小输入功率的平均值。

② 平均总输入功率，指在 R′点和 MPI-R 处合路输入功率最大值和最小值的平均值。

③ 每路光信噪比，指当误码率为 0 时，每路接收机所需要的最小光信噪比。

④ 串扰，指在 R′点和 MPI-R 处从第 j 路输出端口测量的串扰信号 λ_i（$i\neq j$）的功率 $P_j(\lambda_i)$ 与第 i 路输出端口测得的该路标称信号的功率 $P_i(\lambda_i)$ 之间比值为第 i 路对第 j 路的串扰。

⑤ 各路输入功率的最大差值，指在 R′点的各路输入中，同一时刻最大信号与最小信号功率之间的差值。

（4）合路信号的输出口参数

合路信号输出口对应于 MPI-S 和 S′点光接口，即 OM/OA 输出口的参考点。

① 发送端 S′点串话，指由发送端边模、非线性、发送波长不合乎要求或其他原因而引起的，影响并不大。

② 通路输出功率，指每通路平均输出功率，包括由于光放大器带来的 ASE 噪声。

③ 发送功率，指经合路后进入光纤的功率（包括光放大器的 ASE 噪声）。

④ 每通路光信噪比，指通路内信号功率与噪声功率的比值。

⑤ 各路输出功率的最大差值，指在同一时刻，在给定的光有效带宽下，MPI-S 或 S′点每通路输出光功率的最大值与最小值之间的功率差。

（5）光通路参数

在 WDM 系统中，出现了“子”和“主”两个光通道。定义两光放大器之间为子光通道，MPI-S 和 MPI-R 之间为主光通道，如图 6-29 所示。

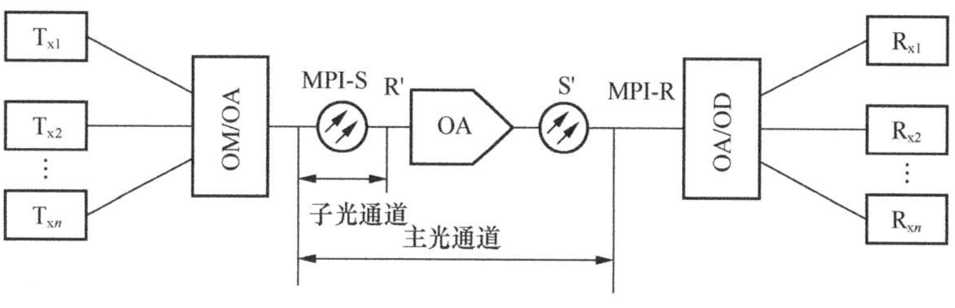

图 6-29　主光通道与子光通道的划分

① 衰减与目标距离。目标距离的衰减范围是在 1 530～1 565nm EDFA 的工作频带内，假设光纤损耗是以 0.28dB/km 为基础（包括接头和光缆富余度）而得出的。

表 6-4 和表 6-5 所示分别为无线路光放大器系统和有线路光放大器的衰减范围，表中的 22dB、33dB、44dB 分别对应于 80km、120km、160km 的传输目标距离。

表 6-4　　无线路光放大器系统的衰减范围

应用代码	*n*L-*y.z*	*n*V-*y.z*	*n*U-*y.z*
衰减范围			
最大	22dB	33dB	44dB
最小			

表 6-5　　有线路光放大器系统的衰减范围

应用代码	*n*L*x*-*y.z*	*n*V*x*-*y.z*
衰减范围（OA 之间）		
最大	22dB	33dB
最小		

② 色散。对于超高速波分复用系统，大多数是色散敏感系统（色散包括色度色散和偏振模色散），表 6-6 所示为 2.5Gbit/s 系统有/无线路光放大器系统在 G.652 光缆上传输的色散容限值和目标传送距离。

表 6-6　2.5Gbit/s 系统，有/无线路光放大器系统在 G.652 光缆上传输的色散容限值和目标传送距离

应用代码	L	V	U	*n*V3-*y*.2	*n*L5-*y*.2	*n*V5-*y*.2	*n*L8-*y*.2
最大色散容限值	1 600	2 400	3 200	7 200	8 000	12 000	12 800
目标传输距离（km）	80	120	160	360	400	600	640

③ 偏振模色散。偏振模色散是指由光纤随机性双折射引起的，不同偏振状态下光纤折射率不同，导致相移不同，在时域上表现为时延不同，最终脉冲波形展宽，增加了码间干扰。

④ 反射。反射系数包括最小回损和最大反射系数两项。

- 最小回损是指主通道光缆线路（包括任何光连接器）MPI-S 点入射光功率和反射光功率之比。
- 最大离散反射系数是指光通道光缆线路（包括任何光连接器）不均匀性（例如接头）引起的反射。

⑤ 光通道代价是指从 MPI-S 和 MPI-R 之间的“主光通道”，由于反射、码间干扰、模分配噪声、激光器 chip 声等因素的影响，使脉冲在光纤传输过程中所引起的波形失真而导致接收灵敏度的明显下降。

3. WDM 光接口指标

每种速率 WDM 系统都有相应的光接口指标，包括主光通路、OSC 监控通路、OTU 接口等，这里不再详细介绍。

6.5　WDM 系统案例分析

某组网配置如图 6-30 所示，均采用中兴 ZXWM M900 WDM 设备。A、B 之间构成点对点通信，有两个光波长通道的业务，接入 SDH 信号，每个波道速率均为 10Gbit/s。

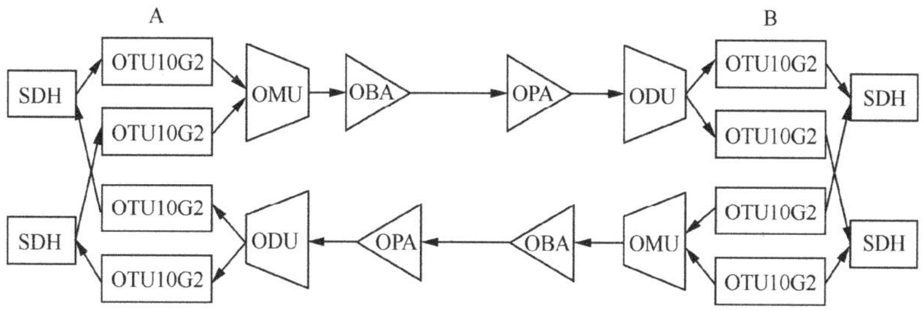

图 6-30　某 WDM 系统组网配置

1. 故障现象

其中一个业务中断，出现了发送端 OTU10G2 板的 R_LOS 告警信号，而另一个业务正常。

2. 处理步骤

① 用光功率计测量发送端 OTU10G2 板的输入光功率。如果输入光功率太低，即为 R_LOS 告警的原因。

接下来检查 SDH 设备的发送端是否有问题，SDH 设备与发送端 OTU10G2 板之间的光跳纤是否清洁。

② 如果接收光功率正常，交换两块发送端 OTU10G2 板的输入信号，然后观察告警情况。

如果 R-LOS 告警依然出现在该 OTU10G2 板上，则可以判断是发送端 OTU10G2 板的接收模块出了问题。如果 R-LOS 告警出现在另一块发送端 OTU10G2 板上，则可以判断是 SDH 设备的发送信号有问题。

实践项目与教学情境

情境 1：到光纤通信实训室或运营商传输机房，考察了解相关的 WDM 设备及组网情况，画出本地传输网络的结构图，分析传输网络的保护机制。

情境 2：分析对比 SDH 设备和 WDM 设备的不同，撰写分析报告。

小结

（1）WDM 技术是利用单模光纤的带宽以及低损耗的特性，采用多个波长作为载波，允许各载波信道在一条光纤内同时传输。与通用的单信道系统相比，WDM 不仅极大地提高了网络系统的通信容量，充分利用了光纤的带宽，而且具有扩容简单和性能可靠等诸多优点。

（2）WDM 系统主要由光发射机、光中继放大、光接收机、光监控信道和网络管理系统 5 部分组成。其工作方式有双纤单向和单纤双向两种。系统类型通常有开放式和集成式两种。

（3）WDM 系统设备一般按用途可分为光终端复用器（OTM）、光线路放大器（OLA）、光分插复用器（OADM）、电中继器（REG）等几种类型，网络保护有点到点线路保护、光复用段保护和基于环网的保护。WDM 系统监控有带外波长监控技术和带内波长监控技术两种。WDM 网管包括故障管理、性能管理、配置管理和安全管理。

（4）WDM 的关键技术包括光源、光检测器、光波长转换器、光放大器、光复用器和解复用器及光纤传输技术等方面。

思考题与练习题

6-1 什么是 WDM 技术？其特点有哪些？

6-2 WDM 系统由哪些部分组成？每部分的作用是什么？

6-3 说明 WDM 的两种工作方式和两种系统类型。

6-4 说明 ADM 设备的信号流程。

6-5 WDM 系统的网络保护是如何进行的？

6-6 光监控通道为什么不限制光放大器之间的距离？

6-7 WDM 系统中对光源和光检测器有什么要求？

6-8 说明标称中心频率、通路间隔和中心频率偏差的含义。

第7章 光纤通信系统设计

本章内容

- 损耗受限系统的再生段距离的设计。
- 色散受限系统的再生段距离的设计。
- 损耗受限和色散受限系统的再生段距离的设计示例。
- 验证系统是否能正常工作。

本章重点、难点

- 损耗受限和色散受限系统的再生段距离的设计示例。

本章学习的目的和要求

- 掌握再生段距离设计的方法。

本章实践要求及教学情境

- 设计一个光传输长途通信系统。

光纤通信系统的设计，既要满足通信系统的性能要求，又要尽可能地减少系统的建设成本，还要考虑将来发展的需要。因此要使设计尽可能的合理，除了合理选择光源、光缆、光检测器件以外，还要考虑最大中继距离的设计。中继距离过短，会增加中继器的数量，使建设成本增加；中继距离过长，会使通信系统的性能变差，不能满足通信系统的性能要求。所以必须合理设计中继距离。

局间长距离通信时，光发射机发出的光信号，在传输过程中，既有损耗又有色散，损耗和色散都会使光功率下降，波形变差。要使信号可靠、良好地传输，必须在适当的位置加再生中继器，增加再生中继器就会增加网络的建设成本，所以中继器不可以不加，又不可以无限制地加，何时加，加多少就是最大中继距离设计要解决的问题。

对基本光中继段的设计有三套方案可供选择：最坏情况设计法、统计设计法和半统计设计法。光缆数字线路系统设计的基本方法是最坏值设计法。所谓最坏值设计法，就是在设计再生段距离时，将所有参数值都按最坏值选取，而不管其具体分布如何。其优点是可以为网络规划设计者和制造厂家分别提供简单的设计指导和明确的元部件指标。同时，在排除人为和自然界破坏因素后，按最坏值设计的系统在系统寿命终了、富余度（为光源、光检测器及其光纤等性能退化，恶劣环境下的变化以及维修过程中的功率变化而预留出来的光功率）用完且处于极端温度的情况下仍能 100%地保证系统性能要求，不存在先期失效问题。缺点是各项最坏值条件同时出现的概率极小，因而系统正常工作时有相当大的富余度，而且各项光参数的分布相当宽，只选用最坏值设计使结果保守，再生段距离偏短，使中继器的个数增加，系统总成本偏高。统计设计法是根据各参数的统计分布函数来计算，需要大量的基础数据；半统计设计法是利用统计法确定部分系统参数。本书采用最坏情况设计法。

再生段（中继距离）是光纤通信系统设计的一项主要任务。由于色散和损耗是限制光纤通信系统传输距离的最终决定因素，所以再生段（中继距离）的设计包括两个方面的预算设计：第一种情况是损耗受限系统，即再生段距离由 S 点和 R 点（如图 7-1 所示）之间的光通道损耗决定。第二种情况是色散受限系统，即再生段距离由 S 点和 R 点之间的光通道总色散所限定。主要的设计目的是决定系统是受损耗限制的系统，还是受色散限制的系统，以便恰当地设计出相应的中继距离和对应的系统功率、色散等指标，从而保证整个系统稳定可靠地工作。下面分别讨论这两种情况。

7.1 损耗受限系统设计

在用最坏值法设计同步光缆数字线路系统时，设备富余度与未分配的富余度都不再单独进行规范，而是分散给发送机、接收机和光缆线路设施了。这与传统方法稍有不同，目的是便于更好地实现基本光缆段上的横向兼容性。通常，发送机富余度取 $M_{e\mathrm{T}}=1\mathrm{dB}$ 左右，而接收机富余度取 $M_{e\mathrm{R}}=$（2～4）dB，系统总富余度为（3～5）dB。

按照 ITU-T 建议 G.957 的规定，允许的光通道损耗 P_{SR} 为

$$P_{\mathrm{SR}}=P_{\mathrm{T}}-P_{\mathrm{R}}-P_0 \tag{7-1}$$

式中，P_{T} 为光发送功率；P_{R} 为光接收灵敏度；P_0 为光通道功率代价，与发送机光源特性及光通道色散和反射特性有关。尽管 P_0 主要是由光通道引起的，但机制上不属于光通道可用损耗的一部分，不能构成 S-R 点之间的可用允许损耗，可以等效为附加接收损耗，因此需要扣除，于是实际 S-R 点的允许损耗为

$$P_{\mathrm{SR}}=A_{\mathrm{f}}\cdot L+\frac{A_{\mathrm{S}}}{L_{\mathrm{f}}}\cdot L+M_{\mathrm{c}}L+2A_{\mathrm{C}} \tag{7-2}$$

式中，A_{f}表示再生段平均光缆衰减系数（dB/km），A_{S}是再生段平均接头损耗（dB），L_{f}是单盘光缆的盘长（km），M_{c} 是光缆富余度（dB/km），A_{C} 是光纤配线盘上的附加活动连接器损耗（dB），这里按两个考虑。图 7-1 形象地演示了整个光通道损耗的组成。

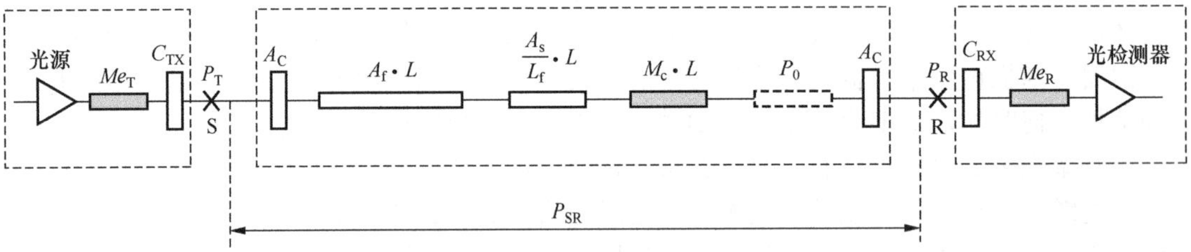

图 7-1　光通道损耗的组成

在损耗受限系统中，中继距离越长，则光纤通信系统的成本越低，获得的技术经济效益越高，因而这个问题一直受到系统设计者的重视。当前广泛采用的设计方法是前面所述的 ITU-T G.957 所建议的最坏值设计法。这里将在进一步考虑光纤和接头损耗的基础上，对再生段距离的设计进行描述。

对于损耗受限系统，系统设计者首先要根据 S 点和 R 点之间的所有光功率损耗和光缆富余度来确定总的光通道衰减值，据此再确定适用的系统分类代码及相应的一整套光参数。损耗受限系统的实际可达再生段距离可以用下式来估算。

$$P_T-P_R=A_f\cdot L+A_S\left(\frac{L}{L_f}-1\right)+M_cL+P_0+M_e+2A_C$$
$$=2A_C+P_0+M_e-A_S+(A_f+\frac{A_S}{L_f}+M_c)\cdot L \qquad (7\text{-}3)$$

所以

$$L_1=\frac{P_T-P_R-2A_C-P_0-M_e+A_S}{A_f+\frac{A_S}{L_f}+M_c}=\frac{P_s-P_r-P_0-M_e+A_S}{A_f+\frac{A_S}{L_f}+M_c} \qquad (7\text{-}4)$$

其中

$$A_f=\sum_{i=1}^{n}\alpha_{fi}/n \qquad (7\text{-}5)$$

$$A_S=\sum_{i=1}^{n-1}\alpha_{si}/(n-1) \qquad (7\text{-}6)$$

式中，P_T 为发送光功率（dBm）；P_R 为光接收灵敏度（dBm）；P_s 为入纤平均光功率（dBm），是发送机输出连接器 C_{TX} 后面 S 点测量的入纤平均光功率，一般为−9dBm、−6dBm、−3dBm 三挡；P_r 为接收机输入连接器 C_{RX} 前面 R 点测量的最低平均光功率（dBm）；A_C 是光纤配线盘上的收发端两个附加活动连接器（C_{RX} 和 C_{TX}）的接续损耗（dB），一般取 A_C=0.5dB；P_0 为光通道功率代价（dB），由反射功率代价 P_r 和色散功率代价 P_d 组成，一般取 P_0=1dB 以下，在四次群及以下系统中可忽略不计；M_e 为系统设备富裕度（dB），一般取 M_e=3dB；M_c 为光缆富余度（dB/km），内容包括今后维护中光缆的维修变动、环境因素、光连接器的劣化，取值一般为 0.05～0.15dB/km，最大值为 5dB；n 是再生段内所用光缆的盘数；α_{fi} 是单盘光缆的衰减系数（dB/km）；A_f 表示再生段平均光缆衰减系数（dB/km）；α_{si} 是单个光纤接头的损耗（dB）；A_S 是再生段平均接头损耗（dB）。在长途通信中，对 S 点和 R 点之间允许的总衰减和最大色散值要求很严，实际值如表 7-1 所示。

表 7-1　S 点和 R 点之间允许的总衰减和最大色散（总带宽）值（误码率 $BER\leqslant 1\times 10^{-10}$）

数字速率	标称波长（nm）	光源类型	长途单模光纤系统		市内系统			
					多模系统		单模系统	
			总衰减（dB）	最大色散（ps/nm）	总衰减（dB）	总带宽（MHz）	总衰减（dB）	最大色散（ps/nm）
8.448	1 310	LD	不要求	不要求	不要求	不要求	40	不要求
34.368	1 310	LD	35	不要求	35	50	35	不要求
139.264	1 310	LD	28（31）	300（<300）	27	100	28	300
4×139.264	1 310	LD	24	120（100）				

注：（1）表中数值是最大中继段长度下的最低要求。

（2）对短中继段可适当放宽。

（3）括号内的数值是为获得最大中继段长度所需的较高要求，可通过限制光源波长范围并靠近光纤的零色散波长来实现。

采用最坏值法设计时，再生段距离 L_{max} 的计算公式（7–4）可以简化为下式。

$$L_{max}=\frac{P_{Tm}-P_{Rm}-2A_{Cm}-P_{0m}-M_{em}+A_{sm}}{A_{fm}+\frac{A_{sm}}{L_f}+M_c} \tag{7-7}$$

式（7-7）中带下标“m”的参数皆为相应参数的最坏值。

为了使系统能够长期稳定可靠，在系统设计时留下了一定的富余量，包括 P_0、M_c 和 M_e，但是这些余量不能太大，否则会使实际接收光功率超出接收机的动态范围 D_r，使系统不能正常工作，因此应保证所有富余度之和（$P_0+M_cL+M_e$）不能超过 D_r，当两者相等时，对应的中继距离为最小，即

$$\begin{aligned}L_{min}&=\frac{P_T-P_R-2A_C-D_r+A_S}{A_f+\frac{A_S}{L_f}}\\&=\frac{P_s-P_r-D_r+A_S}{A_f+\frac{A_S}{L_f}}\end{aligned} \tag{7-8}$$

因此，根据损耗因素计算出来的中继段长度在 L_{min} 和 L_{max} 之间，即

$$L_{min}\leqslant L\leqslant L_{max} \tag{7-9}$$

从以上的分析和计算可以看出，这种设计方法仅考虑现场光功率概算参数值的最坏值，而忽略其实际分布，因而使设计出的再生段距离过于保守，即距离过短，不能充分发挥光纤通信系统的优越性。事实上，光纤系统的各项参数值的离散性很大，若能充分利用这些参数的统计分布特性，则可设计出更加合理的光纤系统的中继距离。这就是近几年出现的一种提高光纤系统效益，加长再生段距离的新设计方法——统计法。但是，这种方法目前还处于研究、探讨阶段，在此不再介绍。

7.2 色散受限系统设计

色散受限系统是指由于系统中光纤的色散、光源的谱宽等因素的影响，限制了光纤通信的中继距离。

在光纤通信系统中存在着两大类色散，即模式色散与模内色散。模式色散是由多模光纤引起的。模式色散的数值较大，会严重地影响光纤通信的中继距离。但由于单模光纤已经被广泛采用，因此这里主要讨论单模光纤的色散。

对于单模光纤通信系统而言，其色散主要表现为材料色散与波导色散的影响。单模光纤的色散系数非常小，但因单模光纤系统码速率远远大于多模光纤系统，所以出现了一些新的问题，使单模光纤通信系统的色散问题反而变得重要了，成为计算传输中继距离时不可忽视的问题。

单模光纤的色散对系统性能的影响主要表现为码间干扰、模分配噪声和啁啾声。

（1）码间干扰。单模光纤通信中所用的光源器件的谱宽是非常狭窄的，往往只有几个纳米，但毕竟有一定的宽度。也就是说它所发出的光具有多根谱线。每根谱线皆各自受光纤的色散作用，会在接收端造成脉冲展宽现象，从而产生码间干扰。

（2）模分配噪声。光源器件的发光功率是恒定的，即各谱线的功率之和是一个常数。但在高码速率脉冲的激励下，各谱线的功率会出现起伏现象（此时仍保持功率之和恒定），这种功率的随

机变化与光纤的色散相互作用，就会产生一种特殊的噪声，即模分配噪声，也会导致脉冲展宽。

（3）啁啾声。啁啾声仅当光源器件为单纵模激光器时才出现。当使用高速率脉冲激励单纵模激光器时，会使其谐振腔的光通路长度发生变化，致使其输出波长发生偏移，即所谓啁啾声。啁啾声也会导致脉冲展宽。

对于色散受限系统，系统设计者首先应确定所设计的再生段的总色散（ps/nm），再据此选择合适的系统分类代码及相应的一整套参数。色散受限系统可达的再生段距离的最坏值可以用下式估算。

$$L_d = D_{SR}/D_m \tag{7-10}$$

式中，D_{SR} 为 S 点和 R 点之间允许的最大色散值，可以从表 7-1 中查到；D_m 为允许工作波长范围内的最大光纤色散系数，单位为 ps/(nm・km)，可取实际光纤色散分布最大值。

在光纤通信系统中，使用不同类型的光源，光纤色散对系统的影响各不相同。

（1）多纵模激光器和发光二极管

式（7-10）在光参数值为标准参数时是一个十分简单的计算公式，对于光参数值为非标准参数，例如，光源谱宽和 ITU-T 规范值相差较多时，更实用的基本计算公式如下。

$$L_d = \frac{10^6 \cdot \varepsilon}{f_b \cdot D_m \cdot \delta\lambda_m} \tag{7-11}$$

式中，各参数均为最坏值。f_b 是线路信号速率，单位为 Mbit/s；D_m 是光纤色散系数，单位为 ps/(nm・km)；$\delta\lambda$ 是光源的均方根谱宽，单位为 nm；ε 是光脉冲的相对展宽值，当光源为多纵模激光器（MLM−LD）时，ε 取 0.115，若为发光二极管（LED）时，ε 取 0.306。

（2）单纵模激光器

当光源为单纵模激光器（SLM-LD）时，啁啾声引起的脉冲展宽占主要地位，则可用如下工程近似计算公式。

$$L_C = \frac{71\ 400}{\alpha \cdot D_m \cdot \lambda^2 \cdot {f_b}^2} \tag{7-12}$$

式中，α 为啁啾系数，当采用 DFB 单纵模激光器作为系统光源时，α 取值范围为 4～6ps/nm；当采用新型的量子阱激光器时，α 取值范围为 2～4ps/mn；λ 为工作波长上限（单位为 nm）；f_b 仍为线路信号比特率，单位为 Tbit/s。

上述工程近似计算公式与实际计算机模拟和实测结果相比略偏保守，因而作为最坏值设计是一个简单易行而又足够安全的距离。以 2.4Gbit/s 系统为例，假设工作波长 λ 为 1 550nm，D_m 为 17ps/(nm・km)，则采用普通量子阱激光器（设 α=3）和 EA 调制器（设 α=0.5）后，传输距离可以分别达 101km 和 607km。

（3）采用外调制器

当采用外调制器时，不存在由于高速数字信号对光源的直接调制而带来的模分配噪声和啁啾声的影响。当然，当信号经过外调制器时，同样会给系统引入频率啁啾，但相对于纯光纤色散的影响而言，可以忽略。无论模分配噪声还是啁啾声损伤均可以忽略，因而无论式（7-11）还是式（7-12）均不适用，此时中继距离 L_C 可以采用下述计算公式来计算

$$L_C = \frac{c}{D_m \cdot \lambda^2 \cdot {f_b}^2} \tag{7-13}$$

式中，c 为光速。以 2.4Gbit/s 为例，λ =1 550nm，D_m=17ps/（nm・km），则采用外调制器

的系统色度色散受限距离可以延长到 1 275km 左右。

实际系统设计分析时，由于光纤的损耗和色散都将影响系统的性能，所以首先根据式（7-4）或式（7-7）算出损耗受限的距离 L_{max}，其次根据式（7-10）至式（7-13）算出色散受限的距离 L'_{max}，若 $L_{max}>L'_{max}$，则称系统为色散限制系统，即系统的中继距离主要由光纤的色散来确定，若 $L_{max}<L'_{max}$，则称系统为损耗限制系统，即系统的中继距离主要由光纤的损耗来确定，然后根据式（7-8）计算出最小中继距离 L_{min}，最后确定的再生段距离为

$$L_{min}\leqslant L\leqslant L_{max} \text{ 和 } L'_{max} \text{ 中的较小者} \tag{7-14}$$

7.3 波分复用系统的设计

波分复用系统（WDM）传输线路的局站设备分为终端站、转接站、中继站和光放站，对应的传输线路为光放段、中继段和复用段。WDM 线路传输系统的设计，需根据光功率、色散和信噪比的计算结果，确定光放大器的增益类型和中继段内允许的光放段数量。

1. WDM 系统的光放段设计

WDM 线路传输系统的光放段一般按等增益传输进行设计。以中继段为单元，中继段内各个光放大器均设计为等增益工作状态，各放大器的输出光功率均相同，其接收灵敏度也相同，如光放段的光缆衰减小于放大器的增益较多时，则应用光衰减器进行调节。

光线路放大器的增益一般为 22dB、30dB 及 33dB 三种类型。根据光放大器的增益类型，光放段的长度一般按下式计算。

$$L=\frac{G-A_C}{\alpha_r+\alpha_c+\alpha_s} \tag{7-15}$$

式中，L 为光放段长度（km）；G 为光放大器增益（dB）；A_C 为光纤连接器衰减（dB）；α_r 为光纤衰减系数（dB/km）；α_c 为光缆线路余量（dB/km）；α_s 为光纤熔接平均损耗（dB/km）。

光放段的设置距离和段数必须在以下两点之间进行权衡：各光放大器的设置间距和光信号在进行电中继之前的传输距离。总的来说，如果减少光放大器的增益，那么在进行电中继之前增加光放段数是可行的。现有的多跨距光放大系统在进行电中继之前，一般每个系统可达 3 个 120km 或 8 个 80km 的跨距。通常以外部设备预算的损耗值（dB）来对传输系统进行规范。如 3 跨距系统可表示为 3×33dB 系统，8 跨距系统可表示为 8×22dB 系统。

2. WDM 系统中继段的设计

中继段的长度与容许的光放段数量需符合光通道色散和信噪比的要求。一个中继段光通道容许的色散，多数厂商的 WDM 系统设为 6 400ps/nm 和 12 800ps/nm 两挡。如果光纤的色散系数按光通道色散计算，容许的中继段长度如表 7-2 所示。

表 7-2　色散系数与对应的中继段长度参考值

光 纤 类 型	G.652		G.655	
光纤色散系数 ps/(nm · km)	20		6	
光通道允许色散值 ps/nm	6 400	12 800	6 400	12 800
允许光通道长度 km	320	640	1 060	2 133

3. WDM 系统单波道的信噪比计算

WDM 系统单波道的信噪比一般要求大于或等于 20dB（或 22dB），信噪比的计算比较复杂。假如单波道输出光功率 P_o=7.0dB，光放大器噪声系数 N_f=8.0dB，光放段增益（G）分别为 22dB、30dB 或 33dB 的情况下，信噪比可用下式计算。

$$OSNR=58+P_o-N_f-G-10\lg N \tag{7-16}$$

式中，P_o 为单波道输出光功率（dBm）；N_f 为光放大器的噪声系数（dB）；G 为光放段增益（dB）；$OSNR$ 为单波道信噪比（dB）；58 为综合系数；N 为光放大段数量。

WDM 系统中继段的配置，需同时满足光功率、光放大器增益、光通道色散和光信号的信噪比要求。

另外在传输系统的指标方面，仍应满足 SDH 系统关于抖动与误码指标的要求。

7.4　应用举例

为了便于应用，下面将给出 STM-16 长途通信系统的光传输设计计算实例。

[例 1] 计划建设一条 2.5Gbit/s 的单模光纤干线系统，系统采用单纵模激光器，沿途具备设站条件的候选站点间的距离为（57～70）km，系统设计要求设备富余度 M_e 为 4dB，光缆富余度 M_c 为 0.05dB/km。

解：根据上述 70km 的最长站间距离可以初选 L-16.2 系统（其目标距离 80km），并假设工作波长为极端的 1 580nm，再生段平均光缆衰减系数 A_f=0.22dB/km，再生段平均接头损耗 A_S=0.1（dB），单盘光缆的盘长 L_f=2km，活动连接器损耗 A_C=0.35dB，光纤色散系数 D_m=20ps/(nm·km)，接收机动态范围 D_r=18dB。依据 L-16.2 规定，P_T=(−2～3)dBm，P_R=−28dBm，P_0=2dB，设激光器啁啾系数的α=3，则依据式（7-4）、式（7-8）和式（7-12）可以分别计算出

$$L_{max}=\frac{P_T-P_R-2A_C-P_0-M_e+A_S}{A_f+\dfrac{A_S}{L_f}+M_c}$$
$$=\frac{-2-(-28)-2\times0.35-2-4+0.1}{0.22+\dfrac{0.1}{2}+0.05}$$
$$=\frac{19.4}{0.32}\approx 60(\text{km})$$

$$L_C=\frac{71\,400}{\alpha\times D_m\times\lambda^2\times f_b{}^2}$$
$$=\frac{71\,400}{3\times20\times1\,580^2\times0.002\,5^2}$$
$$=76(\text{km})$$

$$L_{min}=\frac{P_T-P_R-2A_C-D_r+A_S}{A_f+\frac{A_S}{L_f}}$$
$$=\frac{-2-(-28)-2\times0.35-18+0.1}{0.22+\frac{0.1}{2}}$$
$$=\frac{7.4}{0.27}=27.4(\text{km})$$

由于 $L_{max}<L_C$，所以此系统为损耗受限系统，且能满足 57km 无中继传输距离的要求。

根据 $M_C=4\text{dB}$ 的要求，将 1dB 作为发送机富余度，3dB 作为接收机富余度，于是工厂验收时的实际 P_T 应为（−1～3）dBm。接收机测量通常用光衰减器模拟光通道，因而无通道代价，于是 P_R 应至少为（−28）−3−2=−33dBm。现场验收时 P_T 同上，P_R 测量应考虑光通道代价影响，于是其值应至少为（−28）−3=−31dBm。

[例 2] 若例 1 中的各项参数基本不变，而某中继站因地理环境所限只能在 20km 处设置，为使系统能够正常开通并稳定可靠，应如何调节 P_T？

解：根据题中条件，中继站因地理环境限制只能在 20km 处设置，此时接收光功率超出了接收机的动态范围，系统将不能正常接收，可通过调节 P_T 来解决，根据式（7-8）有

$$L_{min}=\frac{P_T-P_R-2A_C-D_r+A_S}{A_f+\frac{A_S}{L_f}}\leqslant 20\text{km}$$
$$=\frac{P_T-(-28)-2\times0.35-18+0.1}{0.22+\frac{0.1}{2}}\leqslant 20\text{km}$$

解得：$P_T\leqslant-4\text{dBm}$

所以取 $P_T=-4\text{dBm}$ 即可保证中继站设置在 20km 处时，系统正常开通且稳定可靠。

在实际工程设计中，还经常遇到这样的情况，通信地点、各局站已定，即中继距离已经确定，如何根据已经得到的光发射机、光纤和光接收机来验证系统能否正常工作，这就需要根据各项参数进行系统预算。

（1）损耗预算

根据图 7-1 所示的中继段光链路连接情况，在 R 点得到的实际接收光功率 P_R 应为

$$P_R=P_s-(A_f+A_s/L_f)L-2A_c \tag{7-17}$$

式中，L 为既定的中继距离，如果入纤光功率 P_s 完全消耗在光纤线路上，使最后接收到的光功率 P_R 等于接收灵敏度 P_r，这样并不能保证系统稳定可靠，必须要留出相应的富余度，即

$$P_R\geqslant P_r+M_e+M_cL+P_0 \tag{7-18}$$

而另一方面 P_R 又不能太大，超出所允许的范围，所以当满足下式时，系统才能稳定可靠，即

$$P_r+D_r\geqslant P_R\geqslant P_r+M_e+M_cL+P_0 \tag{7-19}$$

（2）色散预算

关于色散预算，读者可根据式（7-10）～式（7-13）自行推导，这里就不在赘述。

注意：只有同时通过损耗和色散两种预算，系统设计才算合格。

[例 3] 某 G.652 单模光纤系统扩容改造为 WDM 系统，工作波长采用 1 550nm，实测双纤双向平均衰减α_r=0.25dB/km（含光纤熔接衰减 0.2dB 以下的接头，光纤熔接衰减超过 0.2dB 以上需要进行整治），光缆线路余量α_c=0.04dB/km，光纤连接器衰减按 1 个连接器 A_C=0.5dB 计算。根据光纤线路衰减测试参数和光放大器的增益，计算出放大器的增益与所对应的光放段的长度。

解：光线路放大器的增益一般为 22dB、30dB 及 33dB 等 3 种类型，根据公式

$$L=\frac{G-A_C}{\alpha_r+\alpha_c+\alpha_s}$$

计算得出光放大器的增益与所对应的光放段的长度，如表 7-3 所示。

表 7-3　光放大器的增益与所对应的光放段的长度

光放大器增益 dB	22	30	33
光放段长度 km	72	100	110

实践项目与教学情境

情境 1：实际设计一个光纤传输系统，分析是损耗受限还是色散受限系统，并进行相应的再生段距离设计。

情境 2：考察光纤传输系统实际施工设计，撰写考察报告。

小结

在设计一个光纤通信系统的最大再生段距离时，应分别按照损耗受限系统和色散受限系统的再生段距离计算方法计算。若实际计算值不同，最后选择其中较短的一个作为最大再生段距离。

思考题与练习题

7-1　光缆数字线路系统设计的基本方法是什么？

7-2　什么是损耗受限系统，什么是色散受限系统？

7-3　什么是最坏值法设计法？最坏值法设计法有哪些优点和缺点？

7-4　若一个 622Mbit/s 单模光纤通信系统，其系统的总体要求是：系统采用多纵模激光器，其阈值电流小于 50mA，标称波长 λ_1=1 310nm，波长变化范围为 $\lambda_{t\ min}$=1 295nm，$\lambda_{t\ max}$=1 325nm。光脉冲谱线宽度 $\Delta\lambda_{max}\leqslant$2nm。发送光功率 P_T=2dBm。如用高性能的 PIN-FET 组件，可在 $BER=1\times10^{-10}$ 条件下得到接收机灵敏度 P_R=−30dBm，动态范围 $D_r\geqslant$20dB。若设该系统的光通道代价 P_0=1dBm，活动连接器损耗 A_C=1dB，光纤平均接头损耗 A_S=0.1dB/km，光纤固有损耗 A_f=0.28dB/km，光纤色散系数 D≤2ps/(nm·km)，取 M_e 为 3.2dB，光缆富余度 M_c 为 0.1dB/km。试计算最大中继距离。

第 8 章 光纤通信新技术

本章内容

- MSTP 和 ASON 技术。
- OTN 和 PTN 技术。
- 光接入技术。
- 全光通信网。
- 相干光通信技术。
- 光孤子通信技术。

本章重点、难点

- MSTP 的基本概念和关键技术。
- ASON 的体系结构和连接类型。
- OTN、PTN 技术的基本概念和关键技术。
- OAN 的概念和 PON 技术。
- 全光通信网的光复用和光交换技术。

本章学习的目的和要求

- 掌握 MSTP 的基本概念和关键技术。
- 掌握 OTN 和 PTN 的基本概念和关键技术。
- 掌握 ASON 的体系结构和连接类型。
- 掌握 OAN 的概念和 PON 技术，了解 OAN 的其他技术。
- 了解全光通信网的分层结构，掌握光复用和光交换技术。
- 了解相干光通信技术和光孤子通信技术。

本章实践要求及教学情境

- 到运营商机房参观 MSTP、OTN、PTN 的实际应用情况，了解其组网结构。

8.1 MSTP 技术

8.1.1 MSTP 概述

近年来，随着 Internet 和数据业务的爆炸性增长，为了充分利用现有传输网络的资源，在激烈的竞争环境中高效、可靠地提供灵活多样的新业务，各个电信运营商开始考虑利用已有的 SDH/SONET 传送网来传送数据业务。要想在 SDH/SONET 系统上传送数据业务，就必须使用一些新的技术和在原有的设备之上增加新的功能模块，或者在原有的系统中增加新的设备，才能满足在一个传输平台上同时支持 TDM 和数据的传输。习惯上把基于新技术的传输设备称为 MSTP（Multi-Service Transport Platform），有时也称为 MSP（Multi-Service Platform）、MSPP（Multi-Service Provisioning Platform）或 MSSP（Multi-Service Switching Platform）。

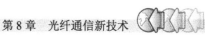

1. MSTP 概念

MSTP（基于 SDH 的多业务传送平台）是指基于 SDH 平台同时实现 TDM、ATM、以太网等业务的接入、处理和传送，提供统一网管的多业务节点。基于 SDH 的多业务传送节点除应具有标准 SDH 传送节点所具有的功能外，还应具有的主要功能有：具有 TDM、ATM、以太网等业务的接入、处理和传送功能；具有 ATM、以太网业务的带宽统计复用功能；具有 ATM、以太网业务映射到 SDH 虚容器的指配功能。

2. MSTP 的工作原理

MSTP 可以将 SDH 复用器、数字交叉连接器（DXC）、WDM 终端、网络二层交换机和 IP 边缘路由器等多个独立的设备集成为一个网络设备，进行统一管理和控制。MSTP 最适合作为网络边缘的融合节点支持混合型业务，特别是以 TDM 业务为主的混合业务，有助于实现从电路交换网向分组网的过渡，是城域网近期的主流技术之一。这就要求 SDH 从传送网转变为传送网和业务网一体化的多业务平台。MSTP 实现的基础是充分利用 SDH 技术对传输业务数据流提供保护恢复能力和较小的时延性能，并对网络业务支撑层加以改造，适应多业务应用，实现对二层、三层的数据智能支持。即将传送节点与各种业务节点融合在一起，构成业务层和传送层一体化的 SDH 业务节点，称为融合的网络节点或多业务节点。

3. MSTP 的特点

① 继承了 SDH 技术的许多优点。优良的网络保护倒换、对 TDM 业务的较好支持等。

② 支持多种物理接口。MSTP 必须支持多种物理接口，才能支持多种业务的接入、汇聚和传输。常见的接口有：TDM 接口（E1/T1、E3/T3）、SDH 接口（STM-N/OC-M）、以太网接口（10/100BaseT、GE）及 POS 接口。

③ 支持多种协议。MSTP 对多种业务的支持，要求其必须能够支持多种协议。MSTP 可以分离不同类型的传输流，并将传输流汇聚、交换或传送到相应目的地。

④ 支持多种光纤传输。MSTP 根据在网络中位置的不同有多种不同的信号类型。当 MSTP 位于核心骨干网时，信号类型为 STM-16、STM-64 等；当 MSTP 位于边缘接入和汇聚层时，信号类型为 STM-1、STM-4 等。

⑤ 提供集成的数字交叉连接。MSTP 可以在网络边缘完成大部分交叉连接功能，从而节省传输带宽，省掉核心层的数字交叉连接端口。

⑥ 支持动态带宽分配。由于 MSTP 支持 G.7070 中定义的级联和虚级联功能，可以对带宽灵活分配，带宽可分配的粒度为 2Mbit/s，一些厂家可以做到 576kbit/s，支持 G.7042 中定义的 LCAS，以实现对链路带宽的动态配置和调整。

⑦ 支持固定带宽业务和可变带宽业务。对于固定带宽业务，MSTP 集成了 SDH 的承载和调度能力，对于可变带宽业务，MSTP 可以提供端到端的透明传输通道，充分保证服务质量，并可充分利用 MSTP 的二层交换和统计复用功能共享带宽。

⑧ 高效建立链路的能力。面对城域网用户不断提高的即时带宽要求和 IP 业务流量的增

加，要求 MSTP 能够提供高效的链路配置、维护和管理能力。

⑨ 协议和接口分离。一些 MSTP 产品把协议处理和物理接口分离，可根据不同的应用环境为同一物理端口配置不同的协议，这增加了在使用给定端口集合时的灵活性和扩展性。

⑩ 综合的网络管理。MSTP 提供对不同协议层的综合管理，便于网络的维护和管理。

8.1.2 MSTP 的关键技术

MSTP 依托 SDH 平台传送以太网和 ATM 业务，实现传输网的多业务承载和传送。一方面，MSTP 保留了 SDH 固有的交叉能力和传统 PDH 业务接口与低速 SDH 业务接口，继续满足 TDM 业务需求；另一方面，MSTP 提供 ATM 处理、以太网透明传送、以太网二层交换、RPR 处理、MPLS 处理等功能来满足数据业务的汇聚、梳理和整合的要求。目前，大多数 MSTP 首选通用成帧规程（GFP）作为优良封装规程，而虚级联和链路容量调整（LCAS）则适应了不同的带宽颗粒需要，并在一定范围内进行链路容量调整。MSTP 的 RPR 功能克服了原有以太网倒换速度慢的缺点，可实现 50ms 之内的快速保护倒换，并具有网络拓扑自动发现，环路带宽共享、公平分配等特点。下面介绍 MSTP 的一些关键技术。

1. 通用成帧规程

（1）产生背景

以太网业务数据帧的长度是不定长的，这与要求严格同步的 SDH 帧有很大区别，所以需要使用适当的数据链路层适配协议来完成对以太网数据的封装，然后才能映射进 SDH 的虚容器 VC 之中，最后形成 STM-*N* 信号进行传送。

目前主要有三种链路层适配协议可以完成以太网数据业务的封装，即点到点协议/高速数据链路协议（PPP/HDLC）、SDH 上的链路接入规程（LAPS）和通用成帧规程（GFP）。在 MSTP 中，除可以使用传统的 PPP/HDLC、LAPS 作为数据分组的封装协议外，GFP 是一种新的选择方案。

PPP/HDLC 和 LAPS 是把数据用 PPP/HDLC 或 LAPS 协议进行封装，可直接将以太网 MAC 帧作为净负荷装入 PPP 或 LAPS 帧中的信息部分，再映射进 SDH 的 VC 中。这种映射方式不能区别不同的数据包流，因此，不能对每个数据流的流量、带宽进行管理，不能提供许多用户需要的 1～10Mbit/s 以太网带宽颗粒，因此，在 SDH 上采用新的封装格式 GFP 传送数据包。

通用成帧规程（GFP）是目前流行的一种比较标准的封装协议，提供了一种将高层的用户信息流适配到传送网络（如 SDH/SONET 网络）的通用方法。GFP 具有数据头纠错和把通道标识符用于端口复用（把多个物理端口复用成一个网络通道）的功能，另外，GFP 可支持成帧映射和透明传输两种工作方式，以适应不同的业务信号。GFP 的优势在于它可以提供更强的检测和纠错能力，并提供比传统封装方式更高的带宽效率。作为 MSTP 的 SDH 网络可以以 GFP 为基础，实现不同厂商映射方式的互通。GFP 现已成为各厂商以太网业务处理的唯一封装标准。

（2）GFP 帧结构

GFP 帧结构如图 8-1 所示，它由核心报头和净负荷组成。

① 核心报头：核心报头又分为两部分，即净负荷长度指示（PLI）与核心报头 HEC（cHEC）。

- 净负荷长度指示（PLI）为 2 个字节，最大值为 65 535，当 PLI 为 0～3 时，该帧为控制帧；当 PLI 为 4～65 535 时，该帧为用户帧，指示净负荷的长度。

● 核心报头 HEC（cHEC）是对核心报头进行的 CRC 校验，采用 CRC-16 的检错方法给帧头提供保护。通过计算接收到的数据帧头错误检验值与数据本身比较来实现帧的定位，通过 PLI 知道帧的长度，这是 GFP 与 HDLC 的最大不同。

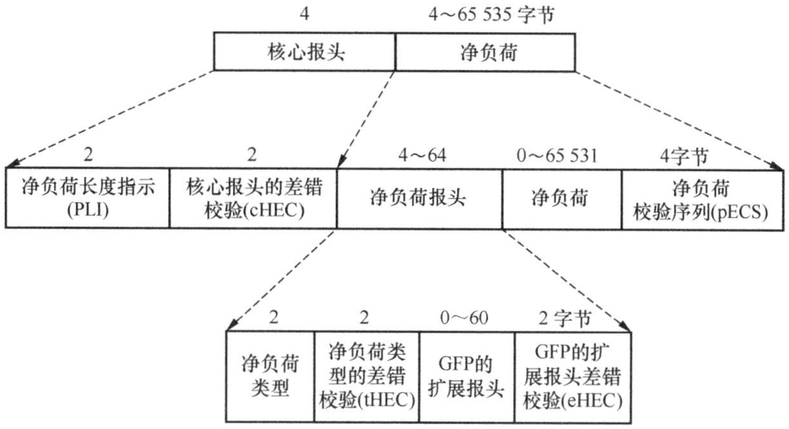

图 8-1　GFP 帧的结构

② 净负荷：净负荷包含三部分：净负荷报头、净负荷及净负荷校验序列（pFCS）。

● 净负荷报头：指示净负荷类型并进行相应的差错校验。

● 净负荷：承载的净负荷信息，如采用成帧映射（GFP-F）的 PDU，或采用透明映射（GFP-T）的用户信息等。

● 净负荷帧校验序列（pFCS）：采用 CRC-32 对净负荷进行校验，为可选项。

（3）GFP 帧类型

GFP 帧包括两种类型，用户帧（PLI≥4）和控制帧（PLI<4）。用户帧包括用户数据帧与用户管理帧，用户数据帧用于承载用户的数据信号，而用户管理帧用于承载与用户信号相关的管理信息。控制帧则包括空闲帧（PLI＝0）与管理帧（PLI＝1，2，3），空闲帧用于在源端进行 GFP 字节与传输层速率的适配，即当作填充使用；管理帧表示该帧可以承载 OAM 信息。

（4）GFP 映射方式

GFP 提供高度灵活的数据封装方法，既支持固定长度的帧，也支持可变长度的帧。数据信号映射进 GFP 时有两种方式，即成帧映射方式（Framed GFP，GFP-F）与透明映射方式（Transparent GFP，GFP-T）。

成帧映射方式（GFP-F）是一种面向 PDU 的数据流方式，它们可以用映射整个帧的适配方式，等接收到一个完整的帧后再进行处理；具有不同长度、属于不同业务的 GFP 帧可以时分复用到一个更高速率的信道传输。这种数据包复用方式大大提高了网络带宽的利用率。GFP-F 适用于以太网、IP、RPR 等数据业务。

透明映射方式（GFP-T）是一种面向块码的数据流方式，具有固定帧长度的块状编码的信号，它们可以用透明映射的方式及时处理而不用等待整个帧都收到，GFP-T 适合处理实时业务（如视频信号）和块状编码的信号（如存储业务）。

（5）GFP 的特点

① 支持多种业务信号。GFP 既可以应用于话音业务，也可以应用于数据业务；既支持多种 PDU 信号，如以太网、IP 业务信号等，又支持对延时性能要求较高的超级码块信号，如 FICON、ESCON 用户业务信号。

② 强大的扩展能力。GFP 帧可以进行三种形式的扩展，即无扩展、线性帧扩展及环形帧扩展，从而可支持点到点、点到多点的链形网或环形网。

③ PLI 减少了边界搜索时间。GFP 在帧头提供了 PLI，用于指示帧中 PDU 的长度，所以在接收端可方便地从数据流中提取 GFP 帧中的 PDU，而且根据 PLI 可以很快地找到 GFP 的帧尾，大大减少了边界搜索的时间。

④ 先进的定帧方式。PPP 与 LAPS 利用一些特殊字符，如帧标志 F 进行定帧和提供控制信息。GFP 采用类似于 ATM 中基于差错控制的定帧方式，即利用 cHEC 字段和它之前的 2 字节的相关性来识别帧头的位置；避免了 PPP 与 LAPS 透明处理带来的带宽不定的问题。

⑤ 可提供端到端的带内管理。GFP 的用户管理帧可以提供用户信号的一些相关管理信息，而控制帧中的管理帧可以提供更多的 OAM 信息，从而可实现端到端的各种管理功能。

GFP 也存在一些缺点，如协议比较复杂，GFP 帧占用的开销比较大，所以封装效率较低。

2. VC 级联技术

VC 级联技术就是把多个 VC 按一定规则组合在一起，使之成为一个传送整体以适应不同带宽业务的需求。

传统 SDH 网络在传送 IP 业务与 ATM 业务等巨大数据流时显得有些力不从心。因为 SDH 传送网中最大的虚容器是 VC-4，它能够传送的有效业务带宽仅有 149Mbit/s，而 IP 业务与 ATM 业务的带宽需求远超过 VC-4 的限制，所以有必要寻求一种利用现有网络传送宽带业务的方法，于是出现了把多个 VC 合并使用、提供一种高带宽整体传送的方法，即 VC 级联技术。VC 级联技术有相邻级联与虚级联两种。相邻级联采用物理方式捆绑虚容器，而虚级联采用逻辑方式捆绑虚容器。

（1）相邻级联

相邻级联又称连续级联，就是将 X 个相邻的 VC 首尾依次连接成为一个整体结构，即虚容器级联组（VCG）进行传送。相邻级联只保留一列通道开销 POH，其余的 VC 的 POH 改为填充字节。相邻级联的帧作为单个实体在 SDH 中复用、传送和交叉连接，在整个传送过程中必须保持连续的带宽，因此，相邻级联传送需要每个 SDH 网元都有级联处理功能。

相邻级联可写为 VC-4-Xc、VC-12-Xc 等，其中 X 为级联的 VC 个数，且 X 取值范围是 4、16、64。

（2）虚级联

虚级联就是将 X 个不相邻的 VC 级联成一个虚拟结构的 VCG 进行传送。即用来组成 SDH 通道的多个虚容器（VC-n）之间并没有实质的级联关系，它们在网络中被分别处理、独立传送，只是它们所传的数据具有级联关系。这种数据的级联关系在数据进入虚容器之前做好标记，待各个 VC-n 的数据到达目的终端后，再按照原定的级联关系进行重新组合。与相邻级联不同的是，在虚级联时，每个 VC 都保留自己的 POH。虚级联利用 POH 中的 H4（VC-3/VC-4 级联）或 K4（VC-12 级联）指示该 VC 在 VCG 中的序列号。

虚级联写为 VC-4-Xv、VC-12-Xv 等，其中 X 为 VCG 中的 VC 个数，v 代表“虚”级联。

（3）虚级联的特点

① 虚级联在传送路径上只需要源端和宿端两点具备虚级联处理功能即可，中间节点不需要具有虚级联处理功能，降低了对中间传送系统的要求，有助于提高组网的灵活性。

② 虚级联组内每个成员可以独立传送，支持多路径传送方式，可以更充分地利用网络

的带宽资源。

③ 使用 LCAS 协议后，可动态调整虚级联内的成员数目，避免个别成员失效后业务完全中断。

总之，虚级联既能实现带宽颗粒调整，又可实现业务带宽与 SDH 虚容器之间的适配，从而比连续级联能更好地利用 SDH 链路带宽，提高传输效率，更好地满足数据业务的传输；且可实现多径传输。

3．链路容量调整机制

虚级联的实现技术比较复杂，需要特殊的硬件支持，而且业务提供速度相对较慢，还可能产生传输时延，因为处于不同 STM-*N* 中的 VC 的传送路径可能不一样，所以到达接收端可能会产生时延。根据虚级联工作方式，相应网络设备接收端为了重组虚级联组中的虚容器，必须具有补偿时延和确定虚容器在虚级联组中唯一序列标号两个功能，并且单一物理通道的损坏可能会对整个虚级联产生致命的影响。为了增强虚级联的健壮性和安全性，出现了链路容量调整机制（LCAS）。

（1）基本概念

链路容量调整机制（LCAS）就是利用虚级联 VC 中某些开销字节传递控制信息，在源端与宿端之间提供一种无损伤、动态调整线路容量的控制机制。

高阶 VC 虚级联利用 H4 字节，低阶 VC 虚级联时利用 K4 字节来承载链路控制信息，源端和宿端之间通过握手操作，完成带宽的增加与减少，成员的屏蔽、恢复等操作。

LCAS 包含两个意义，一是可以自动删除 VCG 中失效的 VC 或把正常的 VC 添加到 VCG 之中，即当 VCG 中的某个成员出现连接失效时，LCAS 可以自动将失效 VC 从 VCG 中删除，并对其他正常的 VC 进行相应调整，保证 VCG 的正常传送；失效 VC 修复后也可以再添加到 VCG 中。二是自动调整 VCG 的容量，即根据实际应用中被映射业务流量的大小和所需带宽来调整 VCG 的容量。LCAS 具有一定的流量控制功能，无论是自动删除、添加 VC 还是自动调整 VCG 容量，对承载的业务并不造成损伤。

LCAS 技术是提高 VC 虚级联性能的重要技术，它不但能动态调整带宽容量，而且还提供了一种容错机制，大大增强了 VC 虚级联的健壮性。

（2）控制包

控制包的作用是在源端与宿端之间传送链路的相关信息，以便进行链路容量的自动调整，即增加或删除链路中 VC。每个控制包描述的内容是下一个控制包发送期间的链路状态，提前发送变化状态便于宿端收到后立即切换到新的配置。

对于高阶 VC（VC-4 或 VC-3）虚级联，控制包的总长为 64 比特，对于低阶 VC（VC-12）虚级联，控制包的总长为 32 比特。

控制包分为前向控制包和后向控制包。前向控制包由源端发向宿端，提前一帧把本帧的相关信息发送给宿端，以便宿端及时处理。后向控制包则是由宿端发向源端，是对前向控制包的应答。

高阶 VC 虚级联控制包包括以下内容（低阶 VC 虚级联的控制包内容类似，但长度不同）。

① 前向控制包内容

- 序列指示（SQ）：某 VC 在 VCG 中的排列顺序号，共 8 比特，最多可支持 256 个序号。
- 复帧指示器（MFI）：共 8 比特，用于确定相同 VCG 中不同成员之间的差分延时。某一帧的 MFI 值总是上一帧的 MFI 值加 1。MFI 标识了帧序列的先后顺序，即标识了时间的先后顺序。接收端通过 MFI 之间值的差别，判断从不同路径传来的帧之间时延差多少，计算出时延后，就可把不同时延的帧再次同步。高阶 VC 和低阶 VC 可容忍的最大时延差均为±256ms。

- 控制域（CTRL）：共 4 比特，用于传送从源端到宿端的链接信息，提供 VCG 中每个成员 VC 的状态信息，以便宿端采取相应的措施，控制域编码如表 8-1 所示。

表 8-1　　控制域编码

编　码	代　码	含　义	状 态 信 息
0000	FIXED	固定	采用固定带宽（无 LCAS 功能）
0001	ADD	加入	该 VC 正在加入 VCG 作为成员使用
0010	NORM	正常	该 VC 为 VCG 成员，状态正常
0011	EOS	位于最后	该 VC 为 VCG 成员，且位于 VCG 的最后
0101	IDLE	空闲	空闲，即该 VC 不是 VCG 成员
1111	DNU	不可用	该 VC 已失效，宿端已报告了失效

- 级联组标识（GID）：为 1 比特，是一个伪随机数，用于识别 VCG。一个 VCG 中的所有成员其 GID 相同，这样就可标识来自同一发送端的成员。
- CRC 校验：对前向控制包的 CRC 校验。

② 后向控制包内容

- 成员状态（MST）：为 8 比特，是宿端发向源端的信息，表示宿端收到的某个 VC 的状态，每个比特对应一个 VC 的状态，“0”表示正常，“1”代表失效。
- 重排列确认（RSA）：为 1 比特，是宿端发向源端的应答信息，是对容量调整后 VC 重新排序的确认。容量调整后，收端通过将该位取反来表示调整过程结束。
- CRC 校验：对后向控制包的 CRC 校验。

（3）链路容量自动调整

LCAS 的最大优点是具有动态调整链路容量的功能。LCAS 协议包括动态增加 VCG 成员，动态减少 VCG 成员和成员失效后的 VCG 动态调整。

① VCG 容量添加（添加成员）

当业务流量需求变大时，需要在 VCG 中添加成员 VC，或当因失效而被删除的 VC 修复后，将自动把该 VC 添加到 VCG 中。

② VCG 容量减少（删除成员）

当业务流量需求变小时，需要在 VCG 中删除成员，或 VCG 中某成员出现失效，需要将其删除。

（4）LCAS 的特点

① LCAS 是对 VC 技术的有效补充，可根据业务流量提供动态灵活的带宽分配和保护机制。

② LCAS 使 SDH 网络更加健壮。当 VCG 中的一个或多个成员出现失效时，自动去掉失效成员并降低 VCG 的带宽，避免业务中断。当网络故障排除后，自动加入原失效成员，恢复 VCG 带宽。这一过程远快于手动配置，大大加强了业务的保护能力。

总之，伴随虚级联技术的大量应用，LCAS 的作用越来越重要。它可以通过网管实时地对系统所需带宽进行配置，在系统出现故障时，可以在对业务无任何损伤的情况下动态地调整系统带宽，不需要人工介入，大大提高了配置速度。

4. 弹性分组环技术

未来业务数据化的趋势已被广泛认同，如何高效可靠地传输数据业务，是网络建设的一个重要任务。无论是 IP over ATM 还是 IP over SDH，都有各自的不足之处。弹性分组环（RPR）技术是为解决城域网中已大规模应用的 SDH、ATM 以及以太网技术的一些局限性而提出的，针对 SDH 和以太网的优缺点，结合 ATM 的优点，提出了 RPR 的环形组网技术。可以说，ATM+SDH+Ethernet＝RPR。

弹性分组环（RPR）技术是一种在环形结构上优化数据业务传送的新型 MAC 层协议，能够适应多种物理层（如 SDH、DWDM、以太网等），可有效地传送数据、语音、图像等多种业务类型。它融合了以太网技术的经济性、灵活性、可扩展性等特点，同时吸收了 SDH 环网的 50ms 快速保护的优点，并具有网络拓扑自动发现、环路带宽共享、公平分配、严格的业务分类（COS）等技术优势，目标是在不降低网络性能和可靠性的前提下提供更加经济有效的城域网解决方案。

（1）RPR 技术的基本原理

① 帧结构

RPR 位于数据链路层，包括逻辑链路控制（LLC）子层、MAC 控制子层、MAC 数据通道子层。LLC 子层与 MAC 控制子层之间是 MAC 服务接口。MAC 服务接口支持把来自 LLC 子层的数据传送到一个或多个远端同样的 LLC 子层。MAC 控制子层执行与特定小环无关的数据寻路行为和维护 MAC 状态所需要的控制行为。MAC 控制子层与 MAC 数据通道子层之间发送或接收 RPR MAC 帧。MAC 数据通道子层则与某个特定的小环之间执行访问控制和数据传送。物理层服务接口用于 MAC 数据通道子层向物理媒介发送或从物理媒介接收 RPR MAC 帧。图 8-2 所示为 RPR 规约栈。

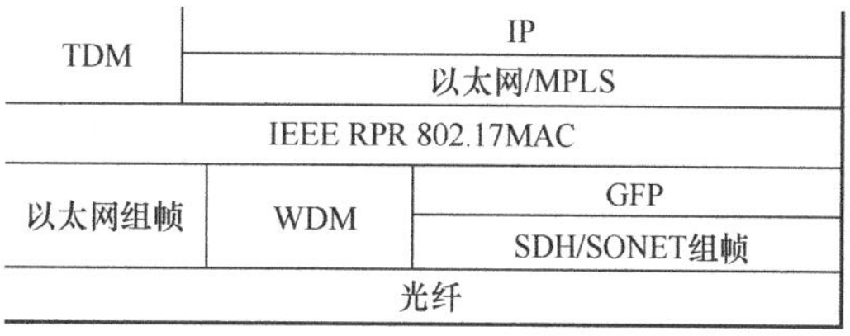

图 8-2　RPR 规约栈

② RPR MAC 对数据帧的处理方式

RPR MAC 对数据帧的处理方式有上环、下环、过环以及剥离 4 种，如图 8-3 所示。上环是指本点用户端口向环上其他站点发送信息时需要进行上环操作，通过拓扑发现和路由表项决定其目的站点地址以及环选择，根据对应的优先级送入相应的队列，最后产生 RPR 帧头后插入到各环端口。下环是指本站点从环上接收其他站点发送过来的到本站点的单播帧或多播帧，经过 Stack VLAN 过滤后接收。对于单播帧，将其从环上剥离并发送到用户端口；对于多播帧，将其发送到用户端口的同时进行过环操作。过环是指本站点从环上接收的帧根据其优先级（A、B、C）分别放入 PTQ 和 STQ 转发通道，发送时将 PTQ 和 STQ 队列中的数据帧直接插入源环发送端口。剥离是指本站点从环上接收的帧不再继续向下传递，到本点终结。

③ RPR 公平算法原理

RPR 技术所采用的公平算法是一种保证环上所有节点之间公平性的机制，通过这种算法可以达到带宽的动态调整和共享的目的。RPR 公平算法是通过对阻塞的检测来触发带宽调整而实现的。当环上某一个节点发生阻塞时，它就会在相反的环上向上行节点发布一个公平速率，当上行节点收到这个公平速率时，就调整自己的发送速率以不超过公平速率。接收到这个公平速率的节点会根据不同情况作出两种反应：若当前节点阻塞，它就在自己的公平速率和收到的公平速率之间选择最小值公布给上行节点；若当前节点不阻塞，节点就将公平速率向上游继续传递。

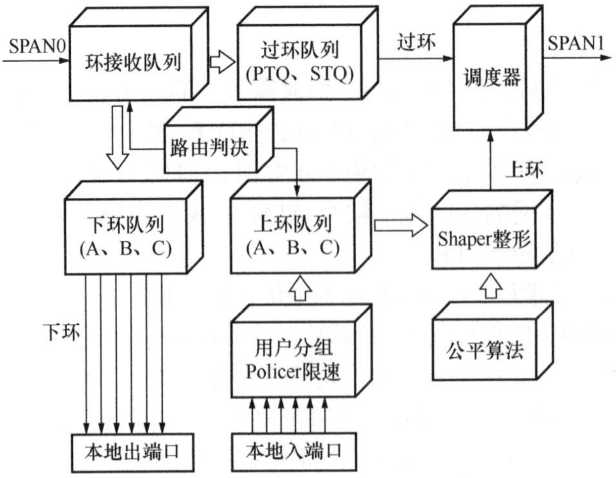

图 8-3 RPR MAC 对数据帧的处理

④ RPR 拓扑发现原理

通过 RPR 的拓扑发现原理，可以使每个节点都能了解环的完整结构、各节点距离自身的跳数以及环上各个节点所具备的能力等，从而为环选择、公平算法、保护等单元提供决策依据。RPR 拓扑发现是一种周期性的活动，但是也可以由某一个需要知道拓扑的节点发起，也就是说，某个节点可以在必要的时候产生一个拓扑信息帧（如此节点刚刚进入 RPR 环中，接收到一个保护切换需求信息或者节点监测到了光纤链路差错）。RPR 的拓扑信息产生周期可以任意配置，一般为 50ms～10s，以 50ms 为最小分辨率，默认值为 100ms。

⑤ RPR 保护原理

RPR 中，可以通过在断纤处节点实现环回或在发送节点重新选择发送方向来实现保护。RPR MAC 层保护可支持源路由（source steering）保护或环回（ring wrapping）保护。源路由保护是在故障附近的节点诊断到故障环后，将故障信息通知到环上所有节点，发送数据的源节点根据收到的信息选择在哪个环上发送数据，最终绕过故障节点。环回保护是在故障附近的节点诊断到故障环后，则停止使用该环，将该环的负载环回到另外一个环上，保证网络继续使用。源路由保护模式倒换时间慢，但选择最优路径。环回保护相当于断纤处环回，倒换时间快，但路径不是最优。

RPR 的保护时间有拖延时间和等待恢复时间两种。拖延时间为检测到业务失效到启动倒换之间的等待时间（时间范围为 0～10s，步进级别为 100ms），在这段时间内，如果业务恢复，将不发生倒换；等待恢复时间为从故障恢复到业务故障状态清除（取消保护状态）之间的等待时间（时间范围为 0～1 440s，步进级别为秒级，可设置，默认为 10s），在这段时间内如果业务失效，业务故障状态将不再清除。

（2）RPR 技术的特点

① 对物理层的独立性。RPR 是一个 MAC 层的功能，它与物理层不相关，从而可以应用于 SDH/SONET、DWDM、以太网等。

② 采用双环（内环和外环）结构。每对节点之间都有两条路径，保证了高可用性；对环路带宽采用空间重用机制，单播数据传送可在环的不同部分同时进行，提高了环路带宽的利用率。

③ 拓扑自动发现，保证了对环上新增和移去的节点动态实现拓扑结构更新。如果要增

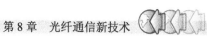

加或者减少 RPR 上的总带宽，则可以结合 LCAS 功能来实现。使用 LCAS 可以动态地调整带宽，而不影响原有业务。

④ 支持 50ms 的快速保护。RPR 环网可采用两种保护机制，一种是源路由方式（source steering），即直接在业务的源点进行倒换，可保证业务走最佳路径；一种是在发生故障的两个节点进行环回（ring wrapping）的方式，相当于断纤处环回，倒换时间快。RPR 标准已把源路由方式规范为默认的保护方式。

⑤ 实现灵活的环路带宽管理。这是 RPR 技术的一个重要特点，它支持灵活的带宽颗粒、带宽的动态共享和分配。每个节点能够维护通过自身的业务负荷（包括本地上环和过环业务量），网管可根据这些信息来统计 RPR 环路各个跨段上的资源使用情况，实现环路带宽的灵活、动态管理。

⑥ 提供严格的业务分类。RPR 规范了 A、B、C 三种业务等级，提供了可靠的保障高优先级业务的机制。A 类业务优先级最高，可保证最短的端到端时延和时延抖动，A 类业务可被分配一个 CIR 速率，其中可细分成 A0（保留带宽）和 A1（可回收带宽）。B 类业务被分配一个 CIR 速率，对于超过 CIR 的流量被标记为 EIR 流量，EIR 流量应与 C 类业务一起参加带宽公平算法。C 类业务即提供尽力而为的业务，优先级最低。这种分类可保证不同级别业务的 QoS。

⑦ 支持环路带宽的公平分配。RPR 规范了一种分布式的公平控制算法来实现各节点带宽的动态、公平分配，并可根据需求为环上的各节点分配不同的权重，在环路带宽发生拥塞时，保证各节点高优先级业务的传送，并实现低优先级业务的公平接入和带宽分配，B 类业务的 EIR 部分和 C 类业务参与公平算法。实现完善的公平机制，非常有利于 RPR 环路快速响应具有突发性的数据流量变化。

⑧ 支持单播、组播和广播。可将基于 IEEE 802.3MAC 地址的单播、组播和广播数据包映射到节点的 RPR MAC 地址，实现在 RPR 环路上根据节点的 RPR MAC 地址完成单播、组播和广播数据业务的传送。

8.1.3　内嵌 RPR 的 MSTP

到目前为止，MSTP 已经有基于二层交换、内嵌 RPR、内嵌 MPLS 三个版本。下面简要介绍内嵌 RPR 的 MSTP。

内嵌 RPR 的 MSTP 是指：基于 SDH 平台，内嵌 RPR 功能，而且提供统一网管的多业务节点。其关键特征为：以太网业务适配到 RPR MAC 层，然后映射到 SDH 通道中传送。

内嵌 RPR 的 MSTP 除具有 MSTP 基本功能之外，还应该具有以下特征。

① 具有将以太网业务适配到 RPR MAC 层的功能。

② 具有 RPR MAC 层的功能：公平算法、保护、拓扑发现、环选择及 OAM。

③ RPR MAC 层具有服务等级分类功能。

④ RPR MAC 层具有统计复用功能。

⑤ RPR MAC 层具有按服务等级调度业务的能力。

⑥ 具有将 RPR MAC 层数据适配到 SDH 层传送并指配 SDH 虚容器作为传送通道的功能。

内嵌 RPR 的 MSTP 用来增强 MSTP 设备以太网数据业务的传送功能。图 8-4 所示为内嵌 RPR 的基于 SDH 的 MSTP 的功能块模型。

RPR 承载以太网业务在基于 SDH 的 MSTP 设备上传送的过程为：进入以太网接口的数

据，直接或经过二层交换汇聚后适配到 RPR MAC 层；RPR MAC 层处理完成业务在 RPR 环路的调度；RPR MAC 帧根据 RPR 帧头中的 RPR 环路方向信息适配到东向和西向两个 SDH 虚容器通道中传送。整个过程如图 8-5 所示。

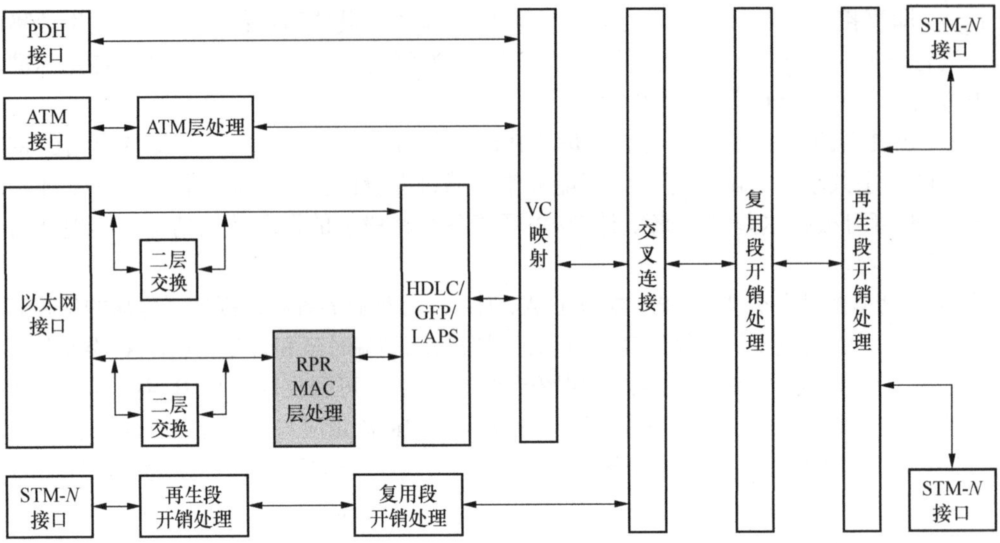

图 8-4　内嵌 RPR 的基于 SDH 的 MSTP 功能框图

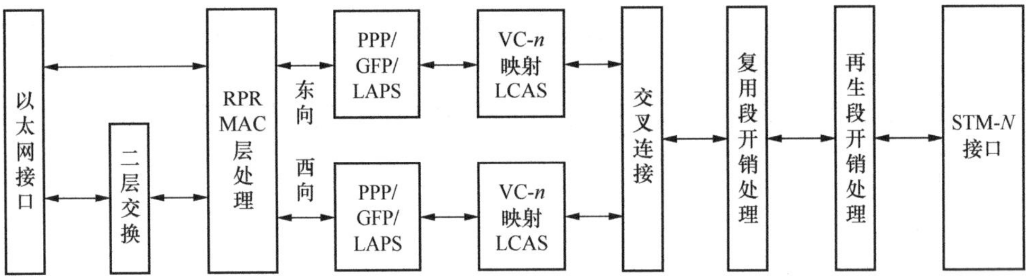

图 8-5　RPR 承载以太网业务在 MSTP 中传送的模型

8.2　ASON 技术

8.2.1　ASON 概述

自动交换光网络（ASON）的概念是国际电联在 2000 年 3 月提出的，基本思想是在光传送网中引入控制平面，以实现网络资源的按需分配，从而实现光网络的智能化。所谓 ASON 是指能够智能化地自动完成光网络交换连接功能的新一代光传送网。所谓自动交换连接是指：在网络资源和拓扑结构的自动发现的基础上，调用动态智能选路算法，通过分布式信令处理和交互，建立端到端的按需连接，同时提供可行、可靠的保护恢复机制，实现故障情况下连接的自动重构。

在 ITU-T 建议草案 G.807 中，自动交换光网络的定义是：通过控制平面来实现配置连接管理的光传送网。具体地说，是指在 ASON 信令网之下完成光传送网内光网络连接自动交换功能的新型网络，可以看作是具有自动交换功能的新一代的光传送网。ASON 代表了未来智能光网络发展的主流方向，是下一代智能光传送网络的典型代表。

1．网络的演进

光网络从 PDH 发展到 SDH，迈出了传输网络在组网能力、安全性和标准化等方面的一大步。传统的 SDH 以 TDM 传输和网络管理为主，MSTP 的出现、WDM 的广泛运用将光网络的传送能力推向一个又一个高峰，建立一个统一的业务承载网已经离我们越来越近，随着 GFP、VCAT、LCAS 等面向数据的标准在 MSTP 的应用，MSTP 已经成为当前光网络建设的首选。另外，随着数据业务的发展，在快速、高效、动态的特性面前，传输网络的控制管理能力明显不足。ASON 作为新型网络，能够解决这些问题，如自动完成网络连接，及时提供各类业务所需的带宽。

在运营网中引入智能光网络是一个渐进的过程。目前，业界的普遍看法是按照骨干层→汇聚层→接入层发展模式进行网络智能化演进，最终智能光网络将应用于长途传输网到城域网的各层传输网中。

首先从骨干层开始逐步引入智能特性。组建具备 MSTP 功能的多业务综合传输骨干，随后根据业务发展选择合适的时机加载智能控制平面，引入智能特性，完成骨干层的智能化。在骨干层智能化完成以后，逐步将这种演进向汇聚层和接入层扩展，完成整个网络的智能化和多业务承载。

2．ASON 的标准

智能光网络的应用规模与标准化程度密切相关。ITU-T、IETF、OIF 等标准组织都在积极地推动着智能光网络的标准化进程。ITU-T 定义了 ASON 的基本结构和需求，GMPLS 已成为 ITU-T 的主流标准；互联网工程任务组（IETF）定义了满足 ASON 基本结构和需求的协议 GMPLS，对信令、链路管理、路由以及 SDH/SONET 支持做了规定；光互联网论坛（OIF）则致力于推动不同厂商设备间的互操作性，关注系列接口如 UNI、E-NNI 的标准化。

3．ASON 的体系结构

此前，光传送网只有传送平面和管理平面，没有分布式智能化的控制平面。在 ASON 中引入控制平面，用于支持各种控制操作，诸如保护/恢复、快速配置、快速加入和去除网元等，使整个光网络发生了根本性的变化，是智能光网络区别于一般光网络的独特之处。按照 ITU-T G.8080 建议，ASON 由控制平面、传送平面和管理平面组成，各平面之间通过相关接口相连。图 8-6 所示为 ASON 的体系结构图。

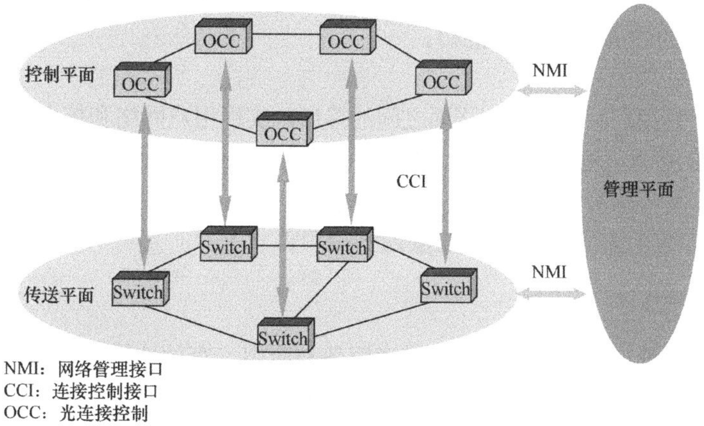

图 8-6　ASON 的体系结构

（1）控制平面

控制平面是 ASON 的核心层面，它负责完成网络连接的动态建立和网络资源的动态分配。控制平面由信令网络支持。控制平面由多种功能部件组成，包括一组通信实体和控制单元（OCC：光连接控制器）及相应的接口。这些功能部件主要用来调用传送网的资源，以提供与连接的建立、维持和拆除（释放网络资源）有关的功能。

（2）传送平面

传送平面负责数据业务的传送，主要完成连接/拆线、交换（选路）和传送等功能。目前传送平面都是基于 SDH 技术的，能够提供大容量且无阻塞的交叉连接的硬件平台，突破现有光传输系统的交叉能力、端口速率和端口密度，实现快速连接，满足宽带网络业务的需要。传送平面、控制平面和管理平面都有通信接口，通过这些接口，管理平面和控制平面就可对传送资源进行管理和控制。

（3）管理平面

管理平面负责所有平面间的协调和配合，完成传送平面、控制平面和整个系统的维护功能。主要面向网络管理者，着重对网络运行情况的掌握和网络资源的优化配置。管理平面不仅要支持传统的管理功能，还要支持具有 ASON 特色的新功能，例如配置控制平面等。

4．ASON 的网络接口

ASON 的网络接口有连接控制接口（CCI）、网络管理接口（NMI）、网络节点接口（NNI）、用户网络接口（UNI）和物理接口（PI）。

（1）CCI

连接控制接口连接控制平面和传送平面，用于传递连接控制信息和资源状态信息。

（2）NMI

网络管理接口包括 NMI-A 和 NMI-T。NMI-A 是管理平面与控制平面的接口，接口信息主要是相应的网络管理信息，用于对路由、信令和链路管理功能模块进行监视。NMI-T 是管理平面与传送平面的接口，接口信息同样主要是网络管理信息，这些管理信息包括网络资源基本的配置管理、性能管理及故障管理等。

（3）NNI

网络节点接口包括内部网络节点接口（I-NNI）和外部网络节点接口（E-NNI），用于实现控制平面内部的信息交互。I-NNI 用于同一运营商控制平面内部节点间的接口。E-NNI 用于不同运营商网络的边界节点间的接口。

（4）UNI

用户网络接口是用户网络和控制平面之间的接口，实现用户网络和核心传送网之间的信息交互。负责用户请求的接入，包括呼叫控制、连接控制和连接选择，也可包含呼叫安全和认证管理等。

（5）PI

物理接口是传送平面网元之间的连接控制接口。

5．ASON 的特点

（1）快速、高质量地为用户提供各种带宽服务与应用，有效地提高了网络资源的利用率

ASON 使业务供应商可以在几分钟甚至几秒钟内迅速地为用户提供一个波长通道，实现“光拨号”。还可以基于 ASON 技术开发“波长批发”、“波长出租”及“光 VPN”等各种业务，有效

地将光纤的物理带宽转化为最终用户带宽，使得网络运营商能够迅速地开通各种增值业务。

（2）更好的网络性能

由于 OXC 和 OADM 的引入，光信号可以在光层进行路由，这样可以最大限度地降低由 IP 路由器带来的信号延时和信号抖动，提供良好的服务质量（QoS）。

（3）实时、动态的流量控制

这是 ASON 的一个主要特性，它允许网络根据当前客户层的业务需求，实时、动态地调整网络的逻辑拓扑结构以避免拥塞，实现资源的按需分配。

（4）快速、有效的网络保护和恢复机制

当网络发生故障时，ASON 的管理平面和控制平面相互配合以保证故障信息能够及时、准确地在网络中传播，备用或恢复路由可以快速启动，从而增强了网络的生存性。

（5）良好的设备互操作性和网络可扩展性

通过定义统一的、标准的网络接口，不同网络运营商的设备可以很容易地实现互连互通。如果进一步在网络接口中配备自动资源发现、自动业务发现等各种功能，可进一步减轻设备互连时所需要的人工干预和手工配置，理想情况下能够达到类似于计算机设备“即插即用”的功能。

8.2.2　ASON 连接类型

ASON 支持三种不同类型的连接：永久连接（provisioned connection）、软永久连接（soft-permanent connection）和交换连接（switched connection），如图 8-7 所示。在 ASON 中引入交换连接，是使 ASON 网络成为交换式智能网络的核心。

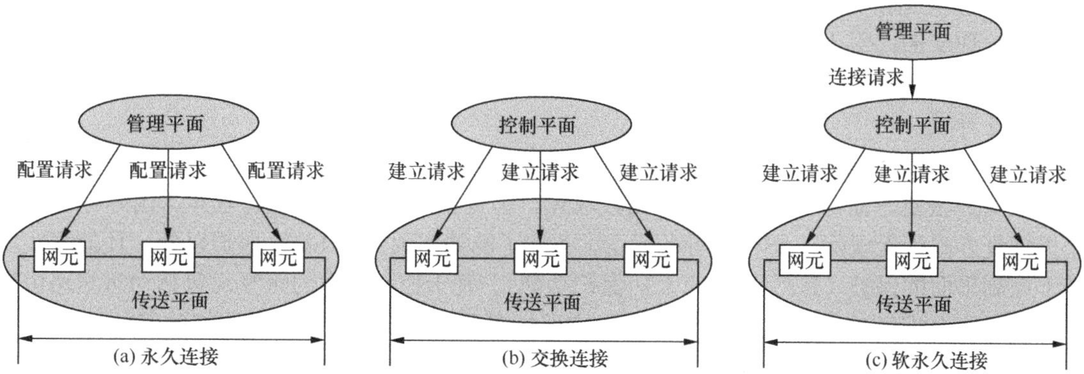

图 8-7　ASON 的三种连接类型

1．永久连接

永久连接是指从管理面直接配置传送平面资源来建立连接，控制平面在此种连接中不起作用。这种连接的发起者和配置者都是管理平面，一旦建立连接，若没有管理平面的相应拆除命令，连接就一直存在。

2．交换连接

和永久连接相反，交换连接的建立是由控制平面的请求产生的，对传送平面资源的配置也是由控制平面来完成的。这种连接是应用户的请求而建立的，一旦用户请求拆除，那么这条连接就在控制面的控制下自动拆除了。

3．软永久连接

软永久连接介于以上两种连接之间，这种连接建立的请求是从管理平面发出的，但对传送网资源的配置却是由控制平面完成的。这种连接的拆除也是在管理平面的命令下完成的。

8.2.3 ASON设备现状及技术应用

经过近几年来国际标准化组织以及光网络设备厂商的大力投入和积极推进，ASON在产品研发方面取得了显著进展，并开始进入实用化阶段。目前，已经有很多厂商具有商用化ASON产品。设备在各个层面上的成熟度有了很大进步。

1．ASON设备现状

（1）传送层面

在传送层面，目前比较成熟的ASON产品是基于SDH的ASON设备。其特点是提供大容量的交叉矩阵，实现多光口方向的业务疏导；目前可以支持320GB及640GB交叉容量，甚至可以达到1.28T，处理的颗粒为VC-4-*n*C/V；提供丰富的业务接口，包括STM-1、STM-4、STM-16、STM64和GE接口。

（2）控制层面

在控制层面，基本的控制功能已经具备。新一代的ASON系统支持分布式控制，包括分布式信令、路由和自动发现功能。它还可以实现软永久连接（SPC）和交换连接（SC）的创建、查询、删除；支持路由信息发布和更新、通道路由计算功能；支持邻居自动发现等功能。

（3）管理层面

在管理层面，对于传送资源的管理比较成熟，对控制平面资源的部分管理尚不完善。由于ITU-T对ASON管理平面的规范还在完善过程之中，目前ASON设备网管系统的开发滞后于设备开发。

（4）保护恢复方面

在保护恢复方面，目前保护机制比较成熟，但是恢复机制存在较大差异，国际标准对于保护恢复方式尚无规范。ASON网络节点设备除了能够实现传统SDH保护以外，还能够实现基于控制平面的保护（包括1+1、1:1保护功能）、基于控制平面的恢复（包括动态重路由恢复、预置路由恢复）、保护与恢复结合，以实现抗多重故障能力，增强了网络的健壮性。

（5）信令通信网方面

在信令通信网方面，ASON支持带内和带外两种信令通信方式。从应用角度来看，商用网络都采用带内方式来实现，这主要是考虑到成本等方面的问题。

总的来说，目前ASON设备的传送平面相对成熟，但是ASON设备的控制平面的功能和性能存在差异。在接口方面，I-NNI功能较成熟，UNI功能的应用尚没有完善的商用模式和应用需求，E-NNI功能尚处于起步阶段。ASON智能化的管理还需进一步完善。在保护恢复方面，各个设备厂商在ASON网络基于控制平面的保护和恢复功能的实现机制、保护恢复时间和成熟完善程度上有较大的差别。

2．技术应用

国外的ASON应用主要是集中在省际骨干网络中，网络拓扑以网状网为主，承载的业务还是语音和数据，保护恢复的方式初期以1+1为主和少量恢复，逐步过渡到以动态恢复为主。从实际应用来看，主要还是解决网络的生存性和安全性问题，同时提高网络资源利用率。主要应用案例包括：美国的 AT&T、日本 NTT 及欧洲等均组建了 ASON 网络。

国内的 ASON 应用从 2004 年开始，运营商逐步在省内干线网和城域层面引入了 ASON 技术，以采用网状网的拓扑为主，同时与环网结合，保护恢复等级还主要以 1+1 等保护恢复时间比较快的类型为主，引入 ASON 技术的目的主要是提高网络的生存性和安全性，提高网络的资源利用率。

8.3 OTN 技术

8.3.1 OTN 概述

OTN（Optical Transport Network，光传送网）是以 WDM 波分复用技术为基础、在光层组织网络的传送网，是下一代的骨干传送网。OTN 为 G.872、G.709、G.798 等一系列 ITU-T 建议所规范的新一代光传送体系，通过 ROADM （reconfigurable ADM）技术、OTH（Optical Transmission Hierarchy，光传送体系）技术、G.709 标准和控制平面的引入，将解决传统 WDM 网络无波长/子波长业务调度能力、组网能力弱、保护能力弱等问题。

1. OTN 技术提出背景

OTN 技术最初提出的目标是丰富存放业务信号的各级别容器，提供比 SDH 虚容器 VC（主要是 VC-12 和 VC-4）更大的容器颗粒，即开发出光通路数据单元 ODU*k* 来主要承载 TDM 业务，此目标在 2001 年年初步完成，在 2004 年左右基本成熟。随着以太网数据业务的与日俱增，从 2005 年左右开始，OTN 的目标锁定在增加以太网数据业务接口，并利用该类接口透明承载 10GE 数据业务及可扩展地灵活承载不同速率级别的以太网业务等核心问题上，到 2009 年 10 月，实现该目标的 OTN 标准 G.709 在 ITU-T SG15 会议上获得通过，标志着 OTN 技术的标准化发展步入以适应以太网业务传送为主要目标的新阶段。

作为目前最能代表光传送网发展方向的 OTN 技术，最大的特点在于它以 WDM 为技术平台，充分吸收了 SDH（MSTP）出色的网络组网保护能力和 OAM 运行维护管理能力，使 SDH 和 WDM 技术优势综合体现在 OTN 技术中，能为大颗粒、大容量的 IP 化业务在城域骨干传送网及更高层次的网络结构中，提供电信级网络保护恢复和节点自动发现与自动建立等智能化功能，并大大提高单根光纤的资源利用率。OTN 技术将会成为今后几年各大运营商建设城域骨干传送网及干线网重点采用的传送技术，将是有效承载 IP 化业务、增强全业务运营核心竞争力的重要手段和保障。

2. OTN 的特点

① 建立在 SDH 经验之上，为过渡到 NGN 指明了方向。

② 借鉴并吸收了 SDH 分层结构、监控、保护、管理功能。

③ 可以对光域中光通道进行管理。

④ 采用 FEC 技术，提高误码性能，增加了光传输的跨距。

⑤ 引入了 TCM 监控功能，一定程度上解决了光通道跨多自治域监控的互操作问题。

⑥ 通过光层开销实现简单的光网络管理。

⑦ 统一的标准方便各厂家设备在 OTN 层互连互通。

3．OTN 的分层结构

OTN 主要由传送平面、管理平面和控制平面组成。控制平面负责搜集路由信息，并计算出业务的具体路由；控制平面对应实体即为具备控制平面功能的相关单板。通过加载控制平面，能够实现资源的自动发现、自动端到端的业务配置，并能提供不同等级的 QoS 保证，使业务的建立变得灵活而便捷，由其构建的网络即为基于 OTN 的智能光网络（ASON）。

传送平面可分为电层和光层，电层包括支路接口单元、电交叉单元、线路接口单元和光转发单元，主要完成子波长业务的交叉调度，而光层包括光分插复用单元（或光合波和分波单元）及光放大单元，主要完成波长级业务的交叉调度和传送，电层和光层共同完成端到端的业务传送。

管理平面提供对传送平面、控制平面的管理功能以及图形化的业务配置界面，同时完成所有平面间的协调和配合。管理平面的实体即网管系统，能够完成 M.3010 中定义的管理功能，包括性能管理、故障管理、配置管理、安全管理等。三个平面协同工作，共同实现智能化的业务传送。

4．OTN 与 SDH 的主要区别

① OTN 与 SDH 传送网的主要差异在于复用技术不同，但在很多方面又很相似，例如，都是面向连接的物理网络，网络上层的管理和生存性策略也大同小异。

② 由于 DWDM 技术独立于具体的业务，同一根光纤的不同波长上接口速率和数据格式相互独立，使得运营商可以在一个 OTN 上支持多种业务。OTN 可保持与现有 SDH 网络的兼容性。

③ SDH 系统只能管理一根光纤中的单波长传输，而 OTN 系统既能管理单波长，也能管理每根光纤中的所有波长。

8.3.2 OTN 关键技术

1．G.709 帧结构

OTN 帧格式与 SDH 的帧格式类似，通过引入大量的开销字节来实现基于波长的端到端业务调度管理和维护功能。业务净荷经过 OPU（Optical Channel payload Unit，光通路净荷单元）、ODU（Optical Channel Data Unit，光通路数据单元）、OTU（Optical Channel Transport Unit，光通路传送单元）三层封装最终形成 OTU*k* 单元。在 OTN 系统中，以 OTU*k* 为颗粒在 OTS（光传输段）中传送，而在 OTN 的 O-E-O 交叉时，则以 ODU*k* 为单位进行波长级调度。

2．基于光层交叉的 ROADM

ROADM 是 OTN 采用的一种较为成熟的光交叉技术。ROADM 是相对于 DWDM 中的固定配置 OADM 而言，其采用可配置的光器件，从而可以方便地实现 OTN 节点中任意波长的上下和直通配置。

ROADM 的主要优点是：

① 可远程重新配置波长上下，降低运维成本；

② 支持快速业务开通，满足波长租赁业务；

③ 可自由升级扩容， 实现任意波长到任意端口上下；

④ 可实现波长到多个方向，实现多维度波长调度；

⑤ 支持通道功率调整和通道功率均衡。

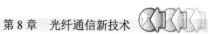

目前 ROADM 存在的主要问题如下。

① 距离：传输距离可能受到色散、OSNR（光信噪比）和非线性等光特性的限制，仅适用于大颗粒业务，无法支持子波长调度；

② 排他性：不支持多厂家环境、不支持多规格网络、不支持小管道聚合成大管道应用；

③ 保护：倒换速度太慢，只能做业务恢复；

④ 波长冲突：在大网络中非常严重，导致网络资源分配的难度增加，不得不采用轻载的方式解决问题。

3. 基于电层交叉的 OTH

OTH 主要是指具备波长级电交叉能力的 OTN 设备，其主要完成电层的波长交叉和调度。交叉的业务颗粒为 ODU*k*（光数据单元），速率可以是 2.5G、10G 和 40G。OTH 的主要问题是：

① 交叉容量低于光交叉，一般在 T 比特级以下，在现有技术条件下做到 T 比特以上较为困难；

② 目前还没有交叉芯片能提供 ODU*k* 的开销检测；

③ ODU1 中没有时隙，无法实现更小颗粒业务（例如 GE）的交叉。

OTH 的主要优点是：

① 适用于大颗粒和小颗粒业务；

② 支持子波长一级的交叉；

③ O-E-O 技术使得传输距离不受色散等光特性限制；

④ ODU*k* 帧结构比 SDH 简单，和 SDH 交叉技术相比具有低成本的优势；

⑤ 具有 SDH 相当的保护调度能力；

⑥ 业务接口变化时只需改变接口盘；

⑦ 将 OTU 种类由 $M \times N$ 降低为 $M+N$，减少了单盘种类。

8.3.3 OTN 组网保护

（1）光通道 1+1 波长保护（见图 8-8）

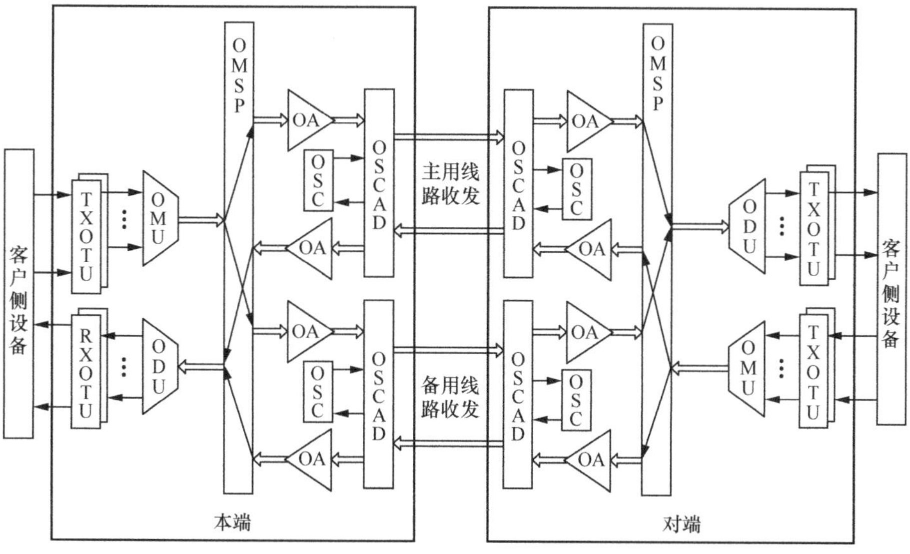

图 8-8 光通道 1+1 波长保护

（2）光通道 1+1 路由保护（见图 8-9）

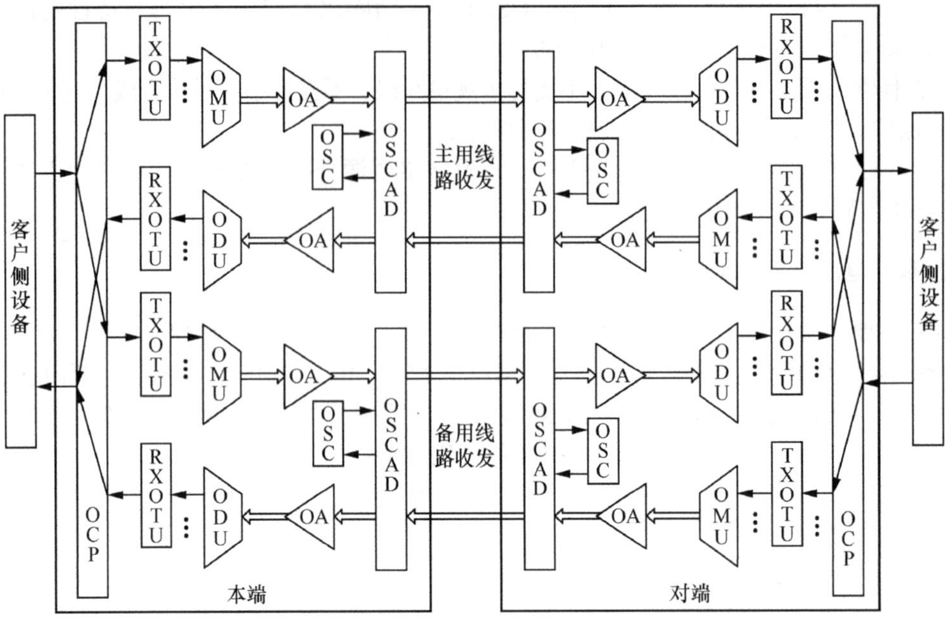

图 8-9　光通道 1+1　路由保护

（3）1+1 光复用段保护（见图 8-10）

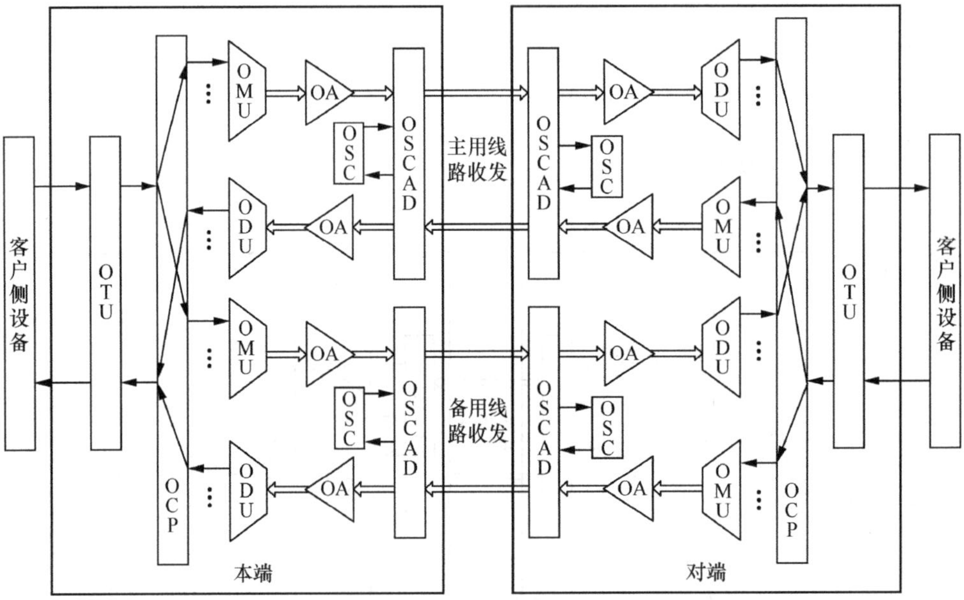

图 8-10　1+1 光复用段保护

（4）1:1 光线路保护（见图 8-11）

（5）OCh 1+1 保护（见图 8-12）

（6）OCh 1:2 保护（见图 8-13）

（7）ODU*k* 1+1 保护（见图 8-14）

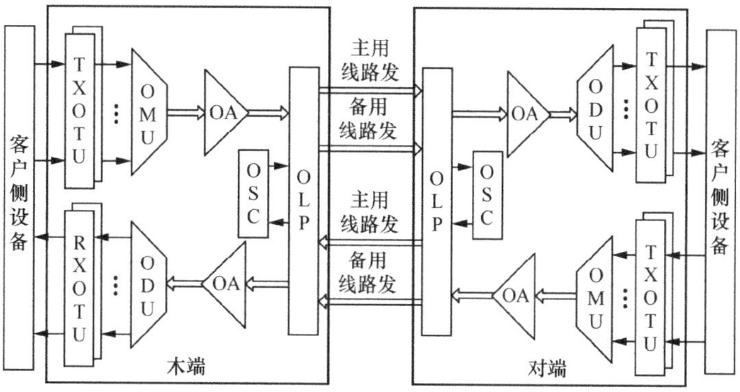

图 8-11　1:1 光线路保护

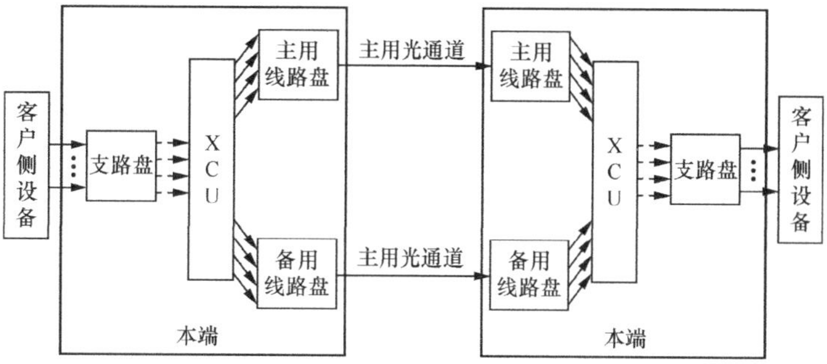

图 8-12　OCh 1+1 保护

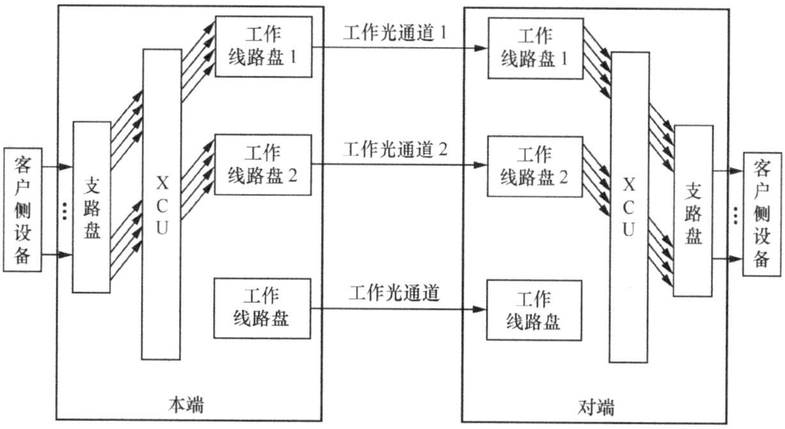

图 8-13　OCh 1:2 保护

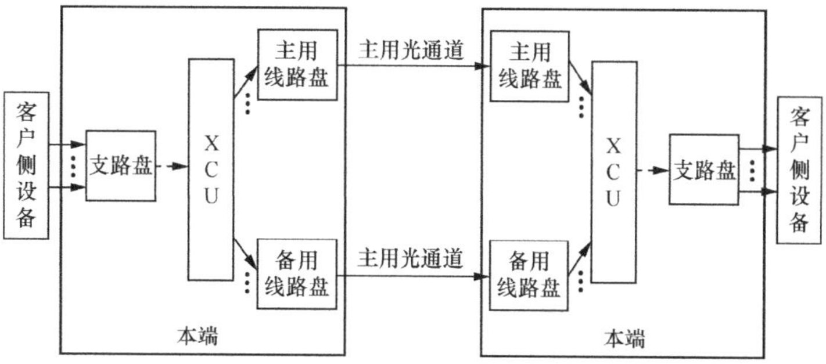

图 8-14　ODUk 1+1 保护

（8）ODU*k* 1:2 保护（见图8-15）

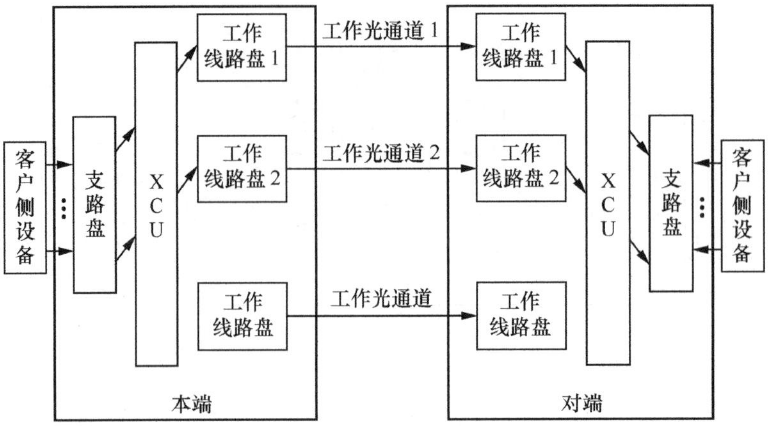

图8-15　ODU*k* 1:2 保护

8.3.4　OTN功能引入策略

1. 接口方面

混合网络：扩容、补网仍然采用原OTU单板，采用原有方式实现互联互通。

新建网络：波分线路侧采用OTN接口实现网络互联互通。

2. 交叉调度

采用光电混合交叉设备实现波长和子波长级别的业务调度。

光层调度：采用ROADM技术。首先环内动态光通道调度功能，逐步实现复杂网络拓扑环间业务动态调度功能。

电层调度：首先在城域网中引入小容量调度设备，逐步在城域骨干和干线层引入G/T级别的大容量设备。

3. 控制层面

加载在OTN设备的GMPLS控制层面目前还不成熟。

OTN技术在各级网络上的组网建议如下。

① 一级干线的设备形态以OTM+OADM+OLA为主，2维ROADM有一定潜在需求，关注低成本，一级干线对OTH有一定需求，但是大部分供应商的产品目前还达不到其应用的容量要求。

② 二级干线的设备形态同国家干线，所不同的是多维ROADM会有一定需求，OTH容量要求小些。

③ 城域网，城域核心应用以波分应用为主，包括多维的ROADM，OTH部分主要是以子波长业务的汇聚功能为主，调度功能为辅，同时实现灵活的业务保护。随着全业务的发展，OTN网络会延伸到城域汇聚层。

8.4　PTN 技术

8.4.1　PTN 概述

分组传送网（Packet Transport Network，PTN）是指这样一种光传送网络架构和具体技术：在 IP 业务和底层光传输媒质之间设置了一个层面，它针对分组业务流量的突发性和统计复用传送的要求而设计，以分组业务为核心并支持多业务提供，具有更低的总体使用成本（Total Cost of Ownership，TCO），同时秉承光传输的传统优势，包括高可用性和可靠性、高效的带宽管理机制和流量工程、便捷的 OAM、较高的安全性等。

1．PTN 技术背景

业务 IP 化和承载网 IP 化的趋势推动运营商的业务转型和网络转型，传统的 SDH/MSTP 和 WDM 技术存在局限性，传送网需要向分组化方向发展，要求传送网具有灵活、高效和低成本的分组传送能力。同时全业务运营要求运营商逐步完成业务融合、网络融合和终端融合，其中网络融合要求实现多业务统一承载。

业务的 IP 化是网络发展的一个必然趋势，IP 承载的业务信号还是必须经过传送网的传送，PTN 是一种能够很好处理 IP 和以太网等分组信号的新型传送网，继承了 SDH 系统的许多优点，例如强大的 OAM、保护和网管功能，另外也吸取了数据网络的优点，重要的一点就是差异化的处理和统计复用功能。对于用户种类繁多的业务，必须具备差异化的处理能力。在数据领域中所使用的 VLAN、CoS、DiffServ 等机制，都是在资源受限的情况下对不同的业务给予不同的处理。PTN 设备应具有多业务处理能力，能够容纳不同业务，并且映射到具有 QoS 处理的处理单元。

2．现有 SDH/MSTP 的局限性

SDH 的主要缺点在于是为传输 TDM 信息而设计的。该技术缺少处理基于 TDM 技术的传统语音信息以外的其他信息所需的功能，不适合于传送 TDM 以外的 ATM 和以太网业务。

每个 MSTP 设备的以太网处理板卡需要对每个业务进行 MAC 地址查询，随着环路上的节点增加，查询 MAC 地址表速度下降，处理性能明显下降。对数据业务的传输采用 PPP 或 ML-PPP 映射的方式，映射效率低，造成较大的带宽浪费，在传输视频业务时这种带宽的浪费尤其严重。不能对基于以太网的用户提供多等级具有质量保障的服务，服务类型属于面向非连接，不能提供端到端的质量保障。

3．PTN 的特点

① PTN 支持多种基于分组交换业务的双向点对点连接通道，具有适合各种粗细颗粒业务、端到端的组网能力，提供更加适合于IP业务特性的“柔性”传输管道。

② 具备丰富的保护方式，遇到网络故障时能够实现基于 50ms 的电信级业务保护倒换，实现传输级别的业务保护和恢复。

③ 继承了SDH技术的OAM，保证网络具备保护切换、错误检测和通道监控能力。

④ 完成了与 IP/MPLS多种方式的互连互通，无缝承载核心IP业务。

⑤ 网管系统可以控制连接信道的建立和设置，实现了业务 QoS 的区分和保证。

⑥ 具备业务感知和端到端业务开通管理能力，并可利用各种底层传输通道（如SDH/Ethernet/OTN）。

8.4.2 PTN 技术

在目前的网络和技术条件下，PTN 可分为以太网增强技术和传输技术结合MPLS两大类，前者以PBB-TE为代表，后者以T-MPLS为代表。当然，作为分组传送演进的另一个方向——电信级以太网（Carrier Ethernet，CE）也在逐步推进中，这是一种从数据层面以较低的成本实现多业务承载的改良方法，相比 PTN，在全网端到端的安全可靠性及组网方面还有待进一步改进。

1．T-MPLS 技术

T-MPLS 是一种新型的 MPLS 技术，基于已经广泛应用的 IP/MPLS 技术和标准，提供了一种简化的、面向连接的实现方式。T-MPLS 去掉了 MPLS 中与面向连接应用无关的 IP 相关功能，同时增加了对于传送网来说非常重要的一些功能，主要的改进有双向 LSP、端到端 LSP 保护和强大的 OAM 机制等，以实现对传送网资源的有效控制和使用。T-MPLS 的目标是成为一种通用的分组传送网，而不涉及 IP 路由方面的功能，其实现比 IP/MPLS 简单。

T-MPLS 的基本技术特点体现在充分利用了面向连接 MPLS 技术在 QoS、带宽共享、区分服务等方面的技术优势；简化了复杂的 MPLS 控制协议簇以及数据平面，去掉了不必要的转发处理，更加适合分组传送的需求；增加了层网络的概念，T-MPLS 层网络独立于客户信号和控制网络信号；增加了 OAM 和保护倒换。

T-MPLS 设备形态目前还没有形成一致的意见。T-MPLS 设备交换矩阵的实现方式有几种，包括通用交换矩阵、Cell 交换和 Switch Fabric 等。基于通用交换矩阵的典型产品是阿尔卡特公司推出的 1850 传送业务交换机（通用交换板可以同时支持 TDM 和分组交换，支持 SD-HVC、分组交叉、ODU 交叉），其分组交换部分采用 T-MPLS 技术实现，并可根据业务需求调整 TDM 业务与分组业务的比例，T-MPLS 与 MPLS 如何实现互联互通目前还没有明确的结论。ITU-T 提出了两种互通的方式：一种是 MPLS 设备在与 T-MPLS 设备互通的链路上只使用 T-MPLS 所支持的功能选项，即该链路是一条 T-MPLS 链路；另外一种是由于 T-MPLS 可以作为一种通用的分组传送网，采用客户层 / 服务层的概念，所以由 T-MPLS 作为服务层网络来承载 MPLS 客户层。

2．PBT 技术

PBT（Provider Backbone Transport，运营商骨干传送）技术目前正在 IEEE 进行标准化（IEEE 称其为 PBB–TE）。为了将以太网技术用于运营商网络，对以太网技术进行了改进和完善，从而产生了 PBT 技术。PBT 采用可管理和具有保护能力的点到点连接以满足运营商对传送网的需求。采用网管系统而不是生成树协议（STP）进行连接配置，使得网络变得简单而易于管理。PBT 建立在已有的以太网标准之上，具有较好的兼容性，可以基于现有以太网交换机实现，这使得 PBT 具有以太网所具有的广泛应用和低成本特性。

PBT 技术的主要优点体现在关闭传统以太网的地址学习、地址广播以及 STP 功能，以太网的转发表完全由管理平面进行配置；具有面向连接的特性，使得以太网业务具有连接性，以便实现保护倒换、OAM、QoS、流量工程等传送网络的功能；PBT 技术承诺与传统以太网桥的硬件兼容，数据包不需要修改，转发效率高。

PBT 设备的实现，从结构上看，IP/MPLS 需要在每个设备上终结 3 层网络（链路层、IP 层和 MPLS 层），而 PBT 只需终结 1 层网络（以太网），因此，PBT 网络的建设和运营成本要低于 IP/MPLS 网络。从理论上讲，对现有的以太网交换机进行升级改造就可以实现 PBT。

8.4.3 PTN 功能

1. PWE3

PWE3（Pseudo Wire Edge to Edge Emulation ，端到端的伪线仿真）是一种业务仿真机制，希望以尽量少的功能，按照给定业务要求仿真线路，如图 8-16 所示。PWE3 仿真的基本思想是在分组传送网络上搭建一个“通道”，在其中实现各种业务的传送，本地数据报表现为伪线端业务（PWES），经封装为 PW PDU 之后通过隧道（Tunnel）传送；网络的任何一端都不必去担心其所连接的另外一端是否是同类网络；边缘设备（PE）执行端业务的封装/解封装；客户设备（CE）感觉不到核心网络的存在，认为处理的业务都是本地业务；PTN 内部网络不可见伪线。

2. 多业务统一承载

多业务统一承载可以实现 TDM to PWE3，ATM to PWE3 和 Ethernet to PWE3，如图 8-16 所示。

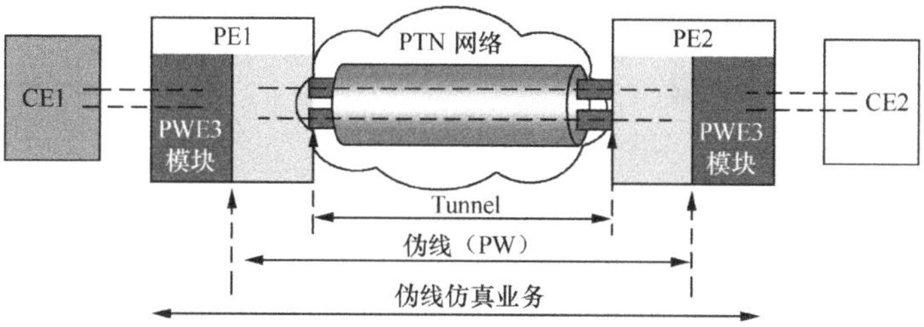

图 8-16 仿真线路图

3. 端到端层次化 OAM

PTN 的 OAM 机制基本继承了 SDH 的 OAM 思想，通过为段层、隧道层、伪线层提供层次化的 OAM，可以对 PTN 网络的故障进行快速定位，而且还可以检测出网络的性能，包括丢包率、时延等。

4. 端到端的 QoS

PTN 可以感知业务特性并提供恰到好处的服务，做到按需分配，各得其所。在网络入口：提供精细的层次化服务质量，识别用户业务，进行接入控制；在网络侧将业务的优先级映射到隧道的优先级。在转发节点：根据隧道优先级进行调度。在网络出口：弹出隧道层标签，还原业务自身携带的 QoS 信息。

5. 全程电信级保护

UNI 处的保护功能有：链路聚合（LAG）、IMA 保护。

NNI 处的保护功能有：1+1 LSP 保护、1:1 LSP 保护、1+1 SNCP 保护、1:1 SNCP 保护、面向连接的环网保护。

设备级的保护有：提供时钟、交换、控制处理单板 1+1 热备份，提供电源、风扇处理单板。

8.4.4 PTN 应用

大型本地或城域承载网典型组网如图 8-17 所示：这是 PTN 在移动通信中的应用，3G 基站业务通过 FE 光/电口接入 PTN 接入环，通常 PTN 接入环以 GE 速率组网。在有条件的网络中，GE 接入环通常以双节点与汇聚环跨接，汇聚环以 GE/10GE 接口通过核心/骨干层的 OTN 透传到核心层 PTN 设备。核心层设备以 GE 光接口与 RNC 对接，实现基站到 RNC 的回传承载。

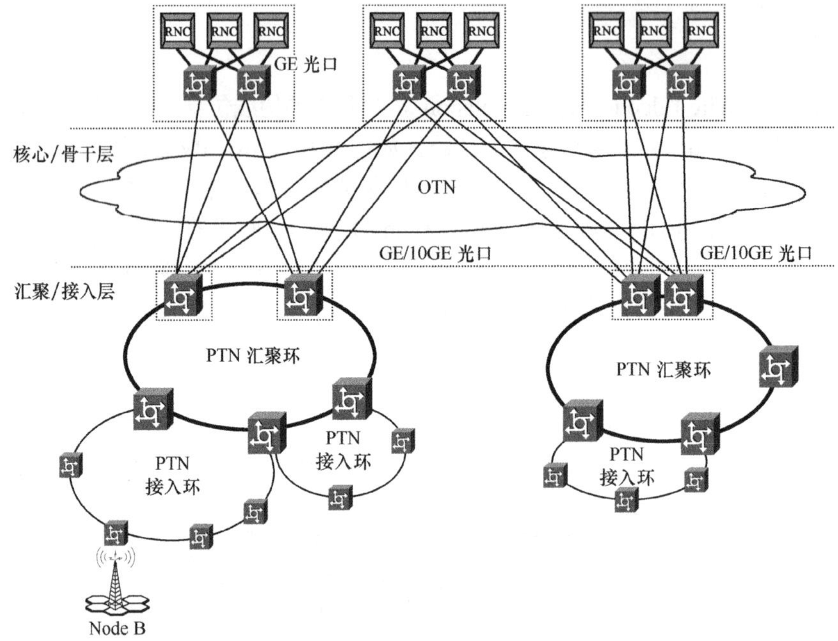

图 8-17　大型本地或城域承载网组网

这种组网方式可使用全程 LSP 1+1/1:1 端到端保护，类似 MSTP 的全程通道保护方式，实现承载网全网的网络保护。核心/骨干层 PTN 设备和 RNC 间也可通过双归保护实现 PTN 与 RNC 对接的保护。3G 和专线业务通过 PTN 接入设备上的 FE 光/电接口直接接入 PTN 网络；2M 或 STN-1 等业务则通过 PTN 接入设备上的仿真盘接入 PTN 网络。

在小型的本地或城域承载网中，也可以没有核心/骨干层的 OTN 设备，PTN 汇聚环直接和核心层 PTN 对接。

8.5 光接入技术

以前的接入网主要是铜缆网，约占 94%，携带的业务主要是电话业务。铜缆网的故障率很高，维护运行成本也很高，为了减少铜缆网的维护运行费用和故障率，光接入网技术应运而生。

8.5.1 光接入网的基本概念

1. 光接入网的基本概念及位置

电信网可划分为公用电信网和用户驻地网（CPN）两部分。用户驻地网归用户所有，形式多种多样，从最简单的一段接到普通电话的导线到一个以用户小交换机为核心的内部电话网再到规模庞大的校园网。公用电信网又可划分为长途网、中继网（长途端局与市话局之间，以及市话局之间的部分）和接入网（端局到用户之间的部分）。长途网和中继网常合起来称为核心网。相对于核心网，公网的其余部分可称为用户接入网，主要完成将用户接入到核心网的任务。

所谓接入网就是指端局到用户环路之间的所有机线设备，通常又称为用户网，如图 8-18 所示。光接入网（OAN）是指本地交换机或远端交换模块与用户设备之间采用光传输或部分采用光传输的系统。

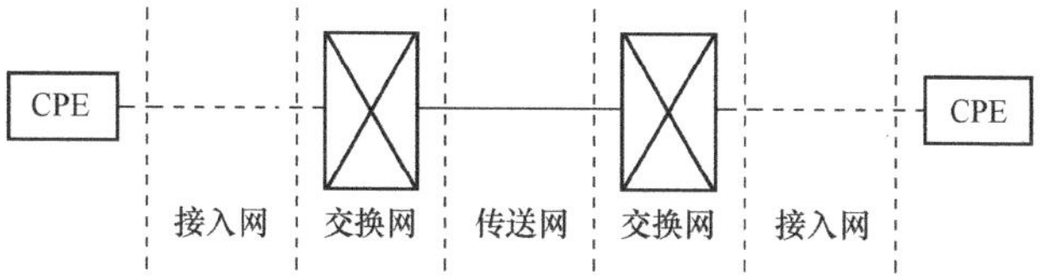

图 8-18　接入网在电信网中的位置

2．OAN 的优点

① 减少网络的维护运行费用，降低故障率。

② 有利于开发新业务，特别是宽带多媒体业务，可加强竞争力，提高业务收入。

③ 大大延长了传输距离，扩大了交换机的覆盖范围，有利于向增大交换机容量、减少端局数、减少电信网节点及简化电信网结构的方向发展。

④ 可支持光纤与已铺设的铜质用户线相结合的宽带用户接入，充分利用现有的巨大网络投资。

3．OAN 的参考配置

图 8-19 所示为 OAN 的参考配置（ITU-T G.982）。在图 8-19（a）中，ODN 是用无源光分路器等无源光器件实现的光配线网，从 OLT 之后到光网络单元（ONU）之前都是无源光器件，所以又称为无源光网络（PON）。如以电复用（PDH、SDH 或 ATM）的光配线终端（ODT）代替无源光分路器（见图 8-19（b）），就成为有源光网络（AON）。通常 OAN 是指 PON。图中从 V 接口到单个用户接口（T 接口）之间的传输手段的总和称为接入链路。因此，光接入网又可定义为：共享同一网络侧接口且由光接入传输系统支持的一系列接入链路，由光线路终端（OLT）、光分配网（ODN）、光网络单元（ONU）及适配功能（AF）组成，可能包括若干与同一 OLT 相连的 ODN。

OLT 的作用是为光接入网提供网络侧与本地交换机之间的接口，并经一个或多个 ODN 与用户侧的 ONU 通信，OLT 与 ONU 的关系为主从通信关系。OLT 可以直接设置在本地交换机接口处，也可以设置在远端的远端集中器或复用器接口处。OLT 在物理上可以是独立设备，也可以与其他设备集成在一个设备内。

ODN 在 OLT 与 ONU 之间提供光传输手段，其主要功能是完成光信号功率的分配。ODN 是由无源光元件（如光纤光缆、光连接器和光分路器等）组成的纯无源的光分配网，通常呈树形分支结构。

ONU 的作用是为光接入网提供远端的用户侧接口，处于 ODN 的用户侧。

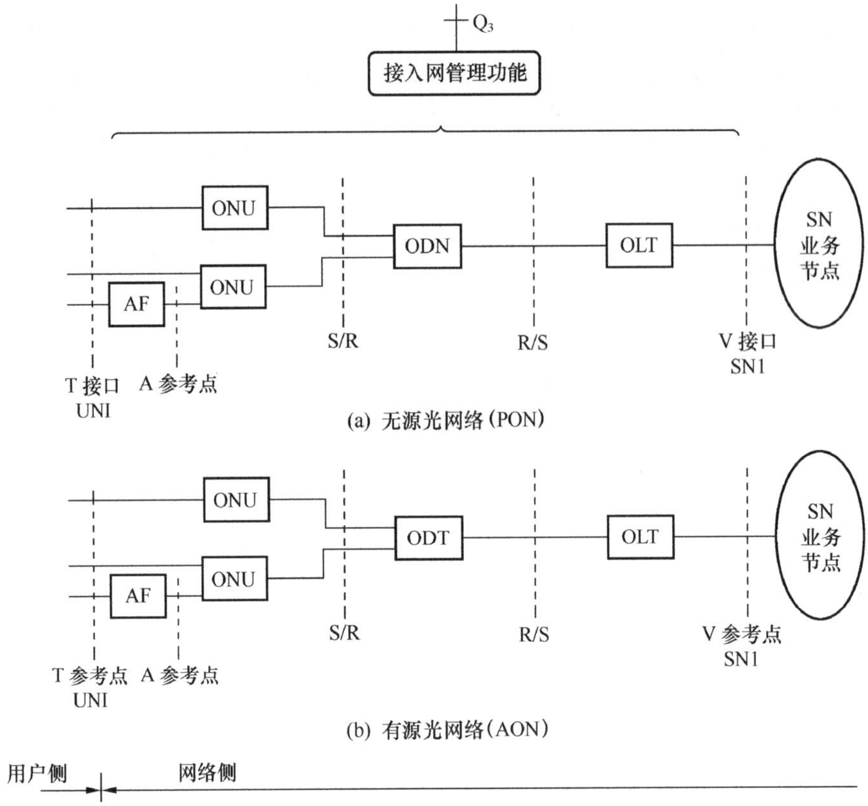

图 8-19　OAN 的参考配置

AF 为 ONU 和用户设备提供适配功能，具体物理实现则既可以包含在 ONU 内，也可以完全独立。

由于 PON 在 OLT 和 ONU 之间均为无源器件，大大减少了人工维护的工作量，同时 OLT 到分支点的光缆为所有用户共享，降低了每个用户的成本；但 ONU 的供电有些问题，除 ONU 在用户驻地时可本地供电外，一般都要由电信局远供；另外无源分配器的传输距离也受限制。

8.5.2　无源光网络

1. 无源光网络（PON）的应用类型与组网

按照 ONU 在光接入网中所处的具体位置不同，可以将 PON 划分为三种基本的应用类型，如图 8-20 所示。

（1）光纤到路边

在光纤到路边（FTTC）结构中，ONU 设置在路边的小孔或电线杆上的分线盒处，即配线点（DP）；有时也设置在交接箱上，即灵活点（FP），但通常指前者。此时从 ONU 到各个用户之间的部分仍为双绞线铜缆。若要传送宽带图像，则这一部分可能会需要同轴电缆。

（2）光纤到大楼

光纤到大楼（FTTB）也可以看作是 FTTC 的一种变型。不同之处在于 ONU 直接放到楼内（通常为居民住宅公寓或小型企事业单位办公楼），再经多对双绞线将业务分送给各个用户。FTTB 是一种点到多点结构。FTTB 的光纤化程度比 FTTC 更进一步，光纤已敷到楼内，因而更适于高密度用户区，也更接近于长远发展目标。

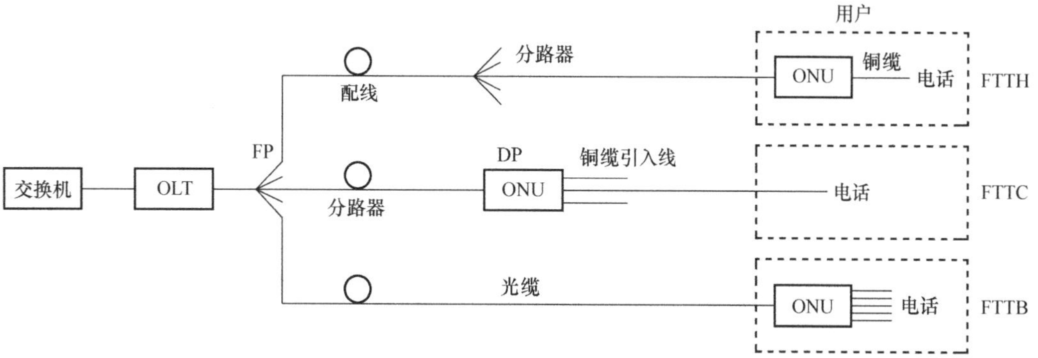

图 8-20 PON 基本应用类型

（3）光纤到家和/或光纤到办公室

在原来的 FTTC 结构中，如果将设置在路边的 ONU 换成无源光分路器，然后将 ONU 移到用户家，即为光纤到家（FTTH）结构。如果将 ONU 放在企事业单位（公司、大学、研究所和政府机关等）的用户终端设备处，则构成所谓的光纤到办公室（FTTO）结构。FTTO 主要用于企事业用户，业务量需求大，因而结构上适于点到点或环形结构；而 FTTH 则用于居民住宅用户，业务量需求很小，因而经济的结构必须是点到多点的方式。

FTTH 是一种全光纤网，从 OLT 到用户驻地全部是光纤连接，中间没有任何铜缆和有源电子设备，是直接接入到用户的信息高速公路，是用户接入网的发展目标。由于 ONU 位于用户处，与 OLT 之间无有源设备，因而工作条件远优于室外设备，可用低成本元器件，可采用本地供电而无需由局端远供，供电成本和故障率大大降低，维护、安装和测试都很方便。

PON 的组网有总线结构、树形结构、星形结构和混合结构。图 8-21 所示的几种类型中，SP 是光分支器，一个 OLT 一般能带 500 个用户，一个 ONU 可带 4、16、32 或 64 个用户。

2. PON 的业务支持能力

PON 是一种为双向交互式业务而设计的系统，初期主要支持 2.048Mbit/s 以下速率的窄带业务，基本业务有 7 种：普通电话业务（POTS）、租用线、分组数据、ISDN 基本速率接入（BRA）、ISDN 基群速率接入（PRA）、$n\times$64kbit/s 和 2.048Mbit/s（成帧和不成帧）。

除了上述 7 种基本窄带业务外，还可支持宽带业务，诸如单向广播式业务（如 CATV 业务）、双向交互式业务（如 VOD 或数据通信业务）和模拟广播业务等。图 8-22 所示为采用 TDM+FDM+WDM 方式传送宽带图像业务的 PON 系统。

为使属于用户接入的 PON 能适应正在 ATM 化的核心网的要求，使 PON 所携带的信息 ATM 化是顺理成章的事，ATM 化的 PON 称为 APON。这种 PON 具有 ATM 网络的一系列优点，特别是在实现多种业务的复用和适应不同带宽的需求方面有很大的灵活性。APON 为 ATM 到用户桌面创造了条件，是接入网适应通信向宽带多媒体方向演变的重要发展方向。

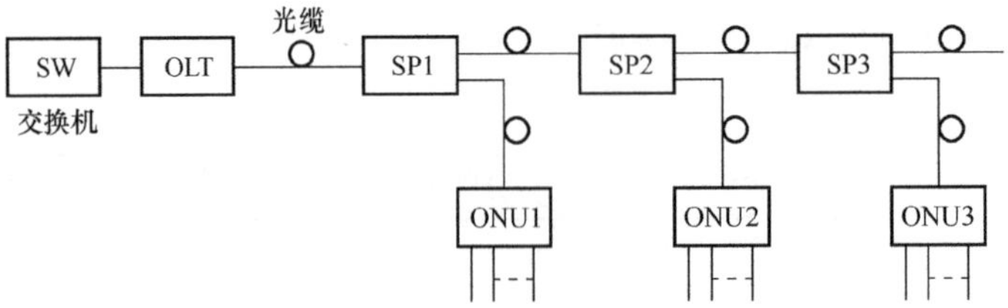

(a) 总线结构

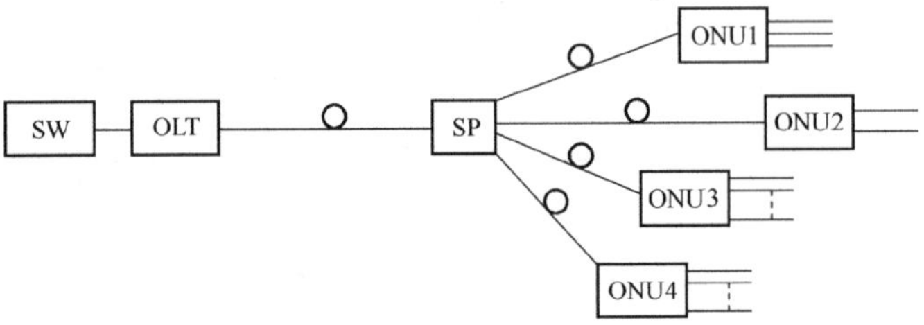

(b) 树形结构

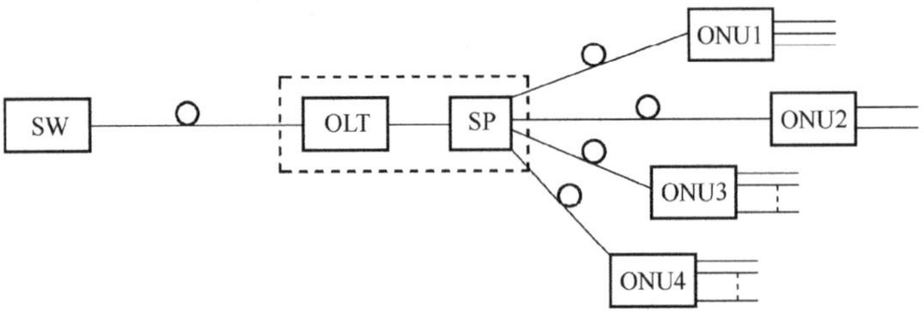

(c) 星形结构

图 8-21　无源光网络的组网

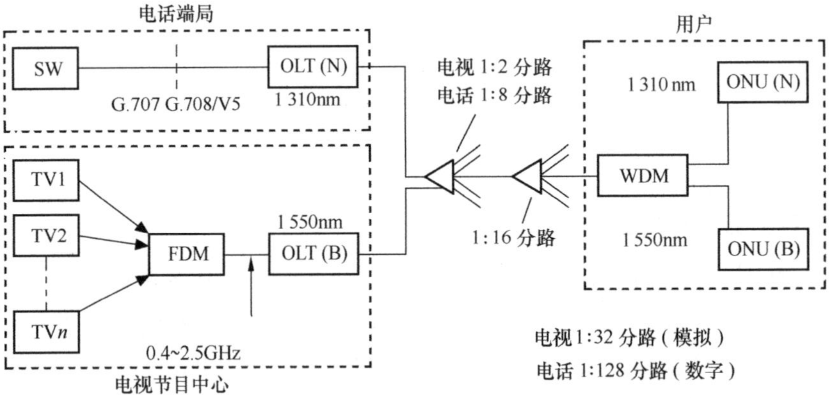

图 8-22　TDM+FDM+WDM 的 PON 系统

8.5.3　混合光纤同轴网

1．混合光纤同轴网（HFC）的基本概念

传统的有线电视网络采用同轴电缆作为传输介质，用放大器来延长传输距离，是一

种单向广播方式树形结构。随着光传输技术的迅速发展，副载波多路复用模拟光传输技术被广泛用于有线电视网络中。其在干线上采用光纤传输，而在用户分配网络仍然使用同轴电缆。这种光电混合传输方式提高了图像质量，扩大了有线电视的传输范围。HFC 网络采用光纤到服务区的概念，一个光节点对应一个服务区，覆盖 500～2 000 个用户。

双向 HFC 网络能进行交互式通信，它是在现有 CATV 的单向 HFC 网络基础上改造而成的，如图 8-23 所示。

当分配网络的带宽要升级到 750MHz 以上（至少 550MHz）时，网络中使用的信号放大器、分配器等要换成双向的，同时光节点也应具备双向功能。前端要增加用于话音和数据通信的设备，用户端也要增加相应的收发设备。这种 HFC 网络利用了光纤传输的优点和有线电视同轴网络易于分配到户的优点，具有高速、宽带的特点，能兼容现阶段的业务，又具有很好的扩展性，可以支持未来的通信业务，网络结构可以方便地升级。HFC 网络是现阶段比较经济的宽带接入平台，是实现电信、广播电视和数据三网合一的接入方案之一。

2. HFC 网络结构

双向 HFC 网络的结构如图 8-23 所示，主要由以下部分组成。

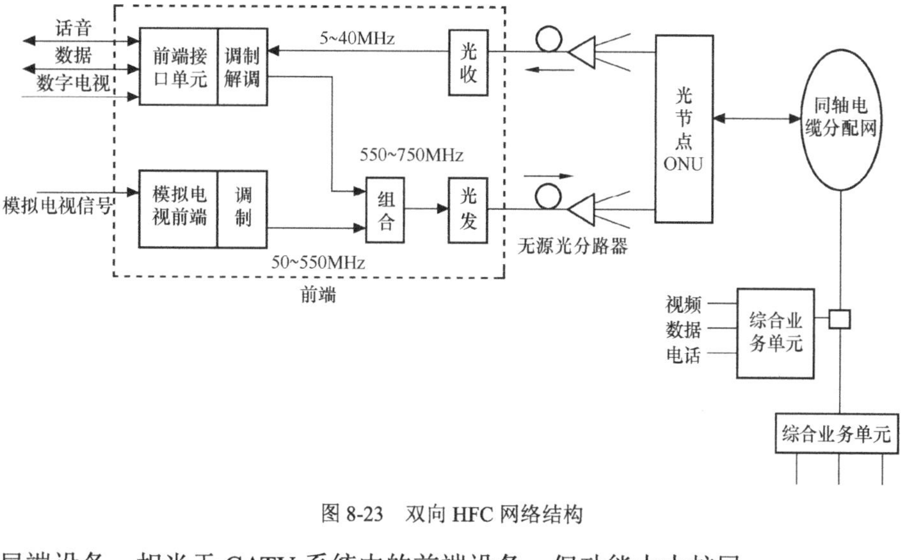

图 8-23　双向 HFC 网络结构

① 局端设备：相当于 CATV 系统中的前端设备，但功能大大扩展。

a. 对各业务节点设备的接口功能：如电话网本地交换机；CATV 节目源；VOD 服务器。经过宽带边缘交换机（如 ATM 边缘交换机）接入宽带网，进而与 Internet 服务提供商的接入服务器接口等。

b. 各种业务信号调制在射频载波上，各路射频信号混合。

c. 光电转换：电信业务和有线电视业务可以在同一根光纤中传输，也可以分别在不同的光纤中传输。在同一根光纤中传输时也可采用波分复用（WDM）方式。

d. 提供监控接口功能。

② 光纤馈线网与光节点。

③ 同轴电缆信号传输与分配网，含双向放大器及分配器等。

④ 综合业务单元。

综合业务单元（ISU）提供与电信业务终端和/或有线电视终端的接口功能，分单用户（H-ISU）和多用户（M-ISU）两类。为适合网络配置的要求，M-ISU 通常分成多个等级。网络结构中可以同时具有 H-ISU 和 M-ISU，也可以只具有 H-ISU 或 M-ISU。综合业务单元有可选择的二线模拟话音接口、2B+D 接口、p×64kbit/s（p＝1，2～30）、2 048kbit/s 接口和其他高速接口。此外还提供监控接口功能，以及在某些情况下向电信业务终端供电的功能。

3. HFC 的特点

HFC 有很多优点，也存在一些问题需要解决。

（1）HFC 的优点

① 频带宽。可以满足综合业务和高速数据传输的需要。同轴电缆的带宽可达 1GHz，除了传输模拟视频外，还有丰富的频谱资源可以利用，可用于数字视频传输和双向数据通信。

② 传输速率高。在 HFC 网络上用 Cable Modem 进行双向通信时，其下行速率可达 30Mbit/s，上行速率可达 10Mbit/s，比电话线调制解调器高出几百倍。

③ 灵活性强。HFC 网络在业务上可以兼容传统的电话和模拟视频业务，同时支持 Internet 访问、数字视频、VOD 以及其他未来的交互式业务。

④ 较好的经济性。有线电视网络采用月租费的方式，并且通信速率高，相对于电信网络，用户上网的费用可以降低不少。

（2）需要解决的问题

① 在双向通信中划分给上行通道的频谱是 5～30MHz，而此段频率范围却极易受到短波、家用电器和其他干扰源的干扰，因此需要注意相互间的干扰问题。

② 用户端同轴分配网络采用的是树形结构，用户端上行信号的噪声会在前端叠加，形成所谓噪声干扰的“漏斗效应”。

③ 在树形结构中，各分支用户共享上行通道，在技术上要解决好信道争用的问题。因此，双向 HFC 系统一个光节点的覆盖范围一般不超过 500 户。

④ 传统的有线电视属于广播型业务，在进行交互式数据通信时要注意安全性和可靠性。

4. HFC 业务支持能力与频带分配

HFC 业务支持能力如下。

（1）基于数字传输的业务

① 普通电话业务（POTS）；② p×64kbit/s 租用线业务；③ E1（成帧与不成帧）业务；④ 综合业务数字网业务：基本速率接口（ISDN-BRA）和基群群速率接口（ISDN-PRA）；⑤ 数据业务：可以提供 2Mbit/s 以下的低速数据通道和 2Mbit/s 以上的高速数据通道；⑥ 数字视频业务（如 VOD）；⑦ 个人通信业务（PCS）：当 HFC 频带拓展到 750MHz 以上时，可考虑开放个人通信业务。

（2）模拟业务

① 模拟广播电视；② 调频广播。

HFC 的频带分配如表 8-2 所示。

表 8-2　　HFC 频带分配

波段	频率范围 MHz	业　务	波段	频率范围 MHz	业　务
R	5.00～30.0	(上行)电视及非广播业务	A2	223.0～295.0	模拟广播电视
R1	30.0～42.0	（上行）电信业务	B	295.0～463.0	模拟广播电视
I	48.5～92.0	模拟广播电视	IV	470.0～582.0	数字或模拟广播电视
FM	87.0～108.0	调频广播	V	582.0～710.0	电信业务（1）（VOD 等）
A1	111.0～167.0	模拟广播电视	VI	710.0～750.0	电信业务（2）（电话、数据）
III	167.0～223.0	模拟广播电视			

5．HFC 的用户设备

HFC 的用户设备由综合业务单元（ISU）与电信业务终端和/或有线电视终端组成。综合业务单元提供与电信业务终端和/或有线电视终端的接口功能。机顶盒（Set Top Box）和电缆调制解调器（Cable Modem，CM）是 ISU 的两种常见形式。

机顶盒主要用于配合电视机收看模拟或数字的广播电视节目，若通过普通电话以双音多频（DTMF）信号发送上行的命令，也可提供视频点播（VOD）业务。这时 ISU 不需要有上行信道功能。

CM 用于提供数据通信业务，连接 PC 或局域网，需具备上下行信道。CM 具有标准以太接口，可以连接单台 PC，也可以接多台 PC 或局域网。

功能强的机顶盒可同时具有 CM 的功能，用户可通过电视机上网，同样 CM 也可能兼有接收模拟和数字广播电视的功能。清华大学的宽带交互式多媒体有线电视网采用北电网络的 CM 产品系列，该网络不但能提供传统的有线电视业务，还能提供 Internet 接入、视频会议（Video Conference）、视频点播（VOD）及数字视频广播（DVB）等宽带多媒体业务。该系统最大能提供下行速率 38Mbit/s，上行速率 10Mbit/s，总的速率是目前电话拨号上网速率（以 33.6kbit/s 计算）的 1 000 倍。用户在家中就能获得高速 Internet 接入，进行远程教学、远程办公，还可同时看电视、打电话。

8.6　全光通信网

8.6.1　全光网概述

现有通信网中，网络的各个节点要完成光/电/光的转换，而其中的电子器件在适应高速、大容量的需求上，存在着诸如带宽限制、时钟偏移、严重串话和高功耗等缺点，由此产生了通信网中的“电子瓶颈”现象。为了解决这一问题，人们提出了全光网的概念。

1．基本概念

全光网是指信息从源节点到目的节点的传输完全在光域内进行，即全部采用光波技术完成信息的传输和交换的宽带网络。它包括光传输、光放大、光再生、光选路、光交换、光存储、光信息处理等先进的全光技术。光节点取代了现有网络的电节点，因此不受检测器、调制器等光电器件响应速度的限制，大大提高了节点的吞吐量，克服了原有电节点的许多缺点。

2．全光网的特点

全光网是利用波长组网，在光域上完成信号的选路、交换、传输等，使通信网具备更强的可管理性、灵活性和透明性。其特点如下。

① 充分利用了光纤的带宽资源，有极大的传输容量和很好的传输质量。WDM 技术充分开发了光纤的带宽资源，光域的组网减少了电/光、光/电的转换，突破了电子瓶颈。

② 全光网对信号是透明的。即全光网通过波长选择器来实现路由选择，对传输码率、数据格式以及调制方式均具有透明性，可不受限制地提供端到端业务。

③ 全光网具备可重构性。全光网可以根据通信容量的需求，实现恢复、建立、拆除光波长连接，即动态地改变网络结构；可为突发业务提供临时连接，从而充分利用网络资源。

④ 全光网具备可扩展性。加入新的网络节点时，不影响原有网络结构和设备，降低了网络成本。

⑤ 可靠性高，可维护性好。由于全光网比现有的网络多了一个光网络层，而光网络层中的许多光波器件是无源器件，因而可靠性高，可维护性好。

⑥ 全光网不仅可以与现有的通信网络兼容，而且还可以支持网络的升级。

3．全光网的分层结构

ITU-T 在 G.872 中为光传送网（OTN）的分层结构作了定义。由一系列光网元经光纤链路互连而成，能按照 G.872 的要求提供有关客户层信号的传送、复用、选路、管理、监控和生存性功能的网络称为光传送网。如图 8-24 所示，OTN 将整个光层细分为光通路（OCh）、光复用段（OMS）和光传输段（OTS）三层。

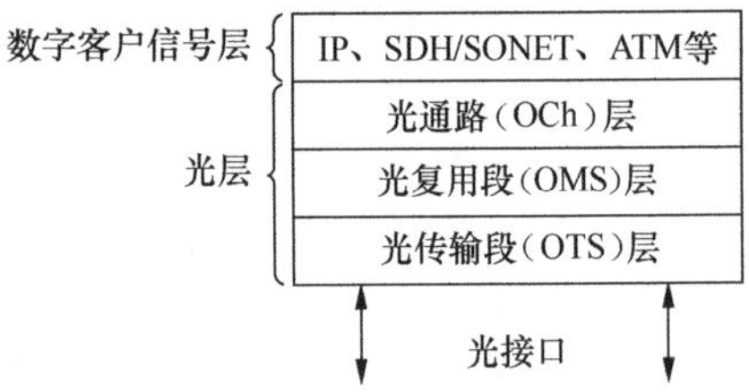

图 8-24　光传送网络的分层结构

（1）光通路层

光通路层（Optical Channel Layer）负责为来自电复用段层的不同格式的客户信息（如 SDH、PDH、ATM、IP 等）选择路由和分配波长。主要包括：为灵活的网络选路安排光通路连接，提供端到端的连接；处理光通路开销，以便确保光通路适配信息的完整性；提供光通路层的检测、管理功能，并在故障发生时，通过重新选路或直接把工作业务切换到预定的保护路由来实现保护倒换和网络恢复。

（2）光复用段层

光复用段层（Optical Multiplexing Section Layer）为多波长信号提供网络功能。主要包括：为灵活的多波长网络选路重新安排光复用段连接；光复用段开销的处理，以保证多波长光复用段适配信息的完整性；为段层的运行和维护提供光复用段的监控功能。

（3）光传输段层

光传输段层（Optical Transmission Section Layer）为光信号在不同类型的光介质（G.652、G.653、G.655 光纤等）中提供传输功能。包括光传输段开销处理，以便确保光传输段适配信息的完整性；实现对光放大器或中继器的检测和控制功能等。

除了以上三层以外，整个光传送网还有一个物理介质层，物理介质层是光传输段层的服务者，即所用的光纤。

8.6.2 全光网的光复用

在 OMS 层，必须在光域上对光通路进行复用和解复用。目前光网络的光复用技术主要有光波分复用（WDM）、光时分复用（OTDM）和光码分复用（OCDM）三种。WDM 现已广泛应用于网络。相应地，光空分复用、光时分复用和光码分复用等复用技术分别从空间域、时间域和码字域的角度拓展了光通信系统的容量，丰富了光信号交换和控制方式，开拓了光网络发展的新篇章。由于 WDM 在第 7 章中已介绍，这里主要介绍 OTDM 和 OCDM。

1．光时分复用

光时分复用（OTDM）是用多个电信道信号调制具有同一个光频的不同光通道（光时隙），经复用后在同一根光纤中传输的技术。

光时分复用应用宽带的光电器件代替了电子器件，从而可以避免高速电子器件所造成的限制，实现几十 Gbit/s 乃至几百 Gbit/s 的高速传输。它在系统发端对多路光信号进行复用，在接收端用光学的方法将其解复用出来。

（1）OTDM 的基本原理

OTDM 各支路脉冲的位置可用光学方法来调整，并由光纤耦合器合路，所以复用和解复用设备中的电子电路工作在相对较低的速率。图 8-25 所示为光时分复用系统框图。

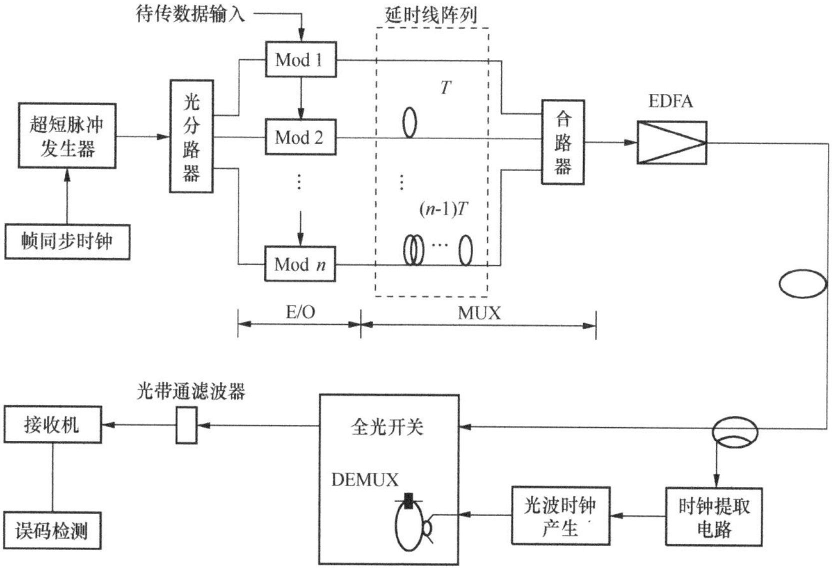

图 8-25 光时分复用系统框图

OTDM 系统光源是超短光脉冲光源，由光分路器分成 n 束，各支路电信号分别被调制到各束超短光脉冲上，然后通过光延迟阵列，使各支路光脉冲精确地按预定要求在时间上错开，再由合路器将这些支路光脉冲复接在一起，便完成了在光时域上的间插复用。接收的光解复用器是一个光控高速开关，在定时的控制下，在时域上将各支路光信号分开。然后分别解调、恢复成原各支路电信号。光复用可以是有源或无源的，无源复合采用光纤方向耦合器，而有源复合采用光交换器件。光解复用的基本器件是 1×2 光开关，连接多个 1×2 光开关可以构成大容量的解复用交换网络。

可见，要实现 OTDM，需要解决的关键技术有：超窄光脉冲光源、全光时分复用/解复用技术、光时钟提取技术等。

（2）OTDM 的特点

① OTDM 采用单一波长传输，无须考虑链路中光放大器的增益平坦问题，不存在由四波混频等非线性效应造成的串扰问题，链路的色散管理方式简单。

② OTDM 采用全光数字信息处理技术，不仅可克服“电子瓶颈”限制，提高网络容量，还可实现对网络信息码流的全光 3R 再生，有效地降低了信号噪声和串扰积累。

③ OTDM 能够对高端用户提供多种 QoS 水平的综合业务（包括分组业务）服务，可灵活地提供突发业务接入，真正实现按需分配带宽。

④ OTDM 通过时隙分配实现路由选择。可实现数据格式和协议的透明传输，具有良好的可扩展性和重构性。

⑤ OTDM 提高了传输速率（一般可支持大于 100Gbit/s 的网络传输速率），有望在网络多媒体、虚拟现实及超级计算机互连等领域内获得广泛应用，应用前景广阔。

将 WDM 和 OTDM 结合起来，就可以充分发挥各自的优点而摒弃它们的缺点，共同构建高速、大容量的光纤通信系统。因此，OTDM/WDM 系统已经成为未来高速、大容量光通信系统的一种发展趋势。目前，OTDM 技术尚不成熟，还在实验阶段，加上需要较复杂的光学器件，离实用化还有一定距离，有待进一步研究，但是在将来的 Tbit/s 级通信系统中，将成为重要的通信手段。

2. 光码分复用

（1）基本原理

光码分多址（OCDMA）是一种应用扩频通信技术的光通信技术，不同用户的信号用互成正交的不同码序列来填充，这样，经过填充的用户信号可调制在同一光载波上、在同一光纤中传输而不会产生干扰，接收时只要用与发送方向相同的码序列进行相关接收，即可恢复原用户信息。由于各用户采用的是正交码，因此相关接收时不会构成干扰。这里的关键之处在于选择适合光纤通信的不同的扩频码序列对码元进行填充，形成不同的码分信道，即以不同的互成正交的码序列来区分用户，实现多址。典型的 OCDMA 系统如图 8-26 所示。

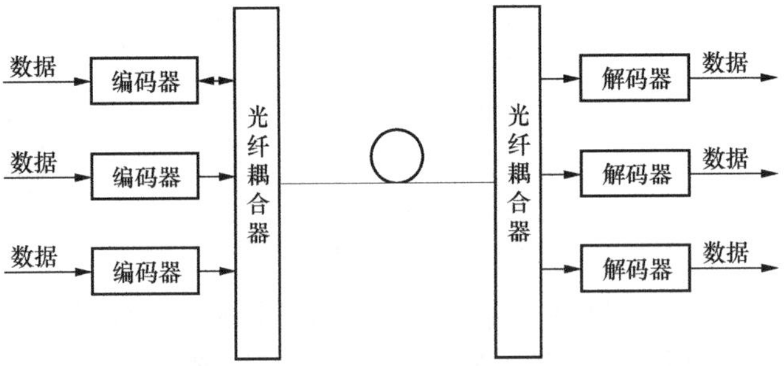

图 8-26　OCDMA 系统组成

OCDMA 通信系统给每个用户分配一个唯一的光正交码的码字作为该用户的地址码。在发送端，对要传输的数据用该地址码进行光正交编码，然后实现信道复用；在接收端，用于发端相同的地址码进行光正交解码，恢复出期望的光信号，再经过光电转换设备，得到电域上的数据信号。

（2）OCDMA 的特点

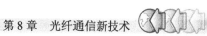

OCDMA 通信是码分多址扩频通信在光纤通信领域的应用，集 CDMA 通信与光纤通信之所长，所以是一种很有发展潜力的通信方式，总的来说这种通信方式的特点如下。

① 灵活的用户分配。OCDMA 系统采用地址码寻址方式，具有很大的灵活性，它的编/解码器采用光信号处理技术，可以实现无延迟异步接入，且网络控制简单。

② 优良的网络安全性。在基于 WDM 的网络，只要将光纤微弯，使用光谱仪对泄露光进行分析，即可获得破解各路信号。而采用 CDMA 技术后，入侵者在没有获得编码方案和相应码组序列的条件下，得到的只是伪随机光信号，破解各路型号的概率很低。

③ 光信号处理简单。OCDMA 没有像 WDM 那样对波长的严格要求，也不需要 OTDM 那样严格的时钟同步，从而大大降低了收发设备的成本。

目前为止，OCDMA 主要技术问题有两个：一是相干光通信技术不成熟，因此在使用非相干接收的时候采用单极性码传输方式，大大限制了系统性能；二是来自光源自发辐射的拍频噪声的影响强烈。只有克服了这两个缺陷，OCDMA 技术才能真正走向实用化。

8.6.3　全光网的光交换

1．基本概念和特点

光交换是指不经过任何光电转换，在光域内为输入光信号选择不同输出信道的交换方式。与电子数字程控交换相比，光交换无需在光纤传输线路和交换机之间设置光端机进行光/电、电/光变换，并且在交换过程中还能充分发挥光信号的高速、宽带和无电磁感应的优点。光交换技术作为全新的交换技术与光纤传输技术相融合而形成全光网。

光交换与传统电交换技术有根本的区别，其特点如下。

① 速度快。由于光交换不涉及电信号，所以不会受到电子器件处理速度的制约，与高速的光纤传输速率匹配，可以实现网络的高速率。

② 透明传输。光交换根据波长来对信号进行选路和路由，与通信采用的协议、数据格式和传输速率无关，可以实现透明的数据传输。

③ 网络稳定、可靠。由于光交换技术无需进行光电、电光的转换，信号不会受到电磁干扰，提高了自身的可靠程度。

2．光交换器件

光交换器件是实现光交换的关键部件，如光开关、光存储器等，下面进行简单介绍。

（1）光开关

光开关是完成光交换的最基本的功能器件。将一系列光开关组成一个阵列，构成一个多级互连的网络，在这个阵列中完成光信号的交换。典型的光开关有以下几种。

半导体光放大器开关：半导体光放大器可以对输入的光信号进行放大，并且可以利用一种叫偏置电信号的器件来控制对光信号的放大。当偏置电信号的值为 0 时，输入的光信号不能从光放大器的输出端输出，相当于电开关的断开；当偏置电信号的值不为 0 时，输入的光信号可以从输出端输出，相当于电开关的接通。

耦合波导开关：耦合波导开关不像半导体光放大器那样只有一个输入端和一个输出端，而是有两个输入端和两个输出端。每个输入和对应的输出形成一个光通道。两个输入和两个输出组成两个光通道。耦合波导开关利用控制电极来控制光信号的输出状态。当控制电极上不加电时，其中一个光通路上的光信号会完全耦合接到另一个光通道上，形成光信号的交叉连接；当控制电极上加电时，原先耦合到另外光通路上的光信号会耦合回到原来的光通道上，形成光信号的平行连接。

硅衬底平面光波导开关：这种开关包含两个 3dB 的定向耦合器和两个长度相等的波导臂，利用镀在 Mach-Zehnder 干涉仪波导臂上的金属薄膜加热器形成相位延时器，通过控制两臂的相位差来控制光信号的接通和断开。它的原理是利用在硅介质波导内的热-电效应，平时偏压为零时，开关处于交叉连接状态，但是当波导臂被加热后，开关切换到平行的连接状态。

波长转换器：波长转换器有多种实现方式，比较简单的 O/E/O 方式是当一个波长为 λ_i 的光信号输入时，由一个被称为光电探测器的器件把它转变为一个电信号，然后通过外调制器调制或激光器把这个电信号转换为一个波长为 λ_j 的输出光信号。

（2）光存储器

光存储器可实现光信号的存储和进行光信号的时隙交换。常用的光存储器有光纤延迟线和双稳态激光二极管。

3．光交换技术

光交换技术可以分成光路交换技术和分组交换技术。光路交换又可分成空分、时分和波分光交换，以及由这些交换组合而成的复合光交换，如空分+波分交换。其中空分交换按光矩阵开关所使用的技术又分成两类，一类是基于波导技术的波导空分，另一类是使用自由空间光传播技术的自由空分光交换。光分组交换中，有透明光分组交换、光突发交换和光标记交换等。

（1）空分光交换

空分光交换就是在空间域上对光信号进行交换。空分光交换的基本原理就是利用光开关组成开关矩阵，通过对开关矩阵进行控制，建立任一输入光纤到任一输出光纤之间的物理通路连接。

空分交换的核心器件是光开关。光开关有电光型、声光型、磁光型等多种类型，其中电光型光开关具有开关速度快、串扰小、结构紧凑等优点，应用前景较好。

典型的电光型开关是用钛扩散在铌酸锂晶片上，由形成的两条相距很近的光波导构成，并通过对电压的控制改变输出通路。图 8-27（a）所示是由 4 个 1×2 光开关器件组成的 2×2 光交换模块。1×2 光开关器件就是铌酸锂定向耦合器型光开关，只是少了一个输入端。这种 2×2 光交换模块是最基本的光交换单元，它有两个输入端，两个输出端，通过电压控制改变输出，可以实现平行连接和交叉连接，以完成最基本的空间交换，如图 8-27（b）所示。图 8-27（c）所示是由 16 个 1×2 光开关器件或 4 个 2×2 光交换单元组成的 4×4 交换单元。

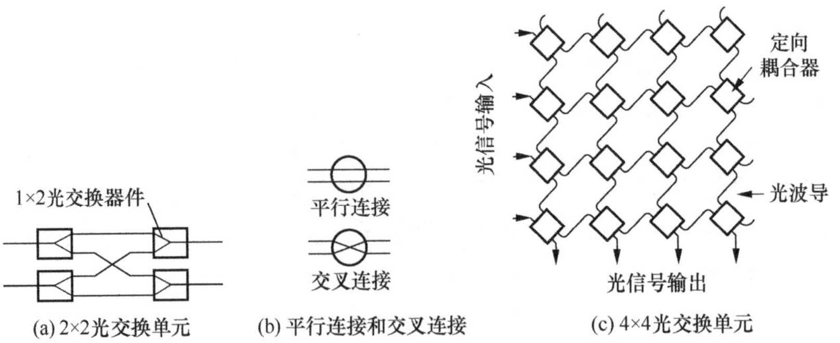

图 8-27　空分光交换

（2）时分光交换

时分光交换的原理与程控交换系统中的时分交换系统原理相同，即将输入的某一时隙上的光信号交换至另外一个时隙进行输出的交换方式。

时隙交换器完成将输入信号帧中任一时隙交换到另一时隙输出的功能。完成时隙交换需有光缓存器。光纤延时线是一种光缓存器，将一个时隙时间内的光信号在光纤延时线中传输的长度定义为一个基本单位，那么，光信号需要延迟传输几个时隙，就让它经过几个单位长度的光纤延时线。时隙交换器是由空间光开关（光分路器、光复用器）和一组光纤延时线构成的，如图 8-28 所示。时分复用光信号经过分路器分离出每个时隙信号，将这些信号分别经过不同的光纤延时线，即经过不同的时间延迟，变换到相应的时隙中，再把所有时隙信号经复用器复用输出，即完成了时分光交换。

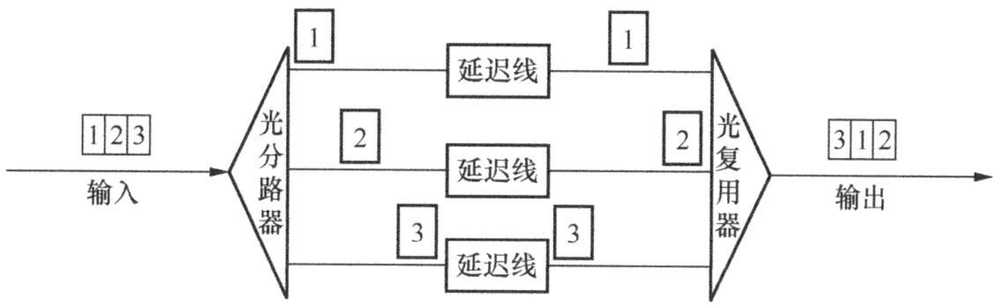

图 8-28 时分光交换组成

时分光交换系统可以和采用光时分复用（OTDM）的光传输系统联合工作。利用时分光交换模块和空分光交换模块可构成大容量的光交换机。

（3）波分光交换

波分光交换是根据光信号的波长来进行通路选择的交换方式。其基本原理是对于波分复用信号使用不同的波长来区别各路原始信号，通过改变输入光信号的波长，把某个波长的光信号变换成另一个波长的光信号输出，即实现波长互换，从而实现对各路原始信号的交换。波分光交换模块组成如图 8-29 所示。

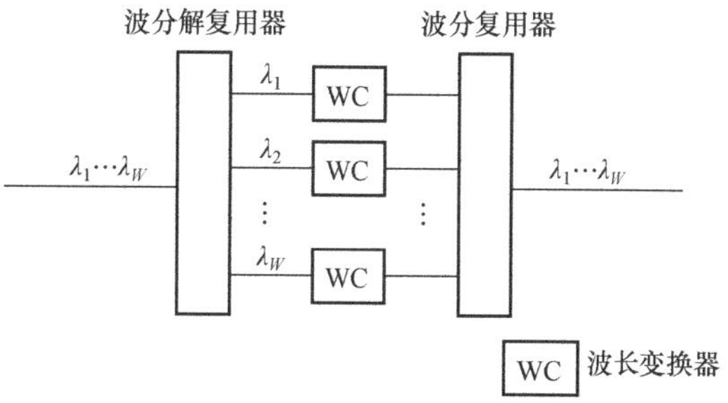

图 8-29 波分光交换

波分光交换是利用波长开关来实现的。先用波分解复用器件将波分信道空间分割开，然后对每一个波长信道进行波长变换，再把它们复用起来输出，从而实现波分交换。

波分光交换系统可以和采用 WDM 技术的光传输系统匹配。波分光交换系统可以和空分光交换系统、时分光交换系统结合，组成复合型的光交换系统。

（4）复合光交换

空分+时分，空分+波分，空分+时分+波分等都是常用的复合光交换方式。图 8-30 所示为两种空分+时分光交换单元。对于需要时间复用的空分光交换模块和空间复用的时分光交换模块，分别用 S 和 T 表示。构成方式可以是 TST 结构，也可以是 STS 结构。图 8-31 所示为一种波分复用的空分光交换结构示意图。

（5）光分组交换

目前，以 WDM 技术为基础的光传输和光交换技术的应用，其网络节点根据光信号的波长进行路由，是一种较粗粒度的信道选择方式。

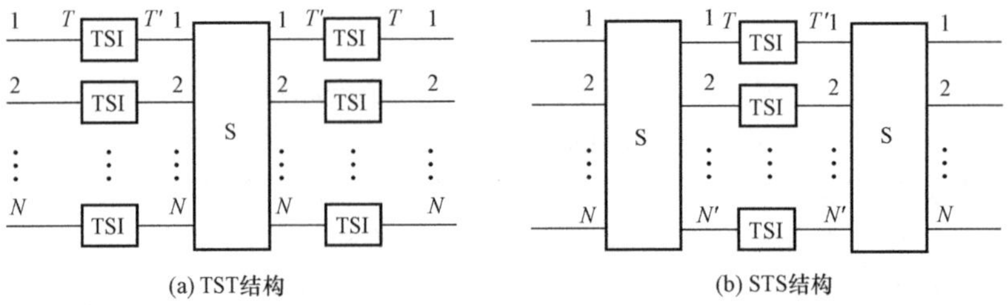

图 8-30　空分+时分光交换示意图

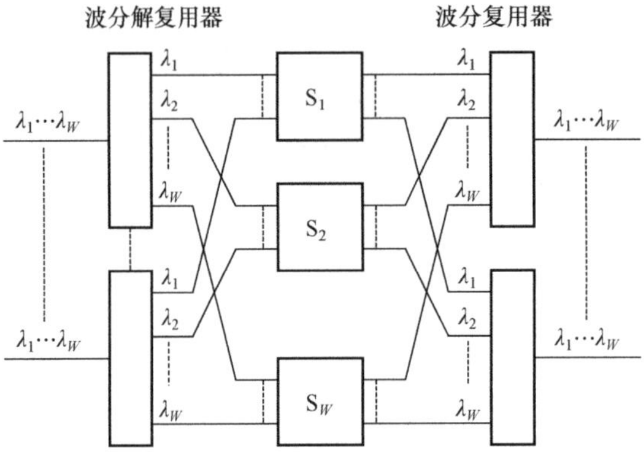

图 8-31　波分复用的空分光交换示意图

随着 Internet 的快速发展，分组数据业务的飞速增长，提出了一些新的光分组交换技术，在 WDM 上直接传送 IP 分组，将 WDM 透明光网络的传送能力和分组传送模式结合起来，达到能够处理较细粒度的信道分割和有效利用带宽的目的，将分组头信息和分组净荷信息分开处理，根据分组头信息进行控制选路。这些光分组交换技术主要有：透明光分组交换（OPS）、光突发交换（OBS）、光标记交换（GMPLS）等。例如，光突发交换（OBS）集中了较大粒度的波长（电路）交换和较细粒度的光分组交换两者的优点，并避免了两者的不足，因此能有效地支持上层协议或高层用户产生的突发业务。在 OBS 中，首先在控制波长上发送控制（连接建立）分组，主要是起连接建立的作用，连接建立后，再在另一个不同的波长上发送突发数据。由于在数据传输前已经根据控制分组分配好了带宽资源，数据分组在网络中间节点上可以直接通过，不需要光存储器缓存。另外，在网络的边缘节点上，对同一个波长的突发数据流进行统计复用，节约有限的波长资源。因此对于光电路交换，OBS 可获得更好的带宽利用率。

8.7　相干光通信技术

自从光纤通信系统问世以来，所有的实用系统都是采用强度调制–直接检波（IM-DD）的方式，这种系统的主要优点是：调制、解调容易，成本低。但由于没有利用光的相干性，所以，从本质上说，这还是一种噪声载波通信系统。为了进一步扩大通信距离，提高传输容量，人们开始考虑无线电通信中使用的外差接收方式是否可用于光纤通信。因为，光波也是一种电磁波。从理论上讲，答案是肯定的，即利用先进的调制方式（幅移键控（ASK）、频移键控（FSK）和相移键控（PSK））和外差接收构成一种新型系统——相干光通信系统。

1．相干光通信的概念

相干光通信是指在发送端对光载波进行幅度、频率或相位调制，在接收端则采用零差检测或外差检测等相干检测技术进行信息接收的通信方式。在相干光通信中，主要利用了相干调制和外差检测技术。所谓相干调制，就是利用要传输的信号来改变光载波的频率、相位和振幅（而不像强度调制那样只是改变光的强度），这就需要光信号有确定的频率和相位（而不像自然光那样没有确定的频率和相位），即应是相干光。激光就是一种相干光。所谓外差检测，就是利用一束本机振荡产生的激光与输入的信号光在光混频器中进行混频，得到与信号光的频率、相位和振幅按相同规律变化的中频信号。

2．相干光通信系统构成

相干光通信系统由光发射机、光纤和光接收机组成，如图 8-32 所示。

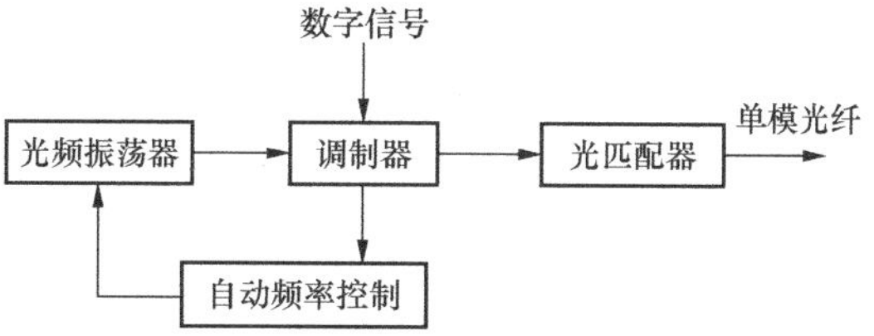

(a) 光发射机框图

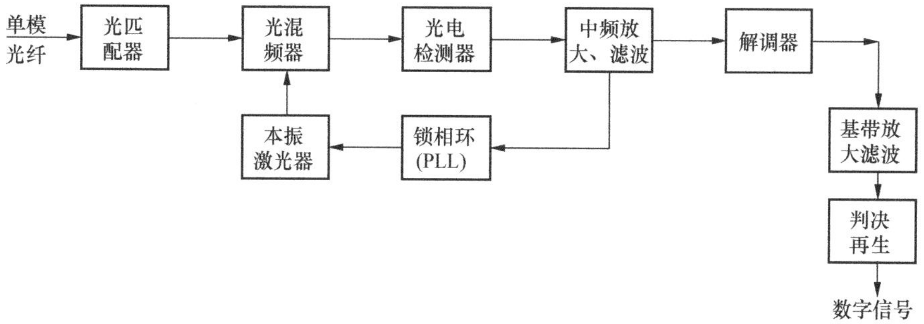

(b) 光接收机框图

图 8-32　相干光通信系统

在发送端，由光频振荡器发出相干性很好的光载波，通过调制器调制后，变成受数字信号控制的已调光波，并经光匹配器后输出。这里光匹配器有两个作用：一是使从调制器输出已调光波的空间复数振幅分布和单模光纤的基模之间有最好的匹配；二是保证已调光波的偏振态和单模光纤的本振偏振态相匹配。自动频率控制用于对光频振荡器的输出光信号进行稳频。

单模光纤作为一种传输媒介，其作用是将已调光波从发送端传送到接收端，传送模式为基模。在整个传输过程中，光波的幅度被衰减，相位被延迟，偏振方向也可能发生变化。

在接收端，接收到的光波首先进入光匹配器，它的作用与发射机的匹配器相同，也是使接收光波的空间分布和偏振状态与本振激光器输出的本振光波相匹配。光混频器是将本振光波（频率为 fl）和接收光波（频率为 fs）相混合，并由后面的光电检测器进行检测，然后由中频放大器放大光电检测器检测出的差频信号（频率为 fs−fl）。中频放大器输出的信号通过解调器，即根据发射机的调制形式进行解调，并经放大、滤波和判决再生，就可以获得原始的数字信号。图 8-32 中的锁相环是用来对本振光源进行相位跟踪或自动频率控制。

3．相干光通信系统分类

相干光通信根据本振光信号频率与接收到的信号光频率是否相等，可分为外差检测相干光通信和零差检测相干光通信。外差检测经光电检波器获得的是中频信号，中频信号还需二次解调才能被转换成基带信号。外差检测不要求本振光与信号光之间的相位锁定和光频率严格匹配。零差检测的光信号经光电检波器后被直接转换成基带信号，而不用二次解调，但它要求本振光频率与信号光频率严格匹配，并且要求本振光与信号光的相位锁定。

4．相干光通信的特点

相干光通信系统与 IM-DD 系统比较，主要有以下特点。

① 光接收机灵敏度高，中继距离长。

相干光通信一个最主要的优点是相干检测能改善接收机的灵敏度。在相干光通信系统中，经相干混合后的输出光电流的大小与信号光功率和本振光功率的乘积成正比；由于本振光功率远大于信号光功率，从而使接收机的灵敏度大大提高，并因此也增加了光信号的传输距离。

② 频率选择性好，通信容量大。

由于外差接收机的选择性好，从而可充分利用光纤的低损耗光谱区（1.25～1.6μm），提高光纤通信系统的信息容量。如利用相干光通信可实现信道间隔小于 1～10GHz 的密集频分复用，充分利用光纤的传输带宽，可实现超高容量的信息传输。

③ 具有多种调制方式。

在直接检测系统中，只能使用强度调制方式对光波进行调制。而在相干光通信中，除了可以对光波进行幅度调制外，还可以进行频率调制或相位调制。

5．相干光通信的发展

从 1988 年开始，在世界上已进行了许多相干光传输的现场试验，但却迟迟没有商用，一是因为相干光通信系统相当复杂，无论是在技术性能上还是可靠性上都有待进一步提高；二是光放大器和光波分复用技术的出现也在一定程度上抑制了其发展。例如，当光放大器商用后，可大大提高传输距离，所以相干光通信的接收灵敏度高这一优势便显得无用武之地了，但是，从长远看，相干光通信还是具有应用优势的。目前，相干光通信实用化研究多集中在特殊环境的应用，如跨洋通信、沙漠通信、星间通信等。传统光通信系统需要使用大量 EDFA、SOA 等中继设备，但是在海底和沙漠等条件非常恶劣的环境中，这些精密设备容易损坏，且修理和更换费用昂贵。相干光通信由于其无中继距离远大于传统光通信系统，可以大量减少中继设备，降低维护和修理费用。此外，相干光通信的一大热点在于星间光链路通信。理论上，光载波在卫星通信中具有极强的优势，包括传送带宽大、质量体积功耗小等，通信光极窄的波束宽度也带来了很好的抗干扰和抗截获性能，可以极大地提高通信系统的信息安全。因此，相干光通信技术在星间激光通信链路技术发展中极具潜力。

8.8　光孤子通信技术

1．光孤子通信的起源

孤子（Soliton）又称孤立波，是一种特殊形式的超短脉冲，或者说是一种在传播过程中形状、幅度和速度都维持不变的脉冲状行波。有人把孤子定义为：孤子与其他同类孤立波相遇后，能维持其幅度、形状和速度不变。

孤子的概念是20世纪非线性科学的重要发现，其起源可追溯到1834年英国海军工程师Scott Russel观察到河面上船过后隆起的水波可以保形传输，从此揭开了孤子理论的研究序幕。光孤子概念产生于1973年，Hasegawa在解决光纤通信中的色散问题时，发现了光纤非线性包络与电子回旋波之间的相似性，与Tappert一起从理论上证明了光孤子脉冲能在光纤中保形传输这一现象，这种发现诱发了人们将光孤子作为一种信息载体用于高速通信的遐想。光孤子显示出其潜在的价值后，立即引起了人们的兴趣，目前已经成为新型光纤通信，尤其是长距离越洋通信研究的新方向。

2．光孤子通信的工作原理

光孤子（Optical Soliton）是指经过长距离传输而保持形状不变的光脉冲。光纤孤子的产生是光纤群速度色散（Group Velocity Dispersion，GVD）和自相位调制（Self Phase Medulation，SPM）间相互作用时表现出来的一种特殊形式的包络脉冲，具有保形稳幅的传输特征。群速度色散使脉冲展宽，非线性特性的自相位调制则使光信号的脉冲产生压缩效应。光纤的非线性特性在光的强度变化时使频率发生变化，从而使传播速度变化。在光纤中，这种变化使光脉冲后沿的频率变高、传播速度变快；而前沿的频率变低、传播速度变慢。这就造成脉冲后沿比前沿运动快，从而使脉冲受到压缩变窄。当这种压缩效应与色散单独作用引起的脉冲展宽效应平衡时即产生了束缚光脉冲——光孤子，它可以传播得很远而不改变形状与速度。利用光孤子的这种特性，可以实现超长距离、超大容量的光通信。它完全摆脱了光纤色散对传输速率和通信容量的限制，其传输容量比当今最好的通信系统高出1～2个数量级，中继距离可达几百千米，被认为是下一代最有发展前途的传输方式之一。

3．光孤子通信的特点

光孤子的特点决定了它在通信领域的应用前景。光孤子通信具有以下特点。

① 容量大。它完全摆脱了光纤色散对传输速率和通信容量的限制，其传输容量比当今最好的通信系统高出1～2个数量级，中继距离可达几百千米。

② 误码率低、抗干扰能力强。基阶光孤子在传输过程中保持不变及光孤子的绝热特性决定了光孤子传输的误码率大大低于常规光纤通信，甚至可实现误码率低于10^{-12}的无差错光纤通信。

③ 可以不用中继站。只要对光纤损耗进行增益补偿，即可将光信号无畸变地传输极远的距离，从而免去了光电转换、整形放大、检查误码、电光转换、再重新发送等复杂过程。

4．光孤子通信的技术问题

（1）EDFA

光孤子在使用 EDFA 的系统中能稳定传输的特性是光孤子通信能实用的一个关键。因为光纤的损耗不可避免地消耗孤子能量，当能量不满足孤子形成的条件时，脉冲丧失孤子特性而展宽，通过 EDFA 给孤子补充能量，孤子即自动整形。利用孤子这一特性，可进行全光中继，不再需要像常规光纤通信系统那样在中继站进行光—电—光的转换，实现了全光传输，一般每 30～50km 加一个 EDFA，是一种集总式能量补充方式。

（2）预加重技术

预加重技术也称为动态光孤子通信。在上述集总式能量补充系统中，即使光纤的色散有抖动，这种孤子也是稳定的。在放大器的间距与孤子的特征长度可比拟时，如果使进入光纤的脉冲峰值功率大于基态孤子所要求的峰值功率，则所形成的孤子也能长距离稳定传输，这种技术通常被称为预加重技术，也称为动态光孤子通信。

（3）抑制戈登-豪斯效应

所谓戈登-豪斯效应是一种抖动。放大器的自发辐射噪声，是一种不可避免的热噪声，它与孤子相互作用后，造成孤子中心频率的随机抖动，进而引起孤子到达接收端的抖动，即戈登-豪斯效应。这一效应是限制孤子传输系统的容量、放大器间隔等系统指标的重要因素。解决的办法是在放大器后加一个带通滤波器即能较好地抑制戈登-豪斯效应。

（4）光孤子复用

光孤子也可实现波分复用，即利用不同波长的光孤子在同一光纤中传输。也可利用不同偏振方向的光孤子在同一光纤中传输，即偏振复用，进一步提高传输质量和容量。

5. 光孤子通信技术的发展

光孤子通信是实现超长距离高速通信的重要手段，它被认为是第五代光纤通信系统。1995 年，当光孤子通信在技术上取得突破后，各国光孤子通信研究开始向实用化方向进发。日本、美国、欧洲各国都参加了研究。20 世纪 90 年代前，孤子技术虽然取得了巨大进步，但几乎所有试验都是在实验室完成的，而且大多数是利用环路模型来完成孤子的长距离传输，1995 年后开始现场试验和实用化研究。光孤子通信技术自诞生以来，随着在理论和试验中均取得重大进展后，现已经日趋成熟并已引起工业界和电信运营商的高度重视，光孤子通信系统固有的优点，必将推动人们为该系统的实用化而继续努力，它将是下一代光纤通信的主流方式。

实践项目与教学情境

情境：到电信运营商传输机房，考察了解相关的 MSTP、OTN 等新技术的应用，撰写应用分析报告。

小结

（1）MSTP 是指基于 SDH 平台同时实现 TDM、ATM、以太网等业务的接入、处理和传送，提供统一网管的多业务节点。其采用的关键技术有通用成帧规程、虚级联、链路容量调整和弹性分组环。

（2）ASON 是在光传送网中引入控制平面，以实现网络资源的按需分配，从而实现光网络的智能化。ASON 由控制平面、传送平面和管理平面组成，各平面之间通过相关接口连接。在 ASON 中引入控制平面，是智能光网络区别于一般光网络的独特之处。ASON 支持永久连接、软永久连接和交换连接。

（3）OTN 是以 WDM 波分复用技术为基础、在光层组织网络的传送网，是下一代的骨干传送网。OTN 可实现基于光层的交叉和基于电层的交叉。

（4）PTN 是以分组业务为核心并支持多业务提供，同时秉承光传输的传统优势。PTN 可分为以太网增强技术和传输技术结合MPLS两大类，前者以PBB-TE为代表，后者以T-MPLS为代表。

（5）光接入网（OAN）是指本地交换机或远端交换模块与用户设备之间采用光传输或部分采用光传输的系统。光接入网（OAN）有无源光网络（PON）和有源光网络（AON）之分。对于 PON，可划分为三种基本的应用类型：FTTC、FTTB 和 FTTH/FTTO，而 HFC 接入是实现电信、广播电视和数据三网合一的接入方案之一。

（6）全光网是指信息从源节点到目的节点的传输完全在光域内进行，即全部采用光波技术完成信息的传输和交换的宽带网络。光网络的光复用技术主要有光波分复用（WDM）、光时分复用（OTDM）和光码分复用（OCDM）三种。全光网的交换分为光空分交换、光时分交换、光波分交换、复合型光交换和光分组交换。

（7）相干光通信是在发送端对光载波进行幅度、频率或相位调制，在接收端采用零差检测或外差检测等相干检测技术进行信息接收的通信方式。相干光通信系统与传统直接检波（IM-DD）系统比较，主要有两大优点：光接收机灵敏度高；频率选择性好。相干光通信系统由光发射机、光纤和光接收机组成。

（8）光孤子的光脉冲在光纤中传输是利用光纤的群速度色散（GVD）和非线性作用中的自相位调制（SPM）两种影响达到平衡的情况下，保持原来形状传输。

思考题与练习题

8-1　简述 MSTP 技术的概念和特点。

8-2　GFP 包括哪几种帧？GFP 的映射方式有哪两种，其区别是什么？GFP 的特点有哪些？

8-3　什么是虚级联？虚级联与连续级联的主要区别在哪里？

8-4　什么是链路容量调整机制？它的作用是什么？

8-5　简述 RPR 技术的概念和特点。

8-6　简述 ASON 的三种连接的建立过程。

8-7　什么是 OTN？有哪些组网保护方式？

8-8　什么是 PTN？其采用的两种技术有什么特点？

8-9　什么是接入网？光接入网有哪几种应用形式？

8-10　简述光时分复用和光码分复用的原理和特点。

8-11　简述几种光交换技术。

8-12　相干光通信的主要优点是什么？

8-13　光孤子通信的主要含义是什么？

第9章 光纤通信实训

本章内容

- 2M塞绳的制作及光纤通信系统的认识。
- 光纤损耗及光纤长度的测量。
- 光端机电性能及光性能参数的测试。
- 光纤通信系统误码和抖动性能的测试。
- 光纤通信系统的维护和故障处理。

本章重点、难点

- OTDR的使用与光纤损耗及光纤长度的测量。
- 数字传输分析仪的使用。
- 光端机光性能参数的测试。
- 光纤通信系统误码和抖动性能的测试。
- 光纤通信系统的维护和故障处理。

本章学习的目的和要求

- 熟练进行2M塞绳制作。
- 熟悉光纤通信系统。
- 熟练使用OTDR测量光纤损耗及光纤长度。
- 熟练使用数字传输分析仪、光功率计和光衰耗器等常用仪表。
- 熟练使用仪表测量光端机电性能及光性能参数。
- 熟练使用仪表进行光纤通信系统误码和抖动性能的测试。
- 掌握光纤通信系统电路调度的原则和方法。
- 掌握光纤通信系统故障处理的基本方法。

9.1 2M塞绳的制作

2M 塞绳是光纤通信系统施工和维护中常用的器件，它的制作也是光纤通信系统维护人员应该掌握的一项基本技能。本节介绍了光纤通信系统中常用的2M塞绳的制作方法、过程及技术要求。

9.1.1 学习目的

本节的学习目的如下：

（1）掌握2M塞绳的制作方法及过程；

（2）掌握 2M 塞绳制作的技术要求。

9.1.2　工具与器材准备

制作 2M 塞绳所需的工具与器材有：同轴线、120/75Ω同轴头、专用压接钳、尖头烙铁和万用表。

9.1.3　具体操作步骤

2M 塞绳制作的具体操作步骤如下。

（1）选择与同轴头相匹配的同轴线。

（2）拧开同轴头配件，将套管套到同轴线上。

（3）开剥同轴线：依据同轴头的长度和要求，剥除同轴线的外层，其开剥长度与同轴头的连接长度相一致，如图 9-1 所示。注意尽量使屏蔽层保持完好。

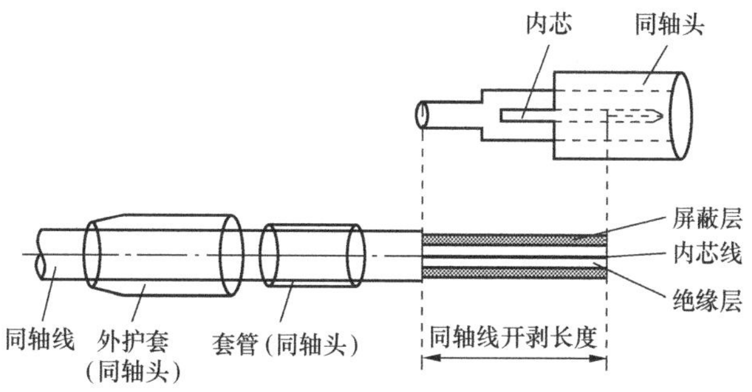

图 9-1　同轴线的开剥长度

（4）剥除同轴线内芯的绝缘层，露出内芯，其长度与同轴头的连接长度一致，如图 9-2 所示。

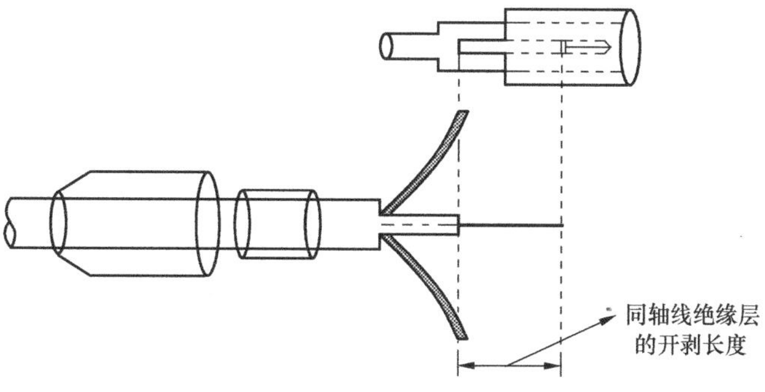

图 9-2　同轴线绝缘层的开剥长度

（5）将同轴线的内芯插入同轴头的内芯中，要求插到同轴头内芯的底部。

（6）用烙铁将同轴线的内芯和同轴头内芯的连接处焊牢，要求焊点光滑，有光泽，如图 9-3 所示。

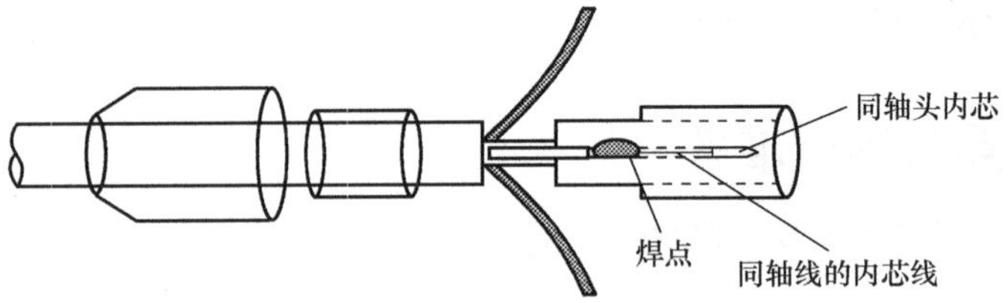

图 9-3　焊接

（7）装配屏蔽层：使屏蔽层均匀地分布在同轴头末端的四周，套上套管，用专用压接钳压紧套管，使同轴头的末端与屏蔽层接触牢靠，如图 9-4 所示。

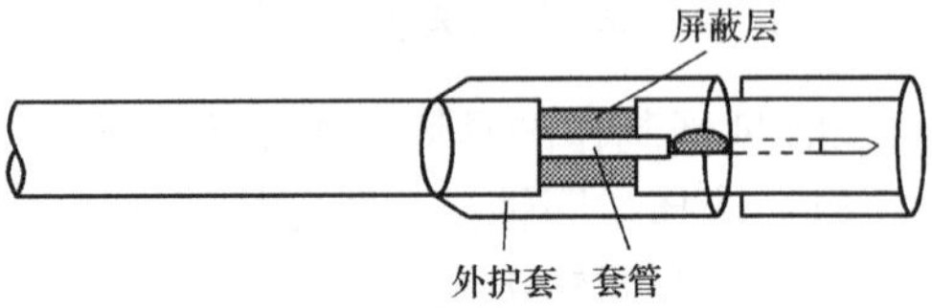

图 9-4　屏蔽层安装

（8）用相同的方法做好同轴线的另一端同轴头。

（9）用万用表测量电气是否连通，同时检查屏蔽层和内芯是否出现短路现象。

（10）将同轴头剩余的部件装好，2M 塞绳制作完毕。

9.2　用背向散射法测量光纤的衰减和光纤的长度

在光纤的传输特性中，衰减是最重要的指标之一，它表明了光纤对光功率的传输衰减，对于评价光纤的质量以及确定光纤通信系统的中继距离起着决定性的作用。OTDR 是光纤通信系统中最重要的测试仪表，常用来测量光纤的衰减、光纤长度和接头衰减等指标。本节主要介绍 OTDR 的原理、使用方法以及用 OTDR 来测量光纤的衰减和光纤长度的方法和过程。

9.2.1　学习目的

本节的学习目的为：

（1）掌握用背向散射法测量光纤衰减和光纤长度的原理；

（2）掌握光时域反射仪的工作原理和使用方法；

（3）掌握用背向散射法测量光纤衰减和光纤长度的方法和操作步骤。

9.2.2　光时域反射仪的原理与使用

光时域反射仪（Optical Time Domain Reflectometer，OTDR）是利用光线在光纤中传输时的瑞利散射所产生的背向散射而制成的精密的光电一体化仪表，它广泛用于光缆线路的施工、维护中，可以进行光纤长度、光纤的传输衰减、接头衰减和故障定位等测量。

1. OTDR 工作原理

当光线在光纤中传播时，由于光纤中存在着分子级大小的结构上的不均匀，光线的一部分能量会改变其原有传播方向向四周散射，这种现象被称为瑞利散射。其强度与波长的 4 次方（λ^4）成反比，其中又有一部分散射光线和原来的传播方向相反，称为背向散射，如图 9-5 所示。

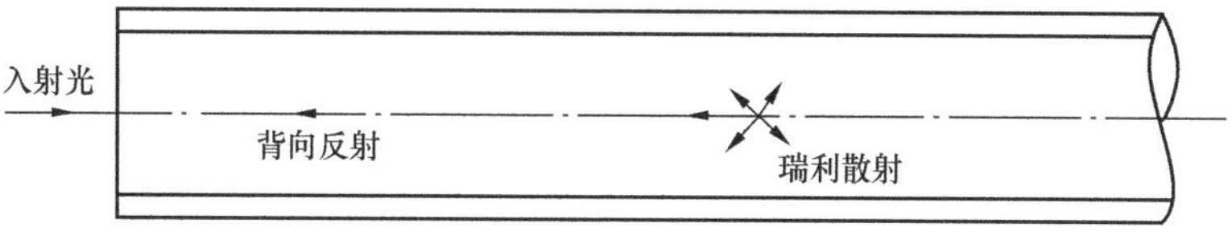

图 9-5 瑞利散射和背向反射

当光线由一种介质进入另一种介质时，也会产生一种反射称为菲涅尔反射，其反射强度与两种介质的相对折射率的平方成正比。如图 9-6 所示，一束能量为 P_0 的光，由介质 1（折射率为 n_1）进入介质 2（折射率为 n_2）产生的反射信号为 P_1，则

$$P_1 \propto \left[\frac{(n_1-n_2)}{(n_1+n_2)}\right]^2 \tag{9-1}$$

OTDR 是利用光纤的这种特性进行工作的，其原理框图如图 9-7 所示。其中脉冲信号发生器用来产生各种宽度的脉冲信号，由光源变成光信号后，经耦合器送入光纤。光纤中的背向信号由耦合器送至探测器完成光/电变换。信号处理部分是对电信号部分进行采样、放大及对数处理后送到显示器上，以曲线的形式显示出来。

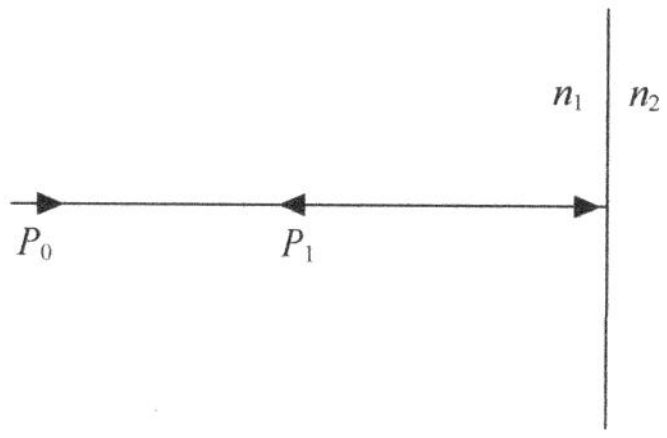

图 9-6 菲涅尔反射

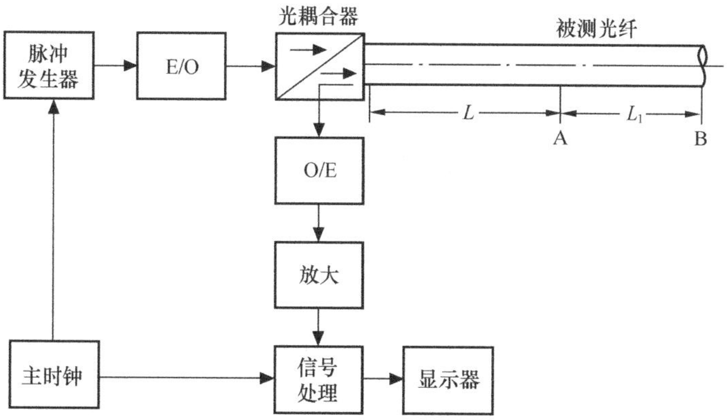

图 9-7 OTDR 原理框图

当光纤的一端注入一个功率为 P_0 的窄脉冲，光脉冲在光纤传输时，一部分能量经背向散射回到输入端，距输入端距离为 L 的 A 点经背向散射回到输入端的光功率 $P_{(L)}$ 为

$$P(L)=SP_0\mathrm{e}^{-2\alpha L} \tag{9-2}$$

式中，S：光纤背向散射系数；

α：光纤传输衰减常数。

光信号由注入端进入光纤到达 A 点，经背向散射回到注入端的时间 t 和 L 之间的关系为

$$L=\frac{1}{2}vt=\frac{ct}{2n_1} \tag{9-3}$$

式中，c：光在真空中的传播速度（3×10^5km/s）。

n_1：光纤纤芯折射率。

t：一束光由注入端起到回到该点的时间。

由此可见，只要测出光信号返回时间及其对应的光功率就可算出光纤的长度，并由式（9-4）进行光纤衰减计算。在图 9-7 中，光纤中 B 点经散射返回到始端的光功率 $P_{(B)}$ 为

$$P_{(B)}=SP_0\mathrm{e}^{-2\alpha(L+L_1)} \tag{9-4}$$

则 A～B 间光纤的衰减为

$$\begin{aligned}\alpha_{(L_1)}&=\frac{1}{2}\lg\frac{P_{(L)}}{P_{(B)}}=\frac{1}{2}\lg\frac{SP_0\mathrm{e}^{-2\alpha L}}{SP_0\mathrm{e}^{-2\alpha(L+L_1)}}\\&=\frac{1}{2}\lg SP_0\mathrm{e}^{-2\alpha L}-\frac{1}{2}\lg SP_0\mathrm{e}^{-2\alpha(L+L_1)}(\mathrm{dB})\end{aligned} \tag{9-5}$$

OTDR 根据上述原理，由光纤一端注入一个很窄的光脉冲，以在该端接收背向散射信号，并对信号进行放大及对数处理后，得到的结果作为纵坐标，而以信号回到该点的时间先后为横坐标（实际仪表的显示为了读数直观，采用长度 $L=ct/2n$），显示该光纤的背向散射曲线，如图 9-8 所示。

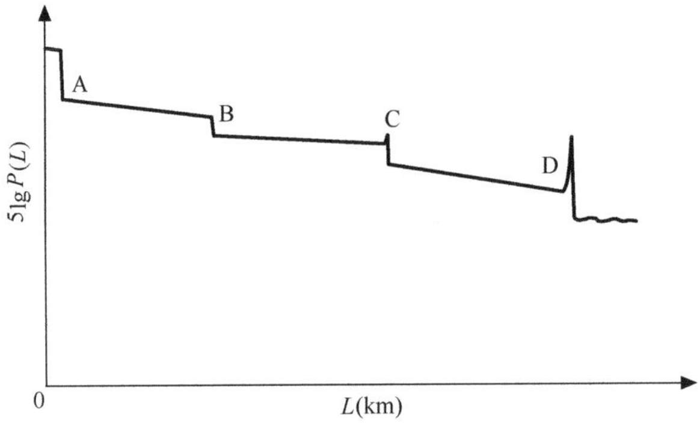

图 9-8　OTDR 的典型背向散射特性曲线

其中，OA 段：由于仪表和被测光纤用活动连接器耦合时存在的空隙引起的菲涅尔反射远比背向散射信号强，造成仪表放大器饱和而产生的盲区，其长度和注入光脉冲宽度成正比。

A～B、B～C、C～D 段：均匀光纤。

B 点：光纤的熔接接头产生的下降台阶。

C 点：光纤的活动连接器接头产生的菲涅尔反射的下降台阶或由光纤裂缝产生的局部菲涅尔反射。

D 点：光纤末端由于光纤与空气之间的折射率差而产生的菲涅尔反射。

因此，在曲线中两点的电平差就是该点间的光纤衰减；水平两点间的差即为该两点间的距离；下降台阶的高度即表征了光纤的接头衰减。上述结果仪表均可直接读出，并可得到光纤的衰减常数α，同时，根据光在光纤中传输的速度与时间的关系，可以测出光纤的长度。

2．OTDR 的主要参数

（1）动态范围

光纤中的瑞利散射信号是十分微弱的，其中的背向反射信号就更小。因此，仪表接收到

的信号是十分微弱的，如果直接对信号进行放大处理，则信噪比（S/N）很低，有用的信号几乎被随机的噪声所淹没，显示的曲线是不准确的。鉴于随机噪声的幅度是不停地、无规律地波动，瞬时值可能较大，但长时间平均结果为零的特性，实际仪表对重复收到的多次信号进行平均处理以减小噪声影响，提高信噪比。一般来说，平均的次数越多，信噪比越高。但当平均的次数达到一定次数后再进行平均，效果开始不十分明显，同时大量的运算也使得测量速度变慢。

尽管经过平均处理后的信号的信噪比可以提高，但这种效果也不是无限的。当信号微弱到一定程度后即使经过平均处理，信噪比仍较差，也就是说仪表接收微弱信号的能力仍然是有限的。由于光纤越长，背向散射回来的信号也就越弱，这样也就限制了仪表的最大测试距离。当被测光纤过长时，测试曲线就会出现如图 9-9 所示的情况。其中，D 称为 OTDR 的动态范围，即，初始背向散射电平与噪声电平的差值（dB）定义为动态范围，也就是说仪表实际可以测量的光纤最大长度为

$$L_{\max}=\frac{D}{\alpha} \tag{9-6}$$

式中，α为光纤的衰减常数。

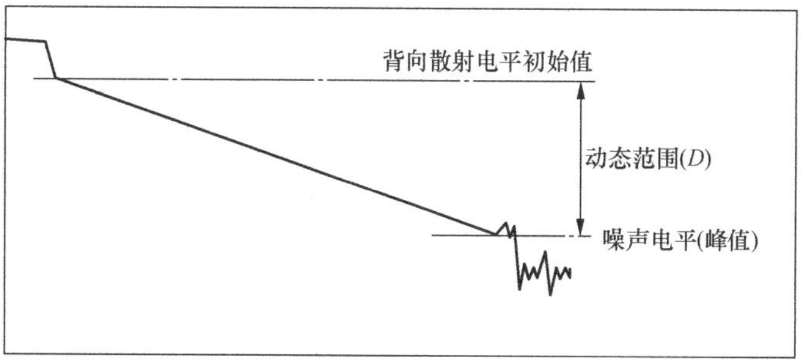

图 9-9 OTDR 动态范围示意图

利用式（9-6）进行估算时忽略了光纤和仪表的耦合衰减及光纤接头衰减。实际仪表可测的最大长度要比公式计算出的数值小。

仪表的动态范围随注入光纤的光脉冲宽度及数据平均次数的增加而增加，但光脉冲的增加会使仪表盲区增大，分辨率下降，而平均次数增加，又会降低测量速度。目前国产 OTDR 的最大动态范围为 18～20dB；进口仪表的最大动态范围为 28～30dB。

由上述分析可知：对衰减一定的光纤，仪表的动态范围越大，可测量光纤长度越长，反之越短；对同一动态范围的仪表，光纤衰减越小，可测长度越长，反之越短。OTDR 的动态范围并不是越大越好。

（2）盲区

OTDR 的盲区是指：由于光纤和仪表耦合时存在空隙，由此产生的菲涅尔反射远大于背向散射，致使放大器饱和，而掩盖了背向散射信号，致使仪表无法测量的那段光纤长度，如图 9-10 所示。目前的仪表为了抑制菲涅尔反射，均采用了光学或电的掩模措施，但盲区仍无法消除。

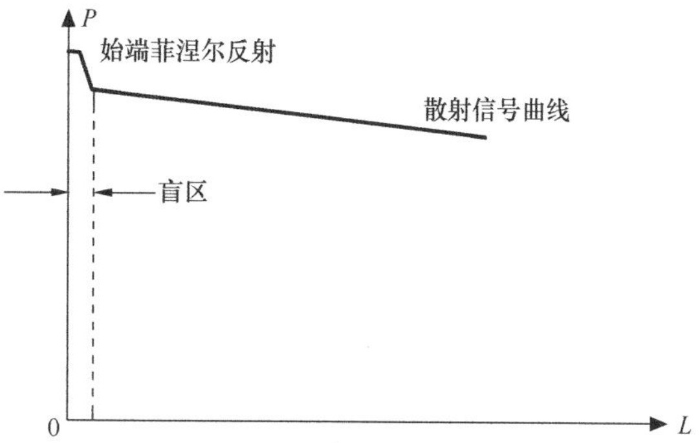

图 9-10 OTDR 盲区定义示意图

盲区的长度和仪表发射光脉冲的宽度成正比。一般的仪表均设有多个光脉冲宽度供不同的测试条件选择，为了减小盲区，可选用最小的光脉冲宽度进行短距离测量，但应注意此时仪表处于最小动态范围工作。在实际的工程测量时，常加入一段“过渡光纤”来减小盲区对测量结果的影响。

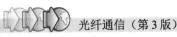

（3）测量精度

OTDR 的测量精度是指因仪表方面的原因对长度测量结果的影响，主要有以下几个方面。

第一是仪表折射率的设置。由于 OTDR 是依据测量时间，利用公式 $L=ct/2n$ 来计算光纤长度的。因此，仪表测量时设置的光纤纤芯折射率和光纤实际的折射率一致与否就显得十分重要。为保证测量结果的准确性，每次测量之前必须根据光纤实际折射率值对仪表参数进行设置，但因它们之间总存在误差，导致测量结果产生误差。

第二是仪表内部作为时钟的晶振频率的准确性和稳定度，因所测得时间的准确度受时钟影响，所以时钟影响会给长度测量带来一定的误差。

第三是仪表在进行数据处理时采样的间隔。由于一条光纤的背向散射信号是时间的函数，所以是一条连续的直线。而一条直线是由无数的点组成，显然仪表不可能对无限多的点进行平均、对数处理，只能对有限点进行运算，也就是说仪表实际显示的并不是实际的背向散射曲线，而是对信号进行了采样处理，只取其中的一部分显示出来，用以近似整条曲线。取样点越多，取样间隔越小，实际曲线和显示曲线就越接近，误差就越小。

3. OTDR 的使用方法

以 HP8147 为例加以说明 OTOR 的使用方法。

（1）HP8147 面板及功能键说明

① 硬功能键

硬功能键由缩放键、改动旋钮、打印键、存储键轨迹/事件键、开始/停止键和自动测试键组成，主要用于完成一些简单任务的触发，其前面板示意图如图 9-11 所示。

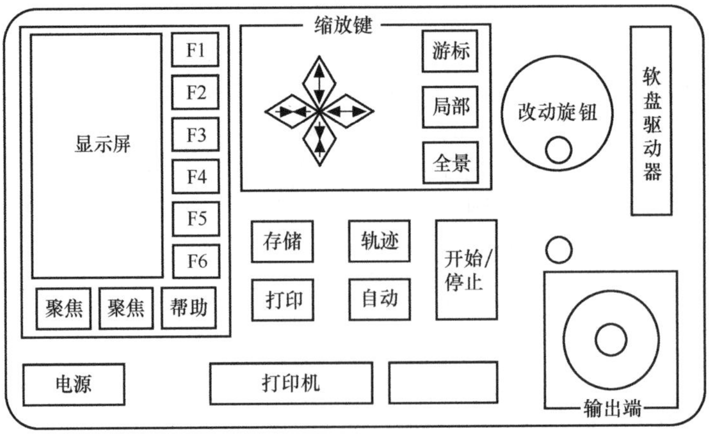

图 9-11 HP8147 前面板示意图

缩放键：包括 x，y 轴方向上的放大和缩小键（箭头），一个游标键和图像显示的局部、全景键。用于改变垂直和水平方向上显示的幅度。

游标键：使游标在 A～B～C～AB～A 间滚动激活。

全景键：显示整条曲线。

局部键（又叫游标区域）：激活以游标为中心的区域，对曲线进行放大。如果游标 AB 被激活时，显示区域为 AB 之间的区域。

改动旋钮：与缩放键配合使用时可以改变游标的位置。

自动键：可使仪表进入自动模式，连按两次可使 OTDR 的优化模式为标准模式。

存储键：将 OTDR 测试的曲线存储到指定的磁盘（软盘或硬盘）中。

轨迹/事件键：可改变主显示区的显示内容为轨迹或事件表。

开始/停止键：用于 OTDR 的测试开始与停止。

② 软功能键

软功能键包括测量软功能键（F1～F6）和菜单软功能键两部分。菜单软功能键有 3 层显示方式，习惯上经常用 1/3、2/3、3/3 菜单表示。

1/3：由设置、分析、文件、查看和配置组成。

2/3：由开始位置、区间、脉宽、波长和平均时间组成。

3/3：由概览、最优化、折射率（IOR）、垂直偏移和文件名（或空白）组成。

对应相应的软功能键，可激活一系列相对应的菜单。每组功能键由 5 组菜单组成，每个菜单又有多项选择，某些选项上还需进一步选择。这些选项都以实心的右箭头来标识。其中 1/3 菜单为 OTDR 功能设置菜单，各功能菜单包括内容如下：

- 设置菜单；
- 分析菜单；
- 文件菜单；
- 查看菜单；
- 配置菜单。

（2）HP8147 参数设定

参数设定一般根据被测光纤的长度、传输波长和折射率来设定 OTDR 的测试参数。需要设置的参数主要有测量参数、光纤参数、前面板连接和事件门限 4 类。

① 测量参数

测量参数包括起始位置、测试区间、脉冲模式、优化模式、测量模式和平均时间参数。

- 起始位置：设定测量的起始位置，一般将被测光纤的起始点定为测试的开始位置。
- 测试区间：设定测量的距离，测试区间常常稍大于被测光纤的长度。具体设置方法见 HP 参数设定。
- 脉冲宽度：设定测量所用脉冲宽度，如不知具体脉冲宽度，可以用自动测试方法获得相应的测量结果。HP8147 的脉冲宽度有 10ns、30ns、100ns、300ns、1μs、3μs 和 10μs 等几种。
- 波长：设定测量时所用波长，这与 OTDR 所配模块有关。HP8147 的测试波长有两挡，即 1 310nm 和 1 550nm。
- 工作模式：主要指仪表是以自动或手动方式工作。
- 最优化：根据测试需求选择不同的优化模式。HP8147 允许用户根据需要选择 4 种优化模式，即标准模式、分辨率优化模式、动态范围优化模式和线性优化模式。

标准模式是仪表自动选择模式；当希望可测距离尽可能长时应选择动态范围优化模式；

当用户对一段短距离光纤进行测量时，测试结果中的分辨率十分重要，此时可采用分辨率优化模式；当希望对光纤上某点进行相对测量时应选择线性优化模式。此时 OTDR 自动对其脉冲宽度和接收器进行设定。用户选择优化模式所需知道的只是被测光纤的一个信息——只需知道被测光纤是一根长光纤（动态范围优化），还是一根短光纤（分辨率优化），或是光纤链路的某一小部分（线性优化）。

- 测量模式设定：根据测试要求选择测试模式，分为平均、刷新、回损和连续（又叫 CW）方式。
- 平均时间设定：平均时间一般为 30s～3min，推荐在 1min 左右为好。
- 光纤参数：包括折射率和散射系数。
- 折射率设定：根据光纤链路的组成，可选择整体和部分折射率设定。整体设定时，根据厂家给出的折射率统一设定；部分设定时根据各段光纤折射率不同而分别设定。

② 参数的设置方法

参数设置有两种方式：一种用 2/3 和 3/3 中的相关单项设置；另一种方式为选择 3/3 中的概览项，统一对光纤的测试参数、光纤参数、前面板连接器和事件门限进行设置。具体设置可根据个人的喜好选择设置方式。下面以统一设置方式为例，说明参数设置的方法。统一设置参数概览显示如图 9-12 所示。

参数设置的步骤如下。

首先选择 3/3 菜单，再选择其中的概览项，在显示屏上将显示如图 9-12 所示的画面。

旋转改动旋钮，光标跟随移动。当移动到设置点时按下改动旋钮，再次旋转改动旋钮改变数据，调整好后按下改动旋钮确认，该参数设置完毕。按此方法设置完所有应设置的参数。

按确认软功能键，确认所设参数。此时概览菜单消失，刚才所设参数被记录，至此参数设置结束。如果按取消键，刚才所设参数作废，仪表将采用最近一次所设的有效参数。

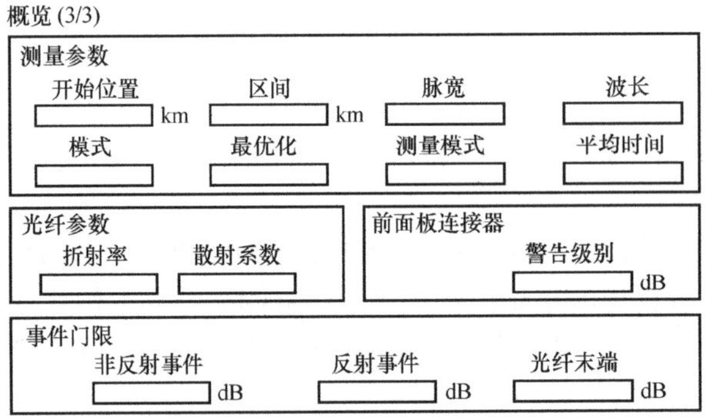

图 9-12　统一设置参数概览示意图

9.2.3　仪表、工具与器材准备

用 OTDR 测量光纤衰减常数和长度所需的仪表、工具与器材有：OTDR 1 台、被测光纤（光缆）、V 沟连接器和过渡光纤。

9.2.4　具体操作步骤

用 OTDR 测量光纤（光缆）的衰减常数和长度的测量系统如图 9-13 所示。

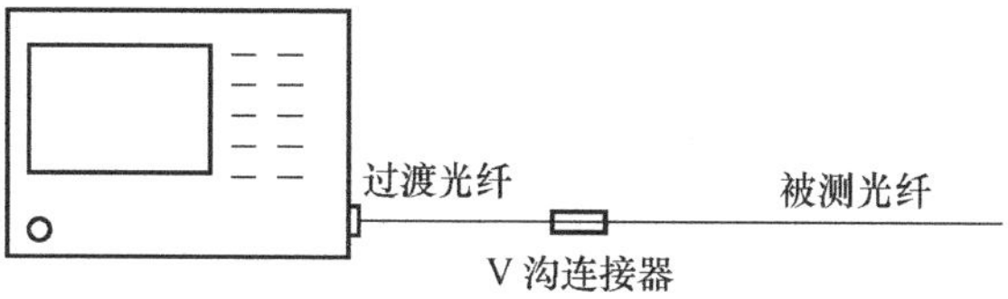

图 9-13　光纤（光缆）的衰减常数和长度的测量系统

测量步骤如下。

（1）按图 9-13 所示连接 OTDR 和被测光纤（光缆）。用辅助光纤测量可以避开因仪表盲区带来的误差。一般情况下，当被测光纤长度大于 2km 时可以不用辅助光纤，而是采取直接耦合的方法，即将被测光纤与仪器带连接插头的尾纤，通过 V 沟连接器耦合。V 沟连接器在光纤耦合点加少量匹配液，可以获得较好效果。另外，可将光纤线路的尾纤直接插入 OTDR 的尾纤插口中进行直接耦合。

（2）开启 OTDR 的电源，按照 9.2.2 小节介绍的 OTDR 使用方法进行设置。

（3）参数设置：按照被测光纤（光缆）的折射率设置 OTDR 的折射率值，选取合适的脉冲宽度。

（4）测试键（按下测试键，输出指示灯亮，测试完毕指示灯灭，曲线稳定）。

（5）存曲线（起文件名、确认、储存测试结果）。

（6）曲线分析。

① 确定游标

游标 A 必须避开插头的反射峰尾部（在衰减盲区之外），确定方法有观察法和仪表法（LSA 法），游标 B 在光纤末端的上升沿的上升或下降的转折点上。

② 读取 AB 间的距离即为光缆的纤长

当使用过渡光纤时，游标 A 为被测光纤的起始点；当不使用过渡光纤时，游标 A 置 0km 处，测试长度为光缆的纤长，需要缆长时应利用扭绞系数换算。

③ 读取衰减常数

光纤的衰减常数可在显示屏下方游标信息栏内找到，即 LSA 之后的数据。

9.3 光纤通信设备的参观与认识

光纤通信系统是由光发送机、光接收机、光纤（或光缆）和各种耦合器件等组成的信息传输系统。本节主要目的是使学生对光纤通信系统有一个直接的认识。

9.3.1 学习目的

本节的学习目的为：

（1）熟悉和掌握光纤通信设备的组成；

（2）掌握光纤通信系统的信号流程。

9.3.2 系统准备

参观与认识光纤通信设备所需的设备为：电信分公司光纤传输机房运行的光纤通信系统

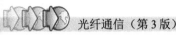

或学校模拟运行的光纤通信系统。

9.3.3 具体过程

参观与认识光纤通信设备的具体过程如下。

（1）对照光纤通信系统（图 9-14 所示是一个 34M 的数字光纤通信系统），说明光纤通信系统的组成，每一部分的位置、作用及光纤通信系统的信号流程。

（2）光纤通信系统由传输设备和传输线路组成。传输设备和传输线路是通过活动连接器相连接的（对照实际系统，指出活动连接器的位置）。

（3）光端机即光纤通信系统中的光纤传输终端设备。在数字光纤通信系统中，光端机处理的是数字信号，在系统中的位置介于电端机和传输线路之间。光端机主要有光发送机、光接收机及辅助部分组成。

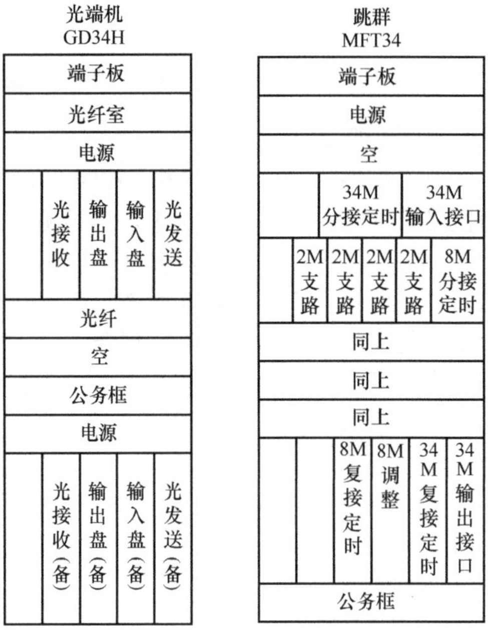

图 9-14 光纤通信系统框图

光发送机：光发送机由输入接口、光线路码型变换和光发送等组成。其信号流程为：电端机送来的符合原 CCITT G.703 建议的接口信号经输入接口变换为普通二进制信号，经光线路码型变换变成适合于在光纤线路中传送的码型信号，再经光发送电路变换成光信号送入光纤传输。

光接收机：光接收机由光接收、定时再生、光线路码型反变换和输出接口等组成。其信号流程为：光信号经过光缆传输后，信号到达光接收盘，经光接收电路将光信号变换成电信号，并进行放大、均衡，改善脉冲波形，消除码间干扰，经定时再生判决，再生出规则波形的线路码信号流，再经码型反变换，将信号还原成普通的二进制信号流，在输出接口将其变换成普通的二进制信号，再变换成符合原 CCITT G.703 建议的接口信号，送给电端机。

（4）另外，光纤通信设备中的辅助部分有公务、监控、告警、输入分配、倒换、区间通信和电源等。

9.4 光端机电性能参数测试

光端机的电性能参数是光通信设备安装和调测过程中必测的基本参数，主要包括输入口参数和输出口脉冲波形的测试。本节介绍光端机电性能参数的测试方法。

9.4.1 学习目的

本节的学习目的为：

（1）掌握光端机输入口允许衰减、抗干扰能力及容许码速偏移的测试方法和步骤；

（2）掌握光端机输出脉冲波形的测试方法和步骤。

9.4.2　仪表原理与使用

本节使用的仪表的原理与使用方法将在后面几节中介绍。

9.4.3　测量原理

1．输入口允许衰减和抗干扰能力测试

（1）指标要求

对于各次群光端机，连接上游设备和输入口的电缆和数字配线架会引入衰减，从而减弱了传输信号功率，此时输入口应能正确接收，输入口的这种特性用允许衰减范围表示，具体要求如表 9-1 所示。该允许衰减范围是这样规定的，上游设备送出一个符合规定的脉冲波形、码型和长度的测试信号，经衰减符合表 9-1 要求，衰减频率特性用符合规律的连接电缆送到光端机输入口时，输入口应能正常工作，通常是以输入口所在的光端机无误码作为正常工作的判断依据。

表 9-1　　输入口允许衰减和抗干扰能力指标

比　特　率		允　许　衰　减		抗干扰能力	
标称值（kbit/s）	容差（bit/s）	测试频率（kHz）	衰减范围（dB）	信号/干扰	干扰源
2 048	±102.4	1 024	0 ~ 6	18	$2^{15}-1$
8 448	±253.4	4 334	0 ~ 6	20	$2^{15}-1$
34 368	±687.4	17 148	0 ~ 12	20	$2^{23}-1$
139 264	±2 089	70 000	0 ~ 12	20	$2^{23}-1$

由于数字配线架和上游设备输出阻抗的不均匀性，会产生信号反射，形成对有用信号的干扰，为了保证光端机正常工作，避免因干扰信号进入输入口而引起误码，要求输入口具有足够的抗干扰能力，具体指标是这样规定的：用一个标准的 2 048kbit/s、8 448kbit/s 或 34 368kbit/s 的数字信号作为有用信号，将它编成 HDB_3 码，并且波形符合样板，另用一个二进制内容是 2^N-1 的伪随机序列作为干扰信号，它与有用信号波形相同，但与有用信号不同步。将有用信号与干扰信号通过一个传输衰减为 dB、标称阻抗为 75Ω 的合成网络合并，合成信号的信号/干扰比应不小于表 9-1 中的规定。这种合成信号经连接电缆衰减后加入输入口时不应产生误码。对于 139 264kbit/s 光端机输入口没有抗干扰能力要求。

（2）测试原理

输入口允许衰减和抗干扰能力测试原理框图如图 9-15 所示。

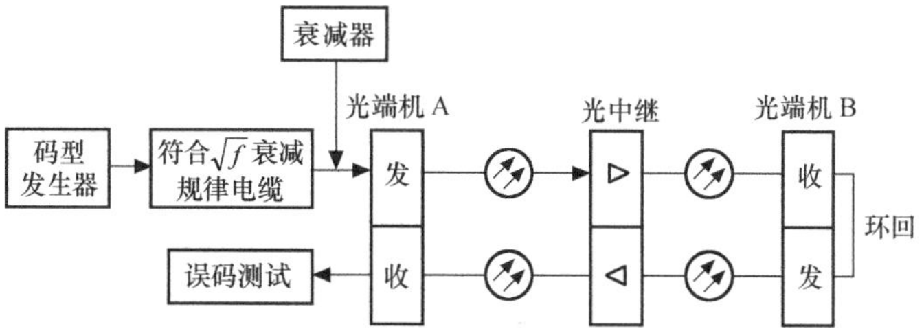

图 9-15　输入口允许衰减和抗干扰能力测试原理框图

2．输入口容许码速偏移测试

在原 CCITT 建议中，对各种系统的码速或时钟频率分别给出一定的容差，即当输入信号的码速或时钟频率在该范围内变化时，系统能正常工作，不会发生误码。建议容许的指标要求如表 9-2 所示。

表 9-2　测试信号

参数 / 码速（kbit/s）	容许偏差	序列长度	接口代码
2 048	±50ppm（±102bit/s）	$2^{15}-1$	HDB_3
8 448	±30ppm（±253bit/s）	$2^{15}-1$	HDB_3
34 368	±20ppm（±687bit/s）	$2^{23}-1$	HDB_3
139 264	±15ppm（±2 089bit/s）	$2^{23}-1$	CMI

输入口容许码速偏移测试框图与图 9-15 相同。

3．输出口脉冲波形测试

（1）脉冲波形样板

为了使不同厂家、不同型号的设备能够相互连接，ITU-T 对各种速率的接口波形提出了明确的建议，作为不同设备接口波形遵循的规范。当然光端机输出口的脉冲波形应符合建议中给定的波形样板，具体为 ITU-T 的 G.703 建议，建议的脉冲波形样板如图 9-16、图 9-17 和图 9-18 所示，不同比特率的数字输出口的指标要求如表 9-3 所示。由图和表可见，ITU-T 对输出口、脉冲波形有严格要求，每种速率信号的脉冲宽度、脉冲幅度、上升下降时间和过冲程度等都有明确规定，这些脉冲波形参数都是在输出口终接规定测试阻抗的条件下提出的。实际测试出的脉冲波形在样板图中的斜线范围内就认为符合要求。

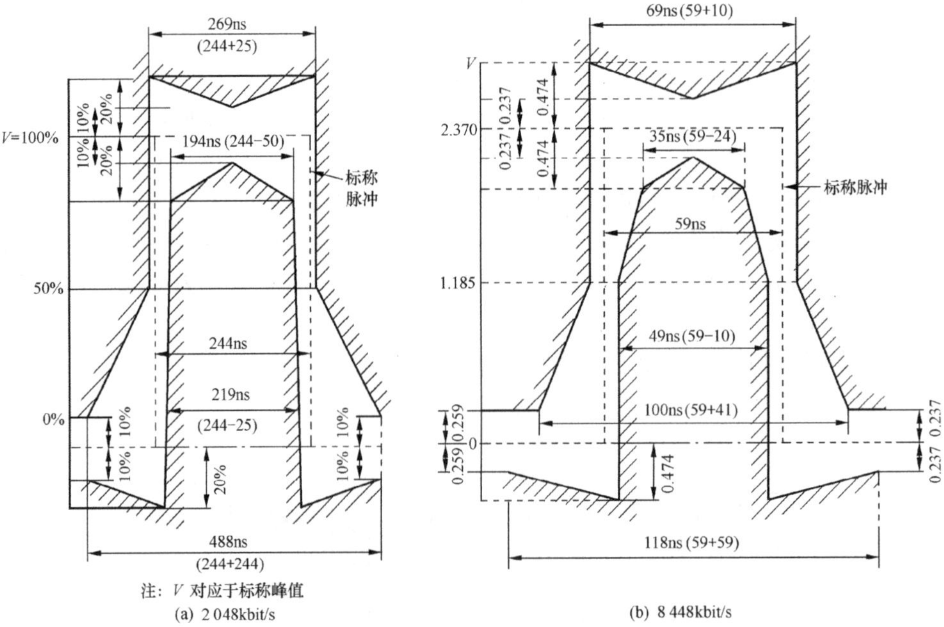

图 9-16　2 048kbit/s 和 8 448kbit/s 接口脉冲样板图

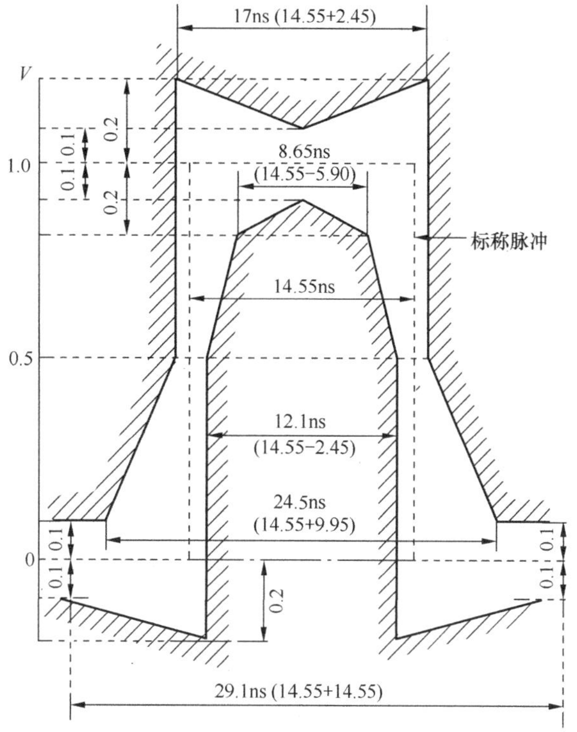

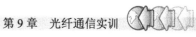

图 9-17　34 368kbit/s 接口脉冲样板图

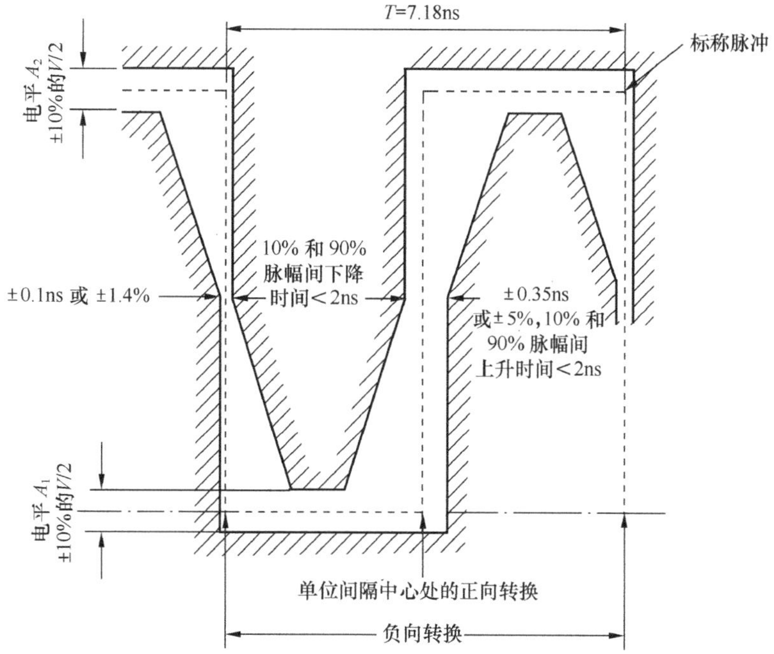

注 1：V 是标称峰－峰幅度。注 2：样板不包括过冲容差。

(a) 对应于二进制“0”的脉冲样板

图 9-18　139 264kbit/s 接口脉冲样板图

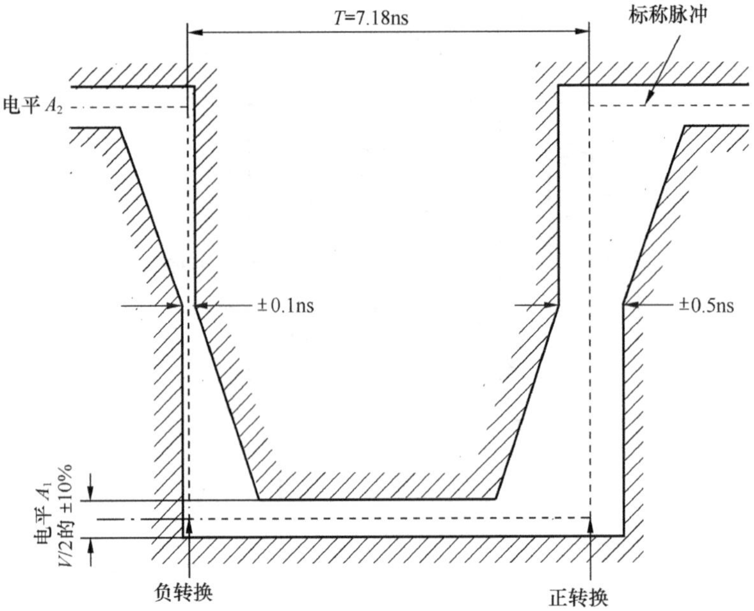

注1：倒置的脉冲将具有同样的特性。注2：V是标称峰-峰幅度。
注3：样板不包括过冲容差。

(b) 对应于二进制“1”的脉冲样板

图9-18　139 264kbit/s 接口脉冲样板图（续）

表9-3　　不同比特率的光端机输出口的指标要求

<table>
<tr><th>比特率
（kbit/s）</th><th colspan="2">2 048</th><th>8 448</th><th>34 368</th><th colspan="2">139 264</th></tr>
<tr><td>脉冲形状（标称脉冲形状为矩形）</td><td colspan="2">无论正负，有效信号的所有传号应满足如图9-16（a）所示的样板
其中V表示标称峰值</td><td>无论正负，有效信号的所有传号应满足如图9-16（b）所示的样板</td><td>无论正负，有效信号的所有传号应满足如图9-17所示的样板</td><td colspan="2">标称波形为矩形，应满足图9-18所示的样板</td></tr>
<tr><td>每个传输方向的线对</td><td>一条对称线对</td><td>一条同轴线</td><td>一条同轴线</td><td>一条同轴线</td><td colspan="2">一条同轴线</td></tr>
<tr><td>测试负载阻抗</td><td>120Ω电阻抗</td><td>75Ω电阻抗</td><td>75Ω 电阻抗</td><td>75Ω 电阻抗</td><td colspan="2">75Ω 电阻抗</td></tr>
<tr><td>传号（脉冲）的标称峰值电压</td><td>3V</td><td>2.37V</td><td>2.37V</td><td>1.0V</td><td colspan="2">峰-峰电压；1±0.1V</td></tr>
<tr><td>空号（无脉冲）的峰值电压</td><td>0±0.3V</td><td>0±0.237V</td><td>0±0.237V</td><td>0±0.1V</td><td colspan="2">实测稳态幅度 10%与 90%之间上升时间：≤2ns</td></tr>
<tr><td>标称脉冲宽度</td><td colspan="2">244ns</td><td>59ns</td><td>14.55ns</td><td rowspan="3">转换时间容限（以负向转换平均幅度为基准）</td><td rowspan="3">a．负向转换；±0.1ns
b．在单位间隔边界正向转换；±0.1ns
c．在单位间隔中点正向转换；±0.1ns</td></tr>
<tr><td>脉冲宽度中点，正负脉冲幅度比</td><td colspan="2">允许范围
0.95～1.05</td><td>允许范围
0.95～1.05</td><td>允许范围
0.95～1.05</td></tr>
<tr><td>脉冲半幅值处，正负脉冲宽度比</td><td colspan="2">允许范围
0.95～1.05</td><td>允许范围
0.95～1.05</td><td>允许范围
0.95～1.05</td></tr>
</table>

（2）测试原理

输出口脉冲波形测试框图如图 9-19 所示。示波器的带宽要能覆盖被测信号，探头阻抗要高、电容要小，一般采用高频宽带示波器，具体要求如表 9-4 所示。

表 9-4　对示波器和探头的要求

接口标称比特率（kbit/s）	y 轴下降 3dB 上限频率（MHz）	固定阻抗（低抗输入）（Ω）	低电容高阻抗探头		耦合方式
			工作频段（MHz）	输入阻抗（输入电阻及并联电容）	
2 048	≥60		0～60	≥10MΩ，≤20pF	直流（DC）
8 448	≥150	50	0～150	≥5kΩ，≤20pF	直流（DC）
34 368	≥350	50	0～350	≥5kΩ，≤20pF	直流（DC）
139 264 155 520	≥500 （注）	50	0～500	≥5kΩ，≤1.0pF	交流（AC） 耦合电容≥0.01μF

示波器与光端机输出口的连接方式与码速有关，具体如图 9-19 所示。对于 2 048kbit/s 接口，有 75Ω 不平衡阻抗和 120Ω 平衡阻抗两种，示波器的连接方式稍有不同。120Ω 平衡输出口用图 9-19（a）中的配置，75Ω 不平衡输出口和其他比特率的 75Ω 不平衡输出口用图 9-19（b）或（c）中的配置，在 PDH 中一般多用图 9-19（b）配置；（c）的配置用于比特率较高的输出口。

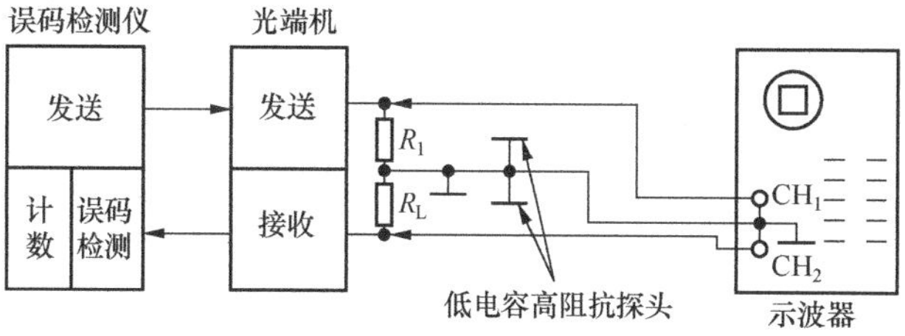

注：(1) R_L—负载电阻，R_1=120Ω误差小于±0.5%；
(2) 示波器工作于两通道相加方式(ADD)，并使第二通道处于反相方式(INVERT)。

(a) 通过低电容高阻抗探头测试平衡输出口波形

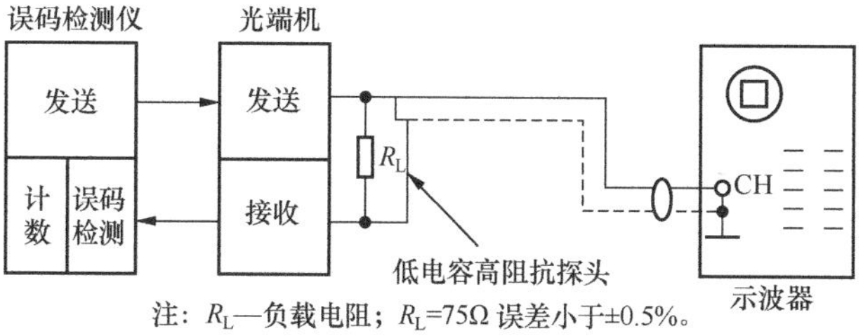

注：R_L—负载电阻；R_L=75Ω 误差小于±0.5%。

(b) 通过低电容高阻抗探头测试不平衡输出口波形

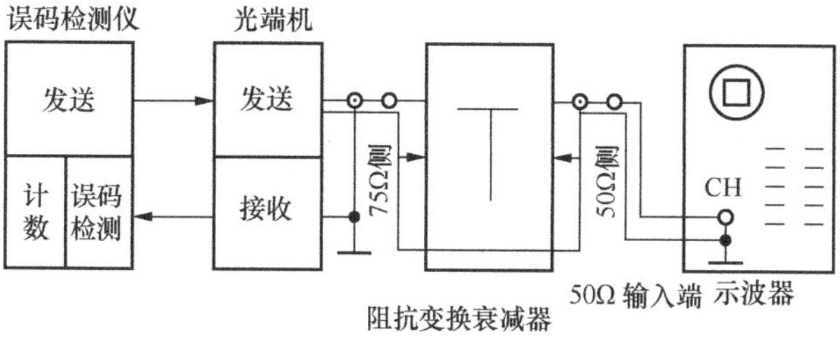

(c) 通过阻抗变换衰减器测试不平衡输出口波形

图 9-19　输出口脉冲波形测试框图及与示波器连接方式图

9.4.4 仪表、工具准备

光端机电性能参数测试所需的仪表、工具有：被测系统、数字传输分析仪、示波器、误码检测仪、探头和衰减器。

9.4.5 具体操作步骤

1. 输入口允许衰减和抗干扰能力测试

输入口允许衰减和抗干扰能力的具体测试步骤如下。

（1）按图 9-15 接好电路，码型发生器发送标称比特率、码型和长度的伪随机信号。

（2）调整干扰支路衰减器，使信号/干扰比等于表 9-1 中的要求值，连接电缆的衰减接近 0dB 时，误码检测仪应检测不到任何误码。

（3）在外时钟源速率有偏差（在表 9-1 的容差范围内）、连接电缆衰减增大的不利条件下，误码检测仪应检测不到任何误码。

2. 输入口容许码速偏移测试

测试时，先调高或调低码型发生器的时钟频率，使在误码检测仪上观察到误码，然后向相反的方向调整，使之刚好不出现误码。此时，码型发生器的最高码速（或频率），或最低码速（或频率）与标准码速（或频率）之差，即为正负方向的最大容许码速或时钟频率偏差。

3. 输出口脉冲波形测试

输出口脉冲波形的测试步骤如下。

（1）按图 9-19 接好电路，码型发送器发送规定比特率、码型和长度的伪随机测试信号。

（2）将测试负载阻抗（75Ω 或 120Ω）或者 75Ω/50Ω 阻抗变换衰减器的 75Ω 侧接到被测光端机的输出口上。

（3）校准零基线，方法是将示波器输入端短路（即不给示波器送信号），将水平扫描线调到屏幕的适当位置（样板的标称 0V 线）处。

（4）再将被测信号送入示波器，从屏幕上读出表 9-3 中的各参数，经简单处理，应满足表内的相应指标要求。

对于 139 264kbit/s 输出口，应注意示波器是用交流（AC）耦合方式。CMI 码的幅度中线和示波器的零基线之差不超过范围±0.05V。

9.5 光端机平均发送光功率和消光比的测试

光端机的平均发送光功率和消光比是光端机发送端的两个重要指标。本节主要介绍这两个参数的测试原理、方法及涉及仪表的使用方法。

9.5.1 学习目的

本节的学习目的为：

（1）掌握光功率计的原理与使用方法；

（2）掌握光端机平均发送光功率的测量方法和过程；

（3）掌握光端机消光比的测量方法和过程。

9.5.2 仪表原理与使用

1．光功率计的工作原理

测量光功率的方法有热学法和光电法。热学法在波长特性、测量精度等方面较好，但响应速度慢，灵敏度低，设备体积大。光电法有较快的响应速度、良好的线性特性，而且灵敏度高，测量范围大，但其波长特性和测量精度方面不如热学法。因此，根据热学法制成的光功率计一般均作为标准光功率计，例如，日本安藤公司生产的 AQ-1112B 型光功率计，它的传感器采用热电堆，测量精度高，可达±2%以内，但灵敏度较低，只能测量 10μW（−20dBm）以上的光功率，因此光通信测量中一般很少采用此类光功率计。

光通信中的光功率较微弱，范围大约从 nW 级到 mW 级。本节重点介绍光通信测量中普遍采用的光电法制作的光功率计，这类光功率计一般有通用型和高灵敏度型两种。其中高灵敏度型光功率计利用斩波器（通常和功率计的传感器装在一起）将被测光信号调制成一定频率的交流信号，以利于放大器放大，改善信噪比，可使灵敏度比通用型提高 20～30dB，例如，日本安藤公司生产的 AQ-1135E 光功率计灵敏度可达−90dBm（即 1pW）。

光电法就是用光电检测器检测光功率，实质上是测量光电检测器在受光辐射后产生的微弱电流。该电流与入射到光敏面上的光功率成正比，通过 I/U（电流/电压）变成电压信号后，再经过放大和数据处理，便可显示出对应的光功率值的大小。其基本原理框图如图 9-20 所示。

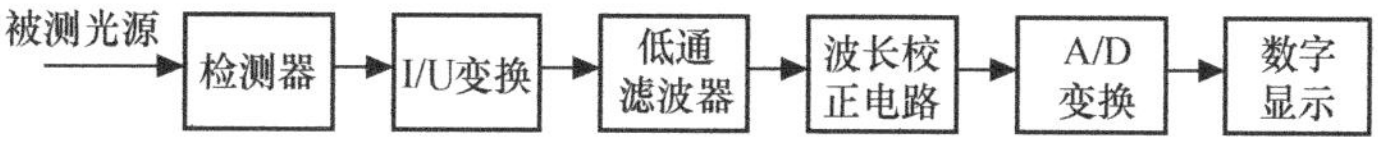

图 9-20 光功率计原理框图

2．光功率计的主要技术指标

光功率计的主要技术指标如下。

（1）波长范围：主要由探头的特性所决定，由于不同半导体材料制成的光电二极管对不同波长的光强响应度不同，所以一种探头只能在某一光波长范围内适应，而且每种探头都是在其中心响应波长上校准的。为了覆盖较大的波长范围，一台光功率计往往配备几个不同波长范围的探头。例如，日本安立公司生产的 ML93A 光功率计，配备了 7 个探头，波长覆盖范围为 0.38～1.8μm。

（2）光功率测量范围：主要由探头的灵敏度和光功率计的动态范围所决定。使用不同的探头有不同的光功率测量范围，例如，AQ-1135E 的测量范围为−90～+10dBm（即 1pW～10mW），ML94A 配用 0.85μm 探头（硅光敏二极管）时的测量范围为−6～+10dBm（1nW～10mW），而配用 1.31μm（锗光敏二极管）时的测量范围为−55～0dBm（用连接器耦合）或−40～10dBm（大面积直接耦合）。

为了从强背景噪声中提取很弱的信号，提高灵敏度，光功率计都设有平均处理功能。为了消除暗电流的影响，光功率计还设有自动偏差校准，可自动设置传感器暗电流至 0（只对连续光传感器作用）。

3．光功率计的使用

使用光功率计的注意事项之一是要选择与被测光源相匹配的波长范围的探头；其次是如果待测光由活动连接器输出，应将活动连接器端面清洗干净，如果是裸光纤，应制作一个平整的垂直于轴线端面，垂直对准传感器镜面，或者配用相应的纤维附加器（亦称裸光纤适配器）和连接附加器，光纤插入适配器并处理好端面后，即可直接和装有活动连接器的探头耦合。选购光功率计时，应根据需要选购探头连接器的型号，以便和待测设备和活动连接器适配。目前常用的光纤活动连接器的型号有 PC 型（日本电报电话公司（NTT）生产的，也是我国最通用的规格）、D4 型（日本电气规格）和 OF_2 型（富士通规格）和 CN3102、CN1102 型（日立规格）等。下面以 ML93A 为例说明光功率计的使用方法。

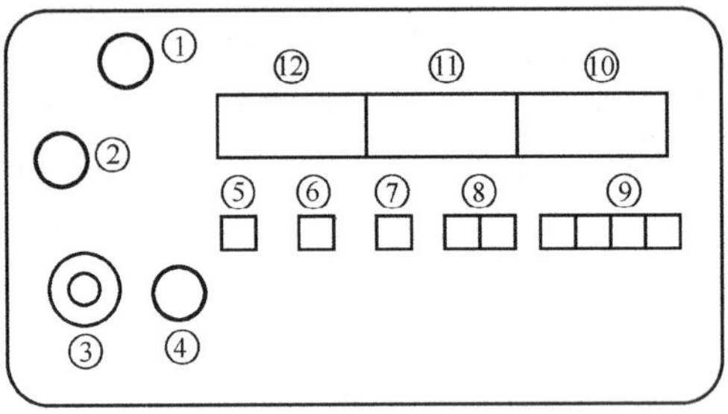

图 9-21　ML93A 光功率计面板图

ML93A 光功率计面板图如图 9-21 所示，图中各部分作用如下。

① 电源开关：使用市电时置于“AC”，使用直流电流时置于“DC”。

② 控制方式指示：当光功率计由外部控制时，“REMOTE”指示灯亮，其他方式时“LOCAL”指示灯亮。

③ 输入连接器；用来连接光检测器。

④ 零点调整（粗调）：零点校准的旋钮。

⑤ 自动零点调整（细调）：在完全遮挡了光检测器受光口的状态下按该键，就可自动进行零点校准。

⑥ 平均化：按压该键，可对输入信号进行平均化处理。

⑦ 量程/保持：可用自动或手动方式转换量程。

⑧ 模态转换：按压“dBm”、“W”键光功率的单位就交替变换为“dBm”和“W”。

⑨ 标准系数设定：设定光检测器的灵敏度补偿值。

⑩ 标准系数显示：显示光检测器的灵敏度补偿值。

⑪ 功率显示：显示功率测量值。

⑫ 电平表：输入功率监视用。

9.5.3　测量原理

光端机平均发送光功率和消光比的测试原理如图 9-22 所示。

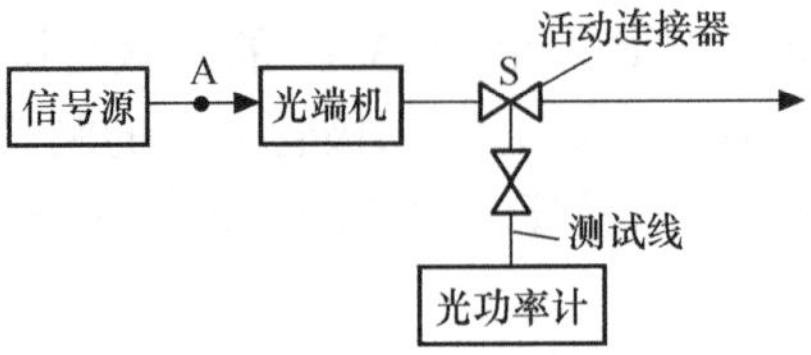

图 9-22　光端机平均发送光功率和消光比的测试原理图

9.5.4　仪表、工具准备

光端机平均发送光功率和消光比测试所需的仪表、工具有：被测光纤通信系统、光功率计。

9.5.5　具体操作步骤

1．光端机平均发送光功率测试

光端机平均发送光功率的测试步骤如下。

（1）各种指标的测试都要送入测试信号，自光端机 A 点送入 PCM 测试信号。根据 ITU-T 建议，信号源应能产生不同长度的码型信号，如 $2^{15}-1$ 或 $2^{23}-1$ 等。不同码速的光纤数字通信系统要求送入不同的 PCM 测试信号，速率为 2 048kbit/s 和 8 448kbit/s 的数字系统送入长度为 $2^{15}-1$ 的伪随机码，速率为 34 368kbit/s 和 139 264kbit/s 的数字系统送入长度为 $2^{23}-1$ 的伪随机码。

（2）把光纤测试线即光纤跳线分别插入发送端连接器与光功率计连接器，连接光端机的光输出与光功率计，此时从光功率计读出的功率（P）就是光端机进入光纤线路的平均发送光功率。光端机的平均发送光功率应考虑发端活动连接器（S）的损耗，即 P 是考虑了发端活动连接器（S）损耗的结果。

（3）有的功率计可直接读 dBm，若只能读 mW（毫瓦）或 μW（微瓦），则应换算成 dBm，换算公式为

$$P=10\lg\frac{\text{毫瓦值}}{1\text{毫瓦}}\ （\text{dBm}） \tag{9-7}$$

应该说明如下两点。

① 平均光功率与 PCM 信号的码型有关，NRZ 码与占空比为 50%的 RZ 码相比，其平均光功率要大 3dB。

② 光源的平均输出光功率与注入它的电流大小有关，测试应在正常工作的注入电流条件下进行。

2．光端机消光比（*EXT*）测试

（1）将光端机的输入信号断掉时，即不给光端机送电信号，测出的光功率为 P_{00}，即对应的输入数字信号为全“0”时的光功率。

（2）测量 P_{11} 时，信号源送入长度为 2^N-1 的伪随码，N 的选择与平均发送光功率测试相同。因为伪随机码的“0”码和“1”码等概率，所以，全“1”码时的光功率应是伪随机码时平均光功率 P 的 2 倍，即 $P_{11}=2P$。因此，消光比可表示为

$$EXT=\frac{P_{00}}{2P} \tag{9-8}$$

测试结果可按式（9-8）计算。在某些资料中，消光比还可以表示为

$$EXT=10\lg\left(\frac{P_{11}}{P_{00}}\right) \tag{9-9}$$

当 $P_{00}=0.1P_{11}$ 时，$EXT=10\text{dB}$。

9.6 光端机接收灵敏度和动态范围的测试

光端机接收灵敏度和动态范围是光端机的重要性能指标，它的高低直接决定了系统的中继距离，是系统设计的重要依据。本节主要介绍这两个参数的测量原理、方法以及相关仪表的原理与使用。

9.6.1 学习目的

本节的学习目的为：

（1）掌握光可变衰减器的原理与使用方法；

（2）掌握光端机接收灵敏度的测试原理和方法，能熟练进行测试；

（3）掌握光端机接收动态范围的测试原理和方法，能熟练进行测试。

9.6.2 仪表原理与使用

以下是对光衰减器的介绍。

1. 用途与分类

光衰减器是对光信号进行衰减的器件，当被测光纤输出光功率太强而影响到测试结果时，应在光纤测试链路中加入光衰减器，以得到准确的测试结果。

光衰减器在光通信系统中主要用于调整中继段的线路衰减、评价光系统的灵敏度及校正光功率计等。

光衰减器有两种类型，即可变光衰减器和固定光衰减器。在这里，我们以可变光衰减器为主说明其原理结构和性能特征。

2. 工作原理

衰减光功率的方法有：反射一部分光、吸收一部分光、在空间遮挡一部分光，以及用偏振片选择光的偏振面等。目前，经常用的光衰减器多采用“反射”衰减法，该方法是利用Ni-Cr等金属蒸镀薄膜来进行光衰减的。

图9-23所示为可变光衰减器原理结构，其由两级构成，一级为分挡衰减级，另一级为连续可变衰减级，实际上，这两级都是通过改变金属蒸镀薄膜的厚度来实现不同衰减量的。需注意的是，在实际使用时，为了减少衰减器中反射光的影响，一般都使衰减板（镀膜）与光轴成一定角度。

3. 使用方法

以DB-2900衰减器为例加以说明光衰减器的使用方法。

（1）DB-2900衰减器的面板结构及各部分的名称如图9-24所示。

（2）各功能键作用如下。

- 电源键：按下该键打开仪表电源，再次按下该键将关闭仪表电源。
- 偏置键：用于设定仪器本身引入的插入损耗值（X）。
- 设置键：用于设置DB-2900的衰减值，与对应的旋钮配合使用，选择设定损耗值。一般有仪表损耗（dBm）和仪器损耗加仪器附加损耗（dB+X）两种显示模式。

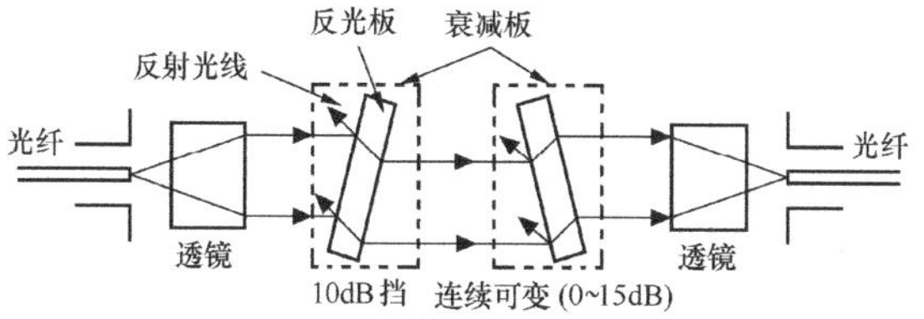

图 9-23　可变光衰减器原理结构图

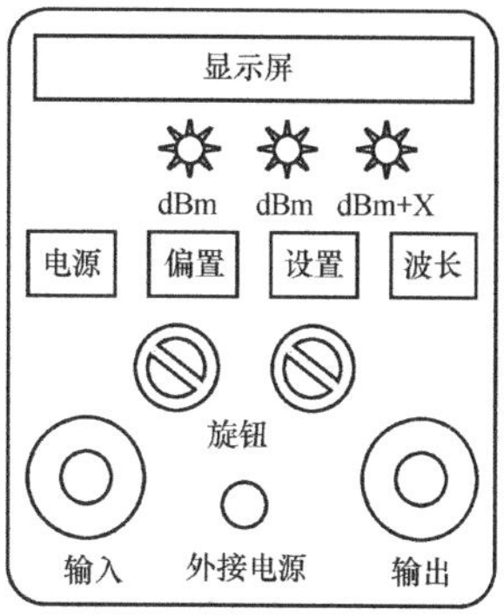

图 9-24　DB-2900 衰减器的面板结构及各部分的名称示意图

- 波长键：用于选择波长，一般有 1 310nm 和 1 550nm 两种选择。
- 显示屏：显示屏一般分 3 行显示，第一行为告警信息，LOW BATTERY 为电池需要充电或更换，OVER RANGE 为损耗设置已超出最大范围（60dB）；第二行显示损耗值，一般情况下显示当前设置的损耗值，当超过最大值时显示 99.9，当小于最小值（0dB）时显示为—LO—；第三行显示所选定的工作波长。

（3）具体操作应用如下。

- 确定插入损耗：将衰耗器显示设定为零，用光源和光功率计测试此时仪器的本身损耗，以确定适当的偏置值。
- 在光纤路由中加入光衰耗器。
- 打开衰耗器电源，仪表自检后偏置上方 dBm 指示灯亮。
- 按波长键选择测试波长。
- 按偏置键和下方的（X）改变旋钮输入偏置值（偏置值预先测出）。
- 按偏置键，关闭偏置指示灯，此时设置键上方 dBm 指示灯亮。
- 通过旋转红色损耗旋钮（dBm）输入内部衰耗值。
- 按设置键选择内部损耗（dBm）或总损耗（dBm+X）。

当设置键上方 dBm 灯亮时，显示屏显示的数值为仪器内部器件对光信号的衰减情况；当设置键上方 dBm+X 灯亮时，显示屏显示的数值为仪器内部器件对光信号的衰减再加上仪器附加衰减之和。

9.6.3　测量原理

光接收机灵敏度和动态范围的测试原理如图 9-25 所示。

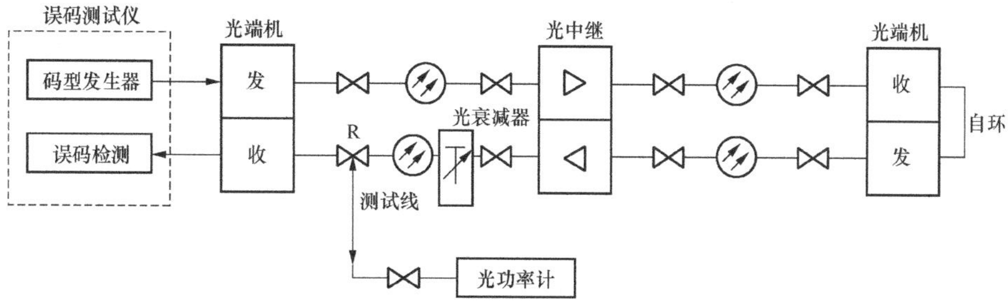

图 9-25　光接收机灵敏度和动态范围的测试原理图

9.6.4 仪表、工具准备

光接收机灵敏度和动态范围测试所需的仪表、工具有：被测光纤通信系统、光可变衰耗器（光衰减器）、光功率计、误码测试仪和数字传输分析仪。

9.6.5 具体操作步骤

光接收机灵敏度的测试步骤如下。

（1）按图 9-25 所示将误码测试仪、光可变衰减器与数字光纤通信系统连接。工程测试时，一般采用如图 9-25 所示的对端环回测试；设备出厂测试一般将误码测试仪的发收单元分开，进行端对端测试，并不考虑整个线路的影响。

（2）误码测试仪向光端机送入测试信号，PCM 测试信号为伪随机码，长度为（2^N-1），N 的选择与平均发送光功率测试相同。

（3）调整光衰减器，逐步增大光衰减，使输入光接收机的光功率逐步减少，使系统处于误码状态。然后，逐步减小光衰减器的衰减，逐渐增加光接收机的输入光功率，使误码逐渐减少，当在一定的观察时间内，使误码个数少于某一要求，即达到系统所要求的误码率。

（4）在稳定工作一段时间后，从 R 点断开光端机的连接器，用光纤测试线连接 R 点与光功率计，此时测得光功率为 P_{min}，即为光接收机的最小可接收光功率。

（5）按式 $P_R=101g（P_{min}/1mW）$ 计算用 dBm 表示的灵敏度 P_R，例如，测得 P_{min}=9.3nW，则 $P_R=-50.3$dBm。

在灵敏度测试时，一定要注意测试时间的长短。误码率是一个统计平均的参数，它只有当 n 足够大时才比较准确。各类系统误码率不同时，光接收机灵敏测试的最小时间 t 如表 9-5 所示。

表 9-5　　灵敏度测量的最小时间

误码率 \ t \ 速率	2Mbit/s	8Mbit/s	34Mbit/s	140Mbit/s
$\leqslant 10^{-9}$	8 分钟	2 分钟	29 分钟	
$\leqslant 10^{-10}$			5 分钟	1.2 分钟
$\leqslant 10^{-11}$			50 分钟	12 分钟

应该指出，t 是要求某一误码率时，光接收机灵敏度测试的最小时间，但实际上，测试的时间应大于此时间，才能使测试的结果准确。

光接收机动态范围的测试是在测得灵敏度后，继续减小衰减器的衰减，以增加输入光功率，此时误码率会进一步降低，但随着衰减量的再减小，接收机开始出现过载，使得误码率又升高，当在一定的观察时间内，使误码个数少于某一要求，即达到系统所要求的误码率。在稳定工作一段时间后，从 R 点断开光端机的连接器，用光纤测试线连接 R 点与光功率计，此时测得光功率为 P_{max}，即为光接收机的最大可接收光功率。计算动态范围，$D=101g(P_{max}/P_{min})$。

9.7 光纤通信系统误码性能的测试

误码性能参数是数字光纤通信系统的重要质量指标。本节主要介绍光纤通信系统误码性能指标的测试原理、方法、步骤以及数字传输分析仪的原理及使用方法。

9.7.1　学习目的

本节的学习目的为：

（1）掌握数字传输分析仪的原理与使用方法；

（2）掌握光纤通信系统误码性能测试的原理；

（3）掌握光纤通信系统误码性能测试的步骤。

9.7.2　仪表原理与使用

误码和抖动是光纤通信系统中两个非常重要的概念，也是光纤通信系统传输特性中必测的指标。因此有不少型号的商用 PCM 误码和抖动测试仪表，而且两者往往装在一起，统称为数字传输分析仪，也有时简称为误码仪，例如，ME522（可测 700Mbit/s 以下速率的 PCM 设备），还有西门子公司（P2014）、HP 公司（3762/3763A、3764A 等）和 W&G 公司（PE-4、PEJ-4）等厂家生产的多种误码、抖动测试仪表。这些仪表功能不尽相同，但工作原理基本相似，下面简单介绍一下仪表的工作原理和使用方法。

1．误码测量原理

误码仪一般由发送机和接收机两部分组成。发送部分主要由时钟信号发生器、码型发生器以及接口电路组成，如图 9-26 所示。它可以输出各种不同序列长度的伪随机码（从 2^7-1 至 $2^{23}-1$bit）和人工码，以满足 ITU-T 对不同速率的 PCM 系统所规定的不同测试序列长度。

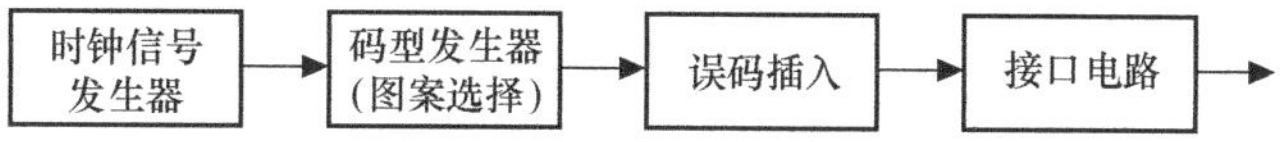

图 9-26　误码仪发送部分框图

图 9-26 中的接口电路用来实现输出 CMI 码、HDB_3 码、NRZ 码和 RZ 码等码型，以适应符合 ITU-T 要求的被测电路的各种不同接口码型。输出码型经被测信道或被测设备后，再由接收部分接收，接收部分由码型发生器、同步检测、开关和比特误码检测等部分组成，如图 9-27 所示。

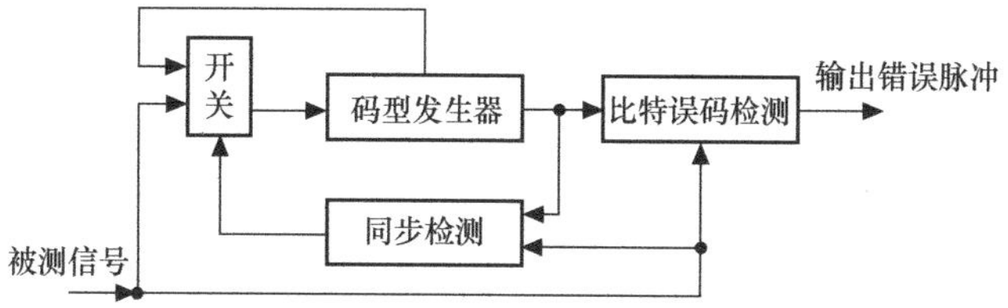

图 9-27　误码仪接收部分框图

接收部分可产生一个与发送部分码型发生器产生的图案完全相同的、且严格同步的码型，以此作为标准，在同步检测中与输入的图案进行逐比特比较，如果被测设备产生了任何一个错误比特，都会被检出一个误码并送给误码计数器显示。

要正确检测误码，必须使被测信号与收端的 PRBS（伪随机码）发生器产生的 PRBS 同步。同步检测送出一脉冲信号控制开关，使码型发生器反馈中断，由被测信号取代 PRBS，并开始同步捕捉，一旦检查到连续 32 个 bit 无误码，就认为同步了，这时，同步检测环路闭合。误码测量时，一次测量持续的时间间隔（T_0）由计数器控制，就是闸门脉冲宽度。ITU-T 推荐用于电话业务的误码测量时间间隔为 1 分钟，这与一次电话呼叫的平均时间相当；用于数据业务的误码测量时间间隔取 1 秒钟，这与分组码码长相当。

一般误码仪都有“误码率”、“误码计数”、“误码秒”和“不误码秒”等多项测试功能，有的还可自动计算出待测设备或系统的“利用率”和“可靠度”。

还有一些误码仪具有“0”码插入功能和发出带有 10^{-3}～10^{-6} 误码率的码字，以检测被测设备、系统能力及监测告警功能等。

2．误码仪的性能指标

下面以日本安立公司生产的 ME520A/B 误码仪（数字传输分析仪）为例介绍具体仪表的性能指标（摘录）。

误码仪 ME520A/B 适用于一次群到四次群数字传输系统，测试比特码速率为 1kbit/s～150Mbit/s，其输入、输出接口符合 ITU-T G.703 建议，伪随机码图案符合 ITU-T O.151 建议标准，抖动测量符合 ITU-T O.171 建议标准。

（1）发送机

① 比特率：内部时钟比特率有 704kbit/s、2 048 kbit/s、8 448 kbit/s、34 368 kbit/s、68 736 kbit/s、139 264kbit/s。

精度：≤±2ppm（室温）。

稳定度：0～50℃时偏差≤±5ppm、年偏差≤±2ppm。

偏差：可发送±100ppm 的频偏。

外部时钟：频率 1kHz～150MHz。

阻抗 75Ω 不平衡式。

占空比：50%。

② 时钟输出（略）。

③ 码形图案：伪随机序列 $2^{10}-1$、$2^{15}-1$、$2^{23}-1$。

人工码：1～16 比特，可自由编排、2×8 比特（两组 8 比特字）。

零码插入：仅用于伪随机序列，最多可插入 120 个“0”。

④ 插入误码（bit 或码字误码可加到发送序列中去）。

误码率：10^{-3}、10^{-4}、10^{-5}、10^{-6}。

单个误码：每按键一次产生一个误码。

⑤ 输出码：符合 ITU-T 有关建议的 CMI、RZ、NRZ、AMI 和 HDB_3 码。

⑥ 抖动调制：（外接抖动调制器，从调制器输入口输入）频率范围符合 ITU-T O.171 建议的标准。

灵敏度：10 UI-PP/V（在 5Hz）。

显示：0.00～10.10 UI-PP。

（2）接收机

① 比特率（同发送机）。

② 时钟输入（略）。

③ 图案（同发送机）。

④ 误码测量。

方式：比特误码、码组误码和码块（Block）误码。

测量项目：误码率、误码计数、误码秒、无误码秒和劣化分（ME520B）。

⑤ 状态显示：共 4 种显示。

- 无信号：表示没有收到信号。
- 失步：表示本地图案参考失步。
- AIS：收到全“1”信号。对于 2 048kbit/s 和 8 448kbit/s 信号在 848 个时钟周期内≤3 个零；对于 34 368kbit/s 信号在 1 536 个时钟周期内≤3 个零；对于 139 264kbit/s 信号，在 2 928 个时钟周期内≤4 个零。
- ＜100 个误码；当误码个数＞100 时此挡指示灯灭。

⑥ 抖动测量。

测量范围：有 1 UI（0.000～1.010 UI）、10 UI（0.00～10.10 UI）两挡，并可表示正抖动、负抖动和峰-峰抖动。

测量内容：正、负和峰-峰抖动值、冲击记数、抖动冲击及无冲击时间。

3．误码仪的使用方法

（1）仪表面板介绍

ME520A/B 误码仪面板由发送机前、后面板，接收机前、后面板组成。发送机前面板和后面板分别如图 9-28 和图 9-29 所示。其功能说明如表 9-6 所示。

表 9-6 发送机面板功能说明

序 号	标 记	功 能 说 明
T_1	FREQ OFFSET/JITTER MOD	频率偏移/抖动调制
	[MODE]	时钟偏移和抖动调制转换
	OFF	频率为 BIT RATE 键所设置的值，无显示
	FREQ OFFSET	可用▽ 键和△键设置频率偏移值
	JITTER MODULATION （UI-PP）	抖动由输入信号经调制产生
T_2	PATTERN	图形设置
	• $[2^{10}-1]$	10 级 PRBS
	• $[2^{15}-1]$	15 级 PRBS（CCITT.Rec.0.151）
	• $[2^{23}-1]$	23 级 PRBS（CCITT.Rec.0.151）
	ZERO SUBSTITUTION（零替代）	一个序列可在 8～120 个时钟周期内以 8 为步进设为零，按下 CLEAR 键可清除零替代或字图形
	1～16bit	“字”设置指示灯
	[SET 1]	二进制“1”键
	[STE 0]	二进制“0”键
	[CHANGE]	改变字图形的修改位（修改位出现闪烁），此时可用 SET1 或 SET 0 键修改也可修改零替代（只管增加）
	• 2 × 8bit	字设置指示灯，由外部信号控制
	[PATTERN]	图形选择键

续表

序　号	标　　记	功 能 说 明
T_3	BIT　RATE/FORMAT	比特率/格式设置
	[BIT　RATE]（kbit/s）	速率选择键
	• 704	内部时钟频率为 704（kbit/s）
	• 2048	内部时钟频率为 2 048（kbit/s）
	• 8448	内部时钟频率为 8 448（kbit/s）
	• 34368	内部时钟频率为 34 368（kbit/s）
	• 139264	内部时钟频率为 139 264（kbit/s）
	• EXT	外部时钟（输入端口在后面板 EXT　CLOCK　INPUT）
	[FORMAT]	格式选择键
	• AMI	AMI 格式
	• HDB_3	HDB_3 格式
	• CMI	CMI 格式
	• NRZ	NRZ 格式
	• RZ	RZ 格式
T_4	ERROR　ADDITION	误码插入设置
	[MODE]	方式选择键
	• BIT	在二进制信号中插入比特误码
	• CODE	在编码格式中插入编码误码
	[RATE]	误码率插入选择键
	• OFF	不产生误码
	• 10^{-6}	误码率为 1×10^{-6}
	• 10^{-5}	误码率为 1×10^{-5}
	• 10^{-4}	误码率为 1×10^{-4}
	• 10^{-3}	误码率为 1×10^{-3}
	• SITNGLE	按一次键产生一个误码
	• EXT	由外部信号 ECL 的上升沿产生误码
T_5	CLOCK	时钟设置
	[POLARITY]	时钟极性选择键
	• CLOCK	时钟上升沿改变 NRZ 数据，时钟和 RZ 数据保持同一相位
	• $\overline{\text{CLOCK}}$	时钟下降沿改变 NRZ 数据，时钟和 RZ 数据相差 180°
	[LEVEL]	时钟输出电平选择键
	• TTL	+2.5V（高）/+0.5V（低），（75Ω），地终端
	• ECL	−0.8V（高）/−1.8V（低），（75Ω），地终端
	• SET	AMPLITUDE　1*V*p-p 到 2*V*p-p 可调
	• OFFSET	−2V ~ +2V 可调，75Ω 地终端
T_6	NRZ.RZ [LEVEL]	NRZ、RZ 输出电平选择键，TTL、ECL、SET 电平同 T5
T_7	GP-IB [REMOTE/LOCAL]	远程/本地方式控制键
	• REMOTE	借助 GP-IB 来控制本仪器，自测试属于远控
	• LOCAL	除 REMOTE 自测试外均属此状态，在本地方式中所有的键都有作用
T_8	POWER	交流电源开关 开电源后首先进行测试，为了安全，交流线的两边同时开启或关断

续表

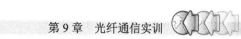

序　号	标　　记	功 能 说 明
T_9	EXT JITTER MOD　INPUT 75-Ω	外部抖动调制输入 调制灵敏度在 5Hz 时为 10UI-PP/V，直流耦合，输入阻抗 75Ω
T_{10}	CLOCK　OUTPUT	单极性时钟输出 两个输出端相位相同
T_{11}	CMI，NRZ，RZ　OUTPUT 75Ω	CMI 和 NRZ，RZ 数据输出 4 个输出端对于 CMI 数据是同相的，对于 NRZ、RZ 顺序延迟 2 比特，RZ 数据和时钟之间的时间差<0.5ns，而 NRZ 则<1.5ns 当设置 AMI 或 HDB_3 时 T11 无输出
T_{12}	AMI HDB_3　OUTPUT 75Ω	双极性输出 4 个输出顺序延迟 4 比特，当设置 CMI、NRZ、RZ 无输出
T_{13}	[PANEL LOCK] （a）PANEL LOCK（面板锁定） （b）面板锁定+灯测试 （c）一般方式	面板锁定键，有 3 种控制方式 除电源开关和 4 个手动调节器外，其余全部与 GP-IP 远控方式相同 灯测试在面板锁定状态下进行，确定所有的灯都亮，灯测试期间再按此键便释放面板，取消灯测试 面板锁定灯熄灭，锁定和灯测试取消
T_{14}	GP-IB	GP-IB 连接器 在自测试和地址 0 方式中使用
T_{15}	ADDRESS/TALK ONLY ON/OFF	Ⅰ.GP-IB 设置在控制器的指定地址上，TALK-ONLY 开关置于 OFF 状态 Ⅱ.自测试和地址 0 方式，所有开关都设置为零 Ⅲ.TALK-ONLY 方式 TALK-ONLY 开关（左手边）置于 ON
T_{16}	EXT ERROR INPUT　（ECL）	在前面板 ERROR ADDITION 置为 EXT 时使用，输入 ECL 电平的上升沿形成误码
T_{17}	WORD 2×8bit　INPUT	2×8bit 字图形的控制信号输入端 按下前面板 2×8bit 键有效
T_{18}	EXT CLOCK　INPUT（ECL）	外部时钟输入端 1kHz～150MHz，在 1kHz～1MHz 范围内需用方波信号
T_{19}		地端
T_{20}，T_{21}		保险丝
T_{22}		交流电源插座
T_{23}	JITTER　REF　CLOCK　OUTPUT（ECL）	抖动参考时钟输出端 在接收机测量 20Hz 以下的低频抖动或内部时钟以外其他信号的抖动时使用
T_{24}	PATTERN SYNC　OUTPUT（ECL）	图形同步信号输出端 PRBS——1 脉冲/周期 脉冲宽度——两个时钟，当使用零替代时，脉冲宽度也相应扩展

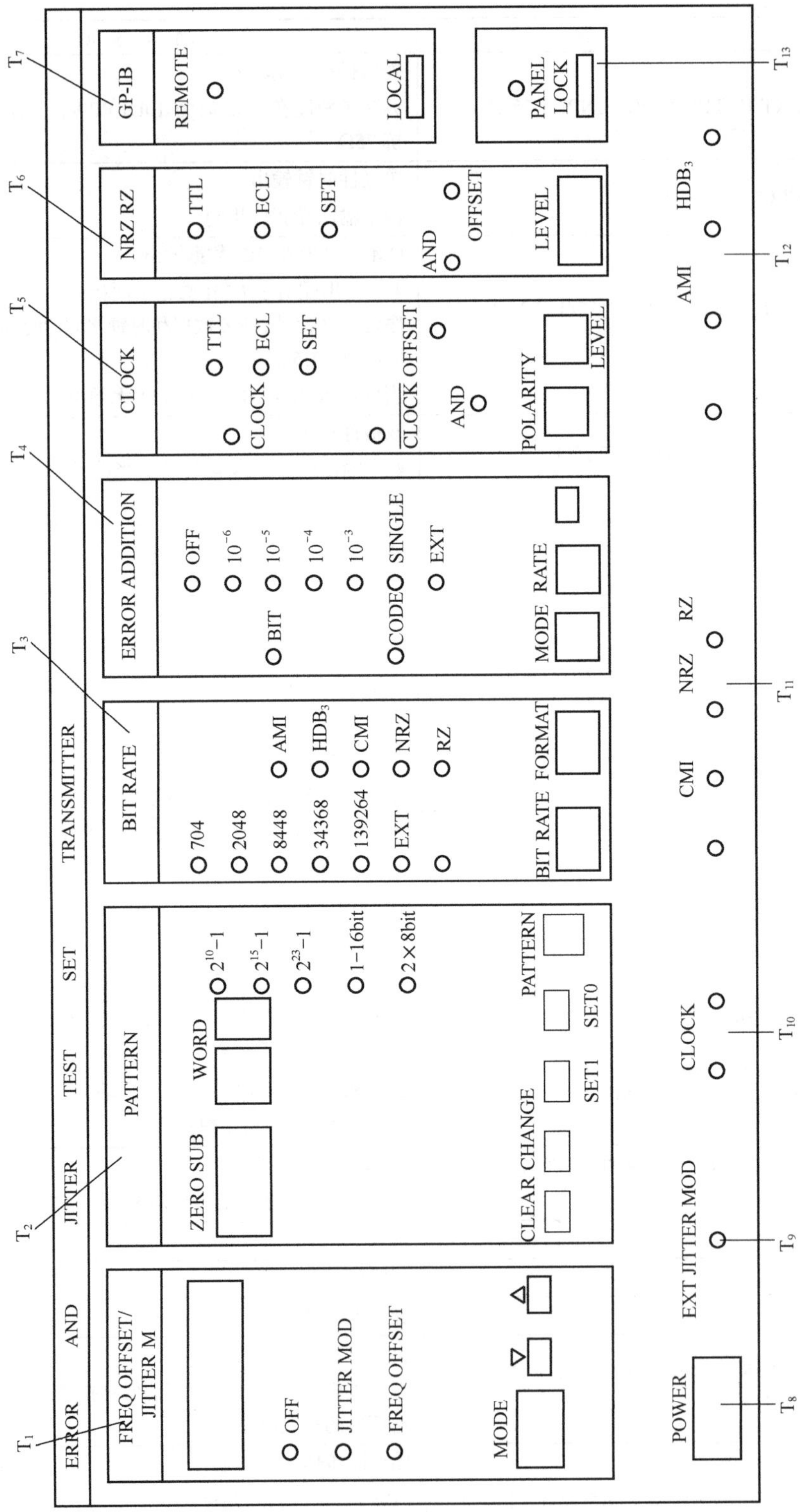

图 9-28　误码仪发送机前面板

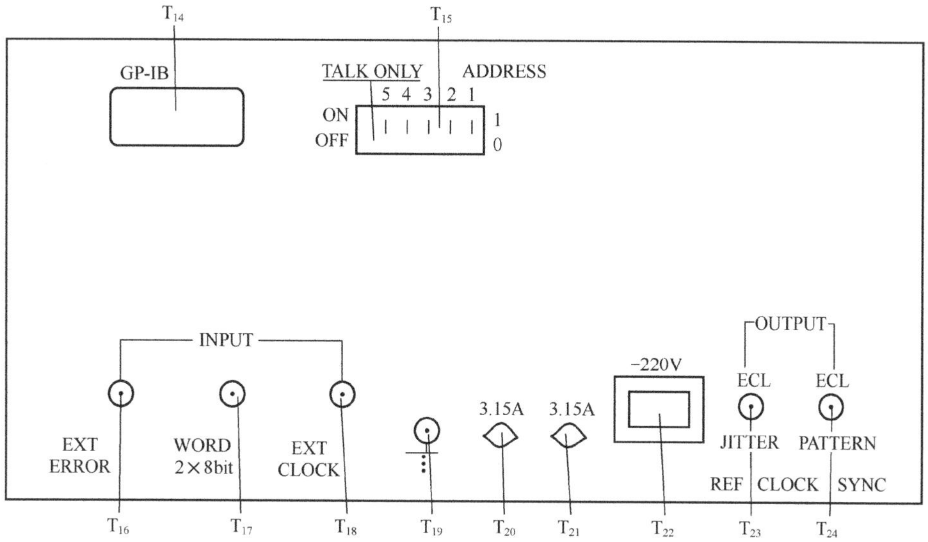

图 9-29　误码仪发送机后面板

接收机前面板和后面板分别如图 9-30 和图 9-31 所示。其功能说明如表 9-7 所示。

表 9-7　　接收机面板功能说明

序　号	标　　记	功 能 说 明
R_1	GATING PERIOD/REAL TIME	闸门时间/实时时间设置
	[SHIFT]	闸门时间和实时时间选择键
	(1) 闸门时间 (上行)	
	[TIME]	以时间为单位设置闸门周期
	[CLOCK]	以时钟为单位设置闸门周期
	[MAN]	手动闸门时间选择键
	[START/STOP]	手动闸门时间控制键
	(2) 实时时间 (下行)	
	[YMD]	年月日选择键
	[HMS]	时分秒选择键
	[>]	右移键
	[START]	当按下 START 键时，显示从 0 秒开始
R_2	GATING PERIOD/REAL TIME	闸门周期/实时时间显示器
	(1) 闸门周期	
	6 位 LED 显示器	10 段条形 LED 显示器
	以天、时、分、秒来显示所设闸门时间	显示已消耗的闸门时间比例，每亮一段表示已耗去闸门的 10%
	以时钟数 1E06-1E12 显示所设闸门时间	同上，当闸门设置太小，两端的 LED 出现闪烁
	手动闸门时间控制	
	[START/STOP]	条形 LED 中 5 个 LED 点亮，在测量结束时，所有的 LED 瞬时点亮，然后熄灭
	(2) 实时时间	
	显示年、月、日、时、分、秒	

续表

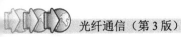

序　号	标　　记	功 能 说 明
R_3	STATUS	状态指示 右边一行是现行状态监视器，无论是现行方式还是上次方式都指示现行状态 左边一行为状态记录 在 CURRENT DATA 方式中，记录当前闸门内曾发生过的状态，但不包括“<100 ERROR”状态 在 LAST DATA 方式中，记录前次闸门时间内该状态是否出现过
	NO SIGNAI	无信号输入时此灯亮 在 NRZ 格式时，无时钟输入也亮
	SYNC LOSS	输入图形与内部本地图形不同步时此灯亮 当 ERROR MODE 置为 COOE 时，SYNC LOSS 灯不亮
	AIS	在规定时钟内零的个数≤8 或 4
	<100 误码	在误码率测量中，指示误码是否大于两位有效数字，小于时灯亮 要知道有效数字的精确值，需检查误码计数显示 测量结束时的内容记作上次数据
R_4	ERROR • ERROR	误码指示器 当检出一个误码此灯亮几十秒 在短时间内检测到若干误码，灯连续亮
R_5	ERROR	误码测量，可同时测量 8 种误码，当 SHIFT 键不亮时，可选误码性能参数%US、%SES、%DM 或%ES，其数值仍由上面的 LED 显示
	[MODE]	误码参数选择键
	• RATE，%US	误码率，不可用秒选择
	• COUNT，%SES	误码计数，严重误码秒选择
	• INTVLS，%DM	误码间隔，劣化分选择，当 CPU 板上的 S8-6 开关置为“1”时，劣化分变为劣化十分
	• FINTVLS，FINTVLS%，%ES，%MFS	无误码间隔，无误码间隔百分比，%误码秒，无误码秒选择，当 CPU 板上的开关（S3-1）为“1”时，上述误码秒可变为无误码秒，这 4 个参数共用一个键
	ERROR THRESHOLD	门限分为误码率门限和误码计数门限，由后面板上的打印检出选择开关 H 来设置
	[SET]	当按下此键时，误码性能参数显示变为误码门限显示，此时不能用[∧]或[∨]键改变门限
	（ERROR RATE THRESHOLD）	当 SET 键再次按下时，左边第一位闪烁，此时可用[∨]或[∧]键改变门限，当再次按下时，闪烁停止
	（ERROR COUNT THRESHOLD）	按下 SET 键，显示器左边第一位闪烁，此时可用[∨]或[∧]键设置门限，当再次按下 SET 时，闪烁移至第二位，这 3 个键如此配合，可修改 6 位数的门限
	[ERROR MODE] • BIT • CODE	比特误码用二进制信号电平检测，CMI、AMI 或 HDB_3 码由解码器转换为二进制电平后检测编码误码，检测 AMI、HDB_3、CMI 的编码错误

续表

序　号	标　　记	功 能 说 明
R_5	• BLOCK	字组误码，只用于 PRBS，把一个 PRBS 序列作为一个字组，当字组中出现一个或更多的比特误码，便形成一个字组误码
	SYNC	
	[AUTO]	当出现下列失步条件，自动启动同步电路，直到同步为止 失步条件： PRBS：10 000 或 1 000 以上误码/80 000 时钟 WORD：10 000 或 1 000 以上误码/80 000 时钟 同步获得条件： PRBS：在 32 个时钟周期内无误码 WORD：在 32 ~ 512 个时钟周期内无误码
	[MAN]	手动启动同步电路，直至同步为止
R_6	JITTER	抖动显示器，显示抖动数据或冲击门限 抖动数据在下列情况闪烁： Ⅰ.用内部参考时钟测量时，锁相环未锁定（大约 8 秒） Ⅱ.用外部参考时钟测量时，直流电路未稳定（大约 15 秒） Ⅲ.测量结果溢出
R_7	JITTER	抖动测量
	[RANGE]	抖动量程转换键，设“1”和“0”两个量程
	[RATE]	显示速率转换键，转换更新周期
	• SLOW	显示低至 0.1Hz 的抖动频率（抖动参考时钟必须外部输入）
	• MED	显示低至 1Hz 的抖动频率
	• FAST	显示低至 10Hz 的抖动频率
	[FILTER]	滤波器选择开关 速率与滤波截频的关系 BIT RATE kbit/s　HP_1（Hz）　HP_2（Hz）　LP（Hz） 704　20　10k　100k 2 048　20　18k　100k 8 448　20　8k　400k 34 368　100　10k　800k 68 736　200　10k　3.5M 139 264　200　10k　3.5M 所有滤波器的陡度大约为 200dB/10 倍程
	• HP_1/LP	插入高通滤波器和低通滤波器
	• HP_2/LP	插入高通滤波器和低通滤波器
	• LP	只插入低通滤波器

续表

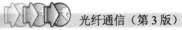

序　号	标　　记	功 能 说 明
		上述 3 个灯全灭，无滤波器插入
	[MODE]	可同时测量 4 种抖动
	• JITTER UI	测量输入时钟或数据的抖动，连续按此键可依次显示以 PP，+P，−P 为单位的抖动值
		在 CURRENT DATA 方式中，显示闸门周期内的最大抖动，抖动测量必须输入被测时钟和参考时钟，内部参考时钟是 6 个内部频率中的一个，外部参考时钟由后面板上的 JITTERREF CLOCK 端（即 R_{33}）输入，被测时钟包括从前面面板输入的时钟和机内再生时钟
	[PRINT]	按下此键时，打印所显示的抖动和时间
	• HIT COUNT	它是超过冲击门限的抖动，可测正冲击和负冲击
R_7	• HIT INTVLS	含有一个或多个冲击的间隔总数，间隔有 1s、0.1s、0.01s，可在后面板上选择
	• HIT FREE INTVLS	不含冲击的间隔总数，双功能键，可在 HIT FREE INTVLS 和 HIT FREE INTVLS%之间转换，后者是闸门周期内间隔总数与冲击间隔数之差与间隔总数之比
	HIT THRESHOLD [SET]	门限设置功能键，按下时灯亮，门限值显示在抖动显示器上，用[∧]或[∨]键设置，量程和门限范围的关系如下： RANGE 门限范围（UI）步进（UI） 1　　0.050 ~ 0.500　　0.001 10　　0.50 ~ 5.00　　0.01
	[▽]或[△]	和 SET 键一起设置 HIT THRESHOLD 值
R_8	SINGLE/REPEAT • SINGLE REPEAT	 单次测量指示 灯灭时为重复测量，用下面的按键选择
R_9	LAST DATA/CURRENT DATA • SINGLE REPEAT	 上次测量指示 灯灭时为现行测量指示，用下面的按键选择
R_{10}	PANEL LOCK	面板锁定键有 3 种方式 Ⅰ.面板锁定 除电源开关和电位器以外的所有键都被锁住 Ⅱ.面板锁定+灯测试 在面板锁定状态下进行测试，所有的灯点亮，再按一次此键，锁定释放，取消灯测试 Ⅲ.常态 面板锁定和灯测试复位

续表

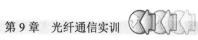

序　号	标　　记	功 能 说 明
R_{11}	GP-IB　　REMOTE LOCAL	远控指示，此灯亮时，仪器由 GP-IB 控制器控制，自测试时，自动进入远控方式 灯灭时为本地控制，由下面的按键选择
R_{12}	[POWER] ON/OFF	交流电源开关和交流电源故障指示 电源接通后，所有 LED 灯点亮几秒钟以进行灯测试
R_{13}	AC PWR FALL	仅在这个开关接通时才检测电源故障
R_{14}	PATTERN [PATTERN] • $2^{10}-1$ • $2^{15}-1$ • $2^{23}-1$ ZERO SUBSTITUTION WORD • 1-16bit [SET1] [SET0] [CHANGE] [CLEAR]	误码测量的参考图形 图形选择键 10 级 PRBS 15 级 PRBS，符合 CCITT 建议 O.151 23 级 PRBS，符合 CCITT 建议 O.151 按 CHANGE 键，零替代在 8～120 比特内以步长 8 比特增加，按 CLEAR 键则清零，序列为正常伪随机码 “字”设置选择 二进制“1”设置键 二进制“0”设置键 修改键，“字”图形时用于移动修改位，修改位出现闪烁，此时可用 SET1 或 SET0 修改，在设置零替代时，用于增加零替代的数值 清除键，用于清除字图形和零替代
R_{15}	CLOCK INPUT 75Ω	用于 NRZ/RZ 误码测量和时钟抖动测量 使用时 BIT RATE 开关必须置为“EXT”，时钟输入条件在前面板上“CLOCK”一栏中设定
R_{16}	BIT RATE/FORMAT [BIT RATE] [FORMAT]	恢复时钟比特率选择键 编码格式选择键 误码可在下表中给定的频率偏移下测量 比特率（kbit/s）　AMI　　HDB$_3$　　CMI 702　　±100ppm　　±3%　　- 2 048　　±100ppm　　±3%　　- 8 448　　±100ppm　　±3%　　- 34 368　　±100ppm　　±3%　　- 68 763　　-　　-　　+1% 139 264　　-　　-　　+3% 抖动可在上述比特率的±50ppm 范围内测量 如果输入数据不满足上述的速率或无信号输入，相应的速率指示灯闪烁
R_{17}	NRZ，RZ INPUT 75Ω	用于单极性信号的误码测试 在前面板上的时钟恢复速率设置为“EXT”时使用，数据输入的终端和门限由前面板上的 NRZ/RZ 一栏设定

续表

序　号	标　　记	功 能 说 明
R_{18}	INPUT CLOCK	输入时钟设置
	[POLARITY]	CLOCK 和/ $\overline{\text{CLOCK}}$ 转换键
	• CLOCK	时钟上升沿处 NRZ 数据改变，和 RZ 数据相位一致
	• $\overline{\text{CLOCK}}$	时钟下降沿处 NRZ 数据改变，和 RZ 数据相差 180
	[THRESHOLD/TERM]	门限和终端条件转换键
	• AUTO/GND	门限值设置在输入信号高、低电平的中间值，终端为地
	• GND/GND	门限值是地电平，终端为地
	• ECL/-2V	门限值是 ECL 电平的中间值（−1.8V），终端为−2V
R_{19}	CMI INPUT 75Ω	用于 CMI 信号的误码和 CMI 数据抖动的测量，工作比特率为 68 736kbit/s、139 264kbit/s
R_{20}	AMI，HDB_3 INPUT 75Ω	用于双极性信号 AMI、HDB_3 误码和抖动测试，工作比特率为 702kbit/s、2 048kbit/s、8 448kbit/s 或 34 368kbit/s
R_{21}	NRZ，RZ	NRZ/RZ 输入设置
	[THRESHOLD/TERM]	门限和终端条件选择键
	• MAN/GND	门限值可从+3V 手动调节，终端为地
	• GND/GND	门限和终端都为地电平
	• ECL/−2V	门限为 ECL 电平的中间值（−1.3V），终端为−2V
R_{22}	CMI，AMI，HDB_3	CMI，AMI，HDB_3终端、监控选择
	[MODE]	终端方式和监视方式选择键
	• TERM	终端方式
	• MON	监控方式，插入一个 26 ~ 30dB 的放大器
R_{23}	MEAS　[START/STOP]	闸门时间开始或停止键 在开始时 LED 点亮，停止时 LED 熄灭
R_{24}	PRINTER	内设热式 20 式打印机，可打印测量条件、测量结果和测量时间
	[PRINT]	该灯点亮，打印，不打印时再按下 PRINT 键，关掉此灯
	[FEED]	打印纸馈送键，无打印纸时，打印机保持在“打印结束”状态，以免损坏打印头
	PRINTER [LOCK]	用螺丝固定打印机，装纸或维修时反旋此柄拉出打印机
R_{25}	GP-IB	GP-IB 插座

续表

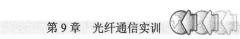

序 号	标 记	功 能 说 明
R_{26}	ADDRESS/TALK ONLY	Ⅰ.GP-IB 操作 置专用地址 置 TALK-ONLY 开关至 OFF Ⅱ.自测试和地址 0 方式 接通电源之前，将所有开关置“0” Ⅲ.TALK-ONLY 方式 置 TALK-ONLY 开关为 ON
R_{27}		保险丝
R_{28}	PRINTER OUTPUT SELECTION	开关 A 至 G 用于现行数据方式的单次和重复测量，上次数据方式的重复测量 如果打印格式设置为 ERROR PERFORMANCE，开关 A ~ G 无效，数据按 ERROR PERFORMANCE 格式打印 上述规定适合于内部和外部（只讲方式）打印机 键的功能说明如下： A：ERROR PRINT 误码打印选择 B：ERROR PRINT 只在开关 A 为“1”时有效，当输入数据超过由开关 E，F，G 设置的打印触发门限时打印数据 B 为 1：打印全部 10 项误码参数 B 为 0：只打印前面板上设置的一种误码参数 C：JITTER PRINT 抖动打印选择 D：JITTER PRINT 当开关 C 为“1”时有效，输入数据超过由开关 E，F，G 设置的打印触发门限时打印数据 D 为 1：打印全部 7 项抖动参数 D 为 0：只打印前面板上设置的一项抖动参数 E：PRINT TRIGGER（现行方式） E 为 1：当输入数据超过%SES 门限时，打印 E 为 0：不打印 F：PRINT TRIGGER（现行方式） F 为 1：当输入数据超过%DM 门限时打印 F 为 0：不打印 G：PRINT TRIGGER（现行方式） G 为 1：打印误码秒 G 为 0：不打印 H：ERROR THRESHOLD 误码率门限和误码计数门限选择 H 为 1：误码率门限 H 为 0：误码计数门限

续表

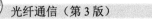

序 号	标 记	功 能 说 明
R_{29}	ADDITIONAL FUNCTION	A：SELF TEST 自测试选择（自测试前将全部地址开关置为“0”） “1”自测试 自测试通过，误码显示器上显示PASS，不通过则显示并打印出错内容 “0”自测试关，置为初始状态 B：BUZZER 蜂鸣器选择 置“1”时，每个误码都发出声响 C：1 秒 D：0.1 秒 E：0.01 秒 C，D，E 开关为误码冲击间隔选择，当全部置为 1 或 0 时，选择 1 秒间隔；当两个以上的开关置为 1 时，选择其中长的一个间隔 F：JITTER REF CLOCK 内、外抖动参考时钟选择，如用 6 个内部时钟频率以外的时钟做抖动测量或低于 20Hz 的抖动测量时，则用外部参考时钟，由后面板 R_{33} 插座输入 G：JITTER MEASUREMENT 内部、外部抖动测量选择，外部抖动测量信号由后面板 R_{32} 插座输入 H：WHEN JITTER-DISP BLINKS MEAS START/NOT START 如果抖动测量电路未稳定，抖动指示器闪烁，此开关用以选择是否把抖动指示器闪烁作为开始测量的条件 为“0”时，只要抖动显示器闪烁，即使按下START 键，测量也不进行，一旦闪烁停止，测量立即开始 为“1”时，即使闪烁，只要按下START/STOP 键，也开始测量
R_{30}	−5.2V　OUTPUT	用外接的时钟恢复器可以把 139 264kbit/sCMI 信号固有抖动提高到 ≤ 0.025UI-PP（HP1+LP，25±10℃），此插座为时钟恢复器提供−5.2V 电源
R_{31}	ERROR RATE OUTPUT	误码输出，输出与所测误码率指数部分成比例的直流电压，每个闸门更新一次（以 0.5V 为单位增减） 输出阻抗为运算放大器的输出阻抗

续表

序 号	标 记	功 能 说 明
R_{32}	JITTER MEASURE INPUT	抖动测量输入，当 R29 ADDITIONAL FUNCTION G 开关置为“0”时，使用此连接器，抖动显示器显示输入模拟电压相应的抖动值，输入灵敏度在量程 1 时为 1.0V/UI-PP，在量程 10 时为 0.1V/UI-PP 当需要外部滤波器来评价抖动时，可在此输入端与 JITTER DEMOD OUTPUT R_{34}之间插入一个外部滤波器
R_{33}	JITTER REF CLOCK IN/OUT（ECL）	抖动参考时钟输入/输出选择，当 F 开关置“1”时选择内部参考时钟（ECL）输出；F 置“0”时，选择外部参考时钟（ECL）输入，做输入或输出时阻抗均为 130Ω（地）和 180Ω（−5.2V）
R_{34}	JITTER DEMOD	抖动解调输出，它是一个带有直流成分的模拟信号，输出电平在量程 1 时为 1.0V/UI-PP，在量程 10 时为 0.1V/UI-PP，输出阻抗较低（运放的输出阻抗） 直流成分≤5mV
R_{35}	PATTERN SYNC OUTPUT（ECL）	图形同步输出 PRBS： 1 个脉冲/周期 字（2～16bit）： 1 个脉冲/2 周期 字（1bit）： 1 个脉冲/4 比特 脉冲宽度： 2 个时钟 当零替代增加时，脉宽相应扩展
R_{36}	DATA OUTPUT（ECL）	二进制 NRZ（ECL）数据输出
R_{37}	CLOCK MONITOR OUTPUT（ECL）	时钟监控输出，对 NRZ，RZ 输出为前面板的 CLOCK INPUT 的信号；对于 AMI，HDB_3，CMI 则为恢复时钟
R_{38}	ERROR OUTPUT（ECL）	误码输出（RZ 格式）
R_{39}	NO SIGNAL OUTPUT（TTL）	“无信号”状态输出，与前面板上“无信号”指示一致无信号时，输出为高电平
R_{40}	SYNC LOSS OUTPUT（YYL）	同步丢失，与前面板上的同步丢失一致，出现时为高电平
R_{41}		地
R_{42}		交流电源插座

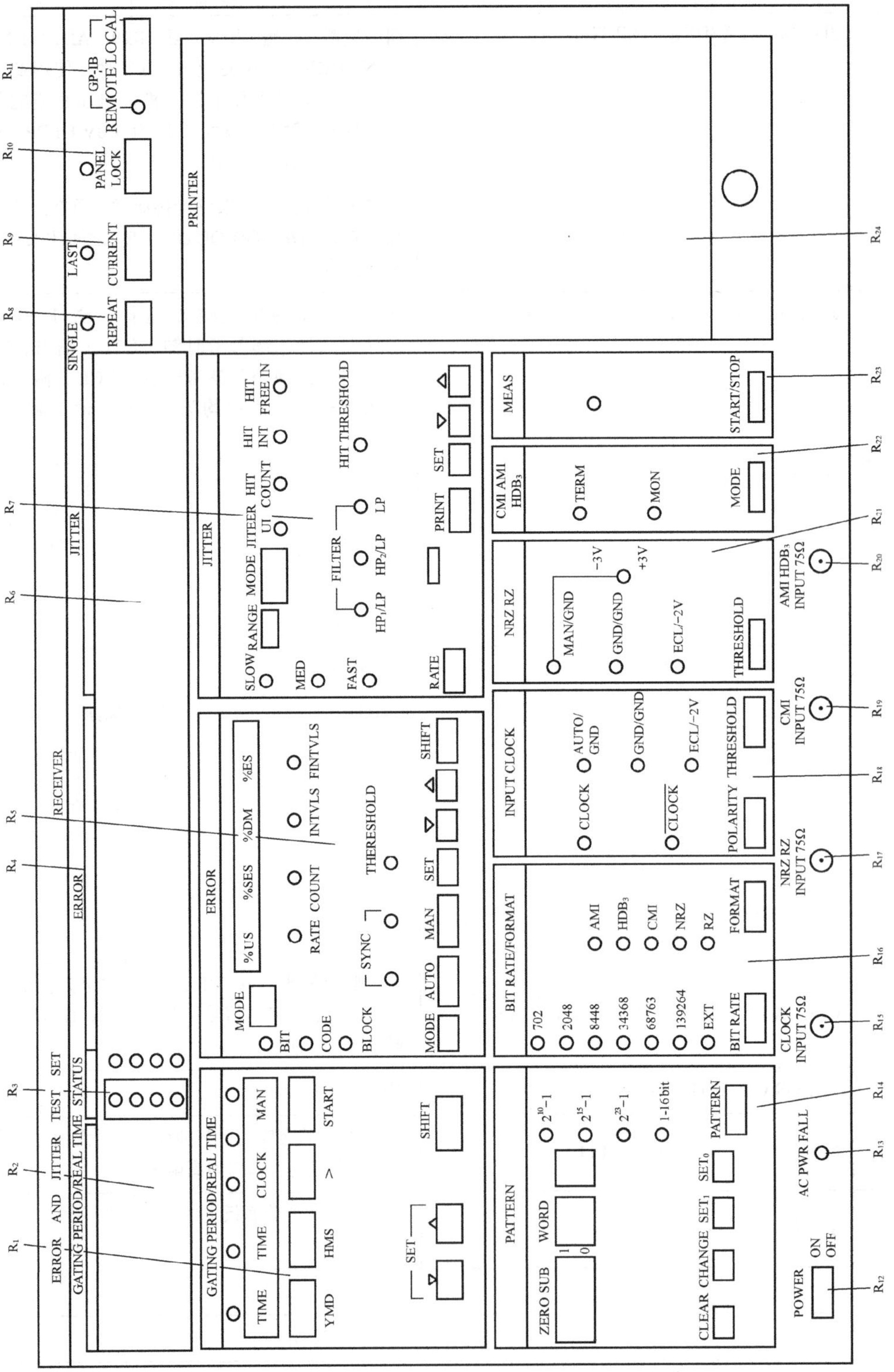

图 9-30　误码仪接收机前面板

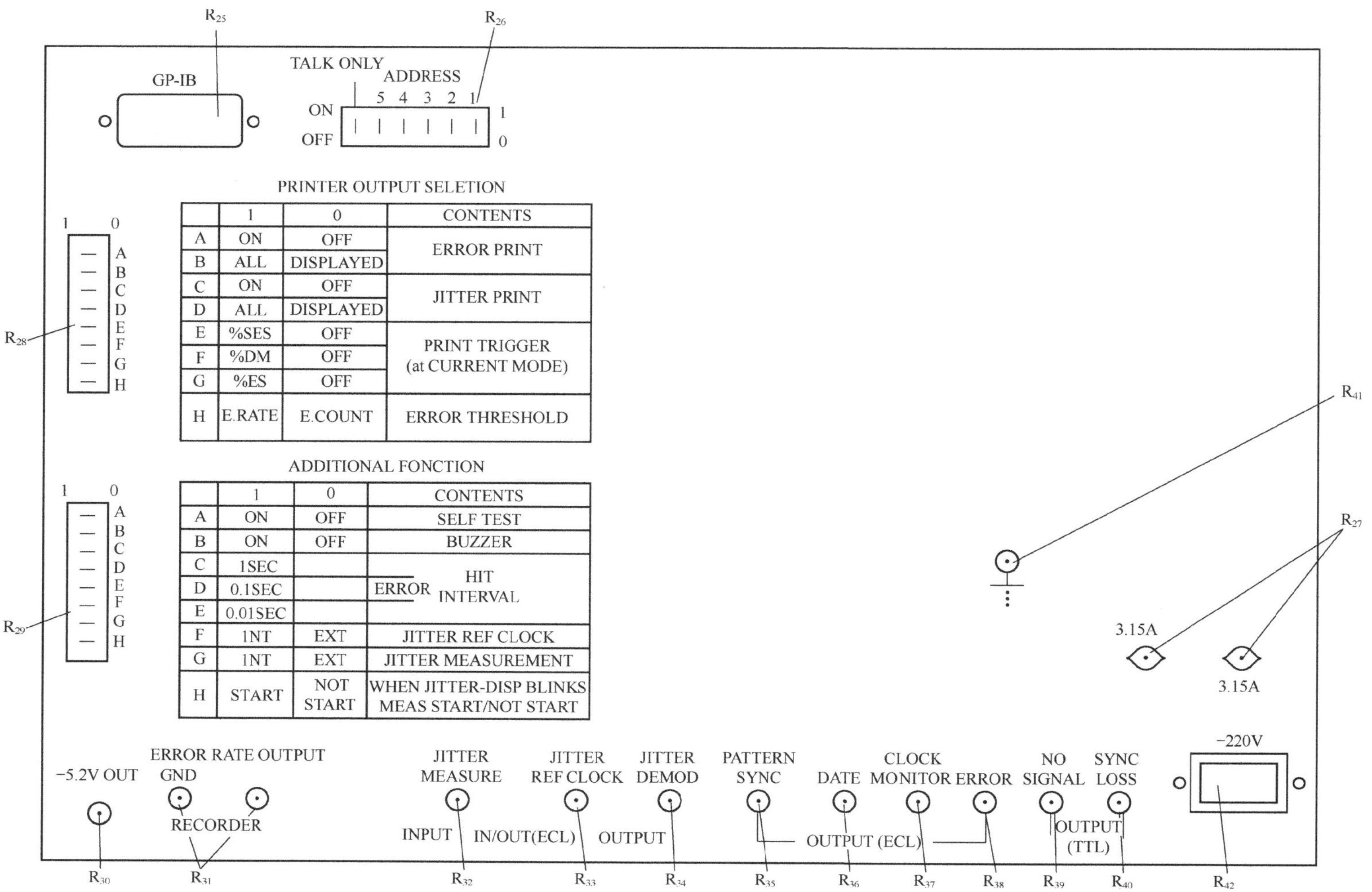

图 9-31　误码仪接收机后面板

（2）使用方法

① 自测试

- 自测试准备

用 4 根同样长度的同轴电缆把 ME520A/B 误码仪发送机的输出端与接收机 4 个相应的输入端连接起来，两个后面板上的 GP-IB 插座用所附接口电缆连接起来。

- 自测试开始

分别置发送机、接收机的 GP-IB 地址为 0。打开发送机和接收机的电源（地址 0 开始），将接收机后面板上的 SELF TEST 开关置为 ON，自测试开始。

接收机上数码显示的数字全部消失，然后显示“SELF”。

- 自测试通过/不通过判断

自测试项目为 12 项，测量结果如不正确，接收机显示并打印出错内容。

- 自测试结束

自测结束后，比特率和格式被初始化，回到 704kbit/s AMI 状态。当自测正常结束时，在误码显示器上显示“PASS”，且内部打印机打印如下内容：

R REF C9AB

T REF 1F5

这是接收机和发送机 ROM 的校验数据，如果在自测期间出现异常现象，则显示出错信息。

② 设置步骤（以 AMI、HDB_3 比特误码测量为例）

发送机

- 置[BIT RATE]为系统对应的速率，置[FORMAT]为 AMI 或 HDB_3。
- 置 PATTERN 为[$2^{15}-1$]或[$2^{23}-1$]。
- 用 T_4 的 MODE 键将 ERROR ADDITION 置为 BIT，并用[RATE]置为 OFF。
- 用 T_1 的 MODE 键将 FREQ OFFSET/JITTER MOD 置为 OFF。

接收机

- 用[BIT RATE]键设置与发送机相同的 BIT RATE 值，用[FORMAT]设置与发送机相同的格式。
- PATTERN 设置与发送机相同。
- 用[△]与[▽]键将 GATING PERIOD 设置为[TIME]、[CLOCK]或[MAN]。
- 根据测量要求选择 SINGLE 或 REPEAT、LAST DATA 或 CURRENT DATA。
- 将 ERROR MODE 设置为 BIT，将 SYNC 设置为 AUTO，用[MODE]选择显示的误码参数。
- 用同轴电缆将发射机的 AMI、HDB_3 输出接到被测设备的输入，被测设备的输出接到接收机的 AMI、HDB_3 输入。
- 当 START/STOP 键按下时，测量开始。

9.7.3 仪表、工具准备

用误码仪测量误码需要的仪表工具有：被测光纤通信系统、误码仪、塞绳、仪表连线、接地线和光可变衰耗器。

9.7.4 测量系统图及具体操作步骤

1. 测量系统图

用误码仪测量误码的方框图如图 9-32 所示。

2. 具体操作步骤

用误码仪测量误码的具体操作步骤如下。

（1）接通误码仪电源，按前述仪表使用步骤对仪表进行自测试。

（2）根据系统速率和码型对仪表进行设置。

（3）按图 9-32 所示将误码测试仪与数字光纤通信系统连接，并保证误码仪接地端子可靠接地。工程测试时，一般采用如图 9-32 所示的对端环回测试；设备出厂测试一般将误码测试仪的发收单元分开，进行端对端测试，并不考虑整个线路的影响。

（4）误码仪向光端机送入测试信号，PCM 测试信号为伪随机码，长度为（2^N-1），根据测试系统的速率选择 N 的长度。

(a) 远端测试（对测）

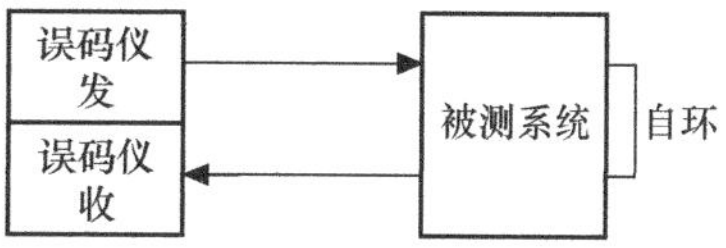

(b) 近端测试

图 9-32 用误码仪测量误码的方框图

（5）此时，会发现误码仪上的误码检测指标长时间为 0，说明光纤通信系统的性能优越。

（6）为了直观地观察误码指标，按图 9-32 将光可变衰耗器连入测试系统中。

（7）调整光衰减器，逐步增大光衰减，使输入光接收机的光功率逐步减少，使系统处于误码状态，此时可读取误码指标。

9.8 光纤通信系统抖动性能的测试

为保证数字网的抖动要求，必须根据抖动的累积规律，对整个数字通信系统中的复用设备和传输信道的抖动性能提出限制。ITU-T 建议这两部分均考虑输入抖动容限、无输入抖动时的输出抖动和抖动转移特性 3 种抖动性能指标。本节主要讨论数字段这 3 种指标的要求、测试原理和测试方法。

9.8.1 学习目的

本节的学习目的为：

（1）掌握光纤通信系统抖动测量的原理；

（2）掌握光纤通信系统输入抖动容限的测量方法和测量步骤；

（3）掌握光纤通信系统无输入抖动时的输出抖动的测量方法和测量步骤；

（4）掌握光纤通信系统抖动转移特性的测量方法和测量步骤。

9.8.2 测量原理

信号的抖动对通信质量的影响很大，因此原则上要求输出口的抖动越小越好。考虑到数字设备和数字传输线路的具体工作情况，CCITT 建议了容许抖动的范围，并针对两类系统建议了测试标准。第一是数字段，它包括数字复用设备、光端机和光纤线路；第二是数字复用设备。这两类系统共同测试的项目有：接口的输入抖动容限、接口的输出抖动上限和抖动转移特性。以上的各种测量都有明确建议的数字信号标准码速、抖动幅度和抖动频率范围。因此，对测量仪表有两个要求：既能产生满足一定要求的抖动信号，又能测量抖动信号的抖动幅度。其结构如图 9-33 所示。

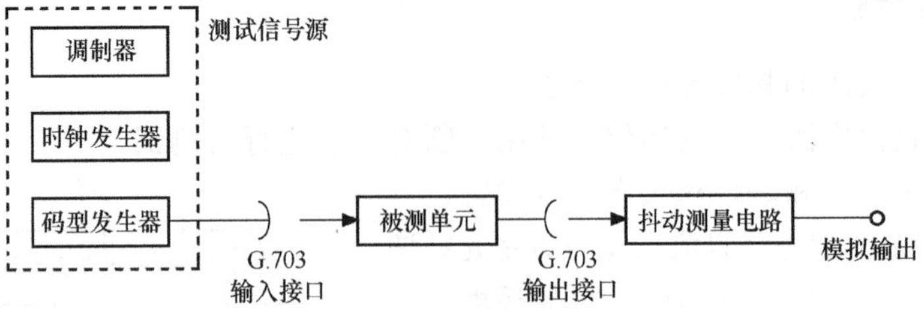

图 9-33　抖动测量配置图

1. 抖动的产生技术

图 9-34 所示为抖动序列产生器的原理图。参考时钟是规定标称值（在规定的相应容差之内）的时钟；序列发生器按 CCITT 建议 O.151 产生相应的伪随机序列 S_K，它被无抖动的时钟 T_K 写入缓冲存储器；参考时钟信号 T_K 受到正弦信号源调制（调频）产生带抖动的定时信号 T_G，T_G 从缓冲存储器中读出的信码 S_G 就是所要产生的带抖动的信息序列，要求频率调制器有良好且足够的线性区域，要求缓冲存储器有足够的容量，以保证在读写过程中不出现滑动。

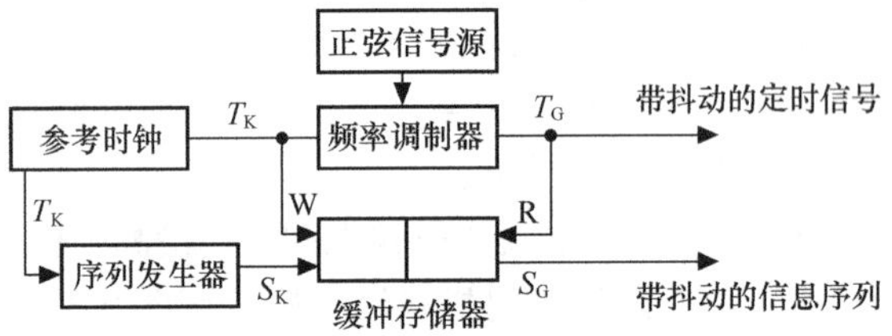

图 9-34　抖动序列产生方框图

2. 抖动测量技术

抖动测量的原理是以带有抖动的被测信号与同一频率的不带抖动的参考信号之间进行相位比较，然后再经过一定处理后即可输出被测信号相位抖动幅度的模拟值。图 9-35 所示给出了抖动测量原理框图。抖动抑制器可用带有缓冲存储器的模拟锁相环，可用数字滤波器取代模拟锁相环中的模拟滤波器，以改善低频抖动抑制特性。

作为比相用的参考时钟 T_K 可能是预先提供的，也可能是通过抖动抑制器从带有抖动的定时信号（T_G）中提取的，也可能是从带有抖动的待测信号中经定时恢复电路提取的。

一般抖动测量仪表都是后一种情形。从图 9-35 中的开关位置可知就是后一种情况。

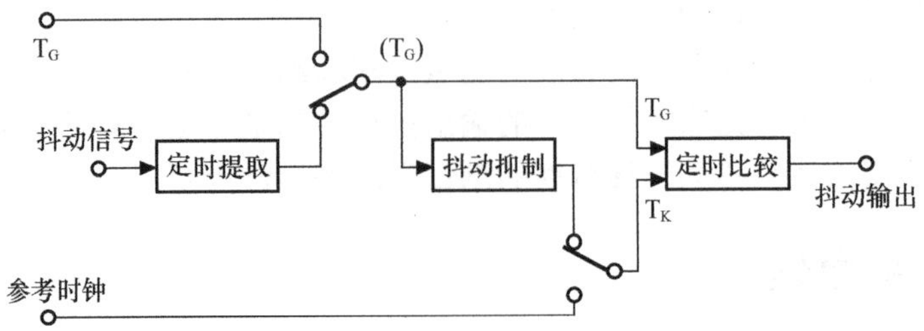

图 9-35　抖动测量原理框图

3．输入抖动容限测试

为了使任何数字设备可以接到数字网内 ITU-T 建议的系列接口，要求数字设备的输入口应有一定容纳数字信号抖动的能力，这就叫做输入口所容许的抖动，通常称为抖动容限。显然，抖动容限越大，表示该数字设备或数字段适应的能力就越强。考虑到线路的实际情况，在上游输出的数字信号抖动满足要求的条件下，还应考虑连接线对（如同轴电缆）的衰减和频率特性，输入口应能同时应付连接线后既衰减又畸变了的信号。因此，在进行输入抖动容限测试时，应在输入口信号引入之前插入一定长度的电缆模拟这种特性。ITU-T 建议这种电缆的衰减频率特性应符合一定的规律，即衰减与测试频率的平方根成比例。同时，还建议了不同码速的设备或数字段插入损耗的范围，如表 9-8 所示。此衰减应计及存在于设备间的数字分配架所引入的任何损耗。

表 9-8　正常工作的正弦抖动频率和极限抖动幅度

码速（kbit/s）	抖动峰-峰幅度（UI）		抖 动 频 率				PRBS 测试信号
	A_1	A_2	f_1	f_2	f_3	f_4	
2 048	1.5	0.2	20Hz	2.4kHz	18kHz	100kHz	$2^{15}-1$
8 448	1.5	0.2	20Hz	400Hz	3kHz	400kHz	$2^{15}-1$
34 368	1.5	0.15	100Hz	1kHz	10kHz	800kHz	$2^{23}-1$
139 264	1.5	0.075	200Hz	500Hz	10kHz	3 500kHz	$2^{23}-1$

为了便于测试，ITU-T 建议用正弦抖动的幅度和频率去调制一个测试码型，这种按一定幅度和频率抖动的输入信号使设备能正常工作，而不产生任何明显劣化的抖动极限值就是在这种测试条件下该设备或数字段的输入抖动容限，它必须在如图 9-36 所示的曲线之上，因此，图 9-36 所示为输入口容许输入抖动的下限。图中的 f_1～f_4，A_1～A_2 是被测设备或数字段能正常工作的正弦抖动频率和极限抖动幅度，它们对不同码速有不同的值，如表 9-8 所示。具体抖动调制信号的等效二进制内容应是表中所建议的伪随机比特序列。

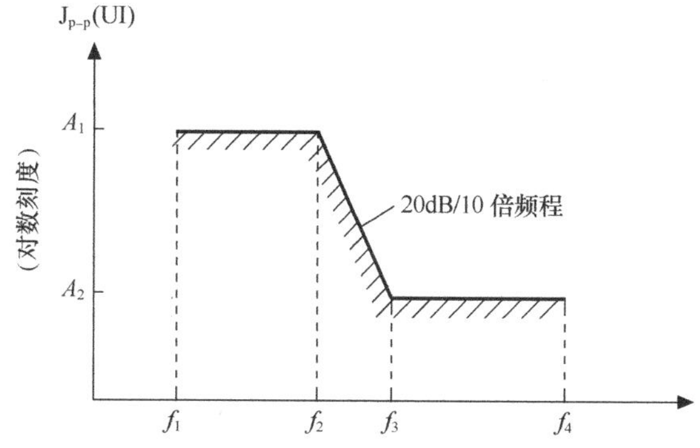

图 9-36　输入口容许输入抖动的下限

输入抖动容限的测试框图如图 9-37 所示。这是工程测量所采用的自环测试法，也可以采用对端测试法，自环法的测试结果相当于两个工程串联的情况。

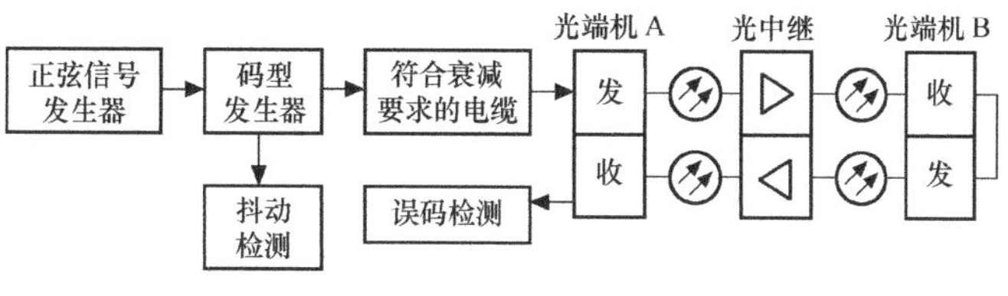

图 9-37　输入抖动容限测试框图

4．无输入抖动的输出抖动测试

在无输入信号抖动的情况下，由于各种因素的影响，每个数字复用设备或数字段都会产生一定的输出抖动。为了保证通信网的抖动特性指标，必须对每个数字复用设备或数字段产生的抖动进行限制，即限制它们在无输入抖动时的最大输出抖动。在任何情况下，数字段无输入抖动时的最大输出峰-峰抖动不应超过表 9-9 中所给出的限制，数字复用设备的输出抖动要求如表 9-10 和表 9-11 所示。

表 9-9　无输入抖动时数字段的最大输出抖动

码速（kbit/s）	HRDS 长度（km）	数字段最大输出抖动		测量滤波器带宽		
				具有低截止频率 f_1 或 f_3 和高截止频率 f_4 的带通滤波器		
		f_1～f_4 峰-峰（UI）	f_3～f_4 峰-峰（UI）	f_1	f_3	f_4
2 048	50	0.75	0.2	20Hz	18kHz（700Hz）	100kHz
8 448	50	0.75	0.2	20Hz	3kHz（80Hz）	400kHz
34 368	50	0.75	0.15	100Hz	10kHz	800kHz
34 368	280	0.75	0.15	100Hz	10kHz	800kHz
139 264	280	0.75	0.075	200Hz	10kHz	3 500kHz

表 9-10　复接设备支路输出抖动

码速（kbit/s）	抖动峰-峰值（UI）		频　率		
	f_4	f_3～f_4	f_1	f_3	f_4
二次群	≤0.25	≤0.05	20Hz	18kHz	100kHz
三次群	≤0.25	≤0.05	20Hz	3kHz	400kHz
四次群	≤0.3	≤0.05	100Hz	10kHz	800kHz

表 9-11　复接设备群路输出抖动

码速（kbit/s）	抖动峰-峰值（UI）	频　率	
	f_1～f_4	f_1	f_4
二次群	≤0.05	20Hz	400kHz
三次群	≤0.05	100Hz	800kHz
四次群	≤0.05	200Hz	3 500kHz

工程测试框图与图 9-37 相同，只是在输入端不接正弦信号发生器。

对数字复用设备测试时，其支路输出抖动和群路输出抖动必须分别满足表 9-10 和表 9-11 的要求。例如，把 4 个 8 448kbit/s 的支路信号复用成一个 34 368kbit/s 信号的数字复用设备，其 8 448kbit/s 支路信号输出抖动要求是：当用频率为 400kHz 的低通滤波器，在无输入抖动的情况下，支路输出的峰-峰抖动不应超过 0.25UI。当用一个装有低截止频率为 3kHz，并以 10 倍频程 20dB 滚降，且上限频率为 400kHz（f_4）的带通滤器的测量设备测量时（这种装置在误码仪和抖动测试仪中都含有），在 10 秒钟测试时间内，峰-峰输出抖动以 99.9%的概率不应超过 0.05UI。复用设备群输出抖动的要求是：在使用仪表内的低截止频率为 100Hz（f_1）和高截止频率为 800kHz（f_4）的带通滤波器测量时，二、三、四次群数字复用设备的输出峰-峰抖动均不应超过 0.05UI。

5．抖动转移特性测试

在数字设备或数字段的输入口出现的抖动，大多数情况下，较高频率的抖动分量将被衰减，但某些残余抖动仍然会传输到相应的数字输出口。ITU-T 建议数字设备或数字段输出口的残余抖动与输入口抖动量的比值（用对数形式表示，即抖动增益）与抖动频率的关系称为数字设备或数字段的抖动转移特性。为了保证数字网的抖动特性指标，ITU-T G.921 建议数字段的抖动转移特性函数的最大增益不应超过 1dB。

抖动转移特性测试方框图如图 9-38 所示。

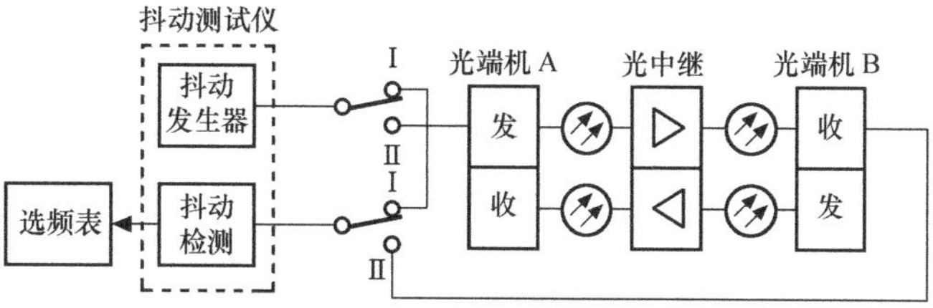

图 9-38 抖动转移特性测试方框图

9.8.3 仪表、工具准备

光纤通信系统抖动性能测试所需的仪表、工具有：被测光纤通信系统、数字传输分析仪和正弦信号发生器。

9.8.4 具体操作步骤

1. 输入抖动容限测试

输入抖动容限的测试步骤如下。

（1）测试时，首先将各种测试仪表和被测系统按图 9-37 所示连接。码型发生器和光端机输入口之间的电缆衰减与系统码速有关，如表 9-1 所示。

（2）调整正弦信号发生器的频率，其正弦抖动频率应在表 9-8 所建议的范围内取值，使之产生相位抖动。

（3）增加正弦信号的幅度，以系统无误码（即将出现误码的临界状态）时，抖动检测仪所检测的最大输入抖动幅度，为输入抖动容限的下限。测试的结果只能在如图 9-36 所示的曲线之上。曲线以上为合格区，曲线以下为不合格区。

工程线路的测量必须在两个方向进行，例如，先从光端机 A→光端机 B 测量，然后，从光端机 B→光端机 A 测量，其测量结果不可能一致，但都应满足图 9-36 和表 9-8 的要求。测试频率也不应限于 f_1、f_2、f_3、f_4 4 个频率，而应在 f_1 和 f_4 之间测试多个频率，每个频率的测试结果也都应满足以上要求。

2. 无输入抖动的输出抖动测试

无输入抖动的输出抖动测试步骤如下。

（1）测试时，首先将各种测试仪表和被测系统按图 9-37 所示连接（不含正弦信号发生器）。

（2）向被测设备送测试信号，要求相应的码速率、码型及伪随机序列长度且无抖动的 PRBS 信号。

（3）读取检测出的输出抖动的大小。

3. 抖动转移特性测试

抖动转移特性的测试步骤如下。

（1）测试时先按图 9-38 所示将测试仪表和数字段设备相连，抖动转移特性测试有两种方法：宽频法和选频法。下面以选频法为例说明其测量过程。

（2）先将两组开关接通 I，以确定数字段的输入抖动，即抖动发生器输出的抖动幅度，它一般取 1～1.5 UI，此时，选频表的读数设为 P_1，即输入抖动幅度。然后，将两组开关接通 II，测试数字段的输出抖动，此时，选频表读数为 P_2，则抖动增益为

$$G=P_2-P_1\text{（dB）} \tag{9-10}$$

若无选频表，可直接由抖动检测器读数，先测出 P_1（UI）和 P_2（UI），然后按式（9-11）计算出它的抖动增益。

$$G=20\lg\frac{P_2}{P_1}(\text{dB}) \tag{9-11}$$

（3）改变抖动信号发生器的抖动频率，分别测出各频率时数字段的输出抖动，找出出现最大抖动增益的频率，使测得的最大抖动增益不超过 1dB。

测试信号的等效二进制内容为“1000”，它的最大连零数为 3。由于受测试仪表的限制，抖动频率的下限一般取 10Hz，上限一般取抖动值衰减 3dB 频率点的 10 倍。

工程测试时，为了测试方便也可采用对端环回的测试方法，但测试结果相当于两个工程串联的情况，并对最大抖动增益和 3dB 衰减频率点有一定的影响。抖动转移性的测试也要考虑两个方向的测量，先测试 A 端→B 端，然后测 B 端→A 端，测试结果都应满足要求。

对于数字复用设备，ITU-T 建议的抖动转移特性函数的最大增益不超过 0.5dB，抖动转移特性应满足图 9-39 的要求。图中 f_0 应尽可能低，它将由测试仪表确定，例如：10Hz。f_1 和 f_2 的大小与数字复用设备的码速有关，f_1、f_2 是 10 倍频程。不同数字复用设备支路各码速的抖动转移特性参数值如表 9-12 所示。

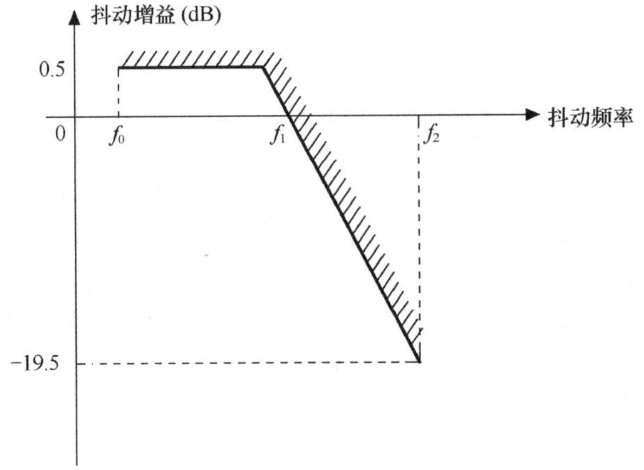

图 9-39　数字复用设备的抖动转移特性极限

表 9-12　　数字复用设备支路各码速的抖动转移特性参数值

参数值 / 支路码速（kbit/s）	输入抖动幅度（UI）	抖动频率（Hz）			测试信号（人工码）
		f_0	f_1	f_2	
2 048（二次群复用设备）	1.0～1.5	10	40	400	1 000
8 448（三次群复用设备）	1.0～1.5	10	100	1 000	1 000
34 368（四次群复用设备）	1.0～1.5	10	300	3 000	1 000

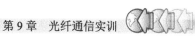

抖动测试也可以在不中断业务的条件下进行，此时，测试信号就是随机的业务信号。因为业务信号与业务负载有关，所以，在数字系统中的最大容许抖动的准确测量需要一个相当长的时间才能完成。因此，一般不采用随机业务信号进行抖动测量，而采用如表 9-8 所示的伪随机序列（PRBS）测试信号。这种测试方法的优点是使数字设备或数字段的抖动测试可在确定的条件下进行，测试时间短，它对实验室、工厂和工程线路的验收测试是很有用的。不足之处是必须中断业务，并且在一般情况下，在被测系统的抖动带宽内，PRBS 信号测量的抖动幅度必须乘上一个一定的误差。因此，用 PRBS 信号测量的抖动幅度必须乘上一个系数才能等于用传输中的随机业务信号测得的抖动幅度。修正系数的大小与 PRBS 的周期长度有关。当测量 2 048kbit/s 和 8 448kbit/s 数字系统时，因使用 $2^{15}-1$ 的 PRBS 信号，修正系数为 1.5；当测量 34 368kbit/s 和 139 264kbit/s 数字系统时，因使用 $2^{23}-1$ 的 PRBS 信号，修正系数应为 1.3。

9.9　电路的开放与调度

电路的开放和调度是光纤通信系统施工和维护中的一项常见工作，它要求工作人员熟练掌握电路开放的程序、方法及电路调度的原则，同时要求工作人员熟悉设备端口以及 ODF、DDF 架的端口。本节介绍电路开放的程序、方法及电路调度的原则和调度程序等。

9.9.1　学习目的

本节的学习目的为：

（1）掌握电路开放的程序和方法；

（2）掌握电路调度的原则和方法。

9.9.2　材料准备

进行电路的开放与调度所需的材料有：相关的设备端口以及 ODF、DDF 架的端口资料、开放或调度方案和塞绳等。

9.9.3　具体操作步骤

1．电路开放

电路开放的步骤如下。

（1）用户申请：用户在前台办理申请，经相关部门办理后交到光纤传输机房。

（2）设置开放路由：传输机房根据现有的设备开通情况，制定开放的电路和路由。

（3）相关连接、调测：对拟开放的路由进行连接和调测，并记录调测资料。

（4）开放电路。

（5）资料变更：对机房的资料进行变更。

2．电路调度

电路调度根据调度业务可分为光口调度和电口调度；根据调度性质可分为故障应急调度和临时应急调度。故障应急调度是指当光纤通信系统或通信线路出现障碍时，为及时恢复通信而采取的措施。凡是一级、二级干线光缆传输系统发生重大故障或阻断（包括光缆全阻），所辖范围内的责任局应立即向上级主管部门汇报。其相关省局或业务局的业务主管应亲临现场，由业务领导局统一指挥，依据“电信通信指挥调度制度”的规定，尽快抢通电信业务，以减少重大故障和阻断带来的损失。或应根据已经拟定的应急调度方案，包括利用省内电信网，临时调通部分系统，以确保重要通信。临时应急调度一般是指因重大事件或其他重要原因临时调通电路。

（1）电路调度的原则

发生重大故障和阻断时，抢通各类电信业务传输系统的顺序，应遵循下述规则：

① 先重要专线，后一般；

② 先高层网业务，后普通；

③ 先确保国际和际中业务，后国内；

④ 先抢通系统性全阻，后支路（通道）；

⑤ 先高次群，后低次群；

⑥ 先干线，后省内（地方）。

（2）电路调度的步骤

电路调度的步骤如下：

① 制定电路调度方案；

② 按照电路调度方案，找到相应的调度设备的位置；

③ 找到相应的设备端口以及 ODF、DDF 架的端口；

④ 用塞绳跳接相应的路由；

⑤ 测试相应的路由，并做好相应的测试记录；

⑥ 系统开通。

9.10　系统告警与故障处理

光纤数字通信系统的维护包括两方面内容，一个是对全系统进行定期测试，以保证其正常的工作状态；另一个是发生故障后如何尽快地排除，使其影响减小到最低程度。本节介绍光纤通信系统常见的故障现象及其处理方法。

9.10.1　学习目的

本节的学习目的为：

（1）掌握光纤通信系统常见的告警及故障现象；

（2）掌握光纤通信系统的故障处理方法。

9.10.2　常见的告警及故障现象与故障处理

光端机是整个光纤通信系统的传输终端，一旦出现故障，将影响整个系统的业务运行。因此它一般都具有主备用系统、监控系统和完整的告警系统。光端机的告警又分为紧急告警和非紧急告警。紧急告警（即时告警）的项目有：本端输入口 PCM 信号中断、发无光、收无光、帧失步、公务失步、10^{-3} 误码、区间通信失步和电源告警等，此时机架顶部红灯亮，告警铃响。非紧急告警（延迟告警）的项目有：光源（指 LD）寿命告警、10^{-6} 误码和系统倒换等。此时机架顶部白灯亮，不振铃。

1. 系统告警功能的检查

光纤通信系统的告警功能应定期检查，检查方法如表 9-13 所示。

表 9-13 光端机及光中继器故障情况及告警指示

故障情况	故障部位	告警显示	检查方法
输入 PCM 中断	光端机	1. 输入盘“信号中断”灯亮（红色灯） 2. 架顶红灯亮、铃响 3. 换用备用时钟向线路侧发 AIS 信号	拔掉输入盘上连接外线和机内插座的 U 形插头
主信道已倒换	光端机	1. 倒换盘红灯亮 2. 架顶白灯亮	按人工倒换键或关掉主用系统电源
收到 AIS	光端机	1. 输出盘黄灯亮 2. 架顶白灯亮，送延迟告警信号	中断对端机的 PCM 输入信号
LD 寿命告警	光端机 光中继器	1. 发送盘黄色告警灯亮 2. 架顶白灯亮，送延迟告警信号	人为增加激光器偏置电流（小心损坏 LD）
LD 发无光	光端机 光中继器	1. 发送盘红灯亮 2. 架顶红灯亮，送即时告警信号	拔出光端机的输入盘或光中继器的接收盘，以中断 LD 输入信号
收无光	光端机 光中继器	1. 接收盘“收无光”告警灯（红色）亮 2. 架顶红灯亮，铃响。送即时告警信号，并发出系统倒换请求信号，启用备用系统	断开接收盘的光纤活动连接器
帧失步	光端机 光中继器	1. 光端机输出盘，光中继器发送盘红灯亮 2. 同收无光 3. 换备用时钟向电接口侧发 AIS 信号	拔掉接收盘或在光信号输入口插入光衰耗造成误码失步
10^{-3} 误码	光端机 光中继器	1. 系统误码红灯亮 2. 架顶红灯亮、铃响、送即时告警信号 3. 倒换备用系统	增加光路衰耗
10^{-6} 误码	光端机 光中继器	1. 系统误码（黄）灯亮 2. 架顶白灯亮，送延迟告警信号	增加光路衰耗

注：本表适用于 G.D 系列光端机及 G.Z 系列光中继器，其他机型可做参考。

2. 光纤通信系统常见的故障现象、原因及处理方法

下面列举光端机和光中继器通常可能发生的故障，同时分析故障的原因，作为维护人员判断故障时的参考，以便能尽快找到故障点并及时排除，缩短故障时间，提高系统完好率。必须指出，下述故障有的仅是光端机的，有的则是光端机和光中继器共有的，分析时可参照表 9-13。

（1）PCM 中断

① 现象：光端机输入盘红灯亮。

② 原因分析。

如果主备用同时中断，可能的原因如下。

- PCM 设备无信号输出，或 PCM 设备与光端机之间接口连线有问题，只要将 PCM 设备自环，如果自环后 PCM 设备工作仍不正常，说明 PCM 设备有问题，如果自环后 PCM 设备工作正常，则故障在光端机，很可能是接口连线问题。
- 输入分配盘故障。
- 公务框电源故障。

如果主备用中仅有一个系统中断（如果是主用中断而备用正常，收端会自动倒换到备用系统）可能故障原因如下。

- 输入盘接口故障（主要是均放部分）。
- 从输入分配盘到输入接口之间的连线故障。
- 输入分配盘一条支路故障。

（2）发无光告警

① 现象：发送盘红灯亮，同时收端应该显示无光告警和失步告警，且自动倒换至备用系统（否则是发端误告）。

② 原因分析。

- 编码盘无信号输出或编码盘与发送盘之间的连线中断。
- 发送盘故障。
- 激光器损坏。

（3）收无光告警

① 现象：接收盘红灯亮，同时解码盘红灯亮（失步），如果故障在主用系统，会自动倒换至备用。

② 原因分析。

- 对端（光端机或光中继器）无光信号输出，此时对端应有发无光告警。
- 若对端无告警指示，则可能是光纤线路中断，用光功率计在收端光纤活动连接器处检测输入光功率即可确定。只要发端有光功率输出而收端无输入光功率，即是光纤线路（包括两端的光纤活动连接器）的故障。
- 如果上述光功率计检测有光功率，且输入光功率不小于接收机灵敏度，则故障原因可能在接收盘。
- 如果不同时出现失步告警，则是接收盘误告警或告警电路故障，它将影响系统正常工作（致使输出盘向下游发 AIS 信号），应予以处理。

（4）LD 寿命告警

① 现象：发送盘黄灯亮。

② 原因分析。

- LD 寿命已快到期（偏置电流 I_b 上升到正常值的 1.5 倍以上）。
- 检查 I_b 测试点，如果未发现明显升高，则可能是告警系统误工作，但应调整寿命告警门限值。

（5）失步告警

① 现象：解码盘告警红灯亮，若故障在主用，则自动倒换至备用。

② 原因分析。

- 收无光告警：略。
- 接收盘无输出或有故障。

- 发端编码盘故障。
- 接收光功率不足。
- 解码盘本身错误。
- 中继器故障。
- 输入接口故障。

（6）AIS 检出告警

① 现象：输出盘 AIS 检出告警，盘上黄灯亮，如果是主用系统故障而备用正常，则会自动倒换至备用系统工作。

② 原因分析。

- 发送端 PCM 中断。
- 解码电路无输出。
- 在 GD140H 型（140Mbit/s）光端机中，也可能是解码盘与输出接口盘的连接中断。

（7）公务电话失步

① 现象：公务盘上红灯亮。

② 原因分析。

- 主备系统的通道同时中断（收无光、失步）。如果不属于这种情况，则可能是下面的故障。
- 中继器故障，首先是中继器公务电源故障，其次是插分故障。
- 公务盘本身故障。如果主信道无告警，则可能的原因是：对端光端机编码盘辅助信号插入故障；本端解码盘辅助信号分离故障；中继器插分盘故障。

（8）10^{-3}、10^{-6} 误码告警

① 现象：监测盘上相应的告警指示灯亮，10^{-3} 误码红灯亮，系统应倒换，10^{-6} 误码黄灯亮。

② 原因分析。

- 接收光功率下降，此时有可能是光纤线路问题，也可能是对方发送光功率过小或者是收发两端的光纤活动连接器故障所致。发送光功率可用光功率计测量对方光源出纤功率即可判断。
- 编码盘出现错误，使发出来的信号就已经误码。
- 如果前两者均无问题，则可能是接收盘本身出现故障。

（9）光端机系统无告警，但 PCM 失步

此时也不能完全排除光端机故障的可能性，可先将系统用人工倒换到备用系统工作，如果此时 PCM 仍不正常，则多半是 PCM 复接设备故障，如果倒换后工作恢复正常，则是主用系统的光端机故障，很可能是对端光端机输入接口或本端光端机输出接口故障。

识别故障的性质，准确地判断故障的部位，是排除故障的关键，只要明确了故障的性质和部位，再对症下药，例如，该换元器件的换元器件，该换盘子的换盘子，分类处理，问题就可迎刃而解了。

3．光纤通信系统障碍处理的程序及注意的问题

（1）光纤通信系统障碍处理的程序

当光纤通信系统的通道、电路发生故障时，值班人员的处理原则如下。

① 首先应根据设备告警指示、监控系统显示和业务部门申告，初步判断障碍段落和性质，确定是局内障碍还是局外障碍，是设备障碍还是线路障碍。

② 在初步判明障碍段落和性质后，如不能迅速恢复通信，即应根据电路调度原则所规定的顺序，依照已拟定的应急调度方案进行调度，设法恢复重要通道、电路的通信。

③ 为加速排除故障，可以采取临时措施调通通道、电路，但应记明情况，并在故障消除后立即恢复。

④ 在处理低次群设备故障时，不宜影响和中断高次群电路。在处理复、分接设备故障时，不宜影响和中断线路传输系统。

⑤ 在障碍的申报和处理过程中，申报站要申明障碍现象、性质、双方核对电路群号和槽路。障碍处理完毕应及时作好记录，注明申告站、障碍时间、现象、监控告警信息、处理过程、初步结论及双方工号，同时按规定向相关主管部门报告。

（2）光纤通信系统障碍处理时应注意的问题

① 光缆阻断时，具有 140Mbit/s 网路接口的维护段责任局要尽可能利用空闲系统的 140Mbit/s 接口或区间业务较少、等级较低的 140Mbit/s 接口进行指挥调度。由业务领导局统一指挥，各传输部门要服从指挥调度，积极配合。干线业务领导局在条件一旦成熟后应负责牵头制定干线范围内的应急调度方案。

② 值班人员在处理障碍时，应遵循电路业务领导制度的相关规定。

- 通道、电路障碍发生时，各局应配合主控站核实告警信号，尽快判明是否为本局局内障碍，并通知相关局共同处理。由业务领导局负责指挥，有关局站应密切配合，协同分段查找，直至判明障碍段落和设备。分段的业务领导局应定时督促和帮助有关局处理机线障碍，定时查询，随时掌握障碍处理情况。
- 在通道、电路障碍时，未经业务领导局值班班长许可，终端局和中继站都不得停机在本机进行与处理障碍无关的工作，以免障碍恢复后，妨碍电路的开通。值班人员在处理障碍时，应与其他维护人员密切配合。

③ 终端局接到使用单位的障碍通知后，应问明障碍现象及通知人的工号，连同通道、电路申告时间一并记录。障碍排除后，经使用单位验证电路良好方能投入使用，并与使用单位互记交付时间及工号，如经使用单位验证电路不能使用时，应继续查找原因或检修。

4．SDH 系统的障碍处理

（1）SDH 网管系统的告警级别与种类

SDH 传输的网管系统一旦发出告警，表明出现故障或异常，其中造成业务受损的故障称为电路障碍或设备障碍。SDH 网管系统的告警共分 5 个级别，并以不同的颜色表示。关于网元管理的告警类别及不同表示色可参阅表 9-14。不同厂商提供的 SDH 设备及系统，其告警显示不很一致，维护现场必须设置一张对照表，以表明两者间的对应关系。

表 9-14　　SDH 网管系统告警的等级

告警级别	表示颜色	告警级别	表示颜色
紧急告警（Critical）	红	提醒告警（Warning）	紫
主要告警（Major）	橙	正常（无告警）	绿
次要告警（Minor）	黄		

SDH 网管系统应具有的告警种类及内容详见表 9-15。各厂商提供的 SDH 网管原则上均需参照该表 9-15 中的各项进行重新设置。如其中少数内容不能与表 9-15 中各项完全一致，

至少在同一子网区域内应保持一致，并列入 SDH 维护管理细则。目前，建议维护现场要配置一张对照表，标明实际网管与表 9-15 的对应关系，包括要注明所缺少的告警功能。

表 9-15　　EM 监视的主要告警

序号	告警中文描述	告警英文描述	告 警 级 别	备　注
1	SDH 物理接口	SPI		
1.1	信号丢失	LOS	紧急	
1.2	发送器失效	TF	紧急	
1.3	发送器劣化	TD	主要	
2	再生段	RS		
2.1	帧丢失	LOF	紧急	A1A2
2.2	帧失步	OOF	紧急	A1A2
2.3	再生段误码率越限	RS-EXC	主要	B1
2.4	再生段信号劣化	RS-DEG	次要	B1
2.5	再生段告警指示信号	RS-AIS	次要	
2.6	DCCR 连接失效	DCCR-Connection Failure	紧急	D1～D3
3	复用段	MS		
3.1	复用段远端缺陷指示	MS-RDI	次要	K2（bit6～8）
3.2	复用段误码率过限	MS-EXC	主要	B2
3.3	管理单元指针丢失	AU-Loss of Pointer	紧急	
3.4	复用段告警指示信号	MS-AIS	次要	
3.5	管理单位告警指示信号	AU-AIS	次要	
3.6	复用段信号劣化	MS-DEG	次要	B2，M1
3.7	DCCM 连接失效	DCCM-Connection Failure	紧急	D4～D12
3.8	复用段保护倒换事件	MS-PSE	次要	
3.9	K2 失配		次要	K2（bit5）有误
3.10	K1/K2 失配		紧急	K1（bit5～8） K2（bit1～4） 有误
4	高阶通道虚容器	HOVC		
4.1	高阶通道跟踪标识失配	HP-TIM	紧急	J1
4.2	高阶通道未装载	HP-UNEQ	紧急	C2
4.3	高阶通道远端缺陷指示	HP-RDI	次要	G1（bit5）
4.4	高阶通道误码率越限	HP-EXC	主要	B3
4.5	支路单元指针丢失	TU-LOP	紧急	
4.6	TU 复帧丢失	TU-LOM	紧急	H4
4.7	支路单元告警指示信号	TU-AIS	次要	

续表

序号	告警中文描述	告警英文描述	告 警 级 别	备　　注
4.8	高阶通道净荷标记失配	HP-PLM	紧急	C2
4.9	高阶通道信号劣化	HP-DEG	次要	B3
4.10	高阶通道告警指示信号	HP-AIS	次要	
4.11	高阶通道告警倒换事件	HP-PSE	次要	
5	低阶虚容器	LOVC		
5.1	低阶通道跟踪标识失配	LP-TIM	紧急	J2
5.2	低阶通道未装载	LP-UNEQ	紧急	V5（bit5～7）
5.3	低阶通道远端缺陷指示	LP- RDI	次要	V5（bit8）
5.4	低阶通道误码率过限	LP- EXC	主要	V5（bit1～2）
5.5	低阶通道净荷标记失配	LP- PLM	紧急	V5（bit5～7）
5.6	低阶通道告警指示信号	LP- AIS	次要	
6	同步设备定时源	SETS		
6.1	定时输入丢失	LTI	紧急	
6.2	定时输出丢失	LTO	紧急	
6.3	定时信号劣化	Timing-DEG	主要	
6.4	同步定时标记失配	SSMB Mismatch	主要	
7	PDH 物理接口/低阶通道适配	PPI/LPA		
7.1	信号丢失	LOS	紧急	
7.2	帧定位丢失	FAL	紧急	
8	SDH 设备	SDH Equipment		
8.1	单元盘故障	Unit Failure	紧急	1+1 保护时为主要告警
8.2	单元盘脱位	Unit Removal	紧急	1+1 保护时为主要告警
9	光放及光放子系统	OFA&Sub-systems		
9.1	电源故障	Power Supply Failure	紧急	
9.2	单元盘故障	Unit Failure	紧急	
9.3	单元盘脱位	Unit Removal	紧急	
9.4	监测失效	Supervision Failure	紧急	
9.5	发送失效	TF	紧急	
9.6	发送劣化	TD	主要	（功率高/低）
9.7	信号丢失	LOS	紧急	
9.8	接收功率过低	Received Power Low	主要	
9.9	泵浦激光器偏流过高	Pump Laser Bias High	主要	

续表

序号	告警中文描述	告警英文描述	告 警 级 别	备　　注
9.10	泵浦激光器温度过高	Pump Laser Temperature High	主要	
10	外部设备	External Device		
10.1	外部告警设备	External Alarm Events		如门开/关，火警等开关量告警

（2）SDH 系统障碍处理程序

① 查障先由告警或用户申告开始，通常 SDH 网管系统能在用户申告前发出告警，从而启动故障定位。

如果发生用户申告，此前网管系统却没有发现和报告通道已劣化，反映出网管监视能力有欠缺，对其原因需在障碍处理报告中加以分析，作为今后改进网管系统的重要参考。

② 判断是哪一种维护实体（再生段、复用段、高阶或低阶通道）有障碍，判断障碍引起的误码性能下降的水平（性能降质还是不可接受）。

③ 利用网管系统在线测试功能，找出故障设备或机盘。

④ 记录并书面报告查找故障结果，提出下一步维护的建议。

（3）SDH 系统障碍处理时应遵循的几个原则

① SDH 系统障碍处理时，复用段和通道调度原则（调度可由网管或设备自动实现）如下。

- 对于有复用段保护倒换的系统，首先实现主备用复用段倒换。
- 对于无复用段保护倒换，而具有通道保护倒换的系统，进行主备用通道倒换。
- 对于光缆全阻等重大故障，根据网络保护和恢复设计（如复用段倒换环、通道保护倒换环和利用 DXC 的网络恢复等）可以实现自愈。无自愈功能时，可进行人工倒换或恢复。

② 再生段、复用段和通道发生故障，应按下列原则处理。

- 各局（站）收到申告、发现警告或其他异常，应首先与网管局（站）联系，在网管局（站）统一指挥下进行障碍处理。未经网管局（站）同意，其他各局（站）严禁拉断系统、随意拔盘，不得利用调度电路机会进行与排障无关的其他操作。
- 根据网管系统的告警显示和用户申告，用前述故障定位程序确定故障位置。
- 在初步判明故障段落和性质后，依据电路调度原则迅速恢复通信。
- 故障申报时，申报站要申明故障的现象、性质，双方核对电路群号、槽路。故障处理完毕应及时做好记录，注明申告站、故障时间、故障现象、网管信息、处理过程、初步结论和双方工号等，还应按规定及时向网管局（站）报告。

③ 值班人员在处理故障时，应听从网管局（站）的领导和指挥，应遵循业务领导制度的相关规定，由业务领导局统一指挥，沿线各传输部门（局站）要服从指挥调度和积极配合，并由干线业务领导局或区域责任局牵头负责制定应急调度方案。

9.11　光缆线路维护案例分析

1．济宁光缆济南-泰安中继段故障分析

（1）故障处理情况

2010 年 3 月 12 日 9 时 5 分，山东省级维护平台传输网管显示京沪 320G 波分系统、奥

运波分系统济南至泰安之间板互收 loss 告警，发送功率正常，SDH 业务环保护，IP 业务中断。济南传输局接通知后，立即安排人员奔赴工商河机房进行电路调度并测试障碍地点，同时安排抢修人员去现场查找故障点。10 时 20 分，抢修人员将受影响的京沪 320G 电路及奥运波分系统调度至济宁沪光缆上，业务恢复正常。

（2）故障原因分析

人井内管道光缆被人为剪断。

（3）经验总结

① 代维方没有履行代维职责。由于铁路局改革，原代维单位职能划归济南铁路局管理；沟通、协调工作难度增大。

② 高铁工程施工现场复杂，代维方没有按照我方施工监护要求，设置监护标志，并派专人监护，造成故障的发生。

③ 由于光缆路由位于铁路禁区，我方人员不能进入施工现场进行有效监护。虽然我方在“两会”前及以传真和电话等形式及时告知代维方，但代维方依然不能采取有效措施，及时处理线路隐患。

（4）后续采取的防范措施

① 强化对代维单位的管理。指定专人负责通信段的代维监管工作。

② 要求济南通信段加强线路的日常巡视，特别要加强易遭人为破坏地段的防护，必要时派人日夜守候。

③ 鉴于京沪高速铁路电气化施工现场较多，要求代维单位加强对施工点的监护，确保施工点线路的安全。

④ 要求代维单位对管道人井进行封堵，防止人为破坏的再次发生。

2．呼北同沟一、二干光缆线路障碍分析

2009 年 4 月 20 日 10 时 26 分，呼北一干、同沟偏晋二干光缆在偏关-五寨中继段距离五寨机房 7.749km、7.650km 处，因农民使用大型加长春耕机械深翻土地，将两条光缆同时严重损伤，造成非全阻障碍。故障历时 180 分钟。

（1）故障处理情况

2009 年 4 月 20 日 10 时 26 分，忻州维护中心五寨分局接五寨联通分公司通知，呼北一干、同沟偏晋二干光缆发生部分系统阻断。五寨中心、五寨分局同时组织人员、抢修仪表器材装车出发。10 时 38 分，五寨中心人员到达机房并测出一干障碍点为 7.749km，在与资料对照后，初步判断障碍点应该在 47(J)/1142#接头附近。中心、分局人员于 11 时 12 分到达障碍点附近，安排人员前后巡回查看。与此同时，忻州中心和偏关分局抢修人员出发进行支援。

按照经验判断，如果同沟两条光缆同时发生障碍，线路上必然有机械施工动土现象，应该很容易找到障碍点位置，但经仔细巡查，障碍点前后 2km 均未发现任何动土施工迹象。经现场判断和请示上级后，决定一方面采用开挖 47(J)/1142#接头坑，准备打开接头盒做大损耗判断障碍点。另一方面组织人员布放整盘光缆直接避开障碍位置，对二干进行割接抢修。（之所以不对一干进行抢接，是考虑到万一现场障碍点判断错误，会给障碍抢修带来更大的麻烦。）

在开挖接头坑时，由于是流沙土质，并且接头两侧预留分别盘放（大小为 3×1.2×1.5m），给挖坑带来相当大的困难。12 时 45 分，接头盒被挖出，抢修人员迅速打开并做大损耗测试。五寨机房未能发现该损耗点位置，初步判断障碍点在该接头与五寨机房之间。然后通知

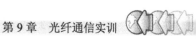

偏关机房进行测试判断损耗位置，由于偏关机房 OTDR 陈旧老化，并且测试距离过长（中继段长度为 81.989km），大损耗位置不容易判断。

为准确判断位置，节省时间，后经现场指挥人员商定，采用接头盒断纤测试。13 时 02 分，现场测试距离该接头盒 153m 为障碍点位置。然后及时安排民工在 180m 处开挖光缆沟，同时抢修人员将备用光缆（200m，两端已装好接头盒）布放完毕。在开挖抢修缆沟过程中发现两条光缆及排流线不同程度受到损伤，立即挖出障碍点，开始断缆开剥接续，13 时 20 分，军线（33、34#）接续完毕。13 时 26 分，西北环波分完成接续。在整个抢修过程中，由于种种原因，给现场障碍点的判断带来很大的困难，导致抢修时间较长。

（2）故障原因分析

农民为取出药材黄芪种植庄稼，因土地干旱，采用加长犁深翻土地时，将两条光缆同时犁伤，是造成此次非全阻障碍的直接原因。

经询问当地村民和查看耕犁后，具体分析障碍原因，主要有以下几方面。

① 当地长时间干旱无雨，气候干燥，种植庄稼困难，需要深挖出湿土层后方可种植。

② 犁地是为了取出埋植在地下的药材，改种其他庄稼。因药材的种植深度要比普通庄稼深，需采用加长犁翻地耕种。此加长犁犁铲较大，铲深为 90cm，有明显的加长焊接痕迹。我们在现场测量光缆的埋深为 90cm 左右，与犁铲长度相当。

③ 农民在耕地的过程中，先将排流线挂断，在感觉有障碍物的情况下，又将犁铲重新调整深度，进一步将两条光缆犁伤。

以上情况，当地公安部门进入现场后勘察取证，并有笔录记载，情况属实。

（3）经验总结

此次障碍的发生给全省维护指标的完成带来了较大的影响，为此忻州维护中心及时召开了障碍分析会，总结了经验和教训。

客观上讲，本次障碍的发生确实存在不可预见性。

① 在巡查障碍位置过程中，维护人员曾看到沿途几台装有铁犁的拖拉机正在犁地。由于多年来当地村民一直沿用此种方法犁地春耕，长期以来光缆尚未因此发生过任何问题，导致维护人员未能及时将铁犁耕地的原因作为重点怀疑的对象，影响了障碍点的判断。直至开挖抢修缆沟时，才考虑到光缆被铁犁伤到的可能性。

② 按照正常情况，光缆埋深在 90cm 左右，采用机械犁地，一般不太可能将光缆犁断。但是当地土地干旱，种植药材埋深较深，必须采用加长铁犁才可挖出等诸多偶然因素，是在维护人员意料之外的，也导致了判断失误。

③ 维护人员主观上认识不足，对光缆埋深探测不够细致，也为障碍发生埋下了隐患。按照省维护中心的安排，忻州维护中心先后在 2007、2008 年进行过大规模的路由埋深探测，对庄稼地的光缆埋深按照平均 5 米/处的要求进行，但之后再未进行细致深入的工作，导致障碍发生后现场判断不准确，延误了抢修时机。

④ 呼北一干、偏晋二干同沟敷设，一旦线路出现问题，同时发生障碍的几率较高，一、二干互为备用的可能性较小，也是障碍隐患存在的一个较大因素。

（4）后续采取的防范措施

① 在春耕之前，对使用加长犁、存在故障隐患的庄稼地上的一干路由，进行细致的路由探测，由 5 米/处探测强化为 1 米/处探测，彻底清除光缆埋深不够带来的隐患，提高光缆埋深和位置的准确率。

② 加强护线宣传，着重对障碍周边村民进行光缆安全教育，增强村民的护线意识。与当地使用加长犁耕地的农民进行沟通，说明原因，劝其改种其他埋深较浅的作物或放弃使用加长犁耕地。

③ 认真落实巡回制度，加强对农田中直埋光缆线路的巡视，同时继续跟踪走访农户，监控加长犁的使用情况。

④ 提高警惕，吸取教训，杜绝此类事故再次发生。

3. 京太西2号、3号大同-山阴光缆线路障碍分析

2010年6月9日16时58分，京太西2号、3号一干光缆在大同-山阴、大同-金沙滩段、东韩岭村附近，由于村民在铁路边清理垃圾，用推土机将光缆挖断，导致所有承载系统中断，造成全阻，故障历时180分钟。

（1）故障处理情况

2010年6月9日16时58分，接大同机房通知，京太西2号光缆山阴方向阻断；17时05分接到通知，京太西3号光缆金沙滩方向阻断。

17时25分大同维护中心测试人员到达机房，测试2号光缆在16.235km、3号缆在21.69km全阻。17时48分大同维护中心4组14名抢修人员到达韩家岭车站，分两组分别向南北两方向徒步巡查障碍点。由于障碍现场被掩埋，抢修人员对光缆路由不熟悉，中铁代维单位怀仁工区维护人员不能及时到位，到位后又不明原因离开现场，手机无法正常联系，致使障碍点查找和光缆定位花费较长时间。两组人员各巡查5km，也不见明显障碍点，只在东韩岭村东发现明显动土痕迹。直至19时10分才找到障碍点具体位置，开始接续3号缆南侧，19时50分3号缆两头移动、朗讯波分、烽火波分系统接续完毕。京太西2号光缆断点处有钢管保护且露头太短，无法立即实施接续，开挖钢管历时较长，至19时56分全部接续完毕。

（2）故障原因分析

东韩岭村村民侵入铁路地界使用机械推土、清理垃圾，将联通2、3号光缆推断，导致业务全部中断，是造成这次障碍的直接原因。后推土机肇事司机为逃避责任，将光缆断点掩埋，致使障碍点查找和光缆定位花费较长时间，也是导致障碍处理时间长的主要原因。

（3）经验总结

这次障碍，反映出我方及代维单位在维护工作中确实存在着不少漏洞。

① 在障碍附近光缆路由上，设立警示标志少、不明显，导致障碍隐患的存在。

② 护线宣传工作没有做到位，附近村民大多不清楚光缆走向和路由。

③ 代维单位巡护人员责任心差，措施不力，在发生障碍后不能及时到达现场，到达后现场后又擅自中途离开，手机无法接通，也存在着不可推卸的责任。

（4）后续采取的防范措施

① 压缩障碍历时。省维护中心要求中铁代维单位：为适应联通集团的一干3小时抢修时限要求，调整维护机构设立，增配维护车辆和工器具。

② 布放应急抢修料。针对目前维护中心各基层分局缺少联通专用光缆造成的抢修障碍，双方商定：6月20日前，由代维单位制作200m应急光缆，并送达维护中心各基层分局，各分局接收应急缆后，尽快安装接头盒，配置抢修工具。

③ 增加重点地段的标志。要求对沿线村庄和人口密集地区、外力影响隐患地区，加密标石和宣传牌。

④ 对出事工区维护人员和肇事单位进行相应的处理，追偿线路直接、间接损失。

⑤ 加强障碍现场周边村镇的护线宣传力度。

4．由于天气寒，冷钢管内水结冰后挤压光缆造成传输大衰耗

（1）故障处理情况

2008 年 1 月 23 日凌晨 3 时 51 分，省电子政务焦作-济源段收光不好，焦作-济源 24 芯光缆传输衰耗异常，接到通知后，维护中心立即安排人员分别赶赴焦作小庄、博爱、沁阳、济源机房，4 时 50 分省电子政务电路用同缆备用纤芯代通。6 时机房通知省华 10G 扩容波分告警，抢修人员赶到机房后，6 时 50 分利用博沁架空备用纤芯将业务代通。

（2）故障原因分析

故障原因为博爱机房出局 1.112km 处钢管过河，因夏季水位高，水通过两端人井进入钢管和子管，到了冬季天气寒冷钢管内水结冰后挤压光缆造成传输大衰。

（3）经验总结

焦作二干博爱-沁阳 24D 直埋和 24D 架空光缆 1 月 23、24 日连续出现部分光纤发生大衰耗，导致传输故障，上午 11 时又自行恢复。这次特殊故障发生后，省公司网络部高度重视，省公司网络部有关领导亲临现场，对故障发生的原因在理论上进行分析，并对处理措施给出了具体而切实可行的指导。

本次故障是光缆线路维护以来第一次因气温造成的故障，具体为当时焦作地区气温持续在−2℃～−8℃，因光缆过河为钢管保护，钢管内因人井内封堵不严进水，水低温结冰，水结冰后体积膨胀（约膨胀 10%），导致光缆受力。故障的特点如下。

① 在一天中气温最低的凌晨，大衰耗发生，而随着白天气温的逐步回升，大衰耗逐渐减小，中午 11 点传输性能恢复正常。

② 衰耗正常时，在两端人井内光缆可以拉动，大衰耗点出现时，光缆在钢管内不能活动。

③ 故障表现为大衰耗，并且光纤大衰耗不是同时出现。

④ 大衰耗在同一地点。

（4）后续采取的防范措施

为防止同类事故再次发生，对全省干线光缆类似隐患进行了排查，重点排查了光缆过河、桥梁等钢管、塑料管保护部位，光缆靠近热力管道部位，人井内的封堵情况等。

小结

（1）本章主要介绍光纤通信系统的光接口指标，如光发送机的平均发送光功率、消光比及光接收机的灵敏度、动态范围测试的原理和测试的步骤；光纤通信系统电性能指标测试的原理和测试的步骤；光纤衰减常数、光纤长度的测试原理和步骤以及所涉及的仪表，如光功率计、光衰减器、数字传输分析仪和 OTDR 等的测试原理和使用方法。

（2）2M 塞绳是光纤通信系统维护过程中常用的器材，是光纤通信系统维护人员必须掌握的一项基本技能。

（3）光纤通信系统电路调度和故障处理方法反映了光纤传输机房工作人员的综合技能，

本章简要介绍了光纤通信系统电路调度的原则、方法和常见的故障现象、处理流程以及处理故障时应遵循的规则。

（4）光缆线路维护是通信公司保证通信业务正常的基本维护，本章介绍了几个大型的光缆线路维护案例，具体的故障处理需要结合实际情况进行分析、判断和处理。

思考题与练习题

9-1 简述 2M 塞绳的制作过程。

9-2 什么是 OTDR 的动态范围？影响 OTDR 动态范围的因素有哪些？

9-3 什么是 OTDR 的盲区？在实际测量中怎样消除盲区？

9-4 图 9-40 所示是典型的 OTDR 背向散射特性曲线，试分析图中 A、B、C、D 点的含义。

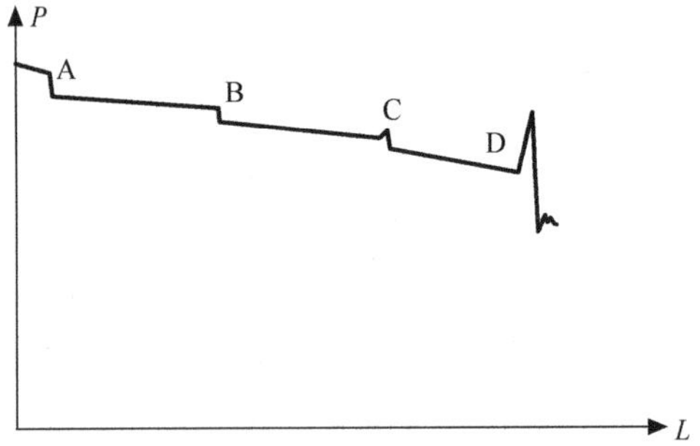

图 9-40 典型的 OTDR 背向散射特性曲线

9-5 如何正确使用 OTDR 测量光纤的衰减常数和光纤长度？

9-6 光端机电性能参数有哪些？为什么要对这些参数进行测量？

9-7 简述光端机电性能参数中输出口脉冲波形测试的步骤。

9-8 光功率计的技术指标有哪些？

9-9 画出测量光端机平均发送光功率和消光比的原理图，并说明其测量过程。

9-10 画出测量光接收机灵敏度和动态范围的原理图，并叙述其测量过程。

9-11 简述误码仪测量误码的原理。

9-12 在用误码仪测量误码的过程中，状态显示的内容有哪些？

9-13 简述在误码仪测量过程中，系统传输速率、误码仪发送的伪随机序列长度及码型间的关系。

9-14 画出误码仪测量误码的方框图，并说明测量过程。

9-15 画出输入抖动容限测量的原理图，并说明测量过程。

9-16 画出抖动转移特性测量原理图，并说明测量过程。

9-17 简述电路调度的原则和电路调度的步骤。

9-18 简述光纤通信系统障碍处理的程序。

9-19 简述 SDH 系统障碍处理时应遵循的原则。